U0915832

中 国 国 家 标 准 汇 编

483

GB 25795～25842

（2010 年制定）

中国标准出版社　编

中国质检出版社
中国标准出版社
北　京

图书在版编目（CIP）数据

中国国家标准汇编：2010 年制定. 483：GB 25795～25842/中国标准出版社编. —北京：中国标准出版社，2011
ISBN 978-7-5066-6519-3

Ⅰ. ①中… Ⅱ. ①中… Ⅲ. ①国家标准-汇编-中国-2010 Ⅳ. ①T-652.1

中国版本图书馆 CIP 数据核字(2011)第 187721 号

中国质检出版社
中国标准出版社 出版发行
北京市朝阳区和平里西街甲 2 号(100013)
北京市西城区三里河北街 16 号(100045)
网址:www.spc.net.cn
总编室:(010)64275323 发行中心:(010)51780235
读者服务部:(010)68523946
中国标准出版社秦皇岛印刷厂印刷
各地新华书店经销

*

开本 880×1230 1/16 印张 34.75 字数 876 千字
2011 年 12 月第一版 2011 年 12 月第一次印刷

*

定价 220.00 元

出 版 说 明

1.《中国国家标准汇编》是一部大型综合性国家标准全集。自1983年起，按国家标准顺序号以精装本、平装本两种装帧形式陆续分册汇编出版。它在一定程度上反映了我国建国以来标准化事业发展的基本情况和主要成就，是各级标准化管理机构，工矿企事业单位，农林牧副渔系统，科研、设计、教学等部门必不可少的工具书。

2.《中国国家标准汇编》收入我国每年正式发布的全部国家标准，分为"制定"卷和"修订"卷两种编辑版本。

"制定"卷收入上一年度我国发布的、新制定的国家标准，顺延前年度标准编号分成若干分册，封面和书脊上注明"20××年制定"字样及分册号，分册号一直连续。各分册中的标准是按照标准编号顺序连续排列的，如有标准顺序号缺号的，除特殊情况注明外，暂为空号。

"修订"卷收入上一年度我国发布的、修订的国家标准，视篇幅分设若干分册，但与"制定"卷分册号无关联，仅在封面和书脊上注明"20××年修订-1,-2,-3,……"字样。"修订"卷各分册中的标准，仍按标准编号顺序排列(但不连续)；如有遗漏的，均在当年最后一分册中补齐。需提请读者注意的是，个别非顺延前年度标准编号的新制定的国家标准没有收入在"制定"卷中，而是收入在"修订"卷中。

读者配套购买《中国国家标准汇编》"制定"卷和"修订"卷则可收齐上一年度我国制定和修订的全部国家标准。

3. 由于读者需求的变化，自1996年起，《中国国家标准汇编》仅出版精装本。

4. 2010年我国制修订国家标准共2846项。本分册为"2010年制定"卷第483分册，收入国家标准GB 25795～25842的最新版本。

中国标准出版社

2011年8月

目　　录

ICS 71.100.01;87.060.10
G 57

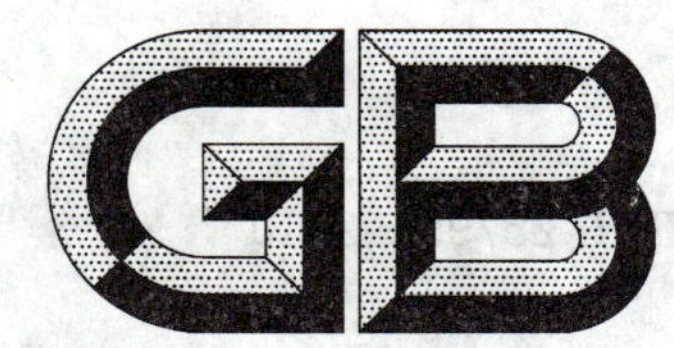

中华人民共和国国家标准

GB/T 25795—2010

反应蓝 KN-RGB(C.I.反应蓝 250)

Reactive blue KN-RGB (C.I. Reactive blue 250)

2010-12-23 发布　　2011-10-01 实施

中华人民共和国国家质量监督检验检疫总局
中国国家标准化管理委员会　发布

前　言

本标准由中国石油和化学工业协会提出。

本标准由全国染料标准化技术委员会(SAC/TC 134)归口。

本标准起草单位:沈阳化工研究院有限公司、湖北华丽染料工业有限公司。

本标准主要起草人:董仲生、尚爱国、沈日炯、姬兰琴、王勇。

反应蓝 KN-RGB(C. I. 反应蓝 250)

1 范围

本标准规定了反应蓝 KN-RGB(C. I. 反应蓝 250)产品的要求、采样、试验方法、检验规则以及标志、标签、包装、运输和贮存。

本标准适用于反应蓝 KN-RGB 的产品质量控制。

结构式:

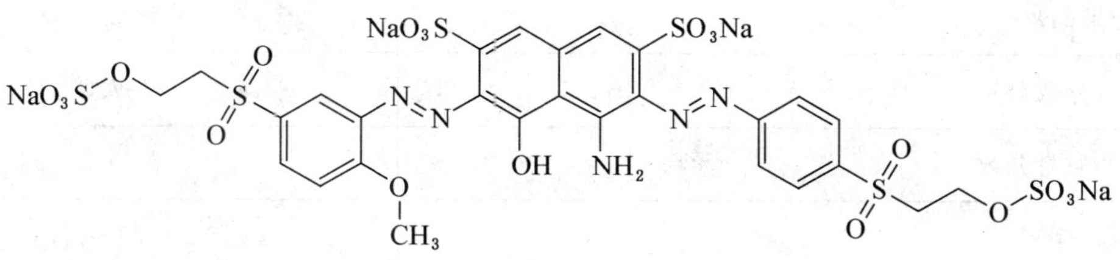

分子式:$C_{27}H_{23}N_5Na_4O_{20}S_6$

相对分子质量:1 021.84(按 2007 年国际相对原子质量)

CAS RN:93951-21-4

2 规范性引用文件

下列文件中的条款通过本标准的引用而成为本标准的条款。凡是注日期的引用文件,其随后所有的修改单(不包括勘误的内容)或修订版均不适用于本标准,然而,鼓励根据本标准达成协议的各方研究是否可使用这些文件的最新版本。凡是不注日期的引用文件,其最新版本适用于本标准。

GB/T 2374—2007 染料 染色测定的一般条件规定

GB/T 2381—2006 染料及染料中间体 不溶物质含量的测定

GB/T 2386—2006 染料及染料中间体 水分的测定

GB/T 2387—2006 反应染料 色光和强度的测定

GB/T 2390—2003 水溶性染料 pH 值的测定

GB/T 2391—2006 反应染料 固色率的测定

GB/T 3671.1—1996 水溶性染料溶解度和溶液稳定性的测定(ISO 105-Z07:1995,IDT)

GB/T 3920—2008 纺织品 色牢度试验 耐摩擦色牢度(ISO 105-X12:2001,MOD)

GB/T 3921—2008 纺织品 色牢度试验 耐皂洗色牢度(ISO 105-C10:2006,MOD)

GB/T 3922—1995 纺织品耐汗渍色牢度试验方法(eqv ISO 105-E04:1994)

GB/T 4841.1—2006 染料染色标准深度色卡 1/1

GB/T 6152—1997 纺织品 色牢度试验 耐热压色牢度(eqv ISO 105-X11:1994)

GB/T 6678—2003 化工产品采样总则

GB/T 6693—2009 染料 粉尘飞扬性的测定(ISO 105-Z06:1996,IDT)

GB/T 8427—2008 纺织品 色牢度试验 耐人造光色牢度:氙弧(ISO 105-B02:1994,MOD)

GB/T 8433—1998 纺织品 色牢度试验 耐氯化水色牢度(游泳池水)(eqv ISO 105-E03:1994)

GB/T 14576—1993 纺织品耐光、汗复合色牢度试验方法

GB 19601 染料产品中 23 种有害芳香胺的限量及测定

GB 20814 染料产品中 10 种重金属元素的限量及测定

3 要求

3.1 外观:深褐色至黑色颗粒或均匀粉末。

3.2 反应蓝 KN-RGB 的质量应符合表 1 的规定。

表 1 反应蓝 KN-RGB 的质量要求

项目		指标
(1) 强度(为标准品的)/分		100
(2) 色光(与标准品)		近似～微
(3) 水分的质量分数/%	≤	7.0
(4) 水不溶物的质量分数/%	≤	0.2
(5) pH 值		4.5～6.5
(6) 溶解度(50 ℃)/(g/L)	≥	200
(7) 防尘性/级	≥	3
(8) 固色率(固着染料的质量分数)/%	≥	75
(9) 有害芳香胺的质量分数/(mg/kg)		符合 GB 19601 的要求
(10) 重金属元素的质量分数/(mg/kg)		符合 GB 20814 的要求

3.3 反应蓝 KN-RGB 在纯棉织物上的色牢度应不低于表 2 的规定。

表 2 反应蓝 KN-RGB 在纯棉织物上的色牢度

染色深度	耐光(氙弧)	耐汗光		耐洗 95 ℃			耐汗渍						耐摩擦		耐热压 200 ℃	耐氯化水 有效氯 50 mg/L
							酸			碱						
		酸	碱	变色	棉沾	粘沾	变色	棉沾	毛沾	变色	棉沾	毛沾	干	湿	变色(4 h后)	
1/1	3-4	3	3	3-4	3-4	3-4	4	4-5	4-5	4	4-5	4-5	4-5	3-4	4	3
注:2%(owf)相当于 1/1 染色标准深度。																

4 采样

以批为单位采样,生产厂以一次拼混均匀的产品为一批。每批采样桶数应符合 GB/T 6678—2003 中 7.6 的规定。所采样产品的包装必须完好,采样时勿使外界杂质落入产品中。用探管从桶上、中、下三部分采样,所采样品总量不得少于 200 g。将所采样品充分混匀后,分装于两个清洁、干燥、密封良好的容器中,其上粘贴标签。注明:产品名称、批号、生产厂名称、采样日期、地点。一个供检验,一个保存备查。

5 试验方法

5.1 外观的评定

采用目视评定。

5.2 染色色光和强度的测定

5.2.1 染色一般条件

染色时的一般条件应符合 GB/T 2374—2007 的有关规定。

染色用棉布或棉纱:5 g,染色浴比:1∶40;或用棉针织布或棉纱:10 g,染色浴比:1∶20。染色深度:2%(owf)。

5.2.2 染液配方

以 5 g 棉布或棉纱染色为例,染液配方如表 3 所示。

表 3 染液配方

单位为毫升

染缸编号	1	2	3	4	5
2 g/L 染料标准品溶液的体积	47.5	50.0	52.5	—	—
2 g/L 染料样品溶液的体积	—	—	—	47.5	50.0
200 g/L 无水硫酸钠溶液的体积	60	60	60	60	60
200 g/L 无水碳酸钠溶液的体积	20	20	20	20	20
加水至总体积	200	200	200	200	200

5.2.3 染色操作

按 GB/T 2387—2006 中 6.1.5 的规定进行,吸色温度 60 ℃,固色温度 60 ℃。

5.2.4 皂煮

按 GB/T 2387—2006 中 6.1.6 的规定进行。

5.2.5 色光和强度的评定

按 GB/T 2374—2007 中第 7 章的有关规定进行。

5.3 水分的测定

按 GB/T 2386—2006 中 3.2 烘干法的规定进行。

5.4 水不溶物的测定

按 GB/T 2381—2006 的规定进行。

5.5 pH 值的测定

按 GB/T 2390—2003 的规定进行。

5.6 溶解度的测定

按 GB/T 3671.1—1996 的规定进行,溶解温度为(50±2)℃。

5.7 固色率的测定

按 GB/T 2391—2006 的 6.2 的规定进行。吸色和固色温度、助剂用量参照本标准 5.2 的规定。

5.8 防尘性的测定

按 GB/T 6693—2009 的规定进行。

5.9 有害芳香胺的量的测定

按 GB 19601 的规定进行。

5.10 重金属元素的量的测定

按 GB 20814 的规定进行。

5.11 在纯棉织物上色牢度的测定

5.11.1 一般规定

所有色牢度的测试样应按 GB/T 4841.1—2006 的规定染成 1/1 染色标准深度。

5.11.2 耐摩擦色牢度的测定

耐摩擦色牢度按 GB/T 3920—2008 的规定进行。

5.11.3 耐洗色牢度的测定

耐洗色牢度按 GB/T 3921—2008 的规定进行。试验条件采用 GB/T 3921—2008 表 2 中的试验方法 D(4)。

5.11.4 耐汗渍色牢度的测定

耐汗渍色牢度按 GB/T 3922—1995 的规定进行。

5.11.5 耐热压色牢度的测定

耐热压色牢度按 GB/T 6152—1997 的规定进行,200 ℃干压(4 h 后评定)。

5.11.6 耐光色牢度的测定

耐光色牢度按 GB/T 8427—2008 的规定进行。

5.11.7 耐氯化水色牢度的测定

耐氯化水色牢度按 GB/T 8433—1998 的规定进行。

5.11.8 耐汗光色牢度的测定

按 GB/T 14576—1993 中 7.2 的规定进行。

6 检验规则

6.1 检验分类

本标准 3.1、3.2 和 3.3 所列的检验项目均为型式检验项目。其中本标准的 3.1 和 3.2 中(1)～(7)项为出厂检验项目,应逐批进行检验。在正常连续生产情况下,每年至少进行一次型式检验。但如有下述情况需进行型式检验:

a) 新产品最初定型时;

b) 产品异地生产时;

c) 生产配方、工艺及原材料有较大改变时;

d) 停产三个月后又恢复生产时;

e) 客户提出要求时。

6.2 出厂检验

反应蓝 KN-RGB 应由生产厂的质量检验部门检验合格,附合格证明后方可出厂。生产厂应保证所有出厂的反应蓝 KN-RGB 都符合本标准的要求。

6.3 复检

如果检验结果中有一项指标不符合本标准的要求时,应重新自两倍量的包装中取样进行检验,重新检验的结果,即使只有一项指标不符合本标准要求,则整批产品为不合格。

7 标志、标签、包装、运输和贮存

7.1 标志、标签

反应蓝 KN-RGB 的每个包装容器上都应涂上牢固、清晰的标志,注明:产品名称、规格、注册商标、净含量、生产厂名称、厂址、标准编号、批号、生产日期。也可将批号、生产日期打印在标签上，并和产品质量检验合格的证明一起放入包装容器内的塑料袋外面。

7.2 包装

反应蓝 KN-RGB 装于内衬塑料袋的包装容器内，并加密封，每件净含量 25 kg，其他包装可与用户协商确定。

7.3 运输

运输时应防止倒置，小心轻放，避免碰撞，切勿损坏包装。

7.4 贮存

反应蓝 KN-RGB 应贮存于阴凉，干燥通风处，防止受潮受热。贮存期二年。

ICS 71.100.01;87.060.10
G 57

中华人民共和国国家标准

GB/T 25796—2010

反应艳黄 W-2G(C.I.反应黄 39)

Reactive brilliant yellow W-2G (C.I. Reactive yellow 39)

2010-12-23 发布　　2011-10-01 实施

中华人民共和国国家质量监督检验检疫总局
中国国家标准化管理委员会　发布

前　言

本标准由中国石油和化学工业协会提出。

本标准由全国染料标准化技术委员会(SAC/TC 134)归口。

本标准起草单位:天津德凯化工股份有限公司、沈阳化工研究院有限公司。

本标准主要起草人:张克栋、王勇、张兴华、刘文祥、彭渤。

反应艳黄 W-2G(C.I.反应黄 39)

1 范围

本标准规定了反应艳黄 W-2G(C.I.反应黄 39)产品的要求、采样、试验方法、检验规则以及标志、标签、包装、运输和贮存。

本标准适用于反应艳黄 W-2G 的产品质量控制。

结构式：

分子式：$C_{19}H_{12}BrCl_2N_5Na_2O_8S_2$

相对分子质量：699.25(按 2007 年国际相对原子质量)

CAS RN：70247-70-0

2 规范性引用文件

下列文件中的条款通过本标准的引用而成为本标准的条款。凡是注日期的引用文件，其随后所有的修改单(不包括勘误的内容)或修订版均不适用于本标准，然而，鼓励根据本标准达成协议的各方研究是否可使用这些文件的最新版本。凡是不注日期的引用文件，其最新版本适用于本标准。

GB/T 2374—2007 染料 染色测定的一般条件规定

GB/T 2381—2006 染料及染料中间体 不溶物质含量的测定

GB/T 2386—2006 染料及染料中间体 水分的测定

GB/T 3671.2—1996 水溶性染料冷水溶解度的测定(ISO 105-Z09:1995,IDT)

GB/T 3920—2008 纺织品 色牢度试验 耐摩擦色牢度(ISO 105-X12:2001,MOD)

GB/T 3921—2008 纺织品 色牢度试验 耐皂洗色牢度(ISO 105-C10:2006,MOD)

GB/T 3922—1995 纺织品耐汗渍色牢度试验方法(eqv ISO 105-E04:1994)

GB/T 4841.1—2006 染料染色标准深度色卡 1/1

GB/T 5713—1997 纺织品 色牢度试验 耐水色牢度 (eqv ISO 105-E01:1994)

GB/T 6152—1997 纺织品 色牢度试验 耐热压色牢度(eqv ISO 105-X11:1994)

GB/T 6678—2003 化工产品采样总则

GB/T 6693—2009 染料 粉尘飞扬性的测定(ISO 105-Z06:1996,IDT)

GB/T 8427—2008 纺织品 色牢度试验 耐人造光色牢度：氙弧(ISO 105-B02:1994,MOD)

GB 19601　染料产品中23种有害芳香胺的限量及测定

GB 20814　染料产品中10种重金属元素的限量及测定

3　要求

3.1　外观：黄色均匀粉末或颗粒。

3.2　反应艳黄W-2G的质量应符合表1的规定。

表1　反应艳黄W-2G的质量要求

项　　目		指　　标
(1) 强度(为标准品的)/分		100
(2) 色光(与标准品)		近似～微
(3) 水分的质量分数/%	≤	6.0
(4) 水不溶物的质量分数/%	≤	0.1
(5) 溶解度(25 ℃)/(g/L)	≥	100
(6) 防尘性/级	≥	3
(7) 有害芳香胺的质量分数/(mg/kg)		符合GB 19601的要求
(8) 重金属元素的质量分数/(mg/kg)		符合GB 20814的要求

3.3　反应艳黄W-2G在羊毛织物上的色牢度应不低于表2的规定。

表2　反应艳黄W-2G在羊毛织物上的色牢度

<table>
<tr><th rowspan="3">染色深度</th><th rowspan="3">耐光(氙弧)</th><th colspan="3" rowspan="2">耐洗
50 ℃</th><th colspan="6">耐汗渍</th><th colspan="3" rowspan="2">耐　　水</th><th colspan="2" rowspan="2">耐摩擦</th><th rowspan="2">耐热压
180 ℃</th></tr>
<tr><th colspan="3">酸</th><th colspan="3">碱</th></tr>
<tr><th>变色</th><th>棉沾</th><th>毛沾</th><th>变色</th><th>棉沾</th><th>毛沾</th><th>变色</th><th>棉沾</th><th>毛沾</th><th>变色</th><th>棉沾</th><th>毛沾</th><th>干</th><th>湿</th><th>变色
(4 h后)</th></tr>
<tr><td>1/1</td><td>6-7</td><td>4</td><td>4-5</td><td>4-5</td><td>4</td><td>4-5</td><td>4-5</td><td>4</td><td>4</td><td>4-5</td><td>4-5</td><td>4-5</td><td>4-5</td><td>4-5</td><td>4</td><td>4-5</td></tr>
<tr><td colspan="17">注：2.0%(owf)相当于1/1染色标准深度。</td></tr>
</table>

4　采样

以批为单位采样，生产厂以一次拼混均匀的产品为一批。每批采样桶数应符合GB/T 6678—2003中7.6的规定。所采样产品的包装必须完好，采样时勿使外界杂质落入产品中。用探管从桶上、中、下三部分采样，所采样品总量不得少于200 g。将所采样品充分混匀后，分装于两个清洁、干燥、密封良好的容器中，其上粘贴标签。注明：产品名称、批号、生产厂名称、采样日期、地点。一个供检验，一个保存备查。

5　试验方法

5.1　外观的评定

采用目视评定。

5.2　染色色光和强度的测定

5.2.1　染色一般条件

染色时的一般条件应符合GB/T 2374—2007的有关规定。

染色用毛线或羊毛凡力丁：4 g，染色浴比：1∶50，染色深度：1%(owf)。

5.2.2　染液配方

染液配方如表 3 所示。

表 3　染液配方

单位为毫升

染　缸　编　号	1	2	3	4	5
1 g/L 染料标准品溶液的体积	38	40	42	—	—
1 g/L 染料样品溶液的体积	—	—	—	38	40
100 g/L 乙酸溶液的体积	2	2	2	2	2
加水至总体积	200	200	200	200	200

5.2.3　染色操作

把经沸水浸泡过的毛线或兰毛凡力丁按编号顺序放入按表 3 配制的染液中，室温入染，在 30 min 内升温到 98 ℃，并在 98 ℃～100 ℃下保温染色 30 min。冷却到 60 ℃，取出染样，用流水充分冲洗。晾干或在 60 ℃下烘干。

5.2.4　色光和强度的评定

按 GB/T 2374—2007 中第 7 章的有关规定进行。

5.3　水分的测定

按 GB/T 2386—2006 中 3.2 烘干法的规定进行。

5.4　水不溶物的测定

按 GB/T 2381—2006 的规定进行。

5.5　溶解度的测定

按 GB/T 3671.2—1996 的规定进行，溶解温度为(25±2)℃。

5.6　防尘性的测定

按 GB/T 6693—2009 的规定进行。

5.7　有害芳香胺的量的测定

按 GB 19601 的规定进行。

5.8　重金属元素的量的测定

按 GB 20814 的规定进行。

5.9　在羊毛织物上色牢度的测定

5.9.1　一般规定

所有色牢度的测试样应按 GB/T 4841.1—2006 的规定染成 1/1 染色标准深度。

5.9.2　耐摩擦色牢度的测定

耐摩擦色牢度按 GB/T 3920—2008 的规定进行。

5.9.3　耐洗色牢度的测定

耐洗色牢度按 GB/T 3921—2008 的规定进行。试验条件采用 GB/T 3921—2008 表 2 中的试验方法 B(2)。

5.9.4　耐汗渍色牢度的测定

耐汗渍色牢度按 GB/T 3922—1995 的规定进行。

5.9.5　耐水色牢度的测定

耐水色牢度按 GB/T 5713—1997 的规定进行。

5.9.6　耐热压色牢度的测定

耐热压色牢度按 GB/T 6152—1997 的规定进行，180 ℃干压(4 h 后评定)。

5.9.7　耐光色牢度的测定

耐光色牢度按 GB/T 8427—2008 的规定进行。

6 检验规则

6.1 检验分类

本标准3.1、3.2和3.3所列的检验项目均为型式检验项目。其中本标准的3.1和3.2中(1)～(6)项为出厂检验项目,应逐批进行检验。在正常连续生产情况下,每年至少进行一次型式检验。但如有下述情况需进行型式检验:

a) 新产品最初定型时;

b) 产品异地生产时;

c) 生产配方、工艺及原材料有较大改变时;

d) 停产三个月后又恢复生产时;

e) 客户提出要求时。

6.2 出厂检验

反应艳黄W-2G应由生产厂的质量检验部门检验合格,附合格证明后方可出厂。生产厂应保证所有出厂的反应艳黄W-2G都符合本标准的要求。

6.3 复检

如果检验结果中有一项指标不符合本标准的要求时,应重新自两倍量的包装中取样进行检验,重新检验的结果,即使只有一项指标不符合本标准要求,则整批产品为不合格。

7 标志、标签、包装、运输和贮存

7.1 标志、标签

反应艳黄W-2G的每个包装容器上都应涂上牢固、清晰的标志,注明:产品名称、规格、注册商标、净含量、生产厂名称、厂址、标准编号、批号、生产日期。也可将批号、生产日期打印在标签上,并和产品质量检验合格的证明一起放入包装容器内的塑料袋外面。

7.2 包装

反应艳黄W-2G装于内衬塑料袋的包装容器内,并加密封,每件净含量25 kg,其他包装可与用户协商确定。

7.3 运输

运输时应防止倒置,小心轻放,避免碰撞,切勿损坏包装。

7.4 贮存

反应艳黄W-2G应贮存于阴凉,干燥通风处,防止受潮受热。贮存期二年。

ICS 71.100.40
G 71

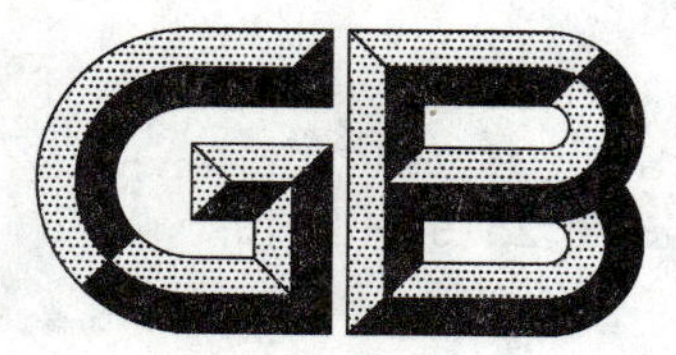

中华人民共和国国家标准

GB/T 25797—2010

纺织平网印花制版单液型感光乳液

A kind of photosensitive emulsion(single component) for plate making on fabric screen printing

2010-12-23 发布　　　　2011-10-01 实施

中华人民共和国国家质量监督检验检疫总局
中国国家标准化管理委员会　发布

前　言

本标准的附录A为规范性附录。

本标准由中国石油和化学工业协会提出。

本标准由全国染料标准化技术委员会(SAC/TC 134)归口。

本标准起草单位:上海中大科技发展有限公司、沈阳化工研究院有限公司。

本标准主要起草人:潘跃进、姜伟伟、杨成龙、朱建华、王雪亮、姬兰琴。

纺织平网印花制版单液型感光乳液

1 范围

本标准规定了纺织平网印花制版单液型感光乳液的要求、采样、试验方法、检验规则、标志、标签、包装、运输和贮存。

本标准适用于纺织印花用的纺织平网印花制版单液型感光乳液的产品质量控制。

2 规范性引用文件

下列文件中的条款通过本标准的引用而成为本标准的条款。凡是注日期的引用文件，其随后所有的修改单(不包括勘误的内容)或修订版均不适用于本标准，然而，鼓励根据本标准达成协议的各方研究是否可使用这些文件的最新版本。凡是不注日期的引用文件，其最新版本适用于本标准。

GB/T 191 包装储运图示标志(GB/T 191—2008,ISO 780:1997,MOD)

GB/T 3186—2006 色漆、清漆和色漆与清漆用原材料 取样(ISO 15528:2000,IDT)

GB/T 6682 分析实验室用水规格和试验方法(GB/T 6682—2008,ISO 3696:1987,MOD)

GB/T 8170—2008 数值修约与极限数值的表示和判定

GB/T 8325—1987 聚合物和共聚物水分散体 pH 值测定方法(eqv ISO 1148:1980)

GB/T 11175—2002 合成树脂乳液试验方法

3 要求

纺织平网印花制版单液型感光乳液产品性能指标符合表 1 要求。

表 1 纺织平网印花制版单液型感光乳液的质量要求

项 目		指 标
(1) 不挥发物(质量分数)/%		20～50
(2) pH 值		4.0～6.0
(3) 粒径/μm	≤	5
(4) 冻融稳定性,次	≥	3
(5) 离心稳定性		不分层
(6) 黏度(23 ℃)/(mPa·s)		1 500～9 500
(7) 曝光能量/(mJ/cm²)		20～100
(8) 分辨率/μm	≤	80
(9) 乳液膜耐摩擦性,次	≥	5 000

注 1：纺织平网印花制版单液型感光乳液按用途可分为用于水性产品印花的耐水性感光乳液、用于溶剂性产品印花的耐溶剂性感光乳液和耐水耐溶剂型的感光乳液。

注 2：水性产品印花用感光乳液的乳液膜耐摩擦性测试应选水性印花色浆为摩擦介质，溶剂性产品印花用感光乳液的乳液膜耐摩擦性测试应选溶剂性印花色浆为摩擦介质，耐水耐溶剂型的感光乳液选取水性印花色浆和溶剂性印花色浆进行两次测试。水性印花色浆和溶剂性印花色浆的配方见附录 A。

4 采样

以批为单位采样，生产厂以一次拼混均匀的产品为一批。每批按 GB/T 3186—2006 规定采样。所采样产品的包装必须完好，采样时勿使外界杂质落入产品中。用探管从桶上、中、下三部位采样，所采样品总量不得少于200 g。将所采样品充分混合均匀后，分装于两个清洁、干燥、密封良好的避光容器中，其上粘贴标签。注明：产品名称、批号、生产厂名称、采样日期、地点。一个供检验，一个保存备查。

5 试验方法

警告——使用本标准的人员应有实验室工作的实践经验。本标准并未指出所有的安全问题。使用者有责任采取适当的安全和健康措施，并保证符合国家有关法规规定的条件。

5.1 一般规定

除非另有规定，仅使用确认为分析纯的试剂和GB/T 6682中规定的三级水，其他试验用原料为市售合格品。检验结果的判定按GB/T 8170—2008中4.4.3修约值比较法进行。

测试环境：洁净暗室，只允许使用黄色或者红色的安全灯光照明，灯亮度以能清楚看见物体为宜，以免引起不必要的光交联。测试在25 ℃左右温度下，相对湿度≤70%的条件下进行。

5.2 不挥发物的测定

按照GB/T 11175—2002合成树脂乳液试验方法中5.2不挥发物试验方法进行测定。

5.3 pH值的测定

按GB/T 8325—1987的规定进行，用酸度计测定。

5.4 粒径

按照GB/T 11175—2002中5.9.1的规定进行。

5.5 稳定性的测定

5.5.1 冻融稳定性

按照GB/T 11175—2002中5.5的规定进行。

5.5.2 离心稳定性

5.5.2.1 仪器

a) 试管离心机(最大相对离心力2 400g，最高转速4 000 r/min，容量20 mL×6孔)；

b) 天平(精确到0.01 g)。

5.5.2.2 测试方法

在25 ℃左右的温度环境下，称取试样1.00 g(精确到0.01 g)，加入10 mL的水搅拌均匀后，装入离心试管中，插入离心器，调节离心转速至2 000 r/min，离心1 min后目测是否分层。

5.6 黏度的测定

按GB/T 11175—2002中5.4的规定进行。

5.7 曝光能量

5.7.1 仪器

a) 1 kW高压汞灯；

b) UV能量计(测试光谱段为UVA波段)。

5.7.2 乳液的涂布与干燥

在40 W黄色或红色安全灯光下，在孔径96 μm(160目)，张力60 N/cm的铝框丝网版上，使用不锈钢或铝合金刮斗，将感光乳液倒入刮斗，刮斗与感光乳液膜面呈45°角，将感光乳液在丝网版的承印面和刮印面上均匀涂刮一次，清空刮斗，用空刮斗重复一次涂刮过程以去除表面多余和不平整的乳液。放入40 ℃±2 ℃鼓风干燥箱内，干燥后取出。

5.7.3 曝光能量的测定

将曝光尺紧贴在丝网版的承印面上，在1 kW高压汞灯，距离为30 cm～40 cm条件下曝光。曝光时间以得到清晰轮廓花纹为准。然后将曝光后的网片浸入水槽中2 min，用0.2 MPa压力水枪，喷雾状地对网版进行冲洗显影后观察图形膜。

使用UV能量计测试网版曝光位置的紫外灯功率。

曝光能量 E(mJ/cm^2)按式(1)计算:

$$E = W \times t \qquad (1)$$

式中:

W——紫外灯功率的数值,单位为毫瓦每平方厘米(mW/cm^2);

t——曝光时间的数值,单位为秒(s)。

5.8 分辨率

5.8.1 乳液的涂布与干燥

同本标准5.7.2。

5.8.2 分辨率的测定

将丝网版的承印面紧贴于包含20 μm~150 μm线宽阴阳微线圆组的曝光尺上,用1 kW高压汞灯,距离为30 cm~40 cm条件下曝光,使用本标准5.7测定的曝光能量进行曝光,然后将曝光后的网片浸入水槽中2 min,用0.2 MPa压力水枪,喷雾状地对网版进行冲洗显影,观察图形膜的微线圆区域,可以同时出现合格的阴微线圆和阳微线圆组图案,且该阴微线圆和阳微线圆组为可得到的线宽最小的微线圆组,则该微线圆组所对应的微线宽度即为感光乳液的分辨率。

5.9 乳液膜耐摩擦性

5.9.1 仪器

a) 织物摩擦牢度仪;

b) 标准毛刷。

5.9.2 乳液的涂布与干燥

同本标准5.7.2。

5.9.3 涂膜的制备

使用本标准5.7曝光能量测定的曝光能量,对丝网版上的感光乳液进行曝光固化。用干净的海绵或软毛排笔浸蘸固化剂,在网版的正反两面涂刷一遍,放入50 ℃±2 ℃鼓风干燥箱内干燥1 h。

5.9.4 乳液膜耐摩擦性的测试

取本标准5.9.3所制备丝网版,在乳液膜上倾入厚度大于1.5 cm的摩擦介质,丝网版下垫一块无污点白布片,用螺丝将版面压紧。在织物摩擦牢度仪上摩擦网版中间段,至感光乳液膜出现砂眼或破损,在白布片上出现色浆渗漏为止。计数摩擦的次数即为乳液膜耐摩擦性的次数。

注1:水性产品印花用感光乳液选水性印花色浆为摩擦介质,溶剂性产品印花用感光乳液选溶剂性印花色浆为摩擦介质。每个标准毛刷限用一次。

6 检验规则

6.1 检验分类

本标准第3章所列的检验项目均为型式检验项目。其中(1)~(6)项为出厂检验项目,应逐批进行检验。在正常连续生产情况下,每半年至少进行一次型式检验。但如有下述情况需进行型式检验:

a) 新产品最初定型时;

b) 产品异地生产时;

c) 生产配方、工艺及原材料有较大改变时;

d) 停产三个月后又恢复生产时;

e) 客户提出要求时。

6.2 出厂检验

纺织平网印花制版单液型感光乳液应由生产厂的质量检验部门检验合格,附合格证明后方可出厂。生产厂应保证所有出厂的纺织平网印花制版单液型感光乳液都符合本标准的要求。

6.3 复检

如果检验结果中有一项指标不符合本标准的要求时，应重新自两倍量的包装中取样进行检验，重新检验的结果，即使只有一项指标不符合本标准要求，则整批产品为不合格。

7 标志、标签、包装、运输和贮存

7.1 标志、标签

纺织平网印花制版单液型感光乳液的每个包装桶上都应该有牢固、清晰的标志，注明：产品名称、规格、注册商标、净含量、生产厂名称、厂址、标准编号、批号、生产日期、产品外包装还应标明小心轻放、向上、防湿、怕晒等图示标志，符合 GB 191 规定。也可将批号、生产日期打印在标签上，并和产品质量检验合格的证明一起放入外包装箱内。

7.2 包装

本产品内包装采用专用黑色避光塑料桶包装，外包装用纸箱或钙塑箱，每桶净含量 1 kg，每箱 10 桶 10 kg；每桶净含量 5 kg，每箱 4 桶 20 kg；每桶净含量 10 kg，每箱 2 桶 20 kg。其他包装可与用户协商确定。

7.3 运输

产品运输时应防湿，温度为 5 ℃～35 ℃范围内，应避免太阳光照射。装卸时轻装、轻卸、切勿倒置。切勿损坏包装。

7.4 贮存

产品应贮存在 5 ℃～35 ℃范围内的干燥、通风仓库内，避免日光直射，远离热源，禁忌在 0 ℃以下及 35 ℃以上贮存。在符合包装运输及贮存条件下，未经启封的产品有效期自生产日起为一年。

附 录 A
（规范性附录）
水性印花色浆和溶剂性印花色浆试验用配方

A.1 水性印花色浆试验用配方，见表A.1。

表 A.1 水性印花色浆试验用配方

单位为克

物料名称	用 量
活性黑 KNB(CI:reactive black 5)	40
尿素	8
防染盐 S	1
小苏打	2
海藻酸钠干粉	3
六偏磷酸钠	0.25
水	适量
合计	100.00

A.2 溶剂性印花色浆试验用配方，见表A.2。

表 A.2 溶剂性印花色浆试验用配方表

单位为克

油溶染料黑 BR(CI:solvent black 34)	0.5
香蕉水	4
环己酮	4
783 慢干水	91.5
合计	100.00

ICS 71.100.40;87.060.10
G 70

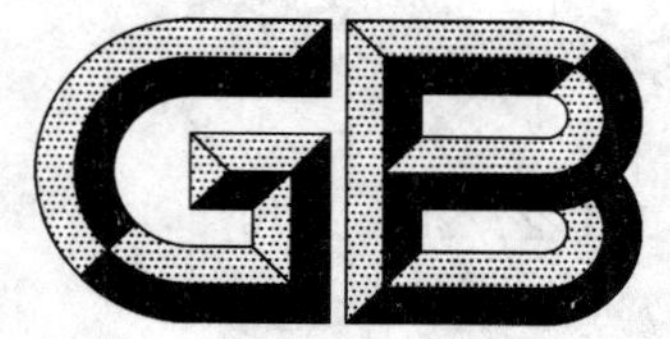

中华人民共和国国家标准

GB/T 25798—2010

纺织染整助剂分类

Classification of textile dyeing and finishing auxiliaries

2010-12-23 发布　　　　2011-10-01 实施

中华人民共和国国家质量监督检验检疫总局
中国国家标准化管理委员会　发布

前　言

本标准由中国石油和化学工业协会提出。

本标准由全国染料标准化技术委员会(SAC/TC 134)归口。

本标准起草单位:浙江传化股份有限公司、烟台市金河保险粉厂有限公司、深圳泛胜塑胶助剂有限公司、沈阳化工研究院有限公司。

本标准主要起草人:兰淑仙、张宝健、梁沛基、赵婷、姬兰琴、张晓红、王国清、吴九英。

纺织染整助剂分类

1 范围

本标准规定了纺织染整助剂的分类。

本标准适用于纤维纺织、前处理、印染、后整理等工艺过程中使用的助剂产品(包括通用染整助剂)的分类,该分类方法作为纺织染整助剂产品的命名、生产、应用、科研、教学、管理及技术交流等方面的依据。

2 分类原则

本标准按照纺织染整助剂的应用范围,工艺过程进行分类,同时考虑到某些染整助剂应用于多个工艺过程,共分为纤维纺织助剂、前处理助剂、染色与印花助剂、后整理助剂、通用染整助剂五大类,类下分系列。

3 分类

3.1 纤维纺织助剂

3.1.1 纺浴添加剂

3.1.2 纺液添加剂

3.1.3 纺丝油剂

3.1.3.1 短纤维油剂

3.1.3.2 长丝油剂

3.1.4 纺纱油剂

3.1.5 和毛油

3.1.6 络纱油;络筒润滑剂(络筒油)

3.1.7 倍捻油(加捻油)

3.1.8 上浆剂(浆料)

3.1.9 上蜡剂(纺织蜡、上浆蜡)

3.1.10 浆料助剂

3.1.11 黏着剂

3.1.12 泡丝剂

3.1.13 碳化剂

3.1.14 其他纤维纺织助剂(不在 3.1.1~3.1.13 中的纤维纺织助剂产品可列入此系列。)

3.2 前处理助剂

3.2.1 退浆剂

3.2.2 精练剂

3.2.3 脱脂剂

3.2.4 漂白助剂

3.2.4.1 漂白稳定剂(氧漂稳定剂)

3.2.4.2 漂白催化剂(漂白活化剂)

3.2.5 丝光剂

3.2.6 脱氯剂

3.2.7 双氧水去除剂(漂染去氧剂)

3.2.8 碱减量促进剂

3.2.9 开纤剂

3.2.10 其他(同3.1.14)

3.3 染色与印花助剂

3.3.1 匀染剂

3.3.2 促染剂

3.3.3 缓染剂

3.3.4 防泳移剂

3.3.5 染色载体;导染剂

3.3.6 膨胀剂(膨化剂)

3.3.7 媒染剂

3.3.8 固色剂(固色交联剂)

3.3.9 代碱剂

3.3.10 剥色剂

3.3.11 剥固剂

3.3.12 修色剂(回修剂、修补剂)

3.3.13 浴中抗皱剂

3.3.14 黏合剂

3.3.15 印花糊料

3.3.16 增稠剂

3.3.17 流变性能调节剂

3.3.18 拔染剂

3.3.19 拔白剂(助拔剂、咬白剂)

3.3.20 防染剂(防印剂)

3.3.21 皂洗剂

3.3.22 (白地)防沾污剂

3.3.23 防渗化剂(抗渗化剂)

3.3.24 纤维改性剂

3.3.25 其他(同3.1.14)

3.4 后整理助剂

3.4.1 柔软(整理)剂

3.4.2 起毛剂

3.4.3 涂层整理剂

3.4.4 树脂整理剂

3.4.5 防皱整理剂;防缩整理剂;免烫整理剂;耐久压烫整理剂

3.4.6 硬挺剂

3.4.7 纤维(强力)保护剂

3.4.8 吸湿排汗整理剂

3.4.9 亲水整理剂

3.4.10 抗静电(整理)剂

3.4.11 阻燃整理剂(防火整理剂)

3.4.12 防水防油整理剂(防水防油剂、防水剂);拒水拒油整理剂(拒水拒油剂、拒水剂)

3.4.13 易去污整理剂(防污整理剂)

3.4.14 抗菌防臭整理剂

3.4.15 防霉整理剂

3.4.16 防螨整理剂

3.4.17 防蛀剂

3.4.18 防虫剂

3.4.19 防紫外线整理剂(抗紫外线整理剂)

3.4.20 防滑移整理剂(抗纰裂整理剂)

3.4.21 抗黄变整理剂

3.4.22 防钻绒整理剂

3.4.23 抗起毛起球剂

3.4.24 防毡缩整理剂

3.4.25 缩绒剂

3.4.26 丝鸣整理剂

3.4.27 增亮剂

3.4.28 消光剂

3.4.29 增重剂

3.4.30 香味整理剂

3.4.31 护肤整理剂

3.4.32 负离子整理剂

3.4.33 远红外整理剂

3.4.34 调温整理剂

3.4.35 抗病整理剂

3.4.36 瘦身素整理剂

3.4.37 防透明整理剂

3.4.38 其他(同 3.1.14)

3.5 通用染整助剂

3.5.1 吸湿剂;保湿剂

3.5.2 净洗剂(洗涤剂)

3.5.3 润湿剂;再润湿剂

3.5.4 渗透剂

3.5.5 螯合(分散)剂;(金属)络合剂

3.5.6 乳化剂

3.5.7 酶制剂(酶)

3.5.8 消泡剂

3.5.9 发泡剂(起泡剂)

3.5.10 稳泡剂

3.5.11 泡沫增效剂

3.5.12 抗再沉积剂

3.5.13 释碱剂

3.5.14 释酸剂(调节酸;中和酸;染色酸)

3.5.15 氧化剂

3.5.16 防氧化剂、抗氧化剂

3.5.17 还原剂

3.5.18 防还原剂、抗还原剂

3.5.19 增深剂

3.5.20 增艳剂

3.5.21 交联剂(交链剂)

3.5.22 催化剂

3.5.23 增溶剂

3.5.24 平滑剂(润滑剂)

3.5.25 分散剂(扩散剂)

3.5.26 其他(同 3.1.14)

ICS 71.100.40;87.060.10
G 70

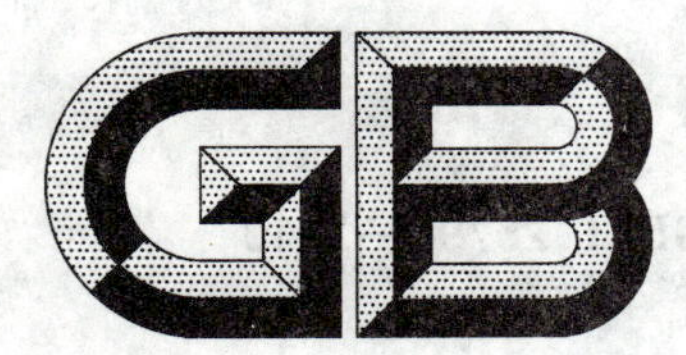

中华人民共和国国家标准

GB/T 25799—2010

纺织染整助剂名词术语

Glossary of textile dyeing and finishing auxiliaries

2010-12-23 发布　　　　2011-10-01 实施

中华人民共和国国家质量监督检验检疫总局
中国国家标准化管理委员会　发布

前　言

本标准由中国石油和化学工业协会提出。

本标准由全国染料标准化技术委员会(SAC/TC 134)归口。

本标准起草单位:浙江传化股份有限公司、烟台市金河保险粉厂有限公司、沈阳化工研究院有限公司。

本标准主要起草人:赵梅、张宝健、赵婷、金鲜花、王国清、姬兰琴。

纺织染整助剂名词术语

1 范围

本标准规定了纺织染整助剂名词术语及定义。

本标准适用于纤维纺织、前处理、印染、后整理及染料后处理等工艺过程中所用助剂的术语及定义，本标准是纺织染整助剂行业的技术标准和技术文件，是制、修订标准及编写有关染整助剂专业技术文件的基础标准，也是纺织染整助剂科研、生产、应用、教学以及有关技术交流的依据。

本标准分为纺织染整助剂通用名词术语和纺织染整助剂专用名词术语两部分。

2 纺织染整助剂通用名词术语

2.1

表面 surface

两相之间相接触的面，表面是针对一相而言。

2.2

界面 interface

两相之间相接触的面，界面是针对两相而言。

2.3

表面张力 surface tension

作用于一个相的表面并指向相内部的张力。它是由相表面上的分子与相内部分子之间引力所引起的。有时表面张力专指液相与气相之间界面上的力。表面张力以毫牛顿每米(mN/m)表示。

2.4

界面张力 interfacial tension

在两相之间界面上所产生的张力。界面张力以毫牛顿每米(mN/m)表示。

2.5

表面活性 surface activity

物质所具有的能改变表面或界面的物理(力学、电学、光学等)性质的作用。一般指物质所具有的降低溶剂表面张力或界面张力的作用。

2.6

表面现象 surface phenomena

在两相(液-气、液-固、液-液或气-固)的界面上，力学、电学、光学等效应变得明显的现象。

2.7

比表面 specific surface

单位体积的物质所具有的表面积。比表面表示物质的分散程度。单位为负一次方米(m^{-1})，计算式为：

$$比表面(A_s)=\frac{物理表面积(A)}{物质体积(V)}$$

2.8

比表面能 specific surface energy

在指定温度和压力下，增加单位表面积时，表面能的增加量。

2.9

保护胶体　protective colloid

物质在一定浓度范围内作为亲液胶体时，能延迟或阻止疏液分散体粒子的聚集。

2.10

活性物　active matter

在一定溶液中，显示出一定特性的物质的总称。

2.11

表面活性剂　surface active agent；surfactant

一种具有表面活性的化合物，它溶于液体特别是水后，可以在液-气界面或其他界面择优吸附，从而使其表面张力或界面张力显著降低。这种化合物的分子中至少含有一个对亲水介质具有亲和性的基团(亲水基)和至少含有一个对亲水介质几乎没有亲和性的基团(亲油基)。

2.12

离子表面活性剂　ionic surface active agent；ionic surfactant

在水溶液中电离产生带正电荷或带负电荷的有机离子，并且这些有机离子具有表面活性的物质。

2.13

阴离子表面活性剂　anionic surface active agent；anionic surfactant

在水溶液中电离产生带负电荷的有机离子，并且这些有机离子具有表面活性的物质。

2.14

阳离子表面活性剂　cationic surface active agent；cationic surfactant

在水溶液中电离产生带正电荷的有机离子，并且这些有机离子具有表面活性的物质。

2.15

两性表面活性剂　ampholytic surface active agent；ampholytic surfactant

在分子结构中同时具有带两种相反电荷的有机离子的物质。这种物质在水溶液中能电离，但取决于介质的条件，从而使这些有机离子具有阴离子和(或)阳离子表面活性剂的性质。

2.16

非离子表面活性剂　non-ionic surface active agent；non-ionic surfactant

在水溶液中不产生离子的表面活性剂。非离子表面活性剂中由于分子中存在有强亲水性官能团而具有水溶性。

2.17

吸附　adsorption

一种物质的原子或分子附着在另一种物质的表面上的现象。

2.18

正吸附　positive adsorption

溶液中溶质在表面层的浓度大于溶质在本体溶液中浓度所产生的吸附现象。

2.19

负吸附　negative adsorption

溶液中溶质在表面层浓度小于溶质在本体溶液中浓度所产生的吸附现象。

2.20

表面活性剂吸附层　adsorption layer of surface active agent

表面活性剂溶液的界面上，富聚着表面活性剂层，即吸附层。在该层任何位置上，表面活性剂的浓度大于溶液本体中的浓度。

2.21

吸附剂　adsorption agent；adsorbent

具有吸附作用的物质。这种物质具有选择性的吸附能力，并具有巨大的吸附表面。

2.22

微分表面功　differential surface work

在等压、等温和可逆条件下，增加液体表面所需的功。这个功相当于使分子从液体内部转移到表面所需的吉布斯能。微分功 dW_s，与增加的液体表面积 dS 成正比。

$$dW_s = r dS$$

表面功的系数 r 以焦耳每平方米表示，它与表面张力以牛顿每米表示的数值相同。

2.23

单分子层　monomolecular layer

单层　monolayer

被吸附剂所吸附的表面活性剂以单分子方式成薄层铺展于吸附剂的表面，此吸附层称为单分子吸附层，又称单层。

2.24

膜　film

均匀的或不均匀的物质薄层。

2.25

单位面积内聚功　work of cohesion per unit area

在等温、等压条件下，使一种液体(或固体)柱垂直于其轴线可逆地分离，并生成两个新的表面时对每单位面积所做的功。这个功在数值上等于表面张力的两倍。

2.26

单位面积附着功(或分离功)　work of adhesion(or of separation)per unit area

在等温、等压和可逆条件下，当具有单位面积界面的两种凝聚相被分离而形成每一相单位面积时对体系所做的功。

2.27

浊点　cloud temperature

某些非离子表面活性剂的水溶液，在温度升高时，溶液由均相变为非均相(即由清晰透明变为浑浊)时的温度。浊点又称浑浊温度。

2.28

澄清点　temperature of clarification

具有浊点的某些非离子表面活性剂水溶液的非均相混合物，在温度下降时，溶液变成均相时的温度。澄清点又称澄清温度。

2.29

克拉夫特温度　Krafft temperature

离子型表面活性剂的溶解度陡增时的温度(实际上是在一个很窄的温度范围内)。在此温度时，其溶解度等于临界胶束浓度。

2.30

亲水　hydrophily

对水的亲和性。

2.31

亲水基　hydrophilic group

对水具有亲和性的基团。

2.32

疏水　hydrophoby

对水的疏远性。

2.33

疏水基　hydrophobic group

对水具有疏远性的基团。

2.34

亲液　lyophily

对液相的亲和性。

2.35

亲液基　lyophilic group

对液相具有亲和性的基团。

2.36

疏液　lyophoby

对液相的疏远性。

2.37

疏液基　lyophobic group

对液相具有疏远性的基团。

2.38

亲油性　lipophilicity

对非气体、非极性有机相的亲和力。

2.39

亲油基　lipophilic group

对非气体、非极性有机相具有亲和性的基团。

2.40

疏油性　lipophobicity

对非气体、非极性有机相的疏远性。

2.41

疏油基　lipophobic group

对非气体、非极性有机相具有疏远性的基团。

2.42

疏远性　exophilicity

一种分子具有的使其离开或不渗透至一个相内的全部或部分结构的倾向。疏远性可用分子中官能团来表征。当物质分子从理想气态变至考察相时，在分子中引入这些基团会引起化学势增大的变化。

注：由引入官能团而引起的化学势增大的值是浓度和温度的函数，根据这些变量，这种基团可具有亲和或疏远的特征。

2.43

亲和性　endophilicity

一种分子具有的使其保持或不渗透至一个相内的全部或部分结构的倾向。亲和性可用分子中官能团来表征。当物质分子从理想气态变至考察相时，在分子中引入的这些基团会引起化学势减少的变化。

注：由引入官能团而引起的化学势减小的值是浓度和温度的函数，根据这些变量，这种基团可具有亲和或疏远的特征。

2.44

两亲物　amphiphatic product

分子中同时含有一个或多个亲水基和一个或多个亲油基的产物。

2.45

亲水亲油平衡　hydrophilic-lipophilic balance (HLB)

极性基团(或多极性基团)和非极性部分的相对重要性,并分别影响分子对水和对低极性有机溶剂的亲和性。亲水亲油平衡又称亲水亲油比。

2.46

极性基团　polar group

使分子中的电子分布引起有效电偶极矩的基团。这种基团呈现了显著的极性表面,尤其是对水的亲和性,因而分子具有亲水的特征。

2.47

非极性基团　non-polar group

使分子中电子分布不引起有效电偶极矩的基团。这种基团呈现了对低极性有机溶剂的亲和性,因而使分子具有亲油的特征。

2.48

极性-非极性结构　polar-non polar structure

至少包括一个极性基团和一个大的非极性基团的分子结构,这种结构使分子呈现出亲水和亲油的特征。

2.49

乳化　emulsifying

两种互为不溶性的液体,使其中一种液体分散于另一液体中而形成两相分散体系的过程。

2.50

乳化力　emulsifying power

能使两种互不混溶的液体形成乳化液的物质所具有的效能。

2.51

乳化作用　emulsification

使两种互不溶解的液体形成乳状液的作用。

2.52

油状乳液　oil emulsion

连续相是与水不互溶的液体乳状液。又称为油包水乳液(用 W-O 或 W/O 表示)。

2.53

水状乳液　aqueous emulsion

连续相是水的乳状液,又称水包油乳液(用 O-W 或 O/W 表示)。

2.54

可乳化液体　emulsifiable liquid

适合于构成乳状液的分散相的液体。

2.55

乳化液体　emulsifying liquid

适合于构成乳化状液的连续相的液体。

2.56

胶束　micelle

在高于一定的临界浓度的表面活性剂溶液中,由分子或离子组成的聚集体。

2.57

临界胶束浓度　critical micelle concentration (CMC)

形成胶束的最低浓度。

2.58

胶溶　peptization

由絮凝物或聚集体形成的稳定分散体。

2.59

盐敏感性　salt sensitivity

盐类电解质对染料和助剂的某种性能影响的程度。

2.60

气泡　bubble

由薄的液囊包围的大量气体。

2.61

泡沫　foam

由薄的液膜隔开的并列气泡形成的气泡群，从而构成了在液体中气体以大体积比分散的分散体。

2.62

发泡作用　foaming effect

形成泡沫的作用。

2.63

发泡力　foaming power

产生泡沫的效能。

2.64

泡沫持久性　foaming persistance

使泡沫持久存在的能力。

2.65

毛细活性　capillary activity

表面活性剂在溶液中由于界面上吸附引起的作用。这种作用通常使表面张力或界面张力降低。

2.66

接触角　contact angle

在至少有两个是凝聚相的三相接触线的一点与凝聚相中液相表面形成的切线和两凝聚相相交的平面的夹角。

2.67

润湿　wetting

在表面活性剂溶液的特定情况下，使润湿倾向和润湿性的性质生效的作用。

2.68

润湿倾向　wetting tendency

液体铺展于表面的倾向。溶液和表面间的接触角减小表明润湿增加，接触角为零相当于自发铺展。

2.69

润湿力　wetting power

润湿表面的效能。

2.70

润湿性　wettability

使表面变湿的能力。

2.71

铺展能力　spreading ability

液体的一种性质，它能使一滴液体自发地覆盖于另一种液体或固体表面上。

2.72

粘附润湿　adhesive wetting

液滴不能自发铺展，而是粘附于另一种液体或固体表面所发生的润湿过程。

2.73

浸入润湿　bleeding wetting

液滴浸入另一种液体或固体表面所发生的润湿过程。

2.74

润湿滞后　wetting hysteresis

在固体基质上所观察到的润湿和去湿的滞后现象。

2.75

再润湿作用　rewetting ability

固体基质吸附某种表面活性剂后，经干燥后仍具有被水润湿的作用。

2.76

渗透　penetrating

液体从固体表面进入固体之中的现象。

2.77

金属敏感性　metal sensitivity

染浴中金属离子对染料和助剂的某些性能影响的程度。

2.78

悬浮力　suspending power

表面活性剂溶液中，使某些不溶性物质微细粒子保持在悬浮状态的效能。

2.79

分散体　dispersion

由两个或多个相组成的体系。该体系中一个为连续相，至少一个为微细粒子的分散相。

2.80

分散相　disperse phase

分散体中的不连续相。

2.81

分散介质　dispersing medium

分散体中的连续相。

2.82

絮凝　flocculation

分散相从分散介质中分离出絮状沉淀的凝结作用。

2.83

絮凝物　flocculate；floc

被絮凝的物料。

2.84

凝聚　coacervation

分离成含相同组分但不同比例的平衡液胶相。

2.85

凝聚相　coacervated phase；coacervate

已凝聚体系中的浓相。

2.86

凝聚体系　coacervated system

已凝聚体系中相的总和。

2.87

聚结　coalescence

两个互相接触的液滴之间或液滴与固相之间的边界消失，随之形状改变并导致总表面积减小的现象。

2.88

沉降　sedimentation

在重力或离心力作用下，分散于流体介质中粒子的积聚。

2.89

触稠性　dilatency

在一定条件下，由于剪切力的作用，使液体黏度或稠度增加；当剪切作用停止后，黏度或稠度必须于一定时间重建，液体的这一性质称为触稠性。触稠性又称为反触变性。

2.90

触变性　thixotropy

在一定条件下，由于剪切作用，使液体黏度或稠度减小；当剪切作用停止后，黏度或稠度必须于一定时间重建，液体的这一性质称为触变性。

2.91

触变恢复时间　thixotropy returning time

在剪切作用下，液体黏度或稠度变小，当剪切作用停止后，黏度或稠度恢复到剪切作用以前的大小所需的时间。

2.92

流变性　rheology

浆状或胶状液体触变性或触稠性的通称。

2.93

流变滞后　rheological hysteresis

若剪切速率在等温可逆条件下，随时间从零至极大值(上分支)时呈线性地增大，然后以同样的方式减小(下分支)。则剪切速率图呈现一种滞后回路，可用它来检定和表征触变性和触稠性。

2.94

剪切稀化　shear thinning

在等温可逆条件下，表观黏度无滞后地随剪切速率的增加而减小的现象。

2.95

震凝现象　rheopoxy

在相对高的剪切速率停止以后，以较小的剪切速率即可使触变恢复时间缩短的现象。

2.96

可逆水解　reversible hydrolysis

水和已溶解盐的离子建立起的离子与能生成此盐的酸或碱分子共存的平衡状态。当介质条件改变时，酸或碱分子能回复至离子状态。含有大的疏水基的弱有机酸盐或弱有机胺盐，较易发生可逆水解。

2.97

自动氧化　autoxidation

分子氧与有机或无机化合物以一定速度发生的自动氧化反应。

2.98

脱水　dehydration

导致除去产品中部分或全部结合水的物理操作,或导致除去化合物中一个或多个水分子的化学反应。

2.99

金属离子螯合作用　chelation of metal ions

金属离子被包围在一种环状结构中而生成络合物的作用,这种环状结构包括一个或更多个给电子基团的分子。

2.100

金属离子螯合物　chelate of metal ions

通过螯合作用抑制金属离子活性的金属络合物。

2.101

金属离子络合　complexing of metal ions

由至少具有一个给电子基团分子的作用,使金属离子变成一种新的络合离子。

2.102

多价螯合作用　seque stration

溶解在介质中的金属离子的"掩蔽"作用,这些离子在存有如表面活性剂等试剂时,正常地会生成沉淀。这种"掩蔽"作用通常是由生成留在介质溶液中的络合物来完成的。

2.103

对金属离子的螯合力　chelating power for metal ions

某些分子与金属离子生成螯合物的效能。

2.104

对金属离子的络合力　complexing power for metal ions

某些分子使金属离子变成一种失去离子性的新络合离子的效应。

2.105

表观体积　apparant volume

在实验条件下,一定量物质的外部界限内所测得的体积。表观体积可能包括气泡、细孔和空隙。

2.106

表观密度　apparant density

单位表观体积的质量。

2.107

加和、协同和对抗效应　additive, synergistic and antigenistic effect

由 A、B 两种组分混合的溶液中,如每种组分的浓度分别为 c_A 和 c_B,此时得到给定的效应;而 A、B 两种溶液单独存在时,如浓度分别为 c_A 和 c_B,也能得到相同的效应,这时 A 和 B 的混合效应可用下式表示:

$$c_A/c'_A + c_B/c'_B$$

如上式其和等于 1,则称为加和效应;如其和小于 1,则称为协同效应;如其和大于 1,则称为对抗效应。

3　纺织印染助剂专用名词术语

3.1

纺织染整助剂　textile dyeing and finishing auxiliaries

在纤维纺织加工过程中,纺织品前处理、染色、印花、后整理及染料后处理等过程中使用的除染料和通用化学品(如无机或有机的酸、碱和盐)以外的物质的总称。

3.2

纤维纺织助剂　fiber spinning auxiliaries

在纤维加工和纺织过程中所使用的各种助剂。

3.3

纺浴添加剂　spinning bath additive

用于澄清纺浴并能防止喷咀堵塞的添加剂。这些添加剂通常是表面活性剂或含有表面活性剂的制剂。

3.4

纺液添加剂　spinning solution additive

在制备纺液时加入的添加剂。用以改进纺液对纺丝的适应性并可能改善长丝的质量。这些添加剂通常是表面活性剂或含有表面活性剂的制剂。

3.5

油剂　lubricants

纤维生产纺织加工过程中使用的润滑剂,其应用于丝、毛、麻、合纤生产与加工过程中,是使纤维顺利通过纺丝、拉伸、纺纱、织造等工序的一类助剂。

3.6

纺丝油剂　finishing oil

化纤油剂

化纤生产过程中,涂抹于纤维表面,用以降低纤维摩擦力,防止静电累积,赋予纤维柔软性,改善集束性,以保证纤维顺利通过各道加工工序的助剂。

3.7

纺纱油剂　spinning oil

纺前或纺纱时施用于纤维的物质。它可使纤维更润滑、柔韧,并使纤维具有所需的表面性质,如饱和性、柔软性、平滑性、抗静电性等特征,使纤维顺利通过后一道工序。

3.8

络纱油　coning oil

络筒润滑剂(络筒油)　winding lubricant;winding oil

a)　使纱线适用于卷绕和随后的编织操作的化学品称为络纱油。它可使纱线更柔软、润滑。

注:这些物质是含油产品或是在水中可乳化的油,可借助于表面活性剂如油溶性聚乙二醇酯或其醚来配制。

b)　在络筒时,减少摩擦防止接触面损耗的物质称为络筒润滑剂或络筒油。

3.9

吸湿剂　hygroscopic agent

能增加纺织品在空气中吸收湿气的物质。

3.10

保湿剂　humectant

在整个纺织过程中,控制和保持纱线所需湿度,并最终增加纱线强度的产品(这些产品是加有吸湿剂和防腐剂的润湿剂溶液)。

3.11

上浆　sizing;starching

在织物织造前,将一定浓度的浆料施加到织物上的过程。

3.12

上浆剂 **sizing agent**;starching agent

浆料

对纱线具有上浆作用的浆料。

注:以主成分黏着剂分,包括天然浆料(如植物淀粉、红藻胶、牛皮胶、桐油等),半合成浆料(如糊精、改性淀粉等),合成浆料(主要有聚乙烯醇 PVA、聚丙烯酸 PA、聚丙烯酰胺等)。

3.13

上蜡剂 **waxing agent**

用于经纱处理的低熔点蜡类,使用这种蜡类处理的经纱在后续织造过程中可减少断头。上蜡剂又称为纺织蜡或上浆蜡。

3.14

浆料助剂 **sizing assistant**

上浆过程中加在上浆剂中,没有粘性,但可以改善和提高浆膜的工艺性能、使浆膜柔软平滑而耐磨,从而使其进一步适应织造需要的辅助材料,主要有渗透剂、柔软剂、抗静电剂、防腐剂等。

3.15

泡丝剂 **soaking agent**

用于丝纤维经线的浸泡,使丝纤维具有优良的平滑、柔韧性,以减少络丝和织造过程中的断头。

3.16

碳化 **carbonization**

用硫酸或其他物质去除羊毛中植物性杂质的工艺过程。

3.17

碳化剂 **carbonizing agent**;carburizer

使羊毛中植物性杂质碳化的物质。

3.18

碳化助剂 **carbonizing assistant**

加速碳化剂渗透到羊毛中植物性杂质内,以促进这些杂质在随后的热处理时被破坏掉的物质。

3.19

前处理 **pretreatment**

染色、印花或后整理加工之前,去除天然纤维或各种化学纤维织物中所含有的各种杂质的加工处理过程,包括退浆、精练、漂白、丝光等工序。

3.20

前处理助剂 **pretreating auxiliaries**

纺织品在前处理过程中所使用的助剂。

3.21

净洗 **detergent washing**

洗涤

用溶剂、净洗剂溶液等洗除纺织品上污垢或洗除纺织品在各道染整加工过程中所附着的残留物。

3.22

净洗剂 **detergent**

洗涤剂

在净洗全过程中产生净洗力的专门单一或复配产品。

3.23

助洗剂 **builder**

洗涤剂的辅助成分(通常为无机物)。其主要作用是增加净洗剂主要成分的净洗作用。

3.24

碱洗　soda washing

用低浓度碳酸钠或氢氧化钠溶液等碱性溶液去除织物上油渍等杂质的过程。

3.25

干洗　dry cleaning

用易挥发的有机溶剂如烃类、全氯乙烯等溶剂洗涤纺织品上油污等的过程。

3.26

干洗剂　dry cleaning agent

对纺织品具有干洗作用的专门单一或复配产品。

3.27

抗再沉积作用　anti-redeposition

在纺织品洗涤过程中，使洗除的污垢保持在洗涤液中，以防止再沉积到纺织品上的作用。

3.28

抗再沉积剂　anti-redeposition agent

具有抗再沉积作用的物质。它一般为洗涤剂的补充成分，从而赋予洗涤剂以防止再沉积的性能。

3.29

润湿剂　wetting agent

加入水中能同时降低液体表面张力及液体和固体物质界面张力的物质。[AATCC 17—1999 中的 3.1、AATCC 27—1999 中的 3.2]

3.30

再润湿剂　rewetting agent

在纺织品前处理、染色和后整理过程中，用于织物上并经干燥后，当织物再次与水接触时，可使其尽快润湿的表面活性剂物质。[AATCC 27—1999 中的 3.1]

3.31

渗透剂　penetrant；penetrating agent

加入液体后，能使液体渗透性增加的表面活性剂。

3.32

退浆　desizing

去除纺织品上浆料的工艺过程。

3.33

退浆剂　desizing agent

用于纺织品退浆的物质。

3.34

精练　scouring；boiling-off；degumming

用物理和化学方法去除天然纤维棉、毛、麻、蚕丝等中的天然杂质、污垢、残余浆料或去除合成纤维中油污、浆料等的工艺过程。棉、麻纺织品精练称为煮练；丝织品的精练称为脱胶；羊毛织品通过洗毛、洗呢去除杂质。

3.35

精练剂　scouring agent

用于纺织品精练的助剂。

3.36

精练助剂　scouring assistant

促进精练剂的精练作用发挥的助剂。

3.37

溶剂精练　solution scouring

用有机溶剂进行精练的过程。

3.38

绳状精炼　scouring with rope form

纺织品以绳状形式精练的过程。

3.39

平幅精练　scouring with open width

纺织品处于开幅状态下的精练过程。

3.40

加压精练　kier scouring；kier boiling

纺织品处于热压状态下的精练过程。

3.41

半练　half degumming

用于除去纤维上部分丝胶所进行的精炼。可分为七分精练、五分精练等类型。

3.42

练折　boiling-off loss

生丝或丝织物经过脱胶后所减轻的重量通常以百分率表示。练折又称为练减率。

3.43

脱胶　degumming；boiling-off

除去生丝或麻类织物中胶质物质的过程。

3.44

泡沫脱胶　foam degumming

煮沸皂、碱等浓溶液，用生成的泡沫对丝、麻及其织品脱胶的过程。

3.45

脱胶剂　degumming agent

脱胶过程所使用的物质。

3.46

脱脂剂　degreasing agent

除去羊毛中杂质及汗脂的物质。

3.47

漂白　bleaching

用氧化或还原的方法，除去纺织品中色素或杂质，使之洁白的作用。

3.48

漂白剂　bleaching agent

具有漂白作用的物质。

3.49

漂白助剂　bleaching assistant

在漂白工艺过程中，用以控制漂白剂分解速度和提高漂白作用，使漂白作用更均匀的物质。

3.50

漂白稳定剂　bleaching stabilizer

在漂白浴中能提高漂白剂的稳定性，又不影响有效漂白的物质。

3.51

漂白催化剂　bleaching catalyst

漂白活化剂　bleaching activator

能促使漂白剂释放出有效成分，提高漂白作用，加速漂白过程的物质。

3.52

亚氯酸盐漂白　chlorite bleaching

亚漂

用亚氯酸盐进行漂白的过程。

3.53

次氯酸盐漂白　hypochlorite bleaching

氯漂

用次氯酸盐进行漂白的过程。

3.54

过氧化氢漂白　hydrogen peroxide bleaching

氧漂

用过氧化氢进行漂白的过程。

3.55

过氧化物漂白　peroxide bleaching

用过氧化物进行漂白的过程。

3.56

还原漂白　reduction bleaching

用还原剂进行漂白的过程。

3.57

硫熏　stoving

用二氧化硫气体进行漂白的过程。

3.58

上蓝　blueing

为了使漂白后织物的微黄光色消除，而用蓝色染料或颜料进行互补的过程。

3.59

上蓝剂　blueing agent

纺织品上蓝所用的染料或颜料。

3.60

丝光整理　mercerizing finish

棉织物在张力作用下，用浓氢氧化钠或浓氨液等化学品处理，以改善纤维性能并获得光泽的工艺过程。

3.61

丝光剂　mercerizing agent

用于棉织品丝光整理的物质。

3.62

丝光助剂　mercerizing assistant

丝光渗透剂

改进丝光液润湿力，从而加速丝光液均匀地渗透到棉纤维中去的物质。

注：这些产品是在高浓度碱液中稳定的润湿剂，它们是由 a)在碱液中具有表面活性作用和乳化作用的组分(如低分子量的烷基磺酸酯、高磺化油、甲酚、二甲酚等)；b)具有消泡作用和润湿作用的组分组成。后者本身不溶于碱液，但靠增溶剂(如丁二醇、乙氧基胺等)而使其溶解。

3.63

螯合(分散)剂　chelating agent

(金属)络合剂　metal complexing agent

应用于纺织印染行业,能通过形成水溶性络合物的形式来钝化金属离子的化学物质。它可以防止某些金属离子与其他化合物反应而产生沉淀。[AATCC 149—2002 和 AATCC 168—2002 中的 3.1]

3.64

酶制剂　enzyme

酶

一种蛋白质,生物催化剂,具有反应专一性的特点,可在常温常压条件下使用,广泛应用于染整加工过程中,作用于非纤维物质或纤维上,用于去除纤维上的杂质、残留物或改善纤维性能。

3.65

脱氯剂　dechlorinating agent

快速脱除残余氯的还原性物质。

3.66

双氧水去除剂　hydrogen peroxide remover

漂染用去氧剂　bleaching dyeing deoxidizer

织物经双氧水漂白后,在同浴条件下清除残余过氧化物的物质。

3.67

碱减量　deweighting

聚酯纤维在氢氧化钠水溶液中,主要是纤维表面的聚酯分子链的酯键水解断裂,不断形成不同聚合度的水解产物,最终形成水溶性对苯二甲酸钠和乙二醇,从而使纤维变细,织物重量减轻,并改善织物的悬垂性,提高织物吸湿性和柔软性的加工过程。

3.68

碱减量促进剂　deweighting agent

能有效促进碱对聚酯纤维的水解,缩短加工时间,降低碱用量,提高碱利用率,达到均匀碱减量目的的物质。

3.69

染色　dyeing

将染料用于纺织品或其他材料,通过适当的处理,使被染物获得均匀一致的颜色的过程。[GB/T 6687—2006 中的 7.1]

3.70

染色助剂　dyeing auxiliaries

在染色工艺过程中,用于改善纤维及纤维制品的染色性能或使染色工艺顺利进行所使用的助剂。

3.71

乳化剂　emulsifying agent;emulsifier

使两种互不混溶的液体形成乳化体系的物质。

3.72

消泡　anti-foaming

能抑制和阻止泡沫的形成,或消除已形成的泡沫,或能显著降低泡沫持久性的过程。

3.73

消泡剂　anti-foaming agent

具有消泡作用的物质,一般消泡剂含有破泡剂(消除已形成之泡沫,为暂时性消泡剂)和抑泡剂(抑制和阻止泡沫的产生,为永久性消泡剂)。

3.74

发泡　foaming

使处理的液体产生大量泡沫的过程。

3.75

发泡剂　foaming agent

具有发泡作用的物质。

3.76

泡沫增效　foaming boost

提高发泡效率的过程。

3.77

泡沫增效剂　foaming booster

提高发泡剂发泡效率的物质。

3.78

泡沫稳定性　foaming stabilization

泡沫稳定存在的能力。

3.79

稳泡剂　foaming stabilizer

能增加泡沫稳定性的物质。

3.80

移染性　migration property

染色过程中，纤维上的染料从浓度高的位置经过染液向浓度低的位置转移的能力。移染性好的染料易获得匀染。[GB/T 6687—2006 中的 6.9]

3.81

匀染　levelling

染料在染色产品表面以及纤维内各部分分布的均匀程度。

3.82

匀染性　levelling property

染料对纤维织物进行均匀染色的能力，受扩散性能、上染速率、移染性等多种因素影响。[GB/T 6687—2006 中的 6.10]

3.83

匀染剂　levelling agent；dyer leveler

使染料对纺织品进行均匀染色的物质。

3.84

促染　accelerating

在一定条件下，提高染料在纺织品上的上染速度或染色深度的过程。

3.85

促染剂　accelerating agent；accelerant

对染料具有促染作用的物质。

3.86

缓染　retarding

在纺织品染色的初期阶段，具有降低染料染色速度的作用。缓染不影响染色的吸尽平衡。

3.87

缓染剂　retarding agent

对染料具有缓染作用的物质。

3.88

泳移　migration

纺织品在生产、检测、储存及使用过程中，染料或颜料由于毛细效应产生的在纤维内部或纤维间的化学运动。[AATCC 140—2001 中的 3.3]

3.89

防泳移剂　anti-migration agent

在染料悬浮体轧染工艺的操作过程中，能防止染料泳移的化学品。

3.90

染色载体　dyeing carrier

能帮助染料渗透或进入到疏水性合成纤维中去的物质。

3.91

膨化　swelling

膨胀

使纤维膨大、结构变得疏松的作用。

3.92

膨化剂　swelling agent

膨胀剂

对纤维具有膨化作用的化学品。

3.93

媒染剂　mordant

可和染料形成络合物，增强染料与纤维结合能力的一类物质。[GB/T 6687—2006 中的 7.20]

3.94

氧化剂　oxidizing agent

对染料或纺织品杂质具有氧化作用的物质。

3.95

防氧化剂　anti-oxidizing agent

能防止染料在印染过程中发生不应有的氧化作用的物质。

3.96

还原剂　reducing agent

对染料或纺织品杂质具有还原作用的物质。

3.97

防还原剂　anti-reducing agent

能防止染料在印染过程中发生不应有的还原作用的物质。

3.98

固色　fixing

促进和增加染料在纤维上固着的作用。

3.99

固色率　degree of fixation

表示除去浮色后纤维上染料量的一个特性指标。计算固色率有二种方法：

a) 以染色所用染料总量为基准，即固色率为在纤维上固着的染料量与投入染浴中的染料总量之比。

b) 以固色前织物上染料量为基准，即固色率为固色后单位质量织物上染料量与固色前单位质量织物上的染料量之比。[GB/T 6687—2006 中的 6.30]

3.100

固色剂　fixing agent

固色交联剂

对染料具有固着作用,可提高染色织物湿处理牢度的物质。

3.101

剥色　stripping

为某种目的,用化学药剂对染色或印花织物上固着的染料进行萃取的处理过程。[GB/T 6687—2006 中的 6.41]

3.102

剥色剂　stripping agent

能剥除染过色的纺织品上染料的物质。

3.103

增效　boosting

具有增强主要成分某些特性的作用。

3.104

增效剂　boosting agent;booster

具有增效作用的某些物质。

3.105

增艳　brightening

使纺织品上着色的染料色泽更加鲜艳的过程。

3.106

增艳剂　brightening agent

具有增艳作用的物质。

3.107

增深　deep-dyeing

提高染料在纺织品上得色量及纺织品色深度的作用。

3.108

增深剂　deep-dyeing agent

对染料或织物具有增深作用的物质。

3.109

湿处理过程　wet process

处于润湿状态下纺织品处理过程的总称,包括前处理、染色、印花及后整理。在这些加工过程中,纺织材料要经用液体,通常是水,或者含有化学药品的水溶液或悬分散液处理。[AATCC 81—2001 中的 3.3]

3.110

湿处理保护剂　protective agent in wet process

在纺织品漂白、染色和剥色过程中用于保护纤维,特别是保护蛋白质纤维的物质。

3.111

缚酸　acid-binding

中和印染过程中生成的酸的过程。

3.112

缚酸剂　acid-binding agent

具有缚酸作用的物质。

3.113

释酸剂　acid-releasing agent

在水中能产生酸或酸性物或者经反应生成酸或酸性物的物质。

3.114

缚碱　alkali-binding

中和印染过程中生成的碱的过程。

3.115

缚碱剂　alkali-binding agent

具有缚碱作用的物质。

3.116

胶溶剂　peptizing agent

能促进胶溶过程的物质。

3.117

印花助剂　printing auxiliaries

在织物印花过程中,用于改进印花质量或使印花工艺顺利进行而使用的助剂。

3.118

黏合剂　binding agent; binder

在一定条件下,能在纤维上形成一层薄膜,并将颜料固着在纤维上的高分子化合物。这种化合物可以是树胶、合成树脂、橡胶、乳胶等,也称为胶黏剂。

3.119

非交联型黏合剂　non-crosslinking binder

在分子中没有可以发生交联反应基团的黏合剂。

3.120

交联型黏合剂　crosslinking binder

分子中含有羧基、羟基、酰胺基、氨基等能与交联剂发生交联反应基团的黏合剂。这种黏合剂聚合成膜后能形成三度空间结构的薄膜。

3.121

自交联型黏合剂　self-crosslinking binder

在分子中含有能自身发生交联反应基团(如羟甲基、环氧基、乙烯亚胺基等)的黏合剂。这种黏合剂在聚合成膜时,不用加入交联剂就能自身交联形成具有三度空间结构的薄膜。

3.122

印花糊料　printing gum

能溶解或分散在水中,使印花浆黏度增大并具有流变性的物质。

3.123

增稠剂　thickener; thickening agent

能溶解或分散在水中,使液体黏度增大并具有流变性的物质。

3.124

天然增稠剂　natural thickener

用作增稠剂的天然化合物。

3.125

化学改性天然增稠剂　chemically-modifying natural thickener

经化学反应而改姓的天然增稠剂。

3.126

合成增稠剂　synthetical thickener

经化学方法合成的增稠剂。

3.127

交联剂　crosslinking agent

交链剂

在染色、印花或树脂整理过程中，能与黏合剂或树脂整理剂发生交联反应，从而生成三度空间网状结构的化合物。加入交联剂可以提高黏合剂薄膜的坚牢度或树脂整理剂的整理效果。

3.128

催化剂　catalyst

加在涂料印花浆或树脂整理剂中，能加速黏合剂或树脂整理剂的交联而形成三维空间网状结构的物质。

3.129

黏度改进剂　viscosity modifier

流变性能调节剂

能改善印花浆的黏度或流变性能的添加剂。

3.130

黏度稳定剂　viscosity stabilizer

能使印花浆黏度保持稳定的添加剂。

3.131

乳化稀释浆　emulsifying reducer

用来稀释或调整涂料印花浆的黏度而使用的浆料。

3.132

拔染剂　discharging agent

在拔染印花浆中，加入能消去地色的化学品称为拔染剂，通常为氧化剂或还原剂。

3.133

防染剂　resist agent

防印剂

在防染印花浆和防印印花浆中，加入的防止染料着色而形成花纹的物质。

3.134

保护性氧化剂　protective oxidizing agent

在拔染印花时，防止产生地色浮雕等疵病的一种温和氧化剂。

3.135

皂洗剂　soaping agent

织物染色或印花后，用于去除织物上未固着的染料、水解染料、浆料、浮色，从而提高织物色牢度、色泽鲜艳度所使用的净洗剂。

3.136

稀释剂　diluent

加入到一种固体或液体中，使其浓度或组分比率降低而不改变原来固体和液体作用的物质。

3.137

辅助剂　assistant

在纤维纺织、染色、印花、整理、前处理和染料后处理过程中，有助于提高某种助剂效能，改进这种助剂质量的辅助性物质。

3.138

后整理　finishing

染色和印花后，通过物理的、化学的或物理-化学加工改进织物外观与内在质量、改善织物手感、稳定形态、提高服用性能或赋予织物某种特殊功能，如防缩、防皱、阻燃、抗静电等功能的加工过程。

3.139

后整理助剂　finishing agent；finishing auxiliary；after-treating auxiliary

纺织品后整理工艺过程中使用的助剂。

3.140

柔软整理　softening finish

纺织品在染整过程中，经过各种化学助剂的处理，并受到机械张力等的作用，不仅组织机构发生变形，而且能引起手感僵硬和粗糙，柔软整理是弥补这一缺陷，而使纺织品具有柔软、滑爽等手感的加工过程。

3.141

柔软（整理）剂　softening agent

能使纺织品手感变得柔软、滑爽、蓬松等的化学品。

3.142

涂层　coating

将合成树脂或其他物质施加于织物表面上形成的紧贴织物的薄膜层。

3.143

涂层整理　coating finish

将合成树脂或其他物质涂布于织物表面而形成紧贴织物的薄膜层的加工方法。

3.144

涂层整理剂　coating finishing agent

能在织物表面形成紧贴薄膜层，并具有某种特殊性能的合成树脂或其他物质。

3.145

树脂整理　resin finish

用合成树脂处理织物，使织物具有防皱、防缩、硬挺、防水、防污等特种性能的加工过程。

3.146

树脂整理剂　resin finishing agent

能使织物具有防皱、防缩、硬挺、防水、防污等特种性能的树脂。

3.147

防缩整理　shrink-resistant finish；shrinkage control finish

使织物在洗涤后具有不缩水或缩水至一定限度的加工过程。

3.148

防缩整理剂　shrink-resistant agent；shrinkage control agent

对织物具有防缩整理作用的物质。

3.149

防皱整理　anti-creasing finish

能提高织物的回弹性，使织物在服用过程中不易皱折的加工过程。

3.150

防皱（整理）剂　anti-creasing agent

对织物具有防皱整理作用的物质。

3.151

(洗可穿)免烫整理　wash and wear finish

使织物具有洗涤以后不用熨烫即保持洗涤前的挺括性的加工过程。

3.152

免烫整理剂　easy-care finishing agent

对织物具有免烫整理作用的物质。

3.153

耐久压烫整理　permanent press finish;durable press finish

pp 整理

dp 整理

对织物(尤其是纤维素织物)进行树脂整理,以便在缝制和服用过程中保持永久定型状态的加工过程。

3.154

耐久压烫整理剂　durable press finishing agent

对织物具有耐久压烫整理作用的物质。

3.155

硬挺整理　stiffening finish

使织物具有身骨、弹性和手感丰满而厚实的加工过程。

3.156

硬挺剂　stiffening agent

对织物具有硬挺整理作用的物质。

3.157

吸湿排汗整理　moisture adsorption and perspiration exhaust finish

吸湿快干整理

使用特殊助剂对织物进行功能性整理,从而使织物兼具吸水、透湿和快干的特性。

3.158

吸湿排汗整理剂　moisture adsorption and perspiration exhaust finishing agent

吸湿快干整理剂

使织物具有吸湿排汗功能的物质。

3.159

亲水整理　hydrophilic finish

赋于纤维一定亲水性,以增加纺织品穿着舒适感,减少静电对污垢的吸附,在洗涤时能防止再沉淀作用的整理过程。

3.160

亲水整理剂　hydrophilic finishing agent

在亲水整理中使用的能赋于纤维一定亲水性的物质。

3.161

抗静电整理　antistatic finishing

防止织物在织造和服用过程中产生静电或消除静电荷聚集的加工过程。

3.162

抗静电整理剂　antistatic agent;antistatic finishing agent

使织物具有抗静电作用的物质。

3.163

阻燃整理　flame-retardant finish

防火整理

纺织品经过某些化学品处理后，可遇火不易燃烧、不易燃烧或一燃即熄，称为阻燃整理。

注：此处的燃烧包括有焰燃烧和无焰燃烧。

3.164

阻燃剂　flame-retardant

使纺织品具有阻燃性能所使用的化学品。阻燃剂可分为添加型阻燃剂和反应型阻燃整理剂。

3.165

防水整理　water-proofing finish

使织物不易被水渗透或通过的加工过程。经防水整理的织物，空气和水汽均不能透过织物。

3.166

防水剂　water-proofing agent

使织物具有防水整理作用的物质。

3.167

拒水整理　water-repellent finish

使织物具有不易被水渗透或通过的加工过程。经拒水整理后的织物，空气和水汽可以通过，而水则不易通过。

3.168

拒水剂　water-repellent agent

使织物具有拒水整理作用的物质。

3.169

拒油整理　oil-repellent finish

防油整理

使织物在服用过程中具有不易被油沾污的加工过程。

3.170

拒油剂　oil-repellent agent

防油剂

使织物具有拒油整理作用的物质。

3.171

易去污整理　soil-releasing finish；soil-resistant finish

防污整理

使织物不易被污垢沾污，易于洗去污垢，并使洗下的污垢在洗涤的过程中不致回沾的加工过程。

3.172

易去污整理剂　soil-releasing finishing agent

防污整理剂　soil-resistant finishing agent

用于易去污整理(防污整理)的物质。

3.173

抗菌防臭整理　antibacterial and anti-odour finish

使纺织品具有防菌、防腐、防臭性能的综合性整理工艺。

3.174

抗菌防臭整理剂　antibacterial and anti-odour finishing agent

使纺织品具有防菌、防腐、防臭性能的物质。

3.175

防腐剂　preservative

防止染料及助剂腐败变质的物质。

3.176

防霉整理　mildew-proofing finish

防止纺织品发生霉变的加工过程。

3.177

防霉整理剂　mildew-proofing finishing agent

具有防止纺织品发生霉变作用的物质。

3.178

防螨整理　anti-mite finish

防止纺织品上螨虫滋生的加工过程。

3.179

防螨整理剂　anti-mite finishing agent

用于纺织品的防螨加工过程中，对螨虫具有杀灭和驱避作用的物质。

3.180

防蛀整理　moth-proofing finish

防止毛纺织品被虫蛀蚀的加工过程。

3.181

防蛀剂　moth-proofing agent

用于防止毛纺织品被虫蛀蚀的加工过程中所使用的物质。

3.182

防虫整理　insect-repellent finish

使织物具有杀灭、驱避蚊虫等害虫的整理过程。

3.183

防虫剂　insect-repellent finishing agent

用于织物的防虫加工过程中，对蚊子、跳蚤、虱子、苍蝇等害虫具有良好的杀灭和驱避效果的物质。

3.184

防紫外线整理剂　anti-ultraviolet ray finishing agent

抗紫外线整理剂

具有吸收或屏蔽天然日光或荧光光源中紫外线部分的能力，而本身结构不起变化的物质。主要用于防止织物上的染料或颜料长期暴露于阳光或荧光下的产生光分解作用；减小紫外线对人体皮肤的伤害。

3.185

防滑移整理　anti-slip finish

抗纰裂整理　anti-stitch slip finish

增大织物经纬线的摩擦力，防止其滑移的加工过程。

3.186

防滑移整理剂　anti-slip finishing agent

抗纰裂整理剂　anti-stitch slip finishing agent

具有防滑移、抗纰裂整理作用的物质。

3.187

防烟熏褪色整理　anti-gasfad finish

防止纺织品上的染料受气体或烟雾作用而褪色的加工过程。

3.188

防烟熏褪色整理剂　anti-gasfading agent

用于防止纺织品烟熏褪色的物质。

3.189

防起毛整理　anti-fuzzing finish

防止纺织品在服用过程中磨出毛茸的加工过程。

3.190

防起毛整理剂　anti-fuzzing finishing agent

对织物具有防起毛整理作用的物质。

3.191

防起球整理　anti-pilling finish

防止纺织品磨出的毛茸卷曲缠结成球的加工过程。防起球整理往往与防起毛整理同时进行。

3.192

防起球整理剂　anti-pilling finishing agent

使织物具有防起球整理作用的物质。

3.193

抗起毛起球剂　anti-pilling agent

防止或减轻纺织品在使用过程中因反复摩擦而产生起毛起球现象的物质。

3.194

毡缩　felting

毛织物经洗涤搓挤所发生的毡状收缩现象。

3.195

防毡缩整理　anti-felting finish

使毛织物在洗涤和服用过程中,防止和减少毡缩的加工过程。

3.196

防毡缩剂　anti-felting agent

对毛织物具有防毡缩整理作用的物质。

3.197

缩绒　fulling

利用羊毛的毡缩性使毛织物变得紧密厚实,并在表面形成丰满外观、柔软手感的加工过程。

3.198

缩绒剂　fulling agent

对毛织物具有缩绒性能的物质。

3.199

丝鸣　scrooping

丝织品所特有的摩擦音和手感。

3.200

丝鸣整理　scrooping finish

提高丝织品丝鸣性能或赋予其他纤维或织物丝鸣性能的加工过程。

3.201

丝鸣增效剂　scrooping agent

丝鸣整理剂

提高或赋予纤维或丝织品丝鸣性能的物质。

3.202

增亮整理 brightening finish

通过提高织物对光线的反射提高织物亮度的整理过程。

3.203

增亮剂 brightening agent

具有使纤维或织物光泽度提高作用的物质。

3.204

消光整理 delustering finish

使纤维或织物光泽度减小的整理过程。

3.205

消光剂 delustering agent

具有使纤维或织物光泽度减小作用的物质。

3.206

遮光剂 opacifying agent

能使纤维或织物减小透明度(或透明率)的物质(如某些金属氧化物、盐类等)。

3.207

增重 weightening finish

为了使织物手感丰满,增加悬垂性,用物理或化学方法使其增重的加工过程。

3.208

增重剂 weightening agent

对织物具有增重作用的物质。

3.209

透明整理 transparent finish

使局部和全部织物半透明化的加工过程。

3.210

蝉翼纱整理 organdy finish

奥甘迪整理

用浆料、树脂或其他化学品处理棉、丝或合成纤维的细薄平纹织物,使其产生暂时性或永久性的挺爽效应(即蝉翼纱性质)的加工过程。

3.211

仿麻整理 imitation linen finish

使织物具有麻纤维性质的加工过程。

3.212

增溶作用 solubilization

某些物质能使原来不溶于水或微溶于水的物质溶解度显著增加的作用。

3.213

增溶力 solubilizing power

由于溶解的表面活性剂使某些在纯溶剂中溶解度低的物质溶于表面活性剂胶束而具有明显溶解度的效能。

3.214

增溶剂 solubilizing agent

具有增溶作用的物质。

参 考 文 献

[1] GB/T 6687—2006 染料名词术语

[2] GB/T 14666—2003 分析化学术语

[3] AATCC 17—1999 润湿剂效果的表征

[4] AATCC 27—1999 再润湿剂的评估

[5] AATCC 81—2001 湿法加工纺织品水萃取液 pH 值的测定

[6] AATCC 140—2001 浸轧烘干过程中染料和颜料泳移的评价

[7] AATCC 149—2002 螯合剂 利用草酸钙滴定的方法测量氨基聚羧酸及其盐类的螯合值

[8] AATCC 168—2002 螯合剂 聚氨基羧酸及其盐类的活性成分含量 铜指示剂法

中 文 索 引

Z

英 文 索 引

A

C

D

E

F

H

I

S

T

V

W

ICS 71.100.40;87.060.10
G 70

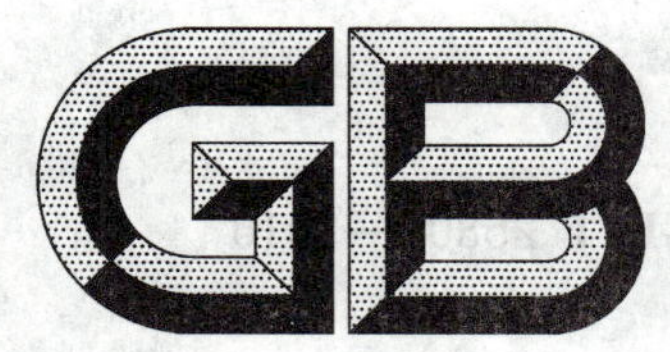

中华人民共和国国家标准

GB/T 25800—2010

纺织染整助剂命名原则

Principle of nomenclature of textile dyeing and finishing auxiliaries

2010-12-23 发布　　　　2011-10-01 实施

中华人民共和国国家质量监督检验检疫总局
中国国家标准化管理委员会　发布

前　言

本标准附录A、附录B为资料性附录。

本标准由中国石油和化学工业协会提出。

本标准由全国染料标准化技术委员会(SAC/TC 134)归口。

本标准起草单位:浙江传化股份有限公司、沈阳化工研究院有限公司。

本标准主要起草人:罗巨涛、陈红梅、毛为民、姬兰琴。

纺织染整助剂命名原则

1 范围

本标准规定了纺织染整助剂的命名原则。

本标准适用于纺织染整助剂的命名。

2 规范性引用文件

下列文件中的条款通过本标准的引用而成为本标准的条款。凡是注日期的引用文件，其随后所有的修改单(不包括勘误的内容)或修订版均不适用于本标准，然而，鼓励根据本标准达成协议的各方研究是否可使用这些文件的最新版本。凡是不注日期的引用文件，其最新版本适用于本标准。

GB/T 25798—2010 纺织染整助剂分类

3 纺织染整助剂名称的组成

纺织染整助剂的命名采用前缀修饰词加基本名称加代号的方式命名，前缀修饰词一般包括助剂的应用对象、基本结构、应用工艺以及表示特殊性能的形容词等；基本名称即根据其应用范围、工艺过程分类后的系列名称；代号一般是为了区分同类助剂产品厂家根据情况自行确定的。

4 纺织染整助剂的命名原则

4.1 基本名称

表示纺织染整助剂按照应用范围分类的名称。根据 GB/T 25798—2010 纺织染整助剂的分类系列作为基本名称，根据我国染整助剂行业现状，具体的分类系列名称如下：

纺浴添加剂

纺液添加剂

纺丝油剂

短纤维油剂

长丝油剂

纺纱油剂

和毛油

络纱油；络筒润滑剂(络筒油)

倍捻油(加捻油)

上浆剂(浆料)

上蜡剂(纺织蜡、上浆蜡)

浆料助剂

泡丝剂

碳化剂

退浆剂

精练剂

脱脂剂

漂白助剂

漂白稳定剂(氧漂稳定剂)

漂白催化剂(漂白活化剂)

丝光剂

脱氯剂

双氧水去除剂(漂染去氧剂)

碱减量促进剂

开纤剂

匀染剂

促染剂

缓染剂

防泳移剂

染色载体;导染剂

膨胀剂(膨化剂)

媒染剂

固色剂(固色交联剂)

代碱剂

剥色剂

剥固剂

修色剂(回修剂、修补剂)

浴中抗皱剂

黏合剂

印花糊料

增稠剂

流变性能调节剂

拔染剂

拔白剂(助拔剂、咬白剂)

防染剂(防印剂)

皂洗剂

(白地)防沾污剂

防渗化剂(抗渗化剂)

纤维改性剂

柔软(整理)剂

起毛剂

涂层整理剂

树脂整理剂

防皱整理剂;防缩整理剂;免烫整理剂;耐久压烫整理剂

硬挺剂

纤维(强力)保护剂

吸湿排汗整理剂

亲水整理剂

抗静电(整理)剂
阻燃整理剂(防火整理剂)
防水防油整理剂(防水防油剂、防水剂);拒水拒油整理剂(拒水拒油剂、拒水剂)
易去污整理剂(防污整理剂)
抗菌防臭整理剂
防霉整理剂
防螨整理剂
防蛀剂
防虫剂
防紫外线整理剂(抗紫外线整理剂)
防滑移整理剂(抗纰裂整理剂)
抗黄变整理剂
防钻绒整理剂
抗起毛起球剂
防毡缩整理剂
缩绒剂
丝鸣整理剂
增亮剂
消光剂
增重剂
香味整理剂
护肤整理剂
负离子整理剂
远红外整理剂
调温整理剂
抗病整理剂
瘦身素整理剂
防透明整理剂
吸湿剂;保湿剂
净洗剂(洗涤剂)
润湿剂;再润湿剂
渗透剂
螯合(分散)剂;(金属)络合剂
乳化剂
酶制剂(酶)
消泡剂
发泡剂(起泡剂)
稳泡剂
泡沫增效剂
抗再沉积剂
释碱剂

释酸剂(调节酸;中和酸;染色酸)

氧化剂

防氧化剂、抗氧化剂

还原剂

防还原剂、抗还原剂

增深剂

增艳剂

交联剂(交链剂)

催化剂

增溶剂

平滑剂(润滑剂)

分散剂(扩散剂)

在以上名称中未包含的纺织染整助剂的品种,按照应用范围以最简短的文字作名称,暂列入所属类别的其他中,待该助剂的品种增多成系列后,再设置新系列。沿用已久的通用名称可以保留,如保险粉、雕白块、土耳其红油、魔芋粉、黄糊精、羧甲基纤维素等。

4.2 前缀修饰词

前缀修饰词主要包括助剂的应用工艺、应用对象(织物、染料以及染整加工设备等)、结构组成、状态以及表示染整助剂的一种突出性能或加工效果的修饰词(参见附录A)。

纺织染整助剂命名时,前缀修饰词可以不注明,其数量主要根据产品的特性决定,不需要把每一类的前缀全部注明。

4.3 代号

代号一般用字母或数字的组合表示,位于基本名称的后面。为了区分同类助剂产品由于浓度等性能的不同,由生产厂自行确定。在纺织染整助剂命名中代号可不使用。

附 录 A
（资料性附录）
纺织染整助剂命名中的常用前缀

表 A.1 中列举了纺织染整助剂命名中常用的前缀修饰词。

表 A.1 纺织染整助剂命名中常用前缀

应用工艺				
纤维织造	前处理	染色	后整理	
纺丝[a]	去油	增白	柔软	易去污
纺纱	退浆	固色	阻燃	抗静电
络筒	精练	剥色	抗菌	涂层
上浆/上蜡	漂白	印花	防水	防油

应用对象							
织物种类[b]				染料种类[c]			
棉	粘胶	氯纶	羊毛	丙纶	分散染料	反应(活性)染料	酸性
维纶	丝	氯纶	锦纶	氨纶	还原	碱性	直接
涤纶	混纺	醋纤	腈纶		阳离子	硫化	显色

结构组成			
表面活性剂	聚合物		
阴离子	聚丙烯酸(酯)类	纤维素(抛光)酶	树脂
阳离子	聚乙烯类	过氧化氢酶	硅油、氨基(羟基)硅油等
非离子	有机氟、含氟	淀粉(退浆)酶	—
两性	聚氨酯	果胶酶	—
混合型	聚硅氧烷、有机硅	蛋白酶	—

助剂状态						
固态				液态		
颗粒	薄片	微球	粉末	溶剂型	乳液型	水溶型

加工效果							
乳化	润湿	荧光	增白	夜光	免烫	硬挺	抗黄变
防蛀	防紫外线	防臭	防螨	防虫	增深	增亮	增艳
吸湿排汗	多功能性	(日晒等)牢度提升	其他				

其他性能修饰							
高效	快速	高柔软性(超柔软)	高温	宽温	高浓度	持久、耐久	
低毒	低泡沫	低温	低浓度	其他			

[a] 纺丝工艺中，其中的丝包括长丝和短纤。以涤纶长丝为例，根据纺丝的加工工艺不同，又可以分为初生丝(包括未拉伸丝 UDY、半预取向丝 MOY、预取向丝 POY、高取向丝 HOY)、拉伸丝(包括低速拉伸丝 DY、全拉伸丝 FDY、全取丝 FOY)、变形丝(常规变形丝 DY、拉伸变形丝 DTY、空气变形丝 ATY)等。因而在纤维纺丝助剂(油剂)的命名中也可以丝的类别作为前缀修饰之一，如 POY 油剂、FDY 油剂等。

[b] 在命名中除了有织物种类外还可能涉及到织物的风格，有时也是织物的商品名，如珊瑚绒、摇粒绒、麂皮绒等，因而允许此类修饰词出现在纺织染整助剂的命名中。

[c] 染料的类别根据国家标准 GB/T 6686—2006 染料的分类，列举了纺织染整助剂行业中常用的部分。

附 录 B
（资料性附录）
纺织染整助剂产品命名示例

示例 1

练染同浴 净洗剂
- 净洗剂：基本名称
- 练染同浴：表示助剂应用工艺（精练、染色）

示例 2

棉用 耐久 阻燃剂
- 阻燃剂：基本名称
- 耐久：表示助剂的突出性能
- 棉用：表示助剂应用对象

示例 3

片状 柔软剂
- 柔软剂：基本名称
- 片状：表示助剂的状态

示例 4

阴离子 亲水 有机硅 柔软剂
- 柔软剂：基本名称
- 有机硅：表示助剂结构组成
- 亲水：表示助剂的突出性能
- 阴离子：表示助剂结构组成

ICS 71.100.01;87.060.10
G 57

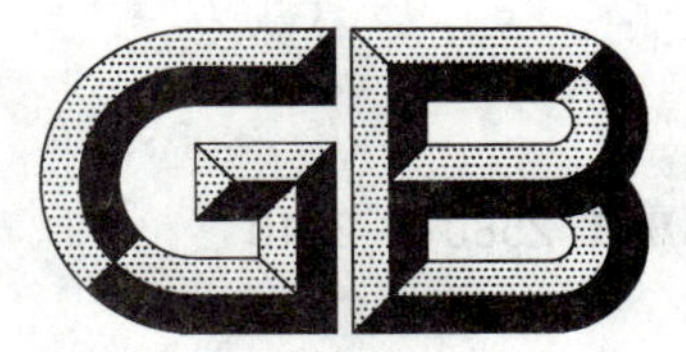

中华人民共和国国家标准

GB/T 25801—2010

分散橙 S-4RL(C.I.分散橙 30)

Disperse orange S-4RL (C.I. Disperse orange 30)

2010-12-23 发布　　2011-10-01 实施

中华人民共和国国家质量监督检验检疫总局
中国国家标准化管理委员会　发布

前　言

本标准代替 HG/T 3430—2000《分散橙 S-4RL》。

本标准由中国石油和化学工业协会提出。

本标准由全国染料标准化技术委员会(SAC/TC 134)归口。

本标准起草单位:杭州吉华江东化工有限公司、沈阳化工研究院有限公司。

本标准主要起草人:韩国贤、杨振梅。

分散橙 S-4RL(C.I. 分散橙 30)

1 范围

本标准规定了分散橙 S-4RL(C.I. 分散橙 30,分散黄棕 S-2RFL)产品的要求、采样、试验方法、检验规则以及标志、标签、包装、运输和贮存。

本标准适用于分散橙 S-4RL 的产品质量控制。

结构式:

$$O_2N-C_6H_2Cl_2-N=N-C_6H_4-N(C_2H_4CN)(C_2H_4OCOCH_3)$$

分子式:$C_{19}H_{17}Cl_2N_5O_4$

相对分子质量:450.28(按 2007 年国际相对原子质量)

CAS RN:12223-23-3

2 规范性引用文件

下列文件中的条款通过本标准的引用而成为本标准的条款。凡是注日期的引用文件,其随后所有的修改单(不包括勘误的内容)或修订版均不适用于本标准,然而,鼓励根据本标准达成协议的各方研究是否可使用这些文件的最新版本。凡是不注日期的引用文件,其最新版本适用于本标准。

GB/T 2374—2007 染料 染色测定的一般条件规定

GB/T 2394—2006 分散染料 色光和强度的测定

GB/T 2397—2003 分散染料 提升力的测定

GB/T 3920—2008 纺织品 色牢度试验 耐摩擦色牢度(ISO 105-X12:2001,MOD)

GB/T 3921—2008 纺织品 色牢度试验 耐皂洗色牢度(ISO 105-C10:2006,MOD)

GB/T 3922—1995 纺织品耐汗渍色牢度试验方法(eqv ISO 105-E04:1994)

GB/T 4841.1—2006 染料染色标准深度色卡 1/1

GB/T 5540—2007 分散染料 分散性能的测定 双层滤纸过滤法

GB/T 5541—2007 分散染料 高温分散稳定性的测定 双层滤纸过滤法

GB/T 5718—1997 纺织品 色牢度试验 耐干热(热压除外)色牢度(eqv ISO 105-P01:1993)

GB/T 6152—1997 纺织品 色牢度试验 耐热压色牢度(eqv ISO 105-X11:1994)

GB/T 6678—2003 化工产品采样总则

GB/T 8427—2008 纺织品 色牢度试验 耐人造光色牢度:氙弧(ISO 105-B02:1994,MOD)

GB/T 9337—2001 分散染料高温染色上色率的测定方法

GB 19601 染料产品中 23 种有害芳香胺的限量及测定

GB 20814 染料产品中 10 种重金属元素的限量及测定

HG/T 3399—2001 染料扩散性能的测定

3 要求

3.1 外观:红棕色至褐色均匀粉末或颗粒。

3.2 分散橙 S-4RL 的质量要求应符合表 1 的规定。

表 1 分散橙 S-4RL 的质量要求

项　　目		指　　标
(1) 强度(为标准品的)/分		100
(2) 色光(与标准品)		近似～微
(3) 扩散性能/级	≥	4
(4) 分散性/(级/级)	≥	A/4
(5) 高温分散稳定性/(级/级)	≥	A/4
(6) 上色率(130 ℃,60 min)(上染量的质量分数)/%	≥	80.0
(7) 提升力/级		A
(8) 有害芳香胺的质量分数/(mg/kg)		符合 GB 19601 标准要求
(9) 重金属元素的质量分数/(mg/kg)		符合 GB 20814 标准要求

3.3 分散橙 S-4RL 在涤纶织物上的色牢度应不低于表 2 的规定。

表 2 分散橙 S-4RL 在涤纶织物上的色牢度

染色深度	耐光(氙弧)	耐洗 60 ℃			耐汗渍						耐干热 210 ℃			耐摩擦		耐热压 200 ℃
					酸			碱								
		变色	棉沾	涤沾	变色	棉沾	涤沾	变色	棉沾	涤沾	变色	棉沾	涤沾	干	湿	变色(4 h后)
1/1	6	4-5	4-5	4-5	4	4-5	4-5	4-5	4-5	4-5	4	4	3	4-5	4-5	4-5
注：2%(owf)相当于 1/1 染色标准深度。																

4 采样

以批为单位采样,生产厂以一次拼混均匀的产品为一批。每批采样桶数应符合 GB/T 6678—2003 中 7.6 的规定。所采样产品的包装必须完好,采样时勿使外界杂质落入产品中。用探管从桶上、中、下三部分采样,所采样品总量不得少于 200 g。将所采样品充分混匀后,分装于两个清洁、干燥、密封良好的容器中,其上粘贴标签。注明:产品名称、批号、生产厂名称、采样日期、地点。一个供检验,一个保存备查。

5 试验方法

5.1 外观的评定

采用目视评定。

5.2 染色色光和强度的测定

5.2.1 染色一般条件

染色时的一般条件应符合 GB/T 2374—2007 和 GB/T 2394—2006 的有关规定。

染色深度 2%(owf),染色用 2g 涤纶布,染色浴比:1∶100;或 5 g 涤纶纱或涤纶布,染色浴比1∶40。染液 pH 值 5.0～6.0。

5.2.2 染浴配制

以 2 g 涤纶布染色为例,于 5 个染缸中按表 3 规定配制染浴。

表 3 染浴配制

单位为毫升

染缸编号	1	2	3	4	5
1 g/L 标准品悬浮液的体积	38	40	42	—	—
1 g/L 样品悬浮液的体积	—	—	—	40	42
加蒸馏水至总体积	200	200	200	200	200

5.2.3 染色操作

染色方法采用 GB/T 2394—2006 中 6.2 高温加压染色法的规定进行。

5.2.4 色光和强度的评定

按 GB/T 2374—2007 中第 7 章的有关规定进行。

5.3 扩散性能的测定

按 HG/T 3399—2001 的规定进行。

5.4 分散性的测定

按 GB/T 5540—2007 的规定进行。

5.5 高温分散稳定性的测定

按 GB/T 5541—2007 的规定进行。

5.6 提升力的测定

按 GB/T 2397—2003 的规定进行。

5.7 上色率的测定

按 GB/T 9337—2001 中有关"分散染料高温染色上色率的测定"的规定进行。染色浴比规定为 1∶40,测定波长约 415 nm。

5.8 有害芳香胺的量的测定

按 GB 19601 的规定进行。

5.9 重金属元素的量的测定

按 GB 20814 的规定进行。

5.10 在涤纶织物上色牢度的测定

5.10.1 一般规定

所有色牢度的测试样按 GB/T 4841.1—2006 的规定染成 1/1 染色标准深度。

5.10.2 耐摩擦色牢度的测定

耐摩擦色牢度按 GB/T 3920—2008 的规定进行。

5.10.3 耐洗色牢度的测定

耐洗色牢度按 GB/T 3921—2008 的规定进行。试验条件采用 GB/T 3921—2008 表 2 中的试验方法 C(3)。

5.10.4 耐汗渍色牢度的测定

耐汗渍色牢度按 GB/T 3922—1995 的规定进行。

5.10.5 耐干热(热压除外)色牢度的测定

耐干热色牢度按 GB/T 5718—1997 的规定进行,210 ℃。

5.10.6 耐热压色牢度的测定

耐热压色牢度按 GB/T 6152—1997 的规定进行,200 ℃干压(4 h后评定)。

5.10.7 耐光色牢度的测定

耐光色牢度按 GB/T 8427—2008 的规定进行。

6 检验规则

6.1 检验分类

本标准3.1、3.2和3.3所列的检验项目均为型式检验项目。其中本标准的3.1和3.2中(1)～(5)项为出厂检验项目,应逐批进行检验。在正常连续生产情况下,每年至少进行一次型式检验。但如有下述情况需进行型式检验:

a) 新产品最初定型时;

b) 产品异地生产时;

c) 生产配方、工艺及原材料有较大改变时;

d) 停产三个月后又恢复生产时;

e) 客户提出要求时。

6.2 出厂检验

分散橙S-4RL应由生产厂的质量检验部门检验合格,附合格证明后方可出厂。生产厂应保证所有出厂的分散橙S-4RL都符合本标准的要求。

6.3 复检

如果检验结果中有一项指标不符合本标准的要求时,应重新自两倍量的包装中取样进行检验,重新检验的结果,即使只有一项指标不符合本标准要求,则整批产品为不合格。

7 标志、标签、包装、运输和贮存

7.1 标志、标签

分散橙S-4RL的每个包装容器上都应涂上牢固、清晰的标志,注明:产品名称、规格、注册商标、净含量、生产厂名称、厂址、标准编号、批号、生产日期。也可将批号、生产日期打印在标签上,并和产品质量检验合格的证明一起放入包装容器内的塑料袋外面。

7.2 包装

分散橙S-4RL装于内衬塑料袋的包装容器内,并加密封,每件净含量25 kg,其他包装可与用户协商确定。

7.3 运输

运输时应防止倒置,小心轻放,避免碰撞,切勿损坏包装。

7.4 贮存

分散橙S-4RL应贮存于阴凉,干燥通风处,防止受潮受热。

ICS 71.100.01;87.060.10
G 57

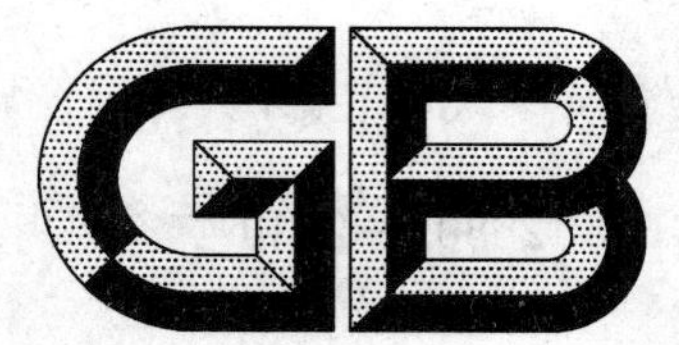

中华人民共和国国家标准

GB/T 25802—2010

分散艳蓝 E-4R(C.I.分散蓝 56)

Disperse brilliant blue E-4R (C.I. Disperse blue 56)

2010-12-23 发布 2011-10-01 实施

中华人民共和国国家质量监督检验检疫总局
中国国家标准化管理委员会 发布

前　言

本标准由中国石油和化学工业协会提出。

本标准由全国染料标准化技术委员会(SAC/TC 134)归口。

本标准起草单位:浙江吉华化工有限公司、沈阳化工研究院有限公司。

本标准主要起草人:陈美芬、马君庆。

分散艳蓝 E-4R(C. I. 分散蓝 56)

1 范围

本标准规定了分散艳蓝 E-4R(C. I. 分散蓝 56,分散蓝 2BLN)产品的要求、采样、试验方法、检验规则以及标志、标签、包装、运输和贮存。

本标准适用于分散艳蓝 E-4R 的产品质量控制。

结构式:

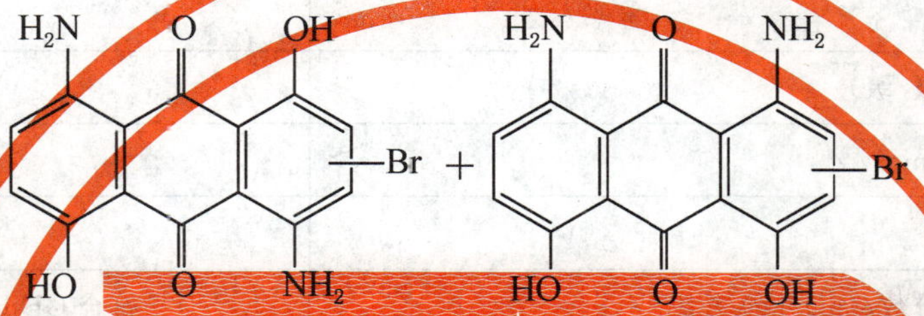

分子式:$C_{14}H_9BrN_2O_4$

相对分子质量:349.14(按 2007 年国际相对原子质量)

CAS RN:31810-89-6

2 规范性引用文件

下列文件中的条款通过本标准的引用而成为本标准的条款。凡是注日期的引用文件,其随后所有的修改单(不包括勘误的内容)或修订版均不适用于本标准,然而,鼓励根据本标准达成协议的各方研究是否可使用这些文件的最新版本。凡是不注日期的引用文件,其最新版本适用于本标准。

GB/T 2374—2007 染料 染色测定的一般条件规定

GB/T 2394—2006 分散染料 色光和强度的测定

GB/T 2397—2003 分散染料 提升力的测定

GB/T 3920—2008 纺织品 色牢度试验 耐摩擦色牢度(ISO 105-X12:2001,MOD)

GB/T 3921—2008 纺织品 色牢度试验 耐皂洗色牢度(ISO 105-C10:2006,MOD)

GB/T 3922—1995 纺织品耐汗渍色牢度试验方法(eqv ISO 105-E04:1994)

GB/T 4841.1—2006 染料染色标准深度色卡 1/1

GB/T 5540—2007 分散染料 分散性能测定 双层滤纸过滤法

GB/T 5541—2007 分散染料 高温分散稳定性测定 双层滤纸过滤法

GB/T 5718—1997 纺织品 色牢度试验 耐干热(热压除外)色牢度(eqv ISO 105-P01:1993)

GB/T 6152—1997 纺织品 色牢度试验 耐热压色牢度(eqv ISO 105-X11:1994)

GB/T 6678—2003 化工产品采样总则

GB/T 8427—2008 纺织品 色牢度试验 耐人造光色牢度:氙弧(ISO 105-B02:1994,MOD)

GB/T 9337—2001 分散染料高温染色上色率的测定方法

GB 19601 染料产品中 23 种有害芳香胺的限量及测定

GB 20814 染料产品中 10 种重金属元素的限量及测定

HG/T 3399—2001 染料扩散性能的测定

3 要求

3.1 外观:深蓝色均匀粉末或颗粒。

3.2 分散艳蓝 E-4R 的质量应符合表 1 的规定。

表 1 分散艳蓝 E-4R 的质量要求

项 目		指 标
(1) 强度(为标准品的)/分		100
(2) 色光(与标准品)		近似～微
(3) 扩散性能/级	≥	4
(4) 分散性/(级/级)	≥	B/3
(5) 高温分散稳定性/(级/级)	≥	B/3
(6) 上色率(130 ℃,60 min)/%	≥	85.0
(7) 提升力/级		A
(8) 有害芳香胺的质量分数/(mg/kg)		符合 GB 19601 标准要求
(9) 重金属元素的质量分数/(mg/kg)		符合 GB 20814 标准要求

3.3 分散艳蓝 E-4R 在涤纶织物上的色牢度应不低于表 2 的规定。

表 2 分散艳蓝 E-4R 在涤纶织物上的色牢度

染色深度	耐光(氙弧)	耐洗 60 ℃			耐汗渍						耐干热 180 ℃			耐摩擦		耐热压 180 ℃
					酸			碱								
		变色	棉沾	涤沾	变色	棉沾	涤沾	变色	棉沾	涤沾	变色	棉沾	涤沾	干	湿	变色(4 h后)
1/1	6-7	4-5	4-5	4-5	4-5	4-5	4-5	4-5	4-5	4-5	4	3-4	2-3	4-5	4-5	4-5
注:2%(owf)相当于 1/1 染色标准深度。																

4 采样

以批为单位采样,生产厂以一次拼混均匀的产品为一批。每批采样桶数应符合 GB/T 6678—2003 中 7.6 的规定。所采样产品的包装必须完好,采样时勿使外界杂质落入产品中。用探管从桶上、中、下三部分采样,所采样品总量不得少于 200 g。将所采样品充分混匀后,分装于两个清洁、干燥、密封良好的容器中,其上粘贴标签。注明:产品名称、批号、生产厂名称、采样日期、地点。一个供检验,一个保存备查。

5 试验方法

5.1 外观的评定

采用目视评定。

5.2 染色色光和强度的测定

5.2.1 染色一般条件

染色时的一般条件应符合 GB/T 2374—2007 和 GB/T 2394—2006 的有关规定。

染色深度 2%(owf),染色用 2g 涤纶布,染色浴比:1∶100;或 5g 涤纶纱或涤纶布,染色浴比 1∶40。染液 pH 值 5.0～6.0。

5.2.2 染浴配制

以 2 g 涤纶布染色为例，于 5 个染缸中按表 3 规定配制染浴。

表 3 染浴配制

单位为毫升

染缸编号	1	2	3	4	5
1 g/L 标准品悬浮液的体积	38	40	42	—	—
1 g/L 样品悬浮液的体积	—	—	—	40	42
加蒸馏水至总体积	200	200	200	200	200

5.2.3 染色操作

染色方法采用 GB/T 2394—2006 中 6.2 高温加压染色法的规定进行。

5.2.4 色光和强度的评定

按 GB/T 2374—2007 中第 7 章的有关规定进行。

5.3 扩散性能的测定

按 HG/T 3399—2001 的规定进行。

5.4 分散性的测定

按 GB/T 5540—2007 的规定进行。

5.5 高温分散稳定性的测定

按 GB/T 5541—2007 的规定进行。

5.6 提升力的测定

按 GB/T 2397—2003 的规定进行。

5.7 上色率的测定

按 GB/T 9337—2001 中有关"分散染料高温染色上色率的测定"的规定进行。染色浴比规定为 1∶40，测定波长约 630 nm。

5.8 有害芳香胺的测定

按 GB 19601 的规定进行。

5.9 重金属元素的测定

按 GB 20814 的规定进行。

5.10 在涤纶织物上色牢度的测定

5.10.1 一般规定

所有色牢度的测试样按 GB/T 4841.1—2006 的规定染成 1/1 染色标准深度。

5.10.2 耐摩擦色牢度的测定

耐摩擦色牢度按 GB/T 3920—2008 的规定进行。

5.10.3 耐洗色牢度的测定

耐洗色牢度按 GB/T 3921—2008 的规定进行。试验条件采用 GB/T 3921—2008 表 2 中的试验方法 C(3)。

5.10.4 耐汗渍色牢度的测定

耐汗渍色牢度按 GB/T 3922—1995 的规定进行。

5.10.5 耐干热(热压除外)色牢度的测定

耐干热色牢度按 GB/T 5718—1997 的规定进行，180 ℃。

5.10.6 耐热压色牢度的测定

耐热压色牢度按 GB/T 6152—1997 的规定进行，180 ℃干压(4 h 后评定)。

5.10.7 耐光色牢度的测定

耐光色牢度按 GB/T 8427—2008 的规定进行。

6 检验规则

6.1 检验分类

本标准3.1、3.2和3.3所列的检验项目均为型式检验项目。其中本标准的3.1和3.2中(1)～(5)项为出厂检验项目,应逐批进行检验。在正常连续生产情况下,每年至少进行一次型式检验。但如有下述情况需进行型式检验:

a) 新产品最初定型时;

b) 产品异地生产时;

c) 生产配方、工艺及原材料有较大改变时;

d) 停产三个月后又恢复生产时;

e) 客户提出要求时。

6.2 出厂检验

分散艳蓝E-4R应由生产厂的质量检验部门检验合格,附合格证明后方可出厂。生产厂应保证所有出厂的分散艳蓝E-4R都符合本标准的要求。

6.3 复检

如果检验结果中有一项指标不符合本标准的要求时,应重新自两倍量的包装中取样进行检验,重新检验的结果,即使只有一项指标不符合本标准要求,则整批产品为不合格。

7 标志、标签、包装、运输和贮存

7.1 标志、标签

分散艳蓝E-4R的每个包装容器上都应涂上牢固、清晰的标志,注明:产品名称、规格、注册商标、净含量、生产厂名称、厂址、标准编号、批号、生产日期。也可将批号、生产日期打印在标签上,并和产品质量检验合格的证明一起放入包装容器内的塑料袋外面。

7.2 包装

分散艳蓝E-4R装于内衬塑料袋的包装容器内,并加密封,每件净含量25 kg,其他包装可与用户协商确定。

7.3 运输

运输时应防止倒置,小心轻放,避免碰撞,切勿损坏包装。

7.4 贮存

分散艳蓝E-4R应贮存于阴凉,干燥通风处,防止受潮受热。

ICS 71.100.01;87.060.10
G 57

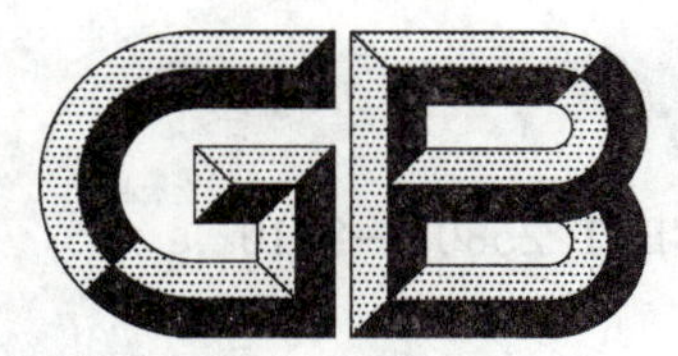

中华人民共和国国家标准

GB/T 25803—2010

分散紫 HFRL
（C.I.分散紫 26）

Disperse violet HFRL（C.I.Disperse violet 26）

2010-12-23 发布　　2011-10-01 实施

中华人民共和国国家质量监督检验检疫总局
中国国家标准化管理委员会　发布

前 言

本标准由中国石油和化学工业协会提出。

本标准由全国染料标准化技术委员会(SAC/TC 134)归口。

本标准起草单位:江苏亚邦染料股份有限公司、安徽亚邦化工有限公司、沈阳化工研究院有限公司。

本标准主要起草人:郑君良、王勇、钱光友、何黎明、陈四清、崔俊、周业胜。

分散紫 HFRL
(C. I. 分散紫 26)

1 范围

本标准规定了分散紫 HFRL(C. I. 分散紫 26)产品的要求、采样、试验方法、检验规则以及标志、标签、包装、运输和贮存。

本标准适用于分散紫 HFRL 的产品质量控制。

结构式:

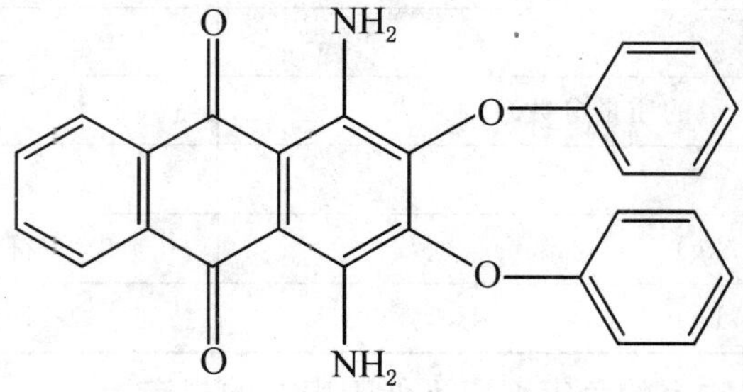

分子式:$C_{26}H_{18}N_2O_4$

相对分子质量:422.43(按 2007 年国际相对原子质量)

CAS RN:12217-95-7

2 规范性引用文件

下列文件中的条款通过本标准的引用而成为本标准的条款。凡是注日期的引用文件,其随后所有的修改单(不包括勘误的内容)或修订版均不适用于本标准,然而,鼓励根据本标准达成协议的各方研究是否可使用这些文件的最新版本。凡是不注日期的引用文件,其最新版本适用于本标准。

GB/T 2374—2007 染料 染色测定的一般条件规定

GB/T 2394—2006 分散染料 色光和强度的测定

GB/T 2397—2003 分散染料 提升力的测定

GB/T 3920—2008 纺织品 色牢度试验 耐摩擦色牢度(ISO 105-X12:2001,MOD)

GB/T 3921—2008 纺织品 色牢度试验 耐皂洗色牢度(ISO 105-C10:2006,MOD)

GB/T 3922—1995 纺织品耐汗渍色牢度试验方法(eqv ISO 105-E04:1994)

GB/T 4841.1—2006 染料染色标准深度色卡 1/1

GB/T 5540—2007 分散染料 分散性能的测定 双层滤纸过滤法

GB/T 5541—2007 分散染料 高温分散稳定性的测定 双层滤纸过滤法

GB/T 5718—1997 纺织品 色牢度试验 耐干热(热压除外)色牢度(eqv ISO 105-P01:1993)

GB/T 6152—1997 纺织品 色牢度试验 耐热压色牢度(eqv ISO 105-X11:1994)

GB/T 6678—2003 化工产品采样总则

GB/T 8427—2008 纺织品 色牢度试验 耐人造光色牢度:氙弧(ISO 105-B02:1994,MOD)

GB/T 9337—2001 分散染料高温染色上色率的测定方法

GB 19601 染料产品中 23 种有害芳香胺的限量及测定

GB 20814 染料产品中 10 种重金属元素的限量及测定

HG/T 3399—2001 染料扩散性能的测定

3 要求

3.1 外观:深红色均匀粉末或颗粒。

3.2 分散紫 HFRL 的质量应符合表 1 的规定。

表 1 分散紫 HFRL 的质量要求

项 目		指 标
(1) 强度(为标准品的)/分		100
(2) 色光(与标准品)		近似~微
(3) 扩散性能/级	≥	4
(4) 分散性/(级/级)	≥	A/3
(5) 高温分散稳定性/(级/级)	≥	A/3
(6) 上色率(130 ℃,60 min)(上染量的质量分数)/%	≥	90.0
(7) 提升力/级	≥	C
(8) 有害芳香胺的质量分数/(mg/kg)		符合 GB 19601 标准要求
(9) 重金属元素的质量分数/(mg/kg)		符合 GB 20814 标准要求

3.3 分散紫 HFRL 在涤纶织物上的色牢度应不低于表 2 的规定。

表 2 分散紫 HFRL 在涤纶织物上的色牢度

染色深度	耐光(氙弧)	耐洗 60 ℃			耐 汗 渍						耐干热 210 ℃			耐 摩 擦		耐热压 200 ℃
					酸			碱								
		变色	棉沾	涤沾	变色	棉沾	涤沾	变色	棉沾	涤沾	变色	棉沾	涤沾	干	湿	变色(4 h 后)
1/1	5	4-5	4-5	4-5	4	4-5	4-5	4	4-5	4-5	4	3	2	4-5	4-5	4-5
注:2.4%(owf)相当于 1/1 染色标准深度。																

4 采样

以批为单位采样,生产厂以一次拼混均匀的产品为一批。每批采样桶数应符合 GB/T 6678—2003 中 7.6 的规定。所采样产品的包装必须完好,采样时勿使外界杂质落入产品中。用探管从桶上、中、下三部分采样,所采样品总量不得少于 200 g。将所采样品充分混匀后,分装于两个清洁、干燥、密封良好的容器中,其上粘贴标签。注明:产品名称、批号、生产厂名称、采样日期、地点。一个供检验,一个保存备查。

5 试验方法

5.1 外观的评定

采用目视评定。

5.2 染色色光和强度的测定

5.2.1 染色一般条件

染色时的一般条件应符合 GB/T 2374—2007 和 GB/T 2394—2006 的有关规定。

染色深度 2%(owf),染色用 2g 纯涤纶布,染色浴比:1∶100;或 5 g 涤纶纱或涤纶布,染色浴比 1∶40。染液 pH 值 5.0~6.0。

5.2.2 染浴配制

以 2 g 涤纶布染色为例，于 5 个染缸中按表 3 规定配制染浴。

表 3 染浴配制

单位为毫升

染缸编号	1	2	3	4	5
1 g/L 标准品悬浮液体积	38	40	42	—	—
1 g/L 样品悬浮液体积	—	—	—	40	42
加蒸馏水至总体积	200	200	200	200	200

5.2.3 染色操作

染色方法采用 GB/T 2394—2006 中 6.2 高温加压染色法的规定进行。

5.2.4 色光和强度的评定

按 GB/T 2374—2007 中第 7 章的有关规定进行。

5.3 扩散性能的测定

按 HG/T 3399—2001 的规定进行。

5.4 分散性的测定

按 GB/T 5540—2007 的规定进行。

5.5 高温分散稳定性的测定

按 GB/T 5541—2007 的规定进行。

5.6 提升力的测定

按 GB/T 2397—2003 的规定进行。

5.7 上色率的测定

按 GB/T 9337—2001 中有关"分散染料高温染色上色率的测定"的规定进行。染色浴比规定为 1∶40，测定波长约 543 nm。

5.8 有害芳香胺的测定

按 GB 19601 的规定进行。

5.9 重金属元素的测定

按 GB 20814 的规定进行。

5.10 色牢度的测定

5.10.1 一般规定

所有色牢度的测试样按 GB/T 4841.1—2006 的规定染成 1/1 染色标准深度。

5.10.2 耐摩擦色牢度的测定

耐摩擦色牢度按 GB/T 3920—2008 的规定进行。

5.10.3 耐洗色牢度的测定

耐洗色牢度按 GB/T 3921—2008 的规定进行。试验条件采用 GB/T 3921—2008 表 2 中的试验方法 C(3)。

5.10.4 耐汗渍色牢度的测定

耐汗渍色牢度按 GB/T 3922—1995 的规定进行。

5.10.5 耐干热(热压除外)色牢度的测定

耐干热色牢度按 GB/T 5718—1997 的规定进行，210 ℃。

5.10.6 耐热压色牢度的测定

耐热压色牢度按 GB/T 6152—1997 的规定进行，200 ℃干压(4 h 后评定)。

5.10.7 耐光色牢度的测定

耐光色牢度按 GB/T 8427—2008 的规定进行。

6 检验规则

6.1 检验分类

本标准 3.1、3.2 和 3.3 所列的检验项目均为型式检验项目。其中本标准的 3.1 和 3.2 中(1)～(5)项为出厂检验项目，应逐批进行检验。在正常连续生产情况下，每年至少进行一次型式检验。但如有下述情况需进行型式检验：

a) 新产品最初定型时；

b) 产品异地生产时；

c) 生产配方、工艺及原材料有较大改变时；

d) 停产三个月后又恢复生产时；

e) 客户提出要求时。

6.2 出厂检验

分散紫 HFRL 应由生产厂的质量检验部门检验合格，附合格证明后方可出厂。生产厂应保证所有出厂的分散紫 HFRL 都符合本标准的要求。

6.3 复检

如果检验结果中有一项指标不符合本标准的要求时，应重新自两倍量的包装中取样进行检验，重新检验的结果，即使只有一项指标不符合本标准要求，则整批产品为不合格。

7 标志、标签、包装、运输和贮存

7.1 标志、标签

分散紫 HFRL 的每个包装容器上都应涂上牢固、清晰的标志，注明：产品名称、规格、注册商标、净含量、生产厂名称、厂址、标准编号、批号、生产日期。也可将批号、生产日期打印在标签上，并和产品质量检验合格的证明一起放入包装容器内的塑料袋外面。

7.2 包装

分散紫 HFRL 装于内衬塑料袋的包装容器内，并加密封，每件净含量 25 kg，其他包装可与用户协商确定。

7.3 运输

运输时应防止倒置，小心轻放，避免碰撞，切勿损坏包装。

7.4 贮存

分散紫 HFRL 应贮存于阴凉，干燥通风处，防止受潮受热。

ICS 71.100.01;87.060.10
G 57

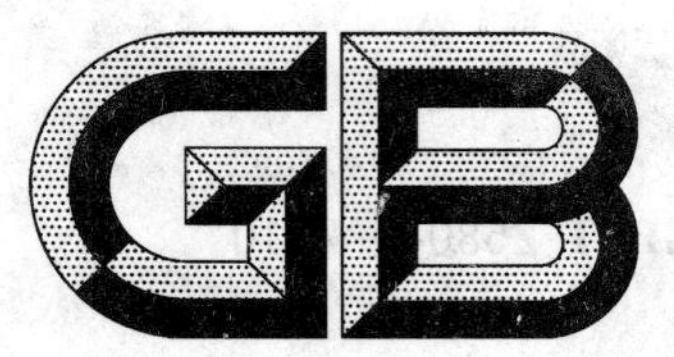

中华人民共和国国家标准

GB/T 25804—2010

还原红 6B(C.I.还原红 13)

Vat red 6B(C.I. Vat red 13)

2010-12-23 发布 2011-10-01 实施

中华人民共和国国家质量监督检验检疫总局
中国国家标准化管理委员会 发布

前　言

本标准由中国石油和化学工业协会提出。

本标准由全国染料标准化技术委员会(SAC/TC 134)归口。

本标准起草单位:徐州开达精细化工有限公司、沈阳化工研究院有限公司。

本标准主要起草人:许崇礼、董仲生、魏家荣。

还原红 6B(C. I. 还原红 13)

1 范围

本标准规定了还原红 6B(C. I. 还原红 13)产品的要求、采样、试验方法、检验规则以及标志、标签、包装、运输和贮存。

本标准适用于还原红 6B 的产品质量控制。

结构式:

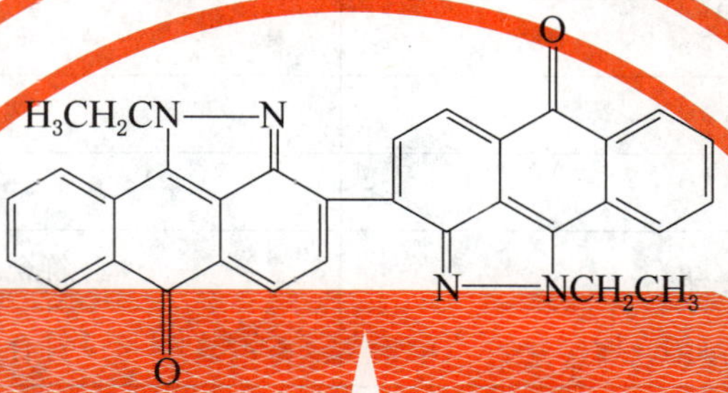

H_3CH_2CN—N ... N—NCH_2CH_3

分子式:$C_{32}H_{22}N_4O_2$

相对分子质量:494.54(按 2007 年国际相对原子质量)

CAS RN:4203-77-4

2 规范性引用文件

下列文件中的条款通过本标准的引用而成为本标准的条款。凡是注日期的引用文件,其随后所有的修改单(不包括勘误的内容)或修订版均不适用于本标准,然而,鼓励根据本标准达成协议的各方研究是否可使用这些文件的最新版本。凡是不注日期的引用文件,其最新版本适用于本标准。

GB/T 2374—2007 染料 染色测定的一般条件规定

GB/T 2377—2006 还原染料 色光和强度的测定

GB/T 3920—2008 纺织品 色牢度试验 耐摩擦色牢度(ISO 105-X12:2001,MOD)

GB/T 3921—2008 纺织品 色牢度试验 耐皂洗色牢度(ISO 105-C10:2006,MOD)

GB/T 3922—1995 纺织品耐汗渍色牢度试验方法(eqv ISO 105-E04:1994)

GB/T 4467—2006 染料 悬浮液分散稳定性的测定

GB/T 4841.1—2006 染料染色标准深度色卡 1/1

GB/T 5542—2007 染料 大颗粒的测定 单层滤布过滤法

GB/T 6152—1997 纺织品 色牢度试验 耐热压色牢度(eqv ISO 105-X11:1994)

GB/T 6678—2003 化工产品采样总则

GB/T 6693—2009 染料 粉尘飞扬性的测定(ISO 105-Z06:1996,IDT)

GB/T 7069—1997 纺织品 色牢度试验 耐次氯酸盐漂白色牢度(eqv ISO 105-N01:1993)

GB/T 8427—2008 纺织品 色牢度试验 耐人造光色牢度:氙弧(ISO 105-B02:1994,MOD)

GB/T 14576—1993 纺织品耐光、汗复合色牢度试验方法

GB 19601 染料产品中 23 种有害芳香胺的限量及测定

GB 20814 染料产品中 10 种重金属元素的限量及测定

HG/T 3399—2001 染料扩散性能的测定

3 要求

3.1 外观:深红色至黑色颗粒或均匀粉末。

3.2 还原红 6B 的质量应符合表 1 的规定。

表 1 还原红 6B 的质量要求

项　　目		指　　标
(1) 强度(为标准品的)/分		100
(2) 色光(与标准品)		近似～微
(3) 扩散性能/级	≥	4
(4) 防尘性/级	≥	3
(5) 大颗粒/级		良～优
(6) 悬浮液分散稳定性/%	≥	95
(7) 有害芳香胺的质量分数/(mg/kg)		符合 GB 19601 的要求
(8) 重金属元素的质量分数/(mg/kg)		符合 GB 20814 的要求

3.3 还原红 6B 在纯棉织物上的色牢度应不低于表 2 的规定。

表 2 还原红 6B 在纯棉织物上的色牢度

<table>
<tr><td rowspan="3">染色深度</td><td rowspan="3">耐光(氙弧)</td><td colspan="2" rowspan="2">耐汗光</td><td colspan="3" rowspan="2">耐洗 95 ℃</td><td colspan="6">耐　汗　渍</td><td colspan="2" rowspan="2">耐 摩 擦</td><td rowspan="2">耐热压 200 ℃</td><td rowspan="3">耐次氯酸盐漂白</td></tr>
<tr><td colspan="3">酸</td><td colspan="3">碱</td></tr>
<tr><td>酸</td><td>碱</td><td>变色</td><td>棉沾</td><td>粘沾</td><td>变色</td><td>棉沾</td><td>毛沾</td><td>变色</td><td>棉沾</td><td>毛沾</td><td>干</td><td>湿</td><td>变色(4 h 后)</td></tr>
<tr><td>1/1</td><td>6-7</td><td>4-5</td><td>4-5</td><td>4</td><td>3-4</td><td>4</td><td>4-5</td><td>4-5</td><td>4-5</td><td>4-5</td><td>4-5</td><td>4-5</td><td>3-4</td><td>3</td><td>4-5</td><td>4</td></tr>
<tr><td colspan="17">注:2%(owf)相当于 1/1 染色标准深度。</td></tr>
</table>

4 采样

以批为单位采样,生产厂以一次拼混均匀的产品为一批。每批采样桶数应符合 GB/T 6678—2003 中 7.6 的规定。所采样产品的包装必须完好,采样时勿使外界杂质落入产品中。用探管从桶上、中、下三部分采样,所采样品总量不得少于 200 g。将所采样品充分混匀后,分装于两个清洁、干燥、密封良好的容器中,其上粘贴标签。注明:产品名称、批号、生产厂名称、采样日期、地点。一个供检验,一个保存备查。

5 试验方法

5.1 外观的评定

采用目视评定。

5.2 色光和强度的测定

5.2.1 浸染法(仲裁检验方法)

5.2.1.1 染色一般条件

染色的一般条件应符合 GB/T 2374—2007 的有关规定。染色按 GB/T 2377—2006 中乙法全浴还原进行。

染色用棉布或棉纱:5 g,浴比:1∶40;或用10 g棉纱,浴比:1∶20。染色深度:2%(owf)。

5.2.1.2 还原液配制

每升50 ℃的水中，加入400 g/L的氢氧化钠溶液10 mL,85%的保险粉6 g,充分搅拌溶解配成还原液。此溶液临用前配制。

5.2.1.3 染液配方

以5 g棉布或棉纱染色为例,染液配方如表3所示。

如用10 g棉纱,表3中染料用量增加一倍。

表3 染液配方

染缸编号	1	2	3	4	5
染料标准品的质量/g	0.095 0	0.100 0	0.105 0	—	—
染料样品的质量/g	—	—	—	0.100 0	0.105 0
95%乙醇的体积/mL	1	1	1	1	1
100 g/L渗透剂BX溶液的体积/mL	1	1	1	1	1
还原液的体积/mL	198	198	198	198	198

5.2.1.4 染色操作

按GB/T 2377—2006中6.2.2的规定进行,染色15 min后,各染缸分别补加无水硫酸钠3 g。

5.2.1.5 氧化

按GB/T 2377—2006中6.2.3.1的规定,空气氧化。

5.2.1.6 皂煮

按GB/T 2377—2006中6.2.4的规定进行。

5.2.2 轧染法

轧染深度为20 g/L,轧染操作按GB/T 2377—2006中6.3的规定进行。

5.2.3 色光和强度的评定

按GB/T 2374—2007中第7章的有关规定进行。

5.3 扩散性能的测定

按HG/T 3399—2001的规定进行。

5.4 悬浮液分散稳定性的测定

按GB/T 4467—2006中6.2.2的规定进行。

5.5 大颗粒的测定

按GB/T 5542—2007中5.2的规定进行。

5.6 防尘性的测定

按GB/T 6693—2009的规定进行。

5.7 有害芳香胺的量的测定

按GB 19601的规定进行。

5.8 重金属元素的量的测定

按GB 20814的规定进行。

5.9 在纯棉织物上色牢度的测定

5.9.1 一般规定

所有色牢度的测试样应按GB/T 4841.1—2006的规定染成1/1染色标准深度。

5.9.2 耐摩擦色牢度的测定

耐摩擦色牢度按 GB/T 3920—2008 的规定进行。

5.9.3 耐洗色牢度的测定

耐洗色牢度按 GB/T 3921—2008 的规定进行。试验条件采用 GB/T 3921—2008 表 2 中的试验方法 D(4)。

5.9.4 耐汗渍色牢度的测定

耐汗渍色牢度按 GB/T 3922—1995 的规定进行。

5.9.5 耐热压色牢度的测定

耐热压色牢度按 GB/T 6152—1997 的规定进行，200 ℃干压(4 h 后评定)。

5.9.6 耐光色牢度的测定

耐光色牢度按 GB/T 8427—2008 的规定进行。

5.9.7 耐次氯酸盐漂白色牢度的测定

耐次氯酸盐漂白色牢度按 GB/T 7069—1997 的规定进行。

5.9.8 耐汗光色牢度的测定

按 GB/T 14576—1993 中 7.2 的规定进行。

6 检验规则

6.1 检验分类

本标准 3.1、3.2 和 3.3 所列的检验项目均为型式检验项目。其中本标准的 3.1 和 3.2 中(1)～(5)项为出厂检验项目，应逐批进行检验。在正常连续生产情况下，每年至少进行一次型式检验。但如有下述情况需进行型式检验：

a) 新产品最初定型时；

b) 产品异地生产时；

c) 生产配方、工艺及原材料有较大改变时；

d) 停产三个月后又恢复生产时；

e) 客户提出要求时。

6.2 出厂检验

还原红 6B 应由生产厂的质量检验部门检验合格，附合格证明后方可出厂。生产厂应保证所有出厂的还原红 6B 都符合本标准的要求。

6.3 复检

如果检验结果中有一项指标不符合本标准的要求时，应重新自两倍量的包装中取样进行检验，重新检验的结果，即使只有一项指标不符合本标准要求，则整批产品为不合格。

7 标志、标签、包装、运输和贮存

7.1 标志、标签

还原红 6B 的每个包装容器上都应涂上牢固、清晰的标志，注明：产品名称、规格、注册商标、净含量、生产厂名称、厂址、标准编号、批号、生产日期。也可将批号、生产日期打印在标签上，并和产品质量检验合格的证明一起放入包装容器内的塑料袋外面。

7.2 包装

还原红 6B 装于内衬塑料袋的包装容器内，并加密封，每件净含量 25 kg，其他包装可与用户协商确定。

7.3 运输

运输时应防止倒置,小心轻放,避免碰撞,切勿损坏包装。

7.4 贮存

还原红 6B 应贮存于阴凉,干燥通风处,防止受潮受热。

ICS 71.100.01;87.060.10
G 57

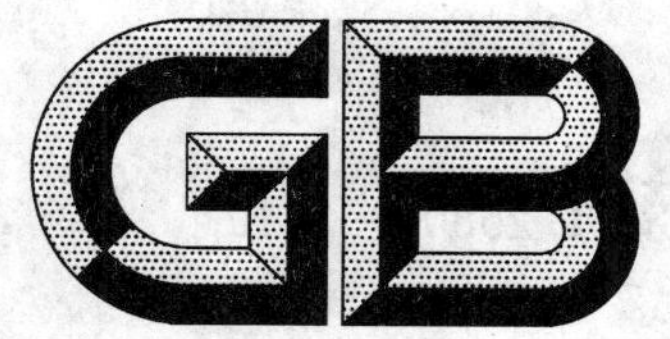

中华人民共和国国家标准

GB/T 25805—2010

还原灰3B(C.I.还原黑16)

Vat grey 3B(C.I. Vat black 16)

2010-12-23 发布　　　　2011-10-01 实施

中华人民共和国国家质量监督检验检疫总局
中国国家标准化管理委员会　发布

前　言

本标准由中国石油和化学工业协会提出。

本标准由全国染料标准化技术委员会(SAC/TC 134)归口。

本标准起草单位:安徽亚邦化工有限公司、江苏亚邦染料股份有限公司、沈阳化工研究院有限公司。

本标准主要起草人:钱光友、王勇、卢建平、周业胜、郑君良、陈四清、周多刚、吴志芬。

还原灰3B(C.I.还原黑16)

1 范围

本标准规定了还原灰3B(C.I.还原黑16)产品的要求、采样、试验方法、检验规则以及标志、标签、包装、运输和贮存。

本标准适用于还原灰3B的产品质量控制。

结构式：

分子式：$C_{34}H_{18}N_2O_2$

相对分子质量：486.52(按2007年国际相对原子质量)

CAS RN：1328-19-4

2 规范性引用文件

下列文件中的条款通过本标准的引用而成为本标准的条款。凡是注日期的引用文件，其随后所有的修改单(不包括勘误的内容)或修订版均不适用于本标准，然而，鼓励根据本标准达成协议的各方研究是否可使用这些文件的最新版本。凡是不注日期的引用文件，其最新版本适用于本标准。

GB/T 2374—2007 染料 染色测定的一般条件规定

GB/T 2377—2006 还原染料 色光和强度的测定

GB/T 3920—2008 纺织品 色牢度试验 耐摩擦色牢度(ISO 105-X12:2001,MOD)

GB/T 3921—2008 纺织品 色牢度试验 耐皂洗色牢度(ISO 105-C10:2006,MOD)

GB/T 3922—1995 纺织品耐汗渍色牢度试验方法(eqv ISO 105-E04:1994)

GB/T 4467—2006 染料 悬浮液分散稳定性的测定

GB/T 4841.1—2006 染料染色标准深度色卡 1/1

GB/T 5542—2007 染料 大颗粒的测定 单层滤布过滤法

GB/T 6152—1997 纺织品 色牢度试验 耐热压色牢度(eqv ISO 105-X11:1994)

GB/T 6678—2003 化工产品采样总则

GB/T 6693—2009 染料 粉尘飞扬性的测定(ISO 105-Z06:1996,IDT)

GB/T 7069—1997 纺织品 色牢度试验 耐次氯酸盐漂白色牢度(eqv ISO 105-N01:1993)

GB/T 8427—2008 纺织品 色牢度试验 耐人造光色牢度：氙弧(ISO 105-B02:1994,MOD)

GB/T 14576—1993 纺织品耐光、汗复合色牢度试验方法

GB 19601 染料产品中23种有害芳香胺的限量及测定

GB 20814 染料产品中10种重金属元素的限量及测定

HG/T 3399—2001 染料扩散性能的测定

3 要求

3.1 外观：黑色颗粒或均匀粉末。

3.2 还原灰 3B 的质量应符合表 1 的规定。

表 1 还原灰 3B 的质量要求

项　　目		指　　标
(1) 强度(为标准品的)/分		100
(2) 色光(与标准品)		近似～微
(3) 扩散性能/级	≥	4
(4) 防尘性/级	≥	3
(5) 大颗粒/级	≥	中等
(6) 悬浮液分散稳定性/%	≥	90
(7) 有害芳香胺的质量分数/(mg/kg)		符合 GB 19601 的要求
(8) 重金属元素的质量分数/(mg/kg)		符合 GB 20814 的要求

3.3 还原灰 3B 在棉织物上的色牢度应不低于表 2 的规定。

表 2 还原灰 3B 在棉织物上的色牢度

<table>
<tr><td rowspan="3">染色深度</td><td rowspan="3">耐光(氙弧)</td><td colspan="2" rowspan="2">耐汗光</td><td colspan="3" rowspan="2">耐洗
95 ℃</td><td colspan="6">耐 汗 渍</td><td colspan="2" rowspan="2">耐 摩 擦</td><td>耐热压
200 ℃</td><td rowspan="3">耐次氯酸盐漂白</td></tr>
<tr><td colspan="3">酸</td><td colspan="3">碱</td><td rowspan="2">变色
(4 h 后)</td></tr>
<tr><td>酸</td><td>碱</td><td>变色</td><td>棉沾</td><td>粘沾</td><td>变色</td><td>棉沾</td><td>毛沾</td><td>变色</td><td>棉沾</td><td>毛沾</td><td>干</td><td>湿</td></tr>
<tr><td>1/1</td><td>6-7</td><td>4-5</td><td>4-5</td><td>4</td><td>3-4</td><td>3-4</td><td>4</td><td>4-5</td><td>4-5</td><td>4</td><td>4-5</td><td>4-5</td><td>4</td><td>3</td><td>4</td><td>3-4</td></tr>
<tr><td colspan="17">注：2%(owf)相当于 1/1 染色标准深度。</td></tr>
</table>

4 采样

以批为单位采样，生产厂以一次拼混均匀的产品为一批。每批采样桶数应符合 GB/T 6678—2003 中 7.6 的规定。所采样产品的包装必须完好，采样时勿使外界杂质落入产品中。用探管从桶上、中、下三部分采样，所采样品总量不得少于 200 g。将所采样品充分混匀后，分装于两个清洁、干燥、密封良好的容器中，其上粘贴标签。注明：产品名称、批号、生产厂名称、采样日期、地点。一个供检验，一个保存备查。

5 试验方法

5.1 外观的评定

采用目视评定。

5.2 色光和强度的测定

5.2.1 浸染法(仲裁检验方法)

5.2.1.1 染色一般条件

染色的一般条件应符合 GB/T 2374—2007 的有关规定。染色按 GB/T 2377—2006 中乙法全浴还原进行。

染色用棉布或棉纱:5 g,浴比:1∶40;或用 10 g 棉纱,浴比:1∶20。染色深度:2%(owf)。

5.2.1.2 还原液配制

每升 50 ℃的水中,加入 400 g/L 的氢氧化钠溶液 10 mL,85%的保险粉 6 g,充分搅拌溶解配成还原液。此溶液临用前配制。

5.2.1.3 染液配方

以 5 g 棉布或棉纱染色为例,染液配方如表 3 所示。

如用 10 g 棉纱,表 3 中染料用量增加一倍。

表 3 染液配方

染缸编号	1	2	3	4	5
染料标准品的质量/g	0.095 0	0.100 0	0.105 0	—	—
染料样品的质量/g	—	—	—	0.100 0	0.105 0
95%乙醇的体积/mL	1	1	1	1	1
100 g/L 渗透剂 BX 溶液的体积/mL	1	1	1	1	1
还原液的体积/mL	198	198	198	198	198

5.2.1.4 染色操作

按 GB/T 2377—2006 中 6.2.2 的规定进行,染色 15 min 后,各染缸分别补加无水硫酸钠 3 g。

5.2.1.5 氧化

按 GB/T 2377—2006 中 6.2.3.4 的规定,双氧水氧化。

5.2.1.6 皂煮

按 GB/T 2377—2006 中 6.2.4 的规定进行。

5.2.2 轧染法

轧染深度为 20 g/L,轧染操作按 GB/T 2377—2006 中 6.3 的规定进行。

5.2.3 色光和强度的评定

按 GB/T 2374—2007 中第 7 章的有关规定进行。

5.3 扩散性能的测定

按 HG/T 3399—2001 的规定进行。

5.4 悬浮液分散稳定性的测定

按 GB/T 4467—2006 中 6.2.2 的规定进行。

5.5 大颗粒的测定

按 GB/T 5542—2007 中 5.2 的规定进行。

5.6 防尘性的测定

按 GB/T 6693—2009 的规定进行。

5.7 有害芳香胺的量的测定

按 GB 19601 的规定进行。

5.8 重金属元素的量的测定

按 GB 20814 的规定进行。

5.9 在棉织物上色牢度的测定

5.9.1 一般规定

所有色牢度的测试样应按 GB/T 4841.1—2006 的规定染成 1/1 染色标准深度。

5.9.2 耐摩擦色牢度的测定

耐摩擦色牢度按 GB/T 3920—2008 的规定进行。

5.9.3 耐洗色牢度的测定

耐洗色牢度按 GB/T 3921—2008 的规定进行。试验条件采用 GB/T 3921—2008 表 2 中的试验方法 D(4)。

5.9.4 耐汗渍色牢度的测定

耐汗渍色牢度按 GB/T 3922—1995 的规定进行。

5.9.5 耐热压色牢度的测定

耐热压色牢度按 GB/T 6152—1997 的规定进行,200 ℃干压(4 h 后评定)。

5.9.6 耐光色牢度的测定

耐光色牢度按 GB/T 8427—2008 的规定进行。

5.9.7 耐次氯酸盐漂白色牢度的测定

耐次氯酸盐漂白色牢度按 GB/T 7069—1997 的规定进行。

5.9.8 耐汗光色牢度的测定

按 GB/T 14576—1993 中 7.2 的规定进行。

6 检验规则

6.1 检验分类

本标准 3.1、3.2 和 3.3 所列的检验项目均为型式检验项目。其中本标准的 3.1 和 3.2 中(1)～(5)项为出厂检验项目,应逐批进行检验。在正常连续生产情况下,每年至少进行一次型式检验。但如有下述情况需进行型式检验:

a) 新产品最初定型时;

b) 产品异地生产时;

c) 生产配方、工艺及原材料有较大改变时;

d) 停产三个月后又恢复生产时;

e) 客户提出要求时。

6.2 出厂检验

还原灰 3B 应由生产厂的质量检验部门检验合格,附合格证明后方可出厂。生产厂应保证所有出厂的还原灰 3B 都符合本标准的要求。

6.3 复检

如果检验结果中有一项指标不符合本标准的要求时,应重新自两倍量的包装中取样进行检验,重新检验的结果,即使只有一项指标不符合本标准要求,则整批产品为不合格。

7 标志、标签、包装、运输和贮存

7.1 标志、标签

还原灰 3B 的每个包装容器上都应涂上牢固、清晰的标志,注明:产品名称、规格、注册商标、净含量、生产厂名称、厂址、标准编号、批号、生产日期。也可将批号、生产日期打印在标签上,并和产品质量检验合格的证明一起放入包装容器内的塑料袋外面。

7.2 包装

还原灰 3B 装于内衬塑料袋的包装容器内,并加密封,每件净含量 25 kg,其他包装可与用户协商确定。

7.3 运输

运输时应防止倒置，小心轻放，避免碰撞，切勿损坏包装。

7.4 贮存

还原灰 3B 应贮存于阴凉，干燥通风处，防止受潮受热。

ICS 71.100.01;87.060.10
G 57

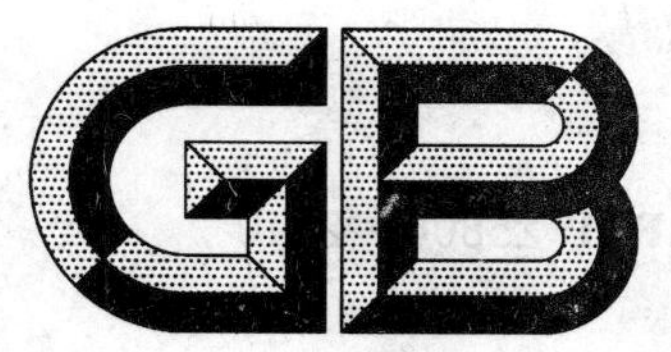

中华人民共和国国家标准

GB/T 25806—2010

还原棕G(C.I.还原棕68)

Vat brown G(C.I. Vat brown 68)

2010-12-23 发布 2011-10-01 实施

中华人民共和国国家质量监督检验检疫总局
中国国家标准化管理委员会 发布

前 言

本标准由中国石油和化学工业协会提出。

本标准由全国染料标准化技术委员会(SAC/TC 134)归口。

本标准起草单位:安徽亚邦化工有限公司、江苏亚邦染料股份有限公司、沈阳化工研究院有限公司。

本标准主要起草人:郑君良、卢建平、杨振梅、周多刚、陈家华、尚俊平、张满中。

还原棕 G(C.I.还原棕 68)

1 范围

本标准规定了还原棕 G(C.I.还原棕 68)产品的要求、采样、试验方法、检验规则以及标志、标签、包装、运输和贮存。

本标准适用于拼混染料还原棕 G 的产品质量控制。

CAS:12237-38-6

2 规范性引用文件

下列文件中的条款通过本标准的引用而成为本标准的条款。凡是注日期的引用文件,其随后所有的修改单(不包括勘误的内容)或修订版均不适用于本标准,然而,鼓励根据本标准达成协议的各方研究是否可使用这些文件的最新版本。凡是不注日期的引用文件,其最新版本适用于本标准。

GB/T 2374—2007 染料 染色测定的一般条件规定

GB/T 2377—2006 还原染料 色光和强度的测定

GB/T 3920—2008 纺织品 色牢度试验 耐摩擦色牢度(ISO 105-X12:2001,MOD)

GB/T 3921—2008 纺织品 色牢度试验 耐皂洗色牢度(ISO 105-C10:2006,MOD)

GB/T 3922—1995 纺织品耐汗渍色牢度试验方法(eqv ISO 105-E04:1994)

GB/T 4467—2006 染料 悬浮液分散稳定性的测定

GB/T 4841.1—2006 染料染色标准深度色卡 1/1

GB/T 5542—2007 染料 大颗粒的测定 单层滤布过滤法

GB/T 6152—1997 纺织品 色牢度试验 耐热压色牢度(eqv ISO 105-X11:1994)

GB/T 6678—2003 化工产品采样总则

GB/T 6693—2009 染料 粉尘飞扬性的测定(ISO 105-Z06:1996,IDT)

GB/T 7069—1997 纺织品 色牢度试验 耐次氯酸盐漂白色牢度(eqv ISO 105-N01:1993)

GB/T 8427—2008 纺织品 色牢度试验 耐人造光色牢度:氙弧(ISO 105-B02:1994,MOD)

GB/T 14576—1993 纺织品耐光、汗复合色牢度试验方法

GB 19601 染料产品中 23 种有害芳香胺的限量及测定

GB 20814 染料产品中 10 种重金属元素的限量及测定

HG/T 3399—2001 染料扩散性能的测定

3 要求

3.1 外观:深棕色至黑色颗粒或均匀粉末。

3.2 还原棕 G 的质量应符合表 1 的规定。

表 1　还原棕 G 的质量要求

项　　目		指　　标
(1) 强度(为标准品的)/分		100
(2) 色光(与标准品)		近似～微
(3) 扩散性能/级	≥	4
(4) 防尘性/级	≥	3
(5) 大颗粒/级	>	中等
(6) 悬浮液分散稳定性/%	≥	95
(7) 有害芳香胺的质量分数/(mg/kg)		符合 GB 19601 的要求
(8) 重金属元素的质量分数/(mg/kg)		符合 GB 20814 的要求

3.3　还原棕 G 在棉织物上的色牢度应不低于表 2 的规定。

表 2　还原棕 G 在棉织物上的色牢度

染色深度	耐光(氙弧)	耐汗光		耐洗 95 ℃			耐汗渍						耐摩擦		耐热压 200 ℃	耐次氯酸盐漂白
							酸			碱						
		酸	碱	变色	棉沾	粘沾	变色	棉沾	毛沾	变色	棉沾	毛沾	干	湿	变色(4 h后)	
1/1	6-7	4-5	4-5	4	4	4	4	4-5	4-5	4-5	4-5	4-5	4	3	4-5	4
注：8%(owf)相当于 1/1 染色标准深度。																

4　采样

以批为单位采样，生产厂以一次拼混均匀的产品为一批。每批采样桶数应符合 GB/T 6678—2003 中 7.6 的规定。所采样产品的包装必须完好，采样时勿使外界杂质落入产品中。用探管从桶上、中、下三部分采样，所采样品总量不得少于 200 g。将所采样品充分混匀后，分装于两个清洁、干燥、密封良好的容器中，其上粘贴标签。注明：产品名称、批号、生产厂名称、采样日期、地点。一个供检验，一个保存备查。

5　试验方法

5.1　外观的评定

采用目视评定。

5.2　色光和强度的测定

5.2.1　浸染法(仲裁检验方法)

5.2.1.1　染色一般条件

染色的一般条件应符合 GB/T 2374—2007 的有关规定。染色按 GB/T 2377—2006 中乙法全浴还原进行。

染色用棉布或棉纱：5 g，浴比：1∶40；或用 10 g 棉纱，浴比：1∶20。染色深度：2%(owf)。

5.2.1.2 还原液配制

每升 50 ℃的水中，加入 400 g/L 的氢氧化钠溶液 10 mL,85%的保险粉 6 g,充分搅拌溶解配成还原液。此溶液临用前配制。

5.2.1.3 染液配方

以 5 g 棉布或棉纱染色为例.染液配方如表 3 所示。

如用 10 g 棉纱,表 3 中染料用量增加一倍。

表 3 染液配方

染缸编号	1	2	3	4	5
染料标准品的质量/g	0.095 0	0.100 0	0.105 0	—	—
染料样品的质量/g	—	—	—	0.100 0	0.105 0
95%乙醇的体积/mL	1	1	1	1	1
100 g/L 渗透剂 BX 溶液的体积/mL	1	1	1	1	1
还原液的体积/mL	198	198	198	198	198

5.2.1.4 染色操作

按 GB/T 2377—2006 中 6.2.2 的规定进行,染色 15 min 后,各染缸分别补加无水硫酸钠 3 g。

5.2.1.5 氧化

按 GB/T 2377—2006 中 6.2.3.4 的规定,双氧水氧化。

5.2.1.6 皂煮

按 GB/T 2377—2006 中 6.2.4 的规定进行。

5.2.2 轧染法

轧染深度为 20 g/L,轧染操作按 GB/T 2377—2006 中 6.3 的规定进行。

5.2.3 色光和强度的评定

按 GB/T 2374—2007 中第 7 章的有关规定进行。

5.3 扩散性能的测定

按 HG/T 3399—2001 的规定进行。

5.4 悬浮液分散稳定性的测定

按 GB/T 4467—2006 中 6.2.2 的规定进行。

5.5 大颗粒的测定

按 GB/T 5542—2007 中 5.2 的规定进行。

5.6 防尘性的测定

按 GB/T 6693—2009 的规定进行。

5.7 有害芳香胺的量的测定

按 GB 19601 的规定进行。

5.8 重金属元素的量的测定

按 GB 20814 的规定进行。

5.9 在纯棉织物上色牢度的测定

5.9.1 一般规定

所有色牢度的测试样应按 GB/T 4841.1—2006 的规定染成 1/1 染色标准深度。

5.9.2 耐摩擦色牢度的测定

耐摩擦色牢度按 GB/T 3920—2008 的规定进行。

5.9.3 耐洗色牢度的测定

耐洗色牢度按 GB/T 3921—2008 的规定进行。试验条件采用 GB/T 3921—2008 表 2 中的试验方法 D(4)。

5.9.4 耐汗渍色牢度的测定

耐汗渍色牢度按 GB/T 3922—1995 的规定进行。

5.9.5 耐热压色牢度的测定

耐热压色牢度按 GB/T 6152—1997 的规定进行,200 ℃干压(4 h 后评定)。

5.9.6 耐光色牢度的测定

耐光色牢度按 GB/T 8427—2008 的规定进行。

5.9.7 耐次氯酸盐漂白色牢度的测定

耐次氯酸盐漂白色牢度按 GB/T 7069—1997 的规定进行。

5.9.8 耐汗光色牢度的测定

按 GB/T 14576—1993 中 7.2 的规定进行。

6 检验规则

6.1 检验分类

本标准 3.1、3.2 和 3.3 所列的检验项目均为型式检验项目。其中本标准的 3.1 和 3.2 中(1)～(5)项为出厂检验项目,应逐批进行检验。在正常连续生产情况下,每年至少进行一次型式检验。但如有下述情况需进行型式检验:

a) 新产品最初定型时;

b) 产品异地生产时;

c) 生产配方、工艺及原材料有较大改变时;

d) 停产三个月后又恢复生产时;

e) 客户提出要求时。

6.2 出厂检验

还原棕 G 应由生产厂的质量检验部门检验合格,附合格证明后方可出厂。生产厂应保证所有出厂的还原棕 G 都符合本标准的要求。

6.3 复检

如果检验结果中有一项指标不符合本标准的要求时,应重新自两倍量的包装中取样进行检验,重新检验的结果,即使只有一项指标不符合本标准要求,则整批产品为不合格。

7 标志、标签、包装、运输和贮存

7.1 标志、标签

还原棕 G 的每个包装容器上都应涂上牢固、清晰的标志,注明:产品名称、规格、注册商标、净含量、生产厂名称、厂址、标准编号、批号、生产日期。也可将批号、生产日期打印在标签上,并和产品质量检验合格的证明一起放入包装容器内的塑料袋外面。

7.2 包装

还原棕 G 装于内衬塑料袋的包装容器内,并加密封,每件净含量 25 kg,其他包装可与用户协商确定。

7.3 运输

运输时应防止倒置，小心轻放，避免碰撞，切勿损坏包装。

7.4 贮存

还原棕 G 应贮存于阴凉，干燥通风处，防止受潮受热。

ICS 71.100.01;87.060.10
G 56

中华人民共和国国家标准

GB/T 25807—2010

间脲基苯胺盐酸盐

m-Carbamidoaniline hydrochloride

2010-12-23 发布　　2011-10-01 实施

中华人民共和国国家质量监督检验检疫总局
中国国家标准化管理委员会　发布

前　言

本标准由中国石油和化学工业协会提出。

本标准由全国染料标准化技术委员会(SAC/TC 134)归口。

本标准起草单位:烟台市金河保险粉厂有限公司、沈阳化工研究院有限公司。

本标准主要起草人:张宝健、李春梅、王国清。

间脲基苯胺盐酸盐

1 范围

本标准规定了间脲基苯胺盐酸盐的要求、采样、试验方法、检验规则以及标志、标签、包装、运输和贮存。

本标准适用于间脲基苯胺盐酸盐的产品质量控制。

结构式：

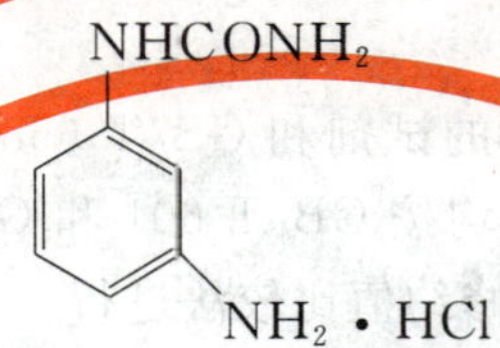

分子式：$C_7H_9N_3O \cdot HCl$

相对分子质量：187.63（按2007年国际相对原子质量）

CAS RN：59690-88-9

2 规范性引用文件

下列文件中的条款通过本标准的引用而成为本标准的条款。凡是注日期的引用文件，其随后所有的修改单（不包括勘误的内容）或修订版均不适用于本标准，然而，鼓励根据本标准达成协议的各方研究是否可使用这些文件的最新版本。凡是不注日期的引用文件，其最新版本适用于本标准。

GB/T 601 化学试剂 标准滴定溶液的制备

GB/T 603 化学试剂 试验方法中所用制剂及制品的制备（GB/T 603—2002，neq ISO 6353-1：1982）

GB/T 2381—2006 染料及染料中间体 不溶物质含量的测定

GB/T 6678—2003 化工产品采样总则

GB/T 6682 分析实验室用水规格和试验方法（GB/T 6682—2008，ISO 3696：1987，MOD）

GB/T 8170—2008 数值修约规则与极限数值的表示和判定

3 要求

间脲基苯胺盐酸盐质量要求应符合表1的规定。

表1 间脲基苯胺盐酸盐的质量要求

项目		指标
(1) 外观		灰白色结晶粉末
(2) 间脲基苯胺盐酸盐的质量分数（氨基值）/%	≥	70.00
(3) 纯度（HPLC）/%	≥	96.50
(4) 间苯二脲含量（HPLC）/%	≤	3.00
(5) 间苯二胺含量（HPLC）/%	≤	0.40
(6) 水不溶物的质量分数/%	≤	0.10

4 采样

以批为单位采样，生产厂以一次拼混均匀的产品为一批。每批采样数应符合 GB/T 6678—2003 中 7.6 的规定采样。所采产品的包装必须完好，采样时勿使外界杂质落入产品中。采样时用探管采取包括上、中、下三部分的样品，所采样品总量不得少于 500 g。将采取的样品充分混匀后，分装于两个清洁、干燥、密封良好的避光容器中，其上粘贴标签。注明：产品名称、批号、生产厂名称、取样日期、地点。一个供检验，一个保存备查。

5 试验方法

警告——使用本标准的人员应有实验室工作的实践经验。本标准并未指出所有的安全问题。使用者有责任采取适当的安全和健康措施，并保证符合国家有关法规规定的条件。

5.1 一般规定

除非另有规定，仅使用确认为分析纯的试剂和 GB/T 6682 中规定的三级水。试验中所需标准溶液、制剂及制品，在没有注明其他要求时，均按 GB/T 601 和 GB/T 603 的规定制备与标定。检验结果的判定按 GB/T 8170—2008 中的 4.3.3 修约值比较法进行。

5.2 外观的评定

在自然光线下采用目视评定。

5.3 间脲基苯胺盐酸盐含量（氨基值）的测定

5.3.1 方法提要

采用重氮化法。

利用芳香族伯胺在低温及过量无机酸存在下与亚硝酸钠作用生成重氮盐的原理进行测定。

5.3.2 试剂和溶液

a) 盐酸；

b) 溴化钾；

c) 亚硝酸钠标准滴定溶液：$c(NaNO_2)=0.1$ mol/L，标定时用淀粉-碘化钾试纸判定终点；

d) 淀粉-碘化钾试纸。

5.3.3 分析步骤

称取试样约 1.0 g（精确至 0.000 2 g），置于 300 mL 烧杯中，加入煮沸的 100 mL 热水溶解，加 15 mL 盐酸、2 g 溴化钾，冷却至 0 ℃～5 ℃。然后将滴定管尖端插入液面下，在不断搅拌下，用亚硝酸钠标准滴定溶液进行滴定，滴定近终点时把滴定管尖端提离液面，继续滴定直至使淀粉-碘化钾试纸呈现微蓝色润圈，并保持 3 min 不变即为终点，在相同条件下做空白试验。

5.3.4 结果计算

间脲基苯胺盐酸盐含量（氨基值）以质量分数 w_1 计，数值用（%）表示，按式(1)计算：

$$w_1=\frac{c[(V-V_0)/1\,000]M}{m}\times 100 \qquad \cdots\cdots(1)$$

式中：

c——亚硝酸钠标准滴定溶液浓度的准确数值，单位为摩尔每升(mol/L)；

V——消耗亚硝酸钠标准滴定溶液体积的数值，单位为毫升(mL)；

V_0——空白试验消耗亚硝酸钠标准滴定溶液体积的数值，单位为毫升(mL)；

M——间脲基苯胺盐酸盐的摩尔质量数值，单位为克每摩尔 g/mol[$M(C_7H_9N_3O\cdot HCl)=187.63$]；

m——试样的质量的数值，单位为克(g)。

计算结果表示到小数点后两位。

5.3.5 允许差

间脲基苯胺盐酸盐的氨基值两次平行测定结果之差不大于 0.2%（质量分数），取其算术平均值作为测定结果。

5.4　纯度及有机杂质含量的测定(HPLC)

5.4.1　方法提要

采用高效液相色谱法,用峰面积归一化法求得纯度及有机杂质的含量。

5.4.2　仪器设备

a)　液相色谱仪:输液泵——流量范围(0.1～5.0)mL/min,在此范围内其流量稳定性为±1%

检测器——多波长紫外分光检测器或具有同等性能的分光检测器;

b)　色谱柱:长为 150 mm,内径为 4.6 mm 的不锈钢柱,固定相为 C_{18} ODS 3 μm;

c)　数据处理机:色谱工作站或积分仪;

d)　微量注射器:平头(10～25)μL;

e)　超声波发生器。

5.4.3　试剂和溶液

a)　甲醇:色谱纯;

b)　乙酸铵;

c)　甲醇水溶液:甲醇与水的体积比为 10∶90;

d)　乙酸铵溶液:5 g/L 乙酸铵、1 mL/L 乙酸;

e)　水:经 0.45 μm 滤膜过滤。

5.4.4　色谱分析条件

a)　流动相:甲醇与乙酸铵溶液的体积比为 10∶90;

b)　波长:254 nm;

c)　流量:0.6 mL/min;

d)　进样量:5 μL。

可根据装置不同,选择最佳分析条件,流动相应摇匀后用超声波发生器进行脱气。

5.4.5　溶液的制备

称取试样 0.03 g(精确至 0.001 g)于 50 mL 棕色容量瓶中,加甲醇水溶液溶解,并稀释至刻度,混合均匀,于超声波发生器中震荡、充分溶解后备用。

5.4.6　分析步骤

开启色谱仪。待仪器各项操作条件稳定后,用微量注射器进试样溶液 5 μL,待最后一个组分流出完毕(见色谱图 1),用色谱工作站或积分仪进行结果处理。

5.4.7　结果计算

纯度及有机杂质含量以 w_i 计,数值用(%)表示,按式(2)计算:

$$w_i = \frac{A_i}{\sum A_i} \times 100 \qquad (2)$$

式中:

A_i——各组分 i 的峰面积数值;

$\sum A_i$——各组分 i 的峰面积数值之和。

计算结果表示到小数点后两位。

5.4.8　允许差

纯度两次平行测定结果之差应不大于 0.2%,其他有机杂质两次平行测定结果之差应不大于 0.05%,取其算术平均值作为测定结果。

5.4.9　色谱图

色谱图见图 1。

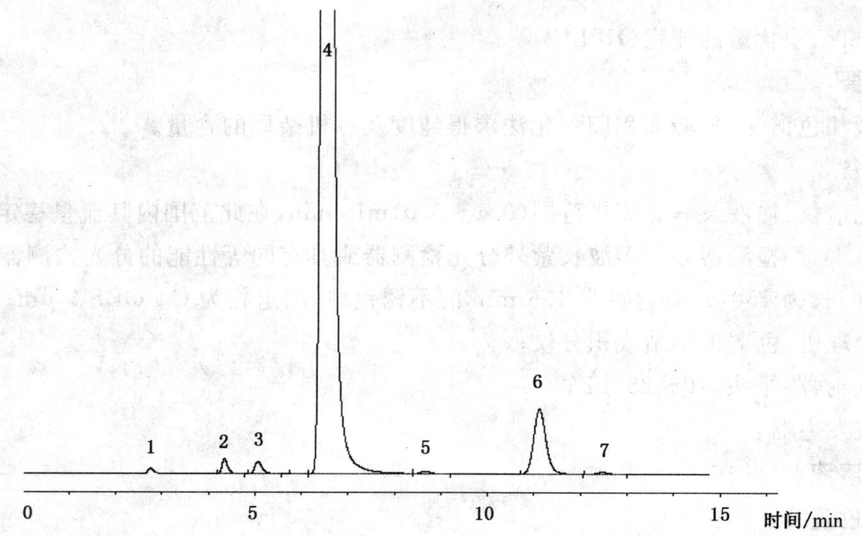

1——未知物；

2——间苯二胺；

3——未知物；

4——间脲基苯胺；

5——未知物；

6——间苯二脲；

7——未知物。

图 1　色谱示意图

5.5　水不溶物的测定

5.5.1　仪器

G3 坩埚式过滤器。

5.5.2　分析步骤

按 GB/T 2381—2006 的有关规定进行。称样量规定为 3 g，水的温度规定为(60±2)℃。

6　检验规则

6.1　检验分类

本标准第 3 章的表 1 中规定的全部项目为出厂检验项目。

6.2　出厂检验

间脲基苯胺盐酸盐应由生产厂的质量检验部门检验合格，附合格证明后方可出厂。生产厂应保证所有出厂的间脲基苯胺盐酸盐均符合本标准的要求。

6.3　复验

如果检验结果中有一项指标不符合本标准的规定时，应重新自两倍量的包装中取样进行检验，重新检验的结果即使只有一项指标不符合本标准的要求，则整批产品为不合格。

7　标志、标签、包装、运输和贮存

7.1　标志、标签

间脲基苯胺盐酸盐的每个外包装上都应涂上牢固、清晰的标志，注明：产品名称、注册商标、规格、产品生产许可证编号及标志(如适用)、净含量、生产厂名称、厂址、标准编号、批号、生产日期。也可将批号、生产日期打印在标签上，并和产品质量检验合格的证明一起放入包装容器内的塑料袋外面。

7.2 包装

间脲基苯胺盐酸盐用内衬黑塑料袋的编织袋或纸塑复合袋包装，每袋净含量 25 kg，其他包装可与用户协商确定。

7.3 运输

运输时应轻取轻放，防止日晒、碰撞和雨淋。

7.4 贮存

贮存时应远离火源和火种，放置阴凉干燥处。

ICS 71.100.01;87.060.10
G 57

中华人民共和国国家标准

GB/T 25808—2010

硫化黑 2BR、3B 200%

Sulphur black 2BR、3B 200%

2010-12-23 发布

2011-10-01 实施

中华人民共和国国家质量监督检验检疫总局
中国国家标准化管理委员会 发布

前　言

本标准代替 HG/T 3427—2001《硫化黑 2BR、3B(200%)》。

本标准由中国石油和化学工业协会提出。

本标准由全国染料标准化技术委员会(SAC/TC 134)归口。

本标准起草单位:天津市染分化工有限公司、山西临汾染化(集团)有限责任公司、河南洛染股份有限公司、大连染料化工有限公司、中盐雅布赖染料有限公司、山西银吕化工有限责任公司、沈阳化工研究院有限公司。

本标准主要起草人:赵宪法、马君庆、孙炳鸽、邓宏波、于敏、徐军先、段银锁、祁东玲、马有新、王玉梅。

硫化黑 2BR、3B 200%

1 范围

本标准规定了硫化黑 2BR、3B 200%(C.I.硫化黑 1,双倍硫化黑)产品的要求、采样、试验方法、检验规则以及标志、标签、包装、运输和贮存。

本标准适用于硫化黑 2BR、3B 200%的产品质量控制。

结构式:下列中间体的硫化物

$$O_2N-C_6H_3(NO_2)-OH$$

CAS RN:1326-82-5

2 规范性引用文件

下列文件中的条款通过本标准的引用而成为本标准的条款。凡是注日期的引用文件,其随后所有的修改单(不包括勘误的内容)或修订版均不适用于本标准,然而,鼓励根据本标准达成协议的各方研究是否可使用这些文件的最新版本。凡是不注日期的引用文件,其最新版本适用于本标准。

GB/T 2374—2007 染料 染色测定的一般条件规定

GB/T 2376—2003 硫化染料 染色色光和强度的测定

GB/T 2381—2006 染料及染料中间体 不溶物质含量的测定

GB/T 2386—2006 染料及染料中间体 水分的测定

GB/T 3920—2008 纺织品 色牢度试验 耐摩擦色牢度(ISO 105-X12:2001,MOD)

GB/T 3921—2008 纺织品 色牢度试验 耐皂洗色牢度(ISO 105-C10:2006,MOD)

GB/T 3922—1995 纺织品耐汗渍色牢度试验方法(eqv ISO 105-E04:1994)

GB/T 4841.2—2006 染料染色标准深度色卡 藏青和黑色

GB/T 6152—1997 纺织品 色牢度试验 耐热压色牢度(eqv ISO 105-X11:1994)

GB/T 6678—2003 化工产品采样总则

GB/T 8427—2008 纺织品 色牢度试验 耐人造光色牢度:氙弧(ISO 105-B02:1994,MOD)

GB 19601 染料产品中 23 种有害芳香胺的限量及测定

GB 20814 染料产品中 10 种重金属元素的限量及测定

3 要求

3.1 外观:亮黑色片、粒状物。

3.2 硫化黑 2BR、3B 200%的质量应符合表 1 的规定。

表 1 硫化黑 2BR、3B 200%的质量要求

项 目		指 标
(1) 强度(为标准品的)/分		100
(2) 色光(与标准品)		近似~微
(3) 水分的质量分数/%	≤	7.0

表 1（续）

项　　目	指　　标
(4) 硫化钠不溶物的质量分数/% ≤	0.5
(5) 有害芳香胺的质量分数/(mg/kg)	符合 GB 19601 的要求
(6) 重金属元素的质量分数/(mg/kg)	符合 GB 20814 的要求

3.3 硫化黑 2BR、3B 200%在棉织物上的色牢度应不低于表 2 的规定。

表 2 硫化黑 2BR、3B 200%在棉织物上的色牢度

染色深度	耐光（氙弧）	耐洗 95 ℃			耐汗渍						耐摩擦		耐热压 200 ℃
					酸			碱					
		变色	棉沾	粘沾	变色	棉沾	毛沾	变色	棉沾	毛沾	干	湿	变色（4 h后）
浅黑	6	3-4	4	4-5	4	4-5	4-5	4	4-5	4-5	2-3	1-2	4
注：6%(owf)相当于浅黑染色标准深度。													

4 采样

以批为单位采样，生产厂以一次拼混均匀的产品为一批。每批采样桶数应符合 GB/T 6678—2003 中 7.6 的规定。所采样产品的包装必须完好，采样时勿使外界杂质落入产品中。用探管从桶上、中、下三部分采样，所采样品总量不得少于 200 g。将所采样品充分混匀后，分装于两个清洁、干燥、密封良好的容器中，其上粘贴标签。注明：产品名称、批号、生产厂名称、采样日期、地点。一个供检验，一个保存备查。

5 试验方法

5.1 外观的评定

采用目视评定。

5.2 染色色光和强度的测定

5.2.1 染色一般条件

染色的一般条件应符合 GB/T 2374—2007 的有关规定。染色按 GB/T 2376—2003 的规定进行。

染色用棉布或棉纱 5 g，浴比 1∶40，染色深度：1.5%(owf)。

5.2.2 染液的配制

准确称取染料标样和试样各 1.5 g(精确至 0.000 5 g)，分别置于 300 mL 烧杯中，加入 100 g/L 的硫化钠溶液 22.5 mL[染料∶硫化钠(按 100%计)＝1∶1.5]，充分搅拌均匀，加入 200 mL 沸水，充分搅拌溶解。待冷却到室温后移入 1 000 mL 容量瓶中，用水稀释到刻度，每次染料溶液须随配随用，隔日不可再用。

染液配方如表 3 所示。

表 3 染液配方

单位为毫升

染缸编号	1	2	3	4	5
1.5 g/L 染料标准品溶液的体积	47.5	50.0	52.5	—	—
1.5 g/L 染料样品溶液的体积	—	—	—	47.5	50.0
100 g/L 无水硫酸钠溶液的体积	10	10	10	10	10
50 g/L 无水碳酸钠溶液的体积	2	2	2	2	2
加水至总体积	200	200	200	200	200

5.2.3 染色操作

将棉布或棉纱以 1∶20 的浴比，在 0.02 g/L 的渗透剂 BX 溶液中沸煮 10 min，用清水洗净后入染。染色按 GB/T 2376—2003 中 6.1.4 的规定进行，染色温度 90 ℃～95 ℃，染色时间 45 min。氧化按 GB/T 2376—2003 中 6.1.5.1 规定的空气氧化进行。

5.2.4 色光和强度的评定

按 GB/T 2374—2007 中第 7 章的有关规定进行。

5.3 水分的测定

按 GB/T 2386—2006 中 3.2 烘干法的规定进行。在 100 ℃～105 ℃烘干 4 h。

5.4 硫化钠不溶物的测定

按 GB/T 2381—2006 的规定进行。染料先用 50% 的土耳其红油 1 mL 润湿、调浆后，按 GB/T 2381—2006中 6.1.2 的规定溶解，按 GB/T 2381—2006 中 6.3.2 的规定洗涤。

5.5 有害芳香胺的量的测定

按 GB 19601 的规定进行。

5.6 重金属元素的量的测定

按 GB 20814 的规定进行。

5.7 在棉织物上色牢度的测定

5.7.1 一般规定

所有色牢度的测试样应按 GB/T 4841.2—2006 的规定染成浅黑染色标准深度。

5.7.2 耐摩擦色牢度的测定

耐摩擦色牢度按 GB/T 3920—2008 的规定进行。

5.7.3 耐洗色牢度的测定

耐洗色牢度按 GB/T 3921—2008 的规定进行。试验条件采用 GB/T 3921—2008 表 2 中的试验方法 D(4)。

5.7.4 耐汗渍色牢度的测定

耐汗渍色牢度按 GB/T 3922—1995 的规定进行。

5.7.5 耐热压色牢度的测定

耐热压色牢度按 GB/T 6152—1997 的规定进行，200 ℃干压(4 h 后评定)。

5.7.6 耐光色牢度的测定

耐光色牢度按 GB/T 8427—2008 的规定进行。

6 检验规则

6.1 检验分类

本标准 3.1、3.2 和 3.3 所列的检验项目均为型式检验项目。其中本标准的 3.1 和 3.2 中(1)～(3)项为出厂检验项目，应逐批进行检验。在正常连续生产情况下，每年至少进行一次型式检验。但如有下述情况需进行型式检验：

a) 新产品最初定型时；

b) 产品异地生产时；

c) 生产配方、工艺及原材料有较大改变时；

d) 停产三个月后又恢复生产时；

e) 客户提出要求时。

6.2 出厂检验

硫化黑 2BR、3B 200%应由生产厂的质量检验部门检验合格，附合格证明后方可出厂。生产厂应保证所有出厂的硫化黑 2BR、3B 200%都符合本标准的要求。

6.3 复检

如果检验结果中有一项指标不符合本标准的要求时，应重新自两倍量的包装中取样进行检验，重新检验的结果，即使只有一项指标不符合本标准要求，则整批产品不能验收。

7 标志、标签、包装、运输和贮存

7.1 标志、标签

硫化黑 2BR、3B 200％的每个包装容器上都应涂上牢固、清晰的标志，注明：产品名称、规格、注册商标、净含量、生产厂名称、厂址、标准编号、批号、生产日期。也可将批号、生产日期打印在标签上，并和产品质量检验合格的证明一起放入包装容器内的塑料袋外面。

7.2 包装

硫化黑 2BR、3B 200％装于内衬塑料袋的包装容器内，并加密封，每件净含量 25 kg 或 50 kg，其他包装可与用户协商确定。

7.3 运输

运输时应防止倒置，小心轻放，避免碰撞，切勿损坏包装。

7.4 贮存

硫化黑 2BR、3B 200％应贮存于阴凉，干燥通风处，防止受潮受热。贮存期一年。

ICS 71.100.01;87.060.10
G 57

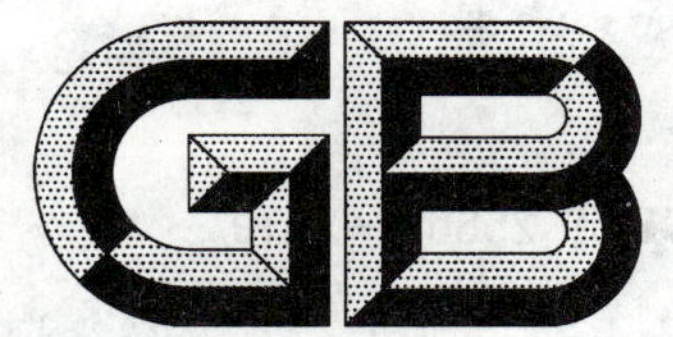

中华人民共和国国家标准

GB/T 25809—2010

硫化黑 S-BR
（水溶性硫化黑 BR）

Sulphur black S-BR
(Soluble sulphur black BR)

2010-12-23 发布　　2011-10-01 实施

中华人民共和国国家质量监督检验检疫总局
中国国家标准化管理委员会　发布

前 言

本标准由中国石油和化学工业协会提出。

本标准由全国染料标准化技术委员会(SAC/TC 134)归口。

本标准起草单位:沈阳化工研究院有限公司、大连市旅顺江西化工工业总公司。

本标准主要起草人:王勇、薛福勤、潘毅。

硫化黑 S-BR
（水溶性硫化黑 BR）

1 范围

本标准规定了硫化黑 S-BR(C.I.可溶性硫化黑 1,水溶性硫化黑 BR)产品的要求、采样、试验方法、检验规则以及标志、标签、包装、运输和贮存。

本标准适用于硫化黑 S-BR 的产品质量控制。

结构式:下列中间体的硫化物的硫代磺酸

NO_2

O_2N— —OH

CAS RN:1326-83-6

2 规范性引用文件

下列文件中的条款通过本标准的引用而成为本标准的条款。凡是注日期的引用文件,其随后所有的修改单(不包括勘误的内容)或修订版均不适用于本标准,然而,鼓励根据本标准达成协议的各方研究是否可使用这些文件的最新版本。凡是不注日期的引用文件,其最新版本适用于本标准。

GB/T 2374—2007 染料 染色测定的一般条件规定

GB/T 2376—2003 硫化染料 染色色光和强度的测定

GB/T 2381—2006 染料及染料中间体 不溶物质含量的测定

GB/T 2383—2003 染料 筛分细度的测定

GB/T 2386—2006 染料及染料中间体 水分的测定

GB/T 3671.1—1996 水溶性染料溶解度和溶液稳定性的测定(ISO 105-Z07:1995,IDT)

GB/T 3920—2008 纺织品 色牢度试验 耐摩擦色牢度(ISO 105-X12:2001,MOD)

GB/T 3921—2008 纺织品 色牢度试验 耐皂洗色牢度(ISO 105-C10:2006,MOD)

GB/T 3922—1995 纺织品耐汗渍色牢度试验方法(eqv ISO 105-E04:1994)

GB/T 4841.1—2006 染料染色标准深度色卡 1/1

GB/T 5713—1997 纺织品 色牢度试验 耐水色牢度(eqv ISO 105-E01:1994)

GB/T 6152—1997 纺织品 色牢度试验 耐热压色牢度(eqv ISO 105-X11:1994)

GB/T 6678—2003 化工产品采样总则

GB/T 8427—2008 纺织品 色牢度试验 耐人造光色牢度:氙弧(ISO 105-B02:1994,MOD)

GB 19601 染料产品中 23 种有害芳香胺的限量及测定

GB 20814 染料产品中 10 种重金属元素的限量及测定

3 要求

3.1 外观:黑色均匀粉末或颗粒。

3.2 硫化黑 S-BR 的质量要求应符合表 1 的规定。

表1　硫化黑 S-BR 的质量要求

项　　　　　目		用于纺织品	用于皮革
(1) 分光强度(为标准品的)/分		—	100±5
(2) 强度(为标准品的)/分		100	—
(3) 色光(与标准品)		近似～微	—
(4) 水分的质量分数/%	≤	7.0	7.0
(5) 水不溶物的质量分数/%	≤	0.5	0.5
(6) 细度(通过 590 μm 筛的残余物的质量分数)/%	≤	2.0	2.0
(7) 溶解度(60 ℃)/(g/L)	≥	30	60
(8) 有害芳香胺的质量分数/(mg/kg)		符合 GB 19601 标准要求	符合 GB 19601 标准要求
(9) 重金属元素的质量分数/(mg/kg)		符合 GB 20814 标准要求	符合 GB 20814 标准要求

3.3　硫化黑 S-BR 在棉织物上的色牢度应不低于表2的规定。

表2　硫化黑 S-BR 在棉织物上的色牢度

染色深度	耐光(氙弧)	耐洗 95 ℃			耐汗渍						耐水			耐摩擦		耐热压 200 ℃
					酸			碱								
		变色	棉沾	粘沾	变色	棉沾	毛沾	变色	棉沾	毛沾	变色	棉沾	毛沾	干	湿	变色(4 h 后)
1/1	6	3	4	4-5	4	4-5	4-5	4	4-5	4-5	4	4-5	4-5	2-3	1-2	4
注：6%(owf)相当于 1/1 染色标准深度。																

注：用于皮革产品不考核在棉织物上的色牢度指标。

4　采样

以批为单位采样，生产厂以一次拼混均匀的产品为一批。每批采样桶数应符合 GB/T 6678—2003 中 7.6 的规定。所采样产品的包装必须完好，采样时勿使外界杂质落入产品中。用探管从桶上、中、下三部分采样，所采样品总量不得少于 200 g。将所采样品充分混匀后，分装于两个清洁、干燥、密封良好的容器中，其上粘贴标签。注明：产品名称、批号、生产厂名称、采样日期、地点。一个供检验，一个保存备查。

5　试验方法

5.1　外观的评定

采用目视评定。

5.2　分光强度的测定

5.2.1　仪器

a)　分光光度计。

b)　比色皿：10 mm。

c)　天平：感量不大于 0.000 1 g。

d)　容量瓶：500 mL、100 mL。

e)　单标线吸管：2 mL。

5.2.2　测定

准确称取标样和试样各 1 g(精确至 0.000 5 g)，分别置于烧杯中，用水溶解并转移到 500 mL 容量瓶中,用水稀释到刻度。用单标线吸管分别吸取标样溶液和试样溶液各 2 mL 于 100 mL 容量瓶中,用水稀释到刻度。用分光光度计在最大吸收波长(约 625 nm)处测定其吸光度值。

5.2.3 计算

分光强度以 F 计,数值以分表示,按式(1)计算:

$$F=\frac{E_2}{E_1}\times 100 \quad \cdots\cdots(1)$$

式中:

E_2——试样溶液的吸光度值;

E_1——标样溶液的吸光度值。

两次平行测定结果之差不大于 2 分,取其算术平均值作为测定结果。

5.3 色光和强度的测定

5.3.1 染色一般条件

染色的一般条件应符合 GB/T 2374—2007 的有关规定。染色按 GB/T 2376—2003 的规定进行。

染色用棉布或棉纱 5 g,浴比 1∶40,染色深度:1.5%(owf)。

5.3.2 染液的配制

准确称取染料标样和试样各 0.75 g(精确至 0.000 5 g),分别置于 300 mL 烧杯中,加入约 60 ℃的热水 50 mL,搅拌使其完全溶解后,加入 100 g/L 的硫化钠溶液 11.5 mL[染料∶硫化钠(按 100%计)为 1∶1.5],充分搅拌均匀,再加入 60 ℃的热水 150 mL,充分搅拌。待冷却后移入 500 mL 容量瓶中,用水稀释到刻度,每次染料溶液须随配随用,隔日不可再用。

染液配方如表 3 所示。

表 3 染液配方

单位为毫升

染缸编号	1	2	3	4	5
0.75 g/500 mL 染料标准品溶液的体积	47.5	50.0	52.5	—	—
0.75 g/500 mL 染料样品溶液的体积	—	—	—	47.5	50.0
100 g/L 无水硫酸钠溶液的体积	10	10	10	10	10
50 g/L 无水碳酸钠溶液的体积	2	2	2	2	2
加水至总体积	200	200	200	200	200

5.3.3 染色操作

将棉布或棉纱以 1∶20 的浴比,在 0.02 g/L 的渗透剂 BX 溶液中沸煮 10 min,用清水洗净后入染。染色按 GB/T 2376—2003 中 6.1.4 的规定进行,染色温度 90 ℃~95 ℃,染色时间 45 min。氧化按 GB/T 2376—2003 中 6.1.5.1 规定的空气氧化进行。

5.3.4 色光和强度的评定

按 GB/T 2374—2007 中第 7 章的有关规定进行。

5.4 水分的测定

按 GB/T 2386—2006 中 3.2 的规定进行。

5.5 水不溶物的测定

按 GB/T 2381—2006 的规定进行。

5.6 细度的测定

按 GB/T 2383—2003 的规定进行,采用孔径为 590 μm 的标准筛。

5.7 溶解度的测定

按 GB/T 3671.1—1996 的规定进行。溶解温度(60±2)℃。

5.8 有害芳香胺的量的测定

按 GB 19601 的规定进行。

5.9 重金属元素的量的测定

按 GB 20814 的规定进行。

5.10 在棉织物上色牢度的测定

5.10.1 一般规定

所有色牢度的测试样应按 GB/T 4841.1—2006 的规定染成 1/1 染色标准深度。

5.10.2 耐摩擦色牢度的测定

耐摩擦色牢度按 GB/T 3920—2008 的规定进行。

5.10.3 耐洗色牢度的测定

耐洗色牢度按 GB/T 3921—2008 的规定进行。试验条件采用 GB/T 3921—2008 表 2 中的试验方法 D(4)。

5.10.4 耐汗渍色牢度的测定

耐汗渍色牢度按 GB/T 3922—1995 的规定进行。

5.10.5 耐水色牢度的测定

耐水色牢度按 GB/T 5713—1997 的规定进行。

5.10.6 耐热压色牢度的测定

耐热压色牢度按 GB/T 6152—1997 的规定进行,200 ℃干压(4 h 后评定)。

5.10.7 耐光色牢度的测定

耐光色牢度按 GB/T 8427—2008 的规定进行。

6 检验规则

6.1 检验分类

本标准 3.1、3.2 和 3.3 所列的检验项目均为型式检验项目。其中本标准的 3.1 和 3.2 中(1)～(7)项为出厂检验项目,应逐批进行检验。在正常连续生产情况下,每年至少进行一次型式检验。但如有下述情况需进行型式检验:

a) 新产品最初定型时;

b) 产品异地生产时;

c) 生产配方、工艺及原材料有较大改变时;

d) 停产三个月后又恢复生产时;

e) 客户提出要求时。

6.2 出厂检验

硫化黑 S-BR 应由生产厂的质量检验部门检验合格,附合格证明后方可出厂。生产厂应保证所有出厂的硫化黑 S-BR 都符合本标准的要求。

6.3 复检

如果检验结果中有一项指标不符合本标准的要求时,应重新自两倍量的包装中取样进行检验,重新检验的结果,即使只有一项指标不符合本标准要求,则整批产品为不合格。

7 标志、标签、包装、运输和贮存

7.1 标志、标签

硫化黑 S-BR 的每个包装容器上都应涂上牢固、清晰的标志,注明:产品名称、规格、注册商标、净含量、生产厂名称、厂址、标准编号、批号、生产日期。也可将批号、生产日期打印在标签上，并和产品质量检验合格的证明一起放入包装容器内的塑料袋外面。

7.2 包装

硫化黑 S-BR 装于内衬塑料袋的包装容器内，并加密封，每件净含量 25 kg 或 50 kg，其他包装可与用户协商确定。

7.3 运输

运输时应防止倒置，小心轻放，避免碰撞，切勿损坏包装。

7.4 贮存

硫化黑 S-BR 应贮存于阴凉、干燥通风处，防止受潮受热。贮存期一年。

ICS 71.100.01;87.060.10
G 55

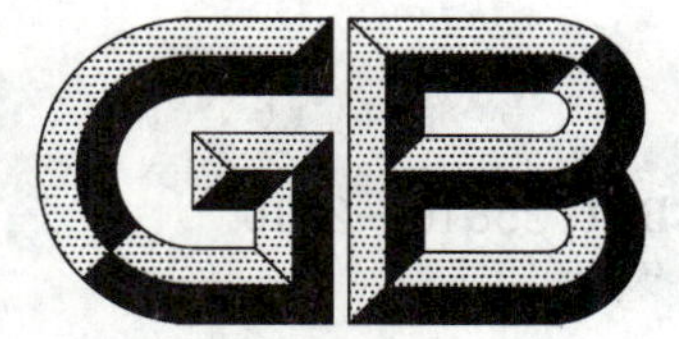

中华人民共和国国家标准

GB/T 25810—2010

染料 产品标志、标签、包装、运输和贮存的基本规定

Dyes—General rules for logo, tag, packing, transportation, storage of products

2010-12-23 发布 2011-10-01 实施

中华人民共和国国家质量监督检验检疫总局
中国国家标准化管理委员会 发布

前　言

本标准由中国石油和化学工业协会提出。

本标准由全国染料标准化技术委员会(SAC/TC 134)归口。

本标准起草单位:建德市严州化工有限公司、深圳泛胜塑胶助剂有限公司、沈阳化工研究院有限公司、国家染料质量监督检验中心。

本标准主要起草人:姬兰琴、梁沛基、吴基城、吴九英、沈日炯。

染料 产品标志、标签、包装、运输和贮存的基本规定

1 范围

本标准规定了染料产品的标志和标签、包装、运输和贮存的基本规定。

本标准适用于染料产品标准编写和染料产品的标志、标签、包装、运输和贮存。

2 规范性引用文件

下列文件中的条款通过本标准的引用而成为本标准的条款。凡是注日期的引用文件，其随后所有的修改单(不包括勘误的内容)或修订版均不适用于本标准，然而，鼓励根据本标准达成协议的各方研究是否可使用这些文件的最新版本。凡是不注日期的引用文件，其最新版本适用于本标准。

GB/T 4122.1 包装术语基础

GB/T 9174 一般货物运输包装通用技术条件

GB/T 19142 出口商品包装通则

3 术语与定义

GB/T 4122.1 确立的术语与定义适用于本标准。

4 标志和标签

染料产品的每个包装桶上都应涂上牢固、清晰的标志，注明：

a) 产品名称；

b) 规格(如适用)；

c) 注册商标；

d) 净含量；

e) 生产厂名称；

f) 厂址；

g) 标准编号(如适用)；

h) 批号；

i) 生产日期。

也可将批号、生产日期打印在标签上，并和产品质量检验合格的证明一起放入包装桶内的塑料袋外面或其他适宜处。

5 包装

5.1 包装的基本要求

染料产品的包装材料(或容器)必须具有防潮湿、防污染性能。不应与染料产品发生物理、化学作用，不能影响产品质量。

包装应同时满足产品运输和贮存相应要求。

5.2 包装材料及质量要求

固体染料外包装一般可选用铁桶包装，其他形式的包装可在满足产品运输和贮存的需要的前提下

选择,在产品标准中具体规定。内包装材料采用塑料袋。所有包装容器材料应满足相应国家对外包装容器材料的质量要求。整个包装应密封。

液体染料一般可选择塑料桶包装或其他形式的包装,包装材料质量应符合相应国家对外包装容器材料的质量要求。整个包装应密封。

5.3 包装净含量

包装净含量应在方便运输和贮存的前提下与包装容器和材料相适应,包装净含量在产品标准中具体规定。

5.4 出口商品包装

染料产品出口时,其包装应符合 GB/T 19142 的规定。

5.5 运输包装

运输包装应符合 GB/T 9174 的要求。

6 包装运输

运输时应防雨防晒,防止倒置,小心轻放,避免碰撞,切勿损坏包装。

7 贮存

产品应贮存于阴凉、干燥通风处,防止受潮受热。不同产品应分区贮存。有特殊要求者,在产品标准中明确规定。

ICS 71.100.01;87.060.10
G 55

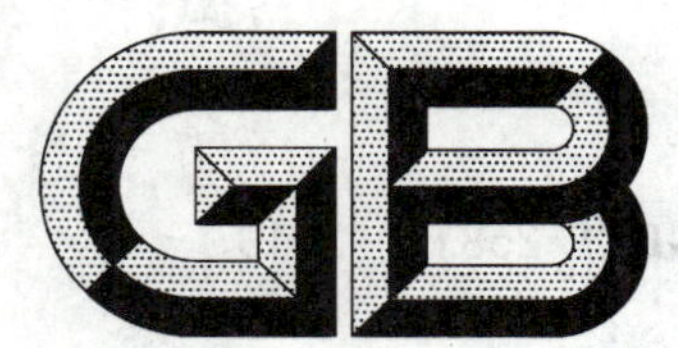

中华人民共和国国家标准

GB/T 25811—2010

染料试验用标准漂白涤纶布

Standard bleached polyester fabric used for dyeing test

2010-12-23 发布　　2011-10-01 实施

中华人民共和国国家质量监督检验检疫总局
中国国家标准化管理委员会　发布

前　言

本标准的附录A为资料性附录。

本标准由中国石油和化学工业协会提出。

本标准由全国染料标准化技术委员会(SAC/TC 134)归口。

本标准起草单位：沈阳化工研究院有限公司、北京服装学院、国家染料质量监督检验中心。

本标准主要起草人：姬兰琴、周永凯、沈日炯、徐尼。

染料试验用标准漂白涤纶布

1 范围

本标准规定了染料试验用标准漂白涤纶布的工艺要求与规格、技术要求、试验方法、验收规则、包装和标志。

本标准适用于鉴定染料试验用标准漂白涤纶布的质量。

本标准也适用于染料试验用标准漂白涤纶布的加工和制造。

2 规范性引用文件

下列文件中的条款通过本标准的引用而成为本标准的条款。凡是注日期的引用文件，其随后所有的修改单(不包括勘误的内容)或修订版均不适用于本标准，然而，鼓励根据本标准达成协议的各方研究是否可使用这些文件的最新版本。凡是不注日期的引用文件，其最新版本适用于本标准。

GB/T 2374 染料 染色测定的一般条件规定

GB/T 2394—2006 分散染料 色光和强度的测定

GB/T 4667 机织物幅宽的测定(GB/T 4667—1995,eqv ISO 3932:1976)

GB/T 4668 机织物密度的测定(GB/T 4668—1995,eqv ISO 7211-2:1984)

GB/T 7573 纺织品水萃取液 pH 值的测定(GB/T 7573—2002,ISO 3071:1980,MOD)

GB/T 8424.1 纺织品 色牢度试验 表面颜色的测定通则(GB/T 8424.1—2001,eqv ISO 105-J01:1997)

GB/T 8424.2 纺织品 色牢度试验 相对白度的仪器评定方法(GB/T 8424.2—2001,eqv ISO 105-J02:1997)

FZ/T 10005 棉及化纤纯纺、混纺印染布检验规则

FZ/T 10010 棉及化纤纯纺、混纺印染布标志与包装

3 染料试验用标准漂白涤纶布的工艺要求与规格

经烧毛、退浆、煮练、漂白、定型、但不轧光、不上浆、不上蓝、不上增白剂的涤纶布。

染料试验用标准漂白涤纶布使用普通涤纶纤维，涤纶纤维纤度为 1.5 dtex，长度为 38 mm，半消光、圆截面，原纱特数为 13 tex。

漂白布原纱、坯布质量要求参见附录 A。

4 技术要求

4.1 外观：布面均匀平整，无条花、无稀密路，纹路清晰，无任何斑渍和破损。

4.2 幅宽：110 cm～200 cm；

4.3 密度：经向(402～410)根/10 cm；

纬向(353～360)根/10 cm。

4.4 水萃取液 pH 值：6.0～7.5；

4.5 白度：75±5；

4.6 染色效果：标准漂白涤纶布的批与批之间，用同一染料、同样方法染色，其色光差异为“近似”到“微”，得色深浅变化不大于±5%。

5 分等规定

5.1 染料试验用标准漂白涤纶布的等级，由内在质量与外观质量结合评定，以内在质量和外观质量最低等为产品等级。分为合格品和不合格品。内在质量按批评等，外观质量按匹评等。

5.2 内在质量考核幅宽、密度、水萃取液的 pH 值、白度和染色效果。其各项指标符合本标准的 4.2～4.6 规定的为合格品。有一项不合格的为不合格品。

5.3 外观质量考核外观，符合本标准的 4.1 规定的为合格品，否则为不合格品。

5.4 最终等级评定见表 1。

表 1 最终等级评定

外观质量	内在质量	
	合格	不合格
合格	合格	不合格
不合格	不合格	不合格

6 试验方法

6.1 外观

采用灯光检验，40 W 加罩青光正常日光灯 3～4 支，照度不低于 750 lx，光源与布面距离 1 m～1.2 m，目视评定。或用验布机检验，验布机上验布板的角度为 45°，布行速度最高为 40 m/min，目视评定。

6.2 幅宽

按 GB/T 4667 规定进行测定。

6.3 密度

按 GB/T 4668 规定进行测定。

6.4 水萃取液 pH 值

按 GB/T 7573 规定进行测定。

6.5 白度

按 GB/T 8424.1 和 GB/T 8424.2 的规定进行。

6.6 染色效果测定

测定时采用分散艳蓝 E-4R 标准样品，染色一般条件应符合 GB/T 2374 的规定，染色方法采用高温高压法，按 GB/T 2394—2006 中的 6.2 规定进行。

7 验收规则

验收按 FZ/T 10005 规定进行。

8 包装和标志

8.1 包装

8.1.1 外包装采用布包，内衬一层牛皮纸和一层塑料薄膜。

8.1.2 成包可实行加开剪和拼件单独包装。

8.1.2.1 外观质量影响使用效果的外观疵点采用假开剪结辫放尺，主要是指评为 4 分或 3 分难以休整好的单个疵点。假开剪后各段布都应是合格品。

8.1.2.2 假开剪疵点长度，不满 10 cm 放尺 10 cm；10 cm 至 20 cm 放尺 20 cm；以此类推，最大放尺

50 cm,超过者开剪。

8.1.2.3 假开剪处与处之间相距不小于 10 cm,距布头,布尾不小于 10 cm。

8.2 标志

按 FZ/T 10010 中的规定进行,并注明“标准布样”和质量监控单位名称。

附 录 A
（资料性附录）
漂白布原纱、坯布质量要求

A.1 漂白布原纱质量要求

原纱特数为 13 tex，质量要求参见 GB/T 5324 规定的一等品纱。原纱特数参照 FZ/T 01093 的规定进行测定。

A.2 坯布质量要求

13/13 涤纶坯布幅宽为 110 cm～200 cm，经纬纱密度为（410×360）根/10 cm，平纹组织，质量要求参见 GB/T 5325 中一等品要求。

涤纶纤维纤度参照 GB/T 14335 的规定进行。

参 考 文 献

［1］ GB/T 5324 精梳涤棉混纺本色纱线

［2］ GB/T 5325 精梳涤棉混纺本色布

［3］ GB/T 14335 化学纤维 短纤维线密度试验方法(GB/T 14335—2008,BISFA—1998,NEQ)

［4］ FZ/T 01093 机织物结构分析方法 织物中拆下纱线线密度的测定

ICS 71.100.01;87.060.10
G 55

中华人民共和国国家标准

GB/T 25812—2010

染料试验用标准漂白棉布

Standard bleached cotton fabric used for dyeing test

2010-12-23 发布 2011-10-01 实施

中华人民共和国国家质量监督检验检疫总局
中国国家标准化管理委员会 发布

前　言

本标准的附录A为资料性附录。

本标准由中国石油和化学工业协会提出。

本标准由全国染料标准化技术委员会(SAC/TC 134)归口。

本标准起草单位:北京服装学院、深圳泛胜塑胶助剂有限公司、沈阳化工研究院有限公司、国家染料质量监督检验中心。

本标准主要起草人:周永凯、梁沛基、姬兰琴、吴九英、沈日炯、徐尼。

染料试验用标准漂白棉布

1 范围

本标准规定了染料试验用标准漂白棉布的工艺要求与规格、技术要求、试验方法、验收规则、包装和标志。

本标准适用于鉴定染料试验用标准漂白棉布的质量。

本标准也适用于染料试验用标准漂白棉布的加工和制造。

2 规范性引用文件

下列文件中的条款通过本标准的引用而成为本标准的条款。凡是注日期的引用文件，其随后所有的修改单(不包括勘误的内容)或修订版均不适用于本标准，然而，鼓励根据本标准达成协议的各方研究是否可使用这些文件的最新版本。凡是不注日期的引用文件，其最新版本适用于本标准。

GB/T 2374 染料 染色测定的一般条件规定

GB/T 2375 直接染料 色光和强度的测定

GB/T 2387 反应染料 色光和强度的测定

GB/T 3923.1 纺织品织物拉伸性能 第1部分：断裂强力和断裂伸长率的测定 条样法

GB/T 3923.2 纺织品织物拉伸性能 第2部分：断裂强力的测定 抓样法

GB/T 4667 机织物幅宽的测定

GB/T 4668 机织物密度的测定

GB/T 7573 纺织品水萃取液 pH 值的测定

GB/T 8424.1 纺织品 色牢度试验 表面颜色的测定通则(GB/T 8424.1—2001，eqv ISO 105-J01:1997)

GB/T 8424.2 纺织品 色牢度试验 相对白度的仪器评定方法(GB/T 8424.2—2001，eqv ISO 105-J02:1997)

FZ/T 01071 纺织品毛细效应试验方法

FZ/T 10005 棉及化纤纯纺、混纺印染布检验规则

FZ/T 10010 棉及化纤纯纺、混纺印染布标志与包装

3 染料试验用标准漂白棉布的工艺要求与规格

经烧毛、退浆、煮练、漂白、但不丝光、不轧光、不上浆、不上蓝、不上增白剂的 25/28($23^{S} \times 21^{S}$)棉布。

4 技术要求

染料试验用标准漂白棉布应符合下列技术要求：

4.1 外观：表面均匀平整、纹路清晰、无油渍、黄斑和破损。

4.2 幅宽：$80^{+2.0}_{-1.0}$ cm 或其他规格；

4.3 密度：经向(276～283)根/10 cm；

纬向(224～231)根/10 cm。

4.4 断裂强力：≥400 N；

4.5 水萃取液 pH 值：6.0～7.5；

4.6 毛细效应：≥9.0 cm/30 min；

4.7 白度：75±5；

4.8 染色(印花)效果：染料试验用标准漂白棉布的批与批之间，用同一染料、同样方法染色(或印花)，其色光差异为“近似”到“微”，得色深浅变化不大于±5%。

5 分等规定

5.1 染料试验用标准漂白棉布的等级，由内在质量与外观质量结合评定。以内在质量和外观质量最低等为产品等级。分为合格品和不合格品。内在质量按批评等，外观质量按匹评等。

5.2 内在质量考核幅宽、密度、断裂强力、水萃取液的 pH 值、毛细效应、白度、染色(印花)效果。其各项指标应符合本标准的 4.2～4.8 规定的为合格品。否则为不合格品。

5.3 外观质量符合本标准的 4.1 规定的为合格品。否则为不合格品。

5.4 最终等级评定

最终等级评定见表 1。

表 1 最终等级评定

外在质量	内在质量	
	合格	不合格
合格	合格	不合格
不合格	不合格	不合格

6 试验方法

6.1 外观在自然光线下以目测评定。

6.2 幅宽按 GB/T 4667 规定进行测定。

6.3 密度按 GB/T 4668 规定进行测定。

6.4 断裂强度按 GB/T 3923.1 或 GB/T 3923.2 的规定进行测定。

6.5 水萃取液 pH 值按 GB/T 7573 规定进行测定。

6.6 毛细效应按 FZ/T 01071 规定进行。

6.7 白度按 GB/T 8424.1 和 GB/T 8424.2 的规定进行。

6.8 染色(印花)效果测定

染色(印花)效果测定，采用直接染料或反应染料作为鉴定用染料，按 GB/T 2375 或 GB/T 2388 规定进行，其他要求按 GB/T 2374 的有关规定。

7 验收规则

验收按 FZ/T 10005 规定进行。

8 包装和标志

8.1 外包装采用布包，内衬塑料袋。

8.1.1 成包可实行假开剪和拼件单独包装。

8.2 假开剪标志和放码规定

8.2.1 0.5 cm 以内的疵点不评分。

8.2.2 0.5 cm～1 cm 以内的局部性疵点，每 30 cm 允许放 5 只，长码联匹按比例计算。

8.2.3 1.1 cm～10 cm 的疵点订出红线加放 10 cm。

8.2.4 10 cm 以上的疵点订白线，长度加放以 10 cm 为单位，如 10 cm～20 cm，放 20 cm；20 cm～30 cm 放 30 cm。

8.3 染料试验用标准漂白棉布的包装，应保证成品品质不受损伤，便于运输。

8.4 标志按 FZ/T 10010 规定进行，并注明“染料试验用标准漂白棉布”和质量监控单位名称。

附　录　A
（资料性附录）
25/28($23^s \times 21^s$)本色布质量要求

A.1　本色布分为优等品、一等品，低于一等品为不合格。

A.2　本色布的评定以匹为单位，以织物组织、幅宽、密度、断裂强度、棉节杂质疵点合格率、棉节疵点合格率、布面疵点七项指标为评定依据，并以七项中最低的一项等品为该匹布等品。

A.3　布面瑕点参见 GB/T 406—2008 的有关规定进行。

A.4　分等规定见表 A.1。

表 A.1　分等规定

项　　目		标　准	允许偏差		
			优等品	一等品	不合格品
织物组织		1/1 平纹	符合设计要求	符合设计要求	不符合设计要求
幅宽/cm		91.5 或其他规格	+1.5% −1.0%	+1.5% −1.0%	超过$^{+1.5\%}_{-1.0\%}$
密度/(根/10 cm)	经纱	254	−1.5%	−1.5%	超过−1.5%
	纬纱	248	−1.0%	−1.0%	超过−1.0%
断裂强力/N	经向	422	−8%	−8%	超过−8%
	纬向	490	−8%	−8%	超过−8%
布面疵点评分每匹总分　≤	优等	8	符合优等品规定	符合一等品规定	超过一等品规定
	一等	14			
棉节杂质疵点合格率/%　≤	优等	39	符合优等品规定	符合一等品规定	超过一等品规定
	一等	50			
棉节疵点合格率/%　≤	优等	10	符合优等品规定	符合一等品规定	超过一等品规定
	一等	25			

A.5　本色布实物质量评定：

A.5.1　实物质量是指织物表面外观效应，也是指织物的结构特征和风格在布面上的综合表观。

A.5.2　评定本色布的食物质量有条干、棉节杂质、条影、平整、布边五项，检查 10 匹布，按实物标样逐项对照，最后以总效果评定，并计算出实物质量符合率(合率要求达到 60%以上)。

参 考 文 献

[1] GB/T 406—2008 棉本色布

ICS 71.100.01;87.060.10
G 55

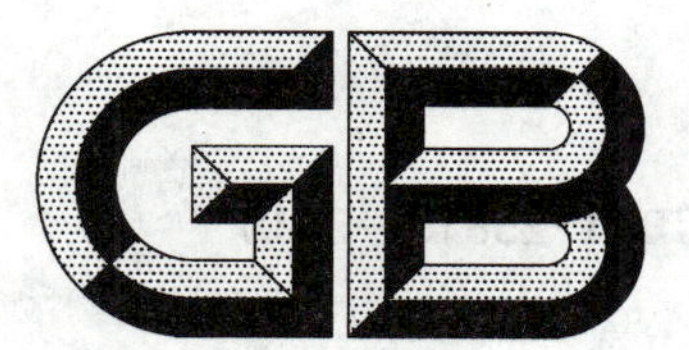

中华人民共和国国家标准

GB/T 25813—2010

染料试验用标准漂白棉线

Standard bleached cotton yarn used for dyeing test

2010-12-23 发布　　2011-10-01 实施

中华人民共和国国家质量监督检验检疫总局
中国国家标准化管理委员会　发布

前　言

本标准的附录A为资料性附录。

本标准由中国石油和化学工业协会提出。

本标准由全国染料标准化技术委员会(SAC/TC 134)归口。

本标准起草单位:深圳泛胜塑胶助剂有限公司、沈阳化工研究院有限公司、北京服装学院、国家染料质量监督检验中心。

本标准主要起草人:姬兰琴、梁沛基、周永凯、吴九英、沈日炯、徐尼。

染料试验用标准漂白棉线

1 范围

本标准规定了染料试验用标准漂白棉线的工艺要求和规格、技术要求、试验方法、验收规则、包装和标志。

本标准适用于鉴定染料试验用标准漂白棉线的质量。

本标准也适用于染料试验用标准漂白棉线的加工和制造。

2 规范性引用文件

下列文件中的条款通过本标准的引用而成为本标准的条款。凡是注日期的引用文件,其随后所有的修改单(不包括勘误的内容)或修订版均不适用于本标准,然而,鼓励根据本标准达成协议的各方研究是否可使用这些文件的最新版本。凡是不注日期的引用文件,其最新版本适用于本标准。

GB/T 2374 染料 染色测定的一般条件规定

GB/T 2375 直接染料 染色色光和强度的测定

GB/T 2543.1 纺织品纱线捻度的测定 第1部分:直接计数法

GB/T 2543.2 纺织品纱线捻度的测定 第2部分:退捻加捻法

GB/T 3916 纺织品卷装纱单根纱线断裂强力和断裂伸长率的测定

GB/T 7573 纺织品水萃取液 pH 值的测定

GB/T 17644 纺织纤维白度色度试验方法

FZ/T 01071 纺织品毛细效应试验方法

3 染料试验用标准漂白棉线工艺要求与规格

经煮练、漂白、但不丝光、不上浆、不上蓝、不上增白剂的(13.9×2)tex(42^s/2)棉线。

4 技术要求

染料试验用标准漂白棉线应符合下列要求:

4.1 外观:无乱纱,白度均匀、条干均匀,无污染、无油渍和黄斑;

4.2 单纱断裂强度:(11.2±0.5)cN/tex;

4.3 捻系数:400～530;

4.4 水萃取液 pH 值:6.0～7.5;

4.5 毛细效应:≥9 cm/30 min;

4.6 白度:75±5;

4.7 染色效果:染料试验用标准漂白棉线的批与批之间,用同一染料、同一染色方法染色,其色光差异为“近似”到“微”,得色深浅变化不大于±5%。

5 分等规定

5.1 染料试验用标准漂白棉线的等级,由内在质量与外观质量结合评定,以内在质量和外观质量最低等为产品等级。分为合格品和不合格品。

5.2 内在质量按批评等。内在质量考核单纱断裂强度、捻系数、水萃取液 pH 值、毛细效应、白度和染色效果。其各项指标符合本标准的4.2～4.7有关规定的为合格品,如果有一项指标不符合规定的为不合格品。

5.3 外观质量符合本标准的4.1规定的为合格,否则为不合格。

5.4 最终等级评定见表1。

表1 最终等级评定

外观质量	内在质量	
	合格	不合格
合格	合格	不合格
不合格	不合格	不合格

6 试验方法

6.1 外观

在自然光线下采用目视评定。

6.2 单线断裂强度测定

按GB/T 3916方法进行。

6.3 捻系数的测定

按GB/T 2543.1或GB/T 2543.2规定进行。

6.4 水萃取液pH值的测定

按GB/T 7573规定进行。

6.5 毛细效应的测定

按FZ/T 01071规定进行。

6.6 白度按GB/T 17644规定进行。

6.7 染色效果测定

染色效果测定,采用直接染料作为鉴定用染料,按GB/T 2375规定进行,一般规定按GB/T 2374进行。

7 验收规则

用户验收时,应按本标准的各条规定进行,当供需双方对产品质量有异议时,可由双方协商解决。

8 包装和标志

8.1 染料试验用标准漂白棉线的包装应保证产品品质不受损害并适于运输。

8.2 采用布包包装,内衬塑料袋,每包净含量20 kg或40 kg。

8.3 标志应明确清楚、便于识别,每包应有生产厂名称、产品名称、生产日期、规格、数量及监制的名称字样,每包内应附有产品质量合格证,其上应有本标准编号。

9 其他

用户有其他要求时,由供需双方协商后另定。

附 录 A
（资料性附录）
（13.9×2）tex（42ˢ/2）本色线的技术指标规定

A.1 线的结构

染料试验用标准漂白线为纯棉股线，由 13.9 tex 单纱合为（13.9×2）tex 股线。

纱线线密度的测定参见 GB/T 4743 的规定。

A.2 本色线的技术指标

本色线的技术指标如表 A.1。

表 A.1 本色线的技术指标

控制指标			[（11×2）～（20×2）]tex（55ˢ/2～29ˢ/2）	
品等指标	等别		上等	一等
	品质指标	≥	2 440	2 255
	重量不匀率/%	≤	2.0	2.5
品级指标	级别		优级	一级
	1 g 内棉结杂质粒数	≤	45	90
重量偏差/%			±2.5	±2.5
实际捻系数			400～530	400～530

A.3 分等分级

本色线的品等、品级低于一等、一级指标者为不合格。

A.4 本色线品等、品级的评定方法

A.4.1 本色线的品等由品质指标、重量不匀率评定，当品质指标和重量不匀率的品等不同时，按两项中最低的品等评定。

A.4.2 本色线的品级由棉结杂质粒数一项评定。

A.4.3 本色线的重要偏差超出允许范围时，作为不合格品，在本色线原评等的基础上，顺降一个等级处理。

参 考 文 献

［1］ GB/T 4743 纺织品 卷装纱 绞纱法线密度的测定(GB/T 4743—2009,ISO 2060:1994,MOD)

ICS 71.100.01;87.060.10
G 56

中华人民共和国国家标准

GB/T 25814—2010

三 聚 氯 氰

Cyanuric chloride

2010-12-23 发布　　2011-10-01 实施

中华人民共和国国家质量监督检验检疫总局
中国国家标准化管理委员会 发布

前言

本标准由中国石油和化学工业协会提出。

本标准由全国染料标准化技术委员会(SAC/TC 134)归口。

本标准起草单位:营口三征化工有限公司、德固赛三征(营口)精细化工有限公司、沈阳化工研究院有限公司。

本标准主要起草人:朱乃昌、杨杰民、白锡良、王国华、吴英琦。

三 聚 氯 氰

1 范围

本标准规定了三聚氯氰的要求、采样、试验方法、检验规则以及标志、标签、包装、运输、贮存、安全、安全技术说明书。

本标准适用于三聚氯氰的产品质量控制。

结构式：

分子式：$(CNCl)_3$

相对分子质量：184.41(按2007年国际相对原子质量)

CAS RN：108-77-0

2 规范性引用文件

下列文件中的条款通过本标准的引用而成为本标准的条款。凡是注日期的引用文件，其随后所有的修改单(不包括勘误的内容)或修订版均不适用于本标准，然而，鼓励根据本标准达成协议的各方研究是否可使用这些文件的最新版本。凡是不注日期的引用文件，其最新版本适用于本标准。

GB 190　危险货物包装标志

GB/T 191　包装储运图示标志(GB/T 191—2008，ISO 780：1997，MOD)

GB/T 601　化学试剂　标准滴定溶液的制备

GB/T 603　化学试剂　试验方法中所用制剂及制品的制备(GB/T 603—2002，neq ISO 6353-1：1982)

GB/T 8170—2008　数值修约规则与极限数值的表示和判定

GB/T 2383—2003　染料筛分细度的测定

GB/T 2384—2007　染料中间体　熔点范围的测定通用方法

GB/T 6678—2003　化工产品采样总则

GB/T 6682　分析实验室用水规格和试验方法(GB/T 6682—2008，ISO 3696：1987，MOD)

GB/T 8170—2008　数值修约规则与极限数值的表示和判定

GB 12268—2005　危险货物品名表

GB 12463　危险货物运输包装通用技术条件

GB 15258　化学品安全标签编写规定

GB 15603　常用化学危险品贮存通则

GB 16483　化学品安全技术说明书　编写规定(GB 16483—2000，eqv ISO 11014-1：1994)

GB/T 21877—2008　染料及染料中间体堆积密度的测定

3 要求

三聚氯氰的质量应符合表1的规定。

表 1 三聚氯氰的质量要求

项　　目		指　　标	
		一等品	合格品
(1) 外观		白色均匀粉末	白色至微黄色均匀粉末
(2) 三聚氯氰的质量分数/%	≥	99.30	99.00
(3) 初熔点/℃	≥	145.5	145.0
(4) 细度的质量分数(通过孔径 125 μm 标准筛后残余物的量)/%	≤	3.0	6.0
(5) 甲苯不溶物的质量分数/%	≤	0.30	0.50
(6) 堆积密度/(g/mL)	≤	0.90	1.20

4 采样

以批为单位采样。采样单元数应符合 GB/T 6678—2003 中 7.6 的规定。所取产品的包装必须完好,取样时勿使外界杂质混入产品中,用探管探取包括上、中、下三部分的样品,所采样品总量不得少于 500 g。将采取的样品仔细混合均匀后,分装于两个清洁干燥的磨口瓶中,用石蜡密封。瓶上粘贴标签,注明:产品名称、批号、生产厂名称、采样日期。一瓶供检验,一瓶保存备查。

5 试验方法

警告——使用本标准的人员应有正规实验室工作的实践经验。本标准并未指出所有可能的安全问题。使用者有责任采取适当的安全和健康措施,并保证符合国家有关法规规定的条件。

5.1 一般规定

除非另有规定,仅使用确认为分析纯的试剂和 GB/T 6682 中规定的三级水。试验中所用标准滴定溶液,制剂及制品,在没有注明其他要求时,均按 GB/T 601 和 GB/T 603 规定制备与标定。检验结果的判定按 GB/T 8170—2008 中的 4.3.3 修约值比较法进行。

5.2 外观的评定

在自然光线下采用目视评定。

5.3 初熔点的测定

初熔点的测定按 GB/T 2384—2007 规定的方法进行。

5.4 三聚氯氰含量的测定

5.4.1 方法提要

采用水解定氯法。

三聚氯氰在碱性条件下,水解生成的氯离子,用硝酸银标准滴定溶液定量求出。其中已水解的三聚氯氰可用氢氧化钠标准滴定溶液滴定水解反应生成的游离酸来进行定量。将其从三聚氯氰总量中扣除。

5.4.2 试剂和材料

a) 硝酸;

b) 丙酮;

c) 氢氧化钠标准滴定溶液:$c(NaOH)=0.1$ mol/L;

d) 硝酸银标准滴定溶液:$c(AgNO_3)=0.1$ mol/L;

e) 氢氧化钾溶液:200 g/L;

f) 甲基橙指示液:1 g/L;

g) 淀粉指示液:20 g/L;

h) 刚果红试纸。

5.4.3 仪器和设备

a) 毫伏计(或酸度计):测量范围(0±1 400)mV。最小分度 10 mV;

b) 银电极:216 型;

c) 甘汞电极:217 型或其他型号带硝酸钾盐桥的甘汞电极。

5.4.4 游离酸(折合成已水解三聚氯氰)含量的测定

5.4.4.1 分析步骤

称取试样 2 g(精确至 0.000 2 g),置于 250 mL 锥形瓶中,加入 20 mL 丙酮,使试样溶解,加 1 滴甲基橙指示液,立即用氢氧化钠标准滴定溶液滴定至溶液呈淡黄色即为终点。

5.4.4.2 结果计算

游离酸(折合成已水解三聚氯氰)含量以质量分数 w_1 计,数值用%表示,按式(1)计算:

$$w_1 = \frac{c_1(V_1/1\,000)M}{m_1} \times 100 \qquad \cdots\cdots(1)$$

式中:

c_1——氢氧化钠标准滴定溶液浓度的准确数值,单位为摩尔每升(mol/L);

V_1——滴定所耗用氢氧化钠标准滴定溶液体积的准确数值,单位为毫升(mL);

m_1——三聚氯氰试样质量的数值,单位为克(g);

M——三聚氯氰的摩尔质量数值,单位为克每摩尔(g/mol)[$M(CNCl)_3 = 184.41$]。

5.4.4.3 允许差

两次平行测定结果之差不应大于 0.1%(质量分数),取其算术平均值作为测定结果。

5.4.5 三聚氯氰含量的测定

5.4.5.1 分析步骤

用清洁、干燥具有磨口塞的称量瓶,称取三聚氯氰试样 0.2 g(精确至 0.000 1 g),置于清洁、干燥具有磨口塞的三角瓶中,立即加入 15 mL 氢氧化钾溶液,装上冷凝器,加热回流 10 min。冷却后将溶液移入 250 mL 烧杯中,用 50 mL 水多次洗涤冷凝器和三角瓶(使试样溶液总体积为 75 mL)。投入一小块刚果红试纸,用浓硝酸中和至试纸由红变蓝,再加入 2 mL 浓硝酸冷却至室温。加入 5 mL 淀粉指示液,插入银电极和甘汞电极,调好仪器,用硝酸银标准滴定溶液进行电位滴定。在接近终点时,每滴入 1 滴,同时记录滴定毫升数和毫伏数。当滴定至邻近两次毫伏数之差达到最大时,即为终点。

在同样条件下做一空白试验。

5.4.5.2 结果计算

三聚氯氰含量以质量分数 w_2 计,数值用%表示,按式(2)计算:

$$w_2 = \frac{c_2[(V_2 - V_0)/1\,000]M}{3m_2} \times 100 - w_1 \qquad \cdots\cdots(2)$$

式中:

w_1——游离酸含量的数值,以质量分数计(%);

c_2——硝酸银标准滴定溶液浓度的准确数值,单位为摩尔每升(mol/L);

V_2——滴定所耗用硝酸银标准滴定溶液体积的准确数值,单位为毫升(mL);

V_0——空白试验所耗用硝酸银标准滴定溶液体积的数值,单位为毫升(mL);

m_2——三聚氯氰试样质量的数值,单位为克(g);

M——三聚氯氰的摩尔质量数值,单位为克每摩尔(g/mol)[$M(CNCl)_3 = 184.41$]。

计算结果保留到小数点后两位。

5.4.5.3 允许差

两次平行测定结果之差不应大于 0.2%(质量分数),取其算术平均值作为测定结果。

5.5 细度的测定

按 GB/T 2383—2003 的规定进行，称样量 50 g，标准筛孔径 125 μm。

5.6 甲苯不溶物含量的测定

5.6.1 分析步骤

称取三聚氯氰试样 5 g（精确至 0.1 g），置于 400 mL 烧杯中，在室温下加入 200 mL 甲苯，用玻璃棒搅拌，使之溶解。若上部溶液清亮透明，烧杯底部无沉淀即为合格。若烧杯底部有沉淀，则用已预先烘至恒量的 G3 坩埚式过滤器减压过滤。用 30 mL 甲苯分多次洗涤烧杯，并将洗液移入过滤器中抽滤。待玻璃坩埚内的甲苯完全挥发后，将过滤器置于 105 ℃～110 ℃烘箱中烘至恒量。

5.6.2 结果计算

甲苯不溶物的含量以质量分数 w_3 计，数值用%表示，按式(3)计算：

$$w_3 = \frac{m_4 - m_3}{m_5} \times 100 \quad \cdots\cdots\cdots\cdots (3)$$

式中：

m_3——空玻璃坩埚质量的数值，单位为克(g)；

m_4——烘干后玻璃坩埚质量的数值，单位为克(g)；

m_5——三聚氯氰试样质量的数值，单位为克(g)。

计算结果保留到小数点后两位。

5.7 堆积密度的测定

按 GB/T 21877—2008 的规定进行。

6 检验规则

6.1 检验分类

本标准第 3 章表 1 中所列的检验项目均为型式检验项目。其中(1)、(2)、(3)、(4)为出厂检验项目，应逐批进行检验。在正常连续生产情况下，每季度至少进行一次型式检验。但如有下述情况需进行型式检验：

a) 新产品最初定型时；

b) 产品异地生产时；

c) 生产配方、工艺及原材料有较大改变时；

d) 停产三个月后又恢复生产时；

e) 客户提出要求时。

6.2 出厂检验

三聚氯氰应由生产厂的质量检验部门检验合格，附合格证明后方可出厂。生产厂应保证所有出厂的三聚氯氰都符合本标准的要求。

6.3 复验

如果检验结果中有一项指标不符合本标准的规定时，应重新自两倍量的包装中取样进行检验，重新检验的结果即使只有一项指标不符合本标准的要求，则整批产品判定为不合格。

7 标志、标签、包装、运输和贮存

7.1 标志、标签

三聚氯氰的每个包装上都应按 GB 190 和 GB/T 191 中的有关规定涂上牢固、清晰的“腐蚀品”字样和标志，并注明：产品名称规格、注册商标、净含量、产品生产许可证编号及标志、生产厂名称、厂址、标准编号、批号和生产日期。也可将批号、生产日期打印在标签上，标签的编写应符合 GB 15258 的规定，并和产品质量检验合格的证明一起放入包装桶(袋)内的塑料袋外面。

7.2 包装

三聚氯氰采用带两层聚乙烯膜内袋的铁桶、纸板桶、塑料桶或编织袋包装，内塑料袋口必须严密熔封。每个包装净含量为 50 kg。产品包装应符合 GB 12463 及危险化学品包装的相关规定。其他包装可与用户协商确定。

7.3 运输

运输时应符合 GB/T 191 的有关规定。三聚氯氰对泪腺有较大的刺激性，与皮肤接触时，有人会产生皮肤发红、湿疹、水泡等不同反应。在包装、运输、使用时应注意避免与皮肤接触。运输过程中要防止内外包装的一切机械损坏，还要避免高温、受潮。

7.4 贮存

三聚氯氰的化学性质活泼，遇水或潮湿空气容易变质，所以要避免受潮，应贮存在阴凉、干燥、通风处，避免与醇类、氨类物质接触，以防变质。自包装之日起，贮存期为六个月。期间含量下降不得超过1%。贮存应符合 GB 15603 及相关规定。

8 安全、安全技术说明书

8.1 安全

根据 GB 12268—2005，三聚氯氰为 8 类腐蚀品，编号为(UN:2670，CN:81641)，刺激眼睛、呼吸系统和皮肤。使用及搬运时应严格注意安全。

8.2 安全技术说明书

按 GB 16483 化学品安全技术说明书编写规定，该产品出厂应提供详细的安全技术说明书。安全技术说明书应包括如下内容：

a) 该产品的危险性信息；

b) 安全使用方法；

c) 运输、储存要求；

d) 防护措施；

e) 应急处理措施等。

ICS 71.100.01;87.060.10
G 57

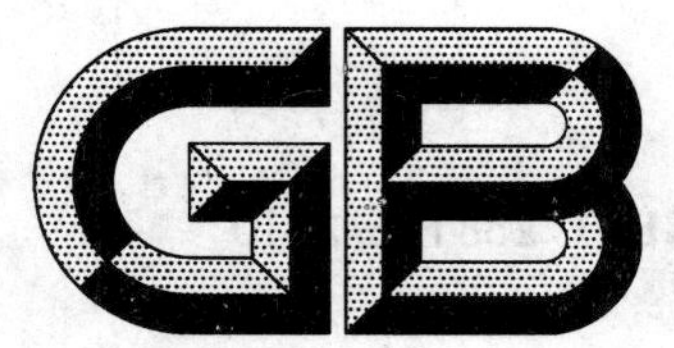

中华人民共和国国家标准

GB/T 25815—2010

酸性红 NM-3BL
(C.I.酸性红 414)

Acid red NM-3BL
(C.I. Acid red 414)

2010-12-23 发布　　　　2011-10-01 实施

中华人民共和国国家质量监督检验检疫总局
中国国家标准化管理委员会 发布

前　言

本标准由中国石油和化学工业协会提出。

本标准由全国染料标准化技术委员会(SAC/TC 134)归口。

本标准起草单位:杭州下沙恒升化工有限公司、沈阳化工研究院有限公司。

本标准主要起草人:刘宏之、马君庆、周雨颂、韩晓琴。

本标准为首次发布。

酸性红 NM-3BL
(C.I.酸性红 414)

1 范围

本标准规定了酸性红 NM-3BL(C.I.酸性红 414)产品的要求、采样、试验方法、检验规则以及标志、标签、包装、运输和贮存。

本标准适用于铬络合结构的酸性红 NM-3BL 的产品质量控制。

CAS RN:152287-09-7

2 规范性引用文件

下列文件中的条款通过本标准的引用而成为本标准的条款。凡是注日期的引用文件,其随后所有的修改单(不包括勘误的内容)或修订版均不适用于本标准,然而,鼓励根据本标准达成协议的各方研究是否可使用这些文件的最新版本。凡是不注日期的引用文件,其最新版本适用于本标准。

GB/T 2374—2007 染料 染色测定的一般条件规定

GB/T 2378—2003 酸性染料 染色色光和强度的测定

GB/T 2381—2006 染料及染料中间体 不溶物质含量的测定

GB/T 2386—2006 染料及染料中间体 水分的测定

GB/T 3671.1—1996 水溶性染料溶解度和溶液稳定性的测定(ISO 105-Z07:1995,IDT)

GB/T 3920—2008 纺织品 色牢度试验 耐摩擦色牢度(ISO 105-X12:2001,MOD)

GB/T 3921—2008 纺织品 色牢度试验 耐皂洗色牢度(ISO 105-C10:2006,MOD)

GB/T 3922—1995 纺织品耐汗渍色牢度试验方法(eqv ISO 105-E04:1994)

GB/T 4841.1—2006 染料染色标准深度色卡 1/1

GB/T 5713—1997 纺织品 色牢度试验 耐水色牢度(eqv ISO 105-E01:1994)

GB/T 6152—1997 纺织品 色牢度试验 耐热压色牢度(eqv ISO 105-X11:1994)

GB/T 6678—2003 化工产品采样总则

GB/T 6693—2009 染料 粉尘飞扬性的测定(ISO 105-Z06:1996,IDT)

GB/T 8427—2008 纺织品 色牢度试验 耐人造光色牢度:氙弧(ISO 105-B02:1994,MOD)

GB 19601 染料产品中 23 种有害芳香胺的限量及测定

GB 20814 染料产品中 10 种重金属元素的限量及测定

3 要求

3.1 外观:红棕色至暗红色均匀粉末或颗粒。

3.2 酸性红 NM-3BL 的质量应符合表 1 的规定。

表 1 酸性红 NM-3BL 的质量要求

项目	指标
(1) 强度(为标准品的)/分	100
(2) 色光(与标准品)	近似～微

表 1（续）

项　　目		指　　标
(3) 水分的质量分数/%	≤	8.0
(4) 水不溶物的质量分数/%	≤	0.2
(5) 溶解度(90 ℃)/(g/L)	≥	40
(6) 防尘性/级	≥	3
(7) 有害芳香胺的质量分数/(mg/kg)		符合 GB 19601 的标准要求
(8) 重金属元素的质量分数/(mg/kg)		符合 GB 20814 的标准要求(铬除外)

3.3　酸性红 NM-3BL 在锦纶织物上的色牢度应不低于表 2 的规定。

表 2　酸性红 NM-3BL 在锦纶织物上的色牢度

染色深度	耐光(氙弧)	耐洗 50 ℃			耐　汗　渍						耐　水			耐摩擦		耐热压 180 ℃
					酸			碱								
		变色	棉沾	锦沾	变色	棉沾	锦沾	变色	棉沾	锦沾	变色	棉沾	锦沾	干	湿	变色(4 h后)
1/1	6-7	4	4-5	4	4-5	4-5	4-5	4-5	4-5	4	4-5	4-5	3-4	4-5	4-5	4-5
注：0.7%(owf)相当于 1/1 染色标准深度。																

4　采样

以批为单位采样，一次拼混均匀的产品为一批。每批采样桶数应符合 GB/T 6678—2003 中 7.6 的规定。所采样产品的包装必须完好，采样时勿使外界杂质落入产品中，用探管从上、中、下三部分采样，所采样品总量不得少于 200 g。将采得的样品充分混匀后，分装于两个清洁、干燥、密封良好的容器中，其上粘贴标签。注明：产品名称、批号、生产厂名称、取样日期、地点。一个供检验，一个保存备查。

5　试验方法

5.1　外观的评定

采用目视评定。

5.2　染色色光和强度的测定

5.2.1　锦纶染色法(仲裁检验方法)

5.2.1.1　染色一般条件

染色时的一般条件应符合 GB/T 2374—2007 的有关规定。染色操作按 GB/T 2378—2003 中 6.2 的规定进行。

染色深度规定为 0.5%(owf)，染色用 4 g 锦纶织物，染色浴比为 1∶50。

5.2.1.2　染浴的配制

以一般染色机染色为例，于五个染杯中，按表 3 规定配制染浴。

表 3 染浴的配制

单位为毫升

染杯编号	1	2	3	4	5
0.5 g/L 标样溶液的体积	38	40	42	—	—
0.5 g/L 试样溶液的体积	—	—	—	38	40
50 g/L 乙酸铵溶液的体积	4	4	4	4	4
加蒸馏水至总体积	200	200	200	200	200

5.2.1.3 染色操作

按 GB/T 2378—2003 中 6.2.4 的规定进行，控制升温速度 1 ℃/min，在 90 ℃～95 ℃下续染 30 min。

5.2.2 羊毛染色法

5.2.2.1 染色一般条件

染色时的一般条件应符合 GB/T 2374—2007 的有关规定。染色操作按 GB/T 2378—2003 中 6.1 表 1 规定的弱酸性染色法进行。

染色深度规定为 0.5%(owf)，染色用 4 g 羊毛凡力丁或毛线，染色浴比为 1∶50。

5.2.2.2 染浴的配制

以一般染色机染色为例，于五个染杯中，按表 4 规定配制染浴。

表 4 染浴的配制

单位为毫升

染杯编号	1	2	3	4	5
0.5 g/L 标样溶液的体积	38	40	42	—	—
0.5 g/L 试样溶液的体积	—	—	—	38	40
100 g/L 无水硫酸钠溶液的体积	4	4	4	4	4
100 g/L 乙酸溶液的体积	2	2	2	2	2
加蒸馏水至总体积	200	200	200	200	200

5.2.2.3 染色操作

按 GB/T 2378—2003 中 6.1.4 的规定进行，在 90 ℃～95 ℃保温染色 30 min。

5.2.3 色光和强度的评定

按 GB/T 2374—2007 中第 7 章的有关规定进行。

5.3 水分的测定

按 GB/T 2386—2006 中 3.2 烘干法的规定进行。

5.4 水不溶物的测定

按 GB/T 2381—2006 中有关水溶性染料的规定进行。

5.5 溶解度的测定

按 GB/T 3671.1—1996 的规定进行，溶解温度为 90 ℃～95 ℃。

5.6 防尘性的测定

按 GB/T 6693—2009 的规定进行。

5.7 有害芳香胺的量的测定

按 GB 19601 的规定进行。

5.8 重金属元素的量的测定

按 GB 20814 的规定进行。

5.9 在锦纶织物上色牢度的测定

5.9.1 一般规定

所有色牢度的测试样应按 GB/T 4841.1—2006 的规定染成 1/1 染色标准深度。

5.9.2 耐摩擦色牢度的测定

耐摩擦色牢度按 GB/T 3920—2008 的规定进行。

5.9.3 耐洗色牢度的测定

耐洗色牢度按 GB/T 3921—2008 的规定进行。试验条件采用 GB/T 3921—2008 表 2 中的试验方法 B(2)。

5.9.4 耐汗渍色牢度的测定

耐汗渍色牢度按 GB/T 3922—1995 的规定进行。

5.9.5 耐水色牢度的测定

耐水色牢度按 GB/T 5713—1997 的规定进行。

5.9.6 耐热压色牢度的测定

耐热压色牢度按 GB/T 6152—1997 的规定进行，180 ℃干压(4 h 后评定)。

5.9.7 耐光色牢度的测定

耐光色牢度按 GB/T 8427—2008 的规定进行。

6 检验规则

6.1 检验分类

本标准 3.1、3.2 和 3.3 所列的检验项目均为型式检验项目。其中本标准的 3.1 和 3.2 中(1)～(6)项为出厂检验项目，应逐批进行检验。在正常连续生产情况下，每年至少进行一次型式检验。但如有下述情况需进行型式检验：

a) 新产品最初定型时；

b) 产品异地生产时；

c) 生产配方、工艺及原材料有较大改变时；

d) 停产三个月后又恢复生产时；

e) 客户提出要求时。

6.2 出厂检验

酸性红 NM-3BL 应由生产厂的质量检验部门根据本标准的要求检验合格，附合格证明后方可出厂。生产厂应保证所有出厂的酸性红 NM-3BL 产品均符合本标准的要求。

6.3 复检

如果检验结果中有一项指标不符合本标准的要求时，应重新自两倍量的包装中取样进行检验，重新检验的结果，即使只有一项指标不符合本标准要求，则整批产品为不合格。

7 标志、标签、包装、运输和贮存

7.1 标志、标签

酸性红 NM-3BL 的每个包装容器上都应涂上牢固、清晰的标志，注明：产品名称、规格、注册商标、净含量、生产厂名称、厂址、标准编号、批号、生产日期。也可将批号、生产日期打印在标签上，并和产品质量检验合格的证明一起放入包装容器内的塑料袋外面。

7.2　包装

酸性红 NM-3BL 装于内衬塑料袋的包装容器内，并加密封，每件净含量 25 kg，其他包装可与用户协商确定。

7.3　运输

运输时应防止倒置，小心轻放，避免碰撞，切勿损坏包装。

7.4　贮存

酸性红 NM-3BL 应贮存于阴凉，干燥通风处，防止受潮受热。

ICS 71.100.01;87.060.10
G 57

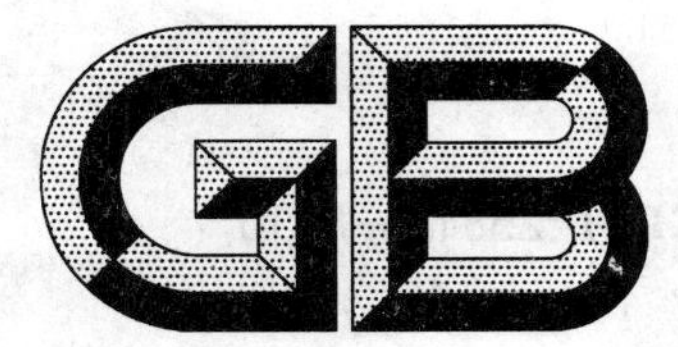

中华人民共和国国家标准

GB/T 25816—2010

酸性红 NM-B 200%
(C.I.酸性红 359)

Acid red NM-B 200%(C.I.Acid red 359)

2010-12-23 发布　　2011-10-01 实施

中华人民共和国国家质量监督检验检疫总局
中国国家标准化管理委员会 发布

前　言

本标准由中国石油和化学工业协会提出。

本标准由全国染料标准化技术委员会(SAC/TC 134)归口。

本标准起草单位:杭州下沙恒升化工有限公司、上虞市光明化工有限公司、沈阳化工研究院有限公司。

本标准主要起草人:吴显旺、马君庆、徐伟江、孟晨萍、杨关雨。

酸性红 NM-B 200%
(C.I. 酸性红 359)

1 范围

本标准规定了酸性红 NM-B 200%(C.I. 酸性红 359)产品的要求、采样、试验方法、检验规则以及标志、标签、包装、运输和贮存。

本标准适用于铬络合结构的酸性红 NM-B 200%的产品质量控制。

CAS RN:61814-65-1

2 规范性引用文件

下列文件中的条款通过本标准的引用而成为本标准的条款。凡是注日期的引用文件,其随后所有的修改单(不包括勘误的内容)或修订版均不适用于本标准,然而,鼓励根据本标准达成协议的各方研究是否可使用这些文件的最新版本。凡是不注日期的引用文件,其最新版本适用于本标准。

GB/T 2374—2007 染料 染色测定的一般条件规定

GB/T 2378—2003 酸性染料 染色色光和强度的测定

GB/T 2381—2006 染料及染料中间体 不溶物质含量的测定

GB/T 2386—2006 染料及染料中间体 水分的测定

GB/T 3671.1—1996 水溶性染料溶解度和溶液稳定性的测定(idt ISO 105-Z07:1995)

GB/T 3920—2008 纺织品 色牢度试验 耐摩擦色牢度(ISO 105-X12:2001,MOD)

GB/T 3921—2008 纺织品 色牢度试验 耐皂洗色牢度(ISO 105-C10:2006,MOD)

GB/T 3922—1995 纺织品耐汗渍色牢度试验方法(eqv ISO 105-E04:1994)

GB/T 4841.1—2006 染料染色标准深度色卡 1/1

GB/T 5713—1997 纺织品 色牢度试验 耐水色牢度(eqv ISO 105-E01:1994)

GB/T 6152—1997 纺织品 色牢度试验 耐热压色牢度(eqv ISO 105-X11:1994)

GB/T 6678—2003 化工产品采样总则

GB/T 6693—2009 染料 粉尘飞扬性的测定(ISO 105-Z06:1996,IDT)

GB/T 8427—2008 纺织品 色牢度试验 耐人造光色牢度:氙弧(ISO 105-B02:1994,MOD)

GB 19601 染料产品中 23 种有害芳香胺的限量及测定

GB 20814 染料产品中 10 种重金属元素的限量及测定

3 要求

3.1 外观:暗红色均匀粉末或颗粒。

3.2 酸性红 NM-B 200%的质量应符合表 1 的规定。

表 1 酸性红 NM-B 200%的质量要求

项目	指标
(1) 强度(为标准品的)/分	100
(2) 色光(与标准品)	近似～微

表 1（续）

项目		指标
(3) 水分的质量分数/%	≤	8.0
(4) 水不溶物的质量分数/%	≤	0.2
(5) 溶解度(90 ℃)/(g/L)	≥	50
(6) 防尘性/级	≥	3
(7) 有害芳香胺的质量分数/(mg/kg)		符合 GB 19601 的标准要求
(8) 重金属元素的质量分数/(mg/kg)		符合 GB 20814 的标准要求(铬除外)

3.3　酸性红 NM-B 200%在锦纶织物上的色牢度应不低于表 2 的规定。

表 2　酸性红 NM-B 200%在锦纶织物上的色牢度

染色深度	耐光(氙弧)	耐洗 50 ℃			耐汗渍						耐水			耐摩擦		耐热压 180 ℃
					酸			碱								
		变色	棉沾	锦沾	变色	棉沾	锦沾	变色	棉沾	锦沾	变色	棉沾	锦沾	干	湿	变色(4 h后)
1/1	6	4	4-5	3-4	4-5	4-5	4-5	4-5	4-5	4	4-5	4-5	4	4-5	4-5	4-5

注：0.9%(owf)相当于 1/1 染色标准深度。

4　采样

以批为单位采样，一次拼混均匀的产品为一批。每批采样桶数应符合 GB/T 6678—2003 中 7.6 的规定。所采样产品的包装必须完好，采样时勿使外界杂质落入产品中，用探管从上、中、下三部分采样，所采样品总量不得少于 200 g。将采得的样品充分混匀后，分装于两个清洁、干燥、密封良好的容器中，其上粘贴标签。注明：产品名称、批号、生产厂名称、取样日期、地点。一个供检验，一个保存备查。

5　试验方法

5.1　外观的评定

采用目视评定。

5.2　染色色光和强度的测定

5.2.1　锦纶染色法(仲裁检验方法)

5.2.1.1　染色一般条件

染色时的一般条件应符合 GB/T 2374—2007 的有关规定。染色操作按 GB/T 2378—2003 中 6.2 的规定进行。

染色深度规定为 0.5%(owf)，染色用 4 g 锦纶织物，染色浴比为 1∶50。

5.2.1.2　染浴的配制

以一般染色机染色为例，于五个染杯中，按表 3 规定配制染浴。

表 3 染浴的配制

单位为毫升

染杯编号	1	2	3	4	5
0.5 g/L 标样溶液的体积	38	40	42	—	—
0.5 g/L 试样溶液的体积	—	—	—	38	40
50 g/L 乙酸铵溶液的体积	4	4	4	4	4
加蒸馏水至总体积	200	200	200	200	200

5.2.1.3 染色操作

按 GB/T 2378—2003 中 6.2.4 的规定进行，控制升温速度 1 ℃/min。在 90 ℃～95 ℃保温染色 30 min。

5.2.2 羊毛染色法

5.2.2.1 染色一般条件

染色时的一般条件应符合 GB/T 2374—2007 的有关规定。染色操作按 GB/T 2378—2003 中 6.1 表 1 规定的弱酸性染色法进行。

染色深度规定为 0.5%(owf)，染色用 4 g 羊毛凡力丁或毛线，染色浴比为 1∶50。

5.2.2.2 染浴的配制

以一般染色机染色为例，于五个染杯中，按表 4 规定配制染浴。

表 4 染浴的配制

单位为毫升

染杯编号	1	2	3	4	5
0.5 g/L 标样溶液的体积	38	40	42	—	—
0.5 g/L 试样溶液的体积	—	—	—	38	40
100 g/L 无水硫酸钠溶液的体积	4	4	4	4	4
10 g/L 乙酸溶液的体积	4	4	4	4	4
加蒸馏水至总体积	200	200	200	200	200

5.2.2.3 染色操作

按 GB/T 2378—2003 中 6.1.4 的规定进行，在 90 ℃～95 ℃保温染色 30 min。

5.2.3 色光和强度的评定

按 GB/T 2374—2007 中第 7 章的有关规定进行。

5.3 水分的测定

按 GB/T 2386—2006 中 3.2 烘干法的规定进行。

5.4 水不溶物的测定

按 GB/T 2381—2006 的规定进行。

5.5 溶解度的测定

按 GB/T 3671.1—1996 的规定进行，溶解温度为 90 ℃～95 ℃。

5.6 防尘性的测定

按 GB/T 6693—2009 的规定进行。

5.7 有害芳香胺的量的测定

按 GB 19601 的规定进行。

5.8 重金属元素的量的测定

按 GB 20814 的规定进行。

5.9 在锦纶织物上色牢度的测定

5.9.1 一般规定

所有色牢度的测试样应按 GB/T 4841.1—2006 的规定染成 1/1 染色标准深度。

5.9.2 耐摩擦色牢度的测定

耐摩擦色牢度按 GB/T 3920—2008 的规定进行。

5.9.3 耐洗色牢度的测定

耐洗色牢度按 GB/T 3921—2008 的规定进行。试验条件采用 GB/T 3921—2008 表 2 中的试验方法 B(2)。

5.9.4 耐汗渍色牢度的测定

耐汗渍色牢度按 GB/T 3922—1995 的规定进行。

5.9.5 耐水色牢度的测定

耐水色牢度按 GB/T 5713—1997 的规定进行。

5.9.6 耐热压色牢度的测定

耐热压色牢度按 GB/T 6152—1997 的规定进行,180 ℃干压(4 h 后评定)。

5.9.7 耐光色牢度的测定

耐光色牢度按 GB/T 8427—2008 的规定进行。

6 检验规则

6.1 检验分类

本标准 3.1、3.2 和 3.3 所列的检验项目均为型式检验项目。其中本标准的 3.1 和 3.2 中(1)～(6)项为出厂检验项目,应逐批进行检验。在正常连续生产情况下,每年至少进行一次型式检验。但如有下述情况需进行型式检验:

a) 新产品最初定型时;

b) 产品异地生产时;

c) 生产配方、工艺及原材料有较大改变时;

d) 停产三个月后又恢复生产时;

e) 客户提出要求时。

6.2 出厂检验

酸性红 NM-B 200％应由生产厂的质量检验部门检验合格,附合格证明后方可出厂。生产厂应保证所有出厂的酸性红 NM-B 200％产品均符合本标准的要求。

6.3 复检

如果检验结果中有一项指标不符合本标准的要求时,应重新自两倍量的包装中取样进行检验,重新检验的结果,即使只有一项指标不符合本标准要求,则整批产品为不合格。

7 标志、标签、包装、运输和贮存

7.1 标志、标签

酸性红 NM-B 200％的每个包装容器上都应涂上牢固、清晰的标志,注明:产品名称、规格、注册商标、净含量、生产厂名称、厂址、标准编号、批号、生产日期。也可将批号、生产日期打印在标签上,并和产品质量检验合格的证明一起放入包装容器内的塑料袋外面。

7.2 包装

酸性红 NM-B 200%装于内衬塑料袋的包装容器内,并加密封,每桶净含量 25 kg,其他包装可与用户协商确定。

7.3 运输

运输时应防止倒置,小心轻放,避免碰撞,切勿损坏包装。

7.4 贮存

酸性红 NM-B 200%应贮存于阴凉,干燥通风处,防止受潮受热。

ICS 71.100.01;87.060.10
G 57

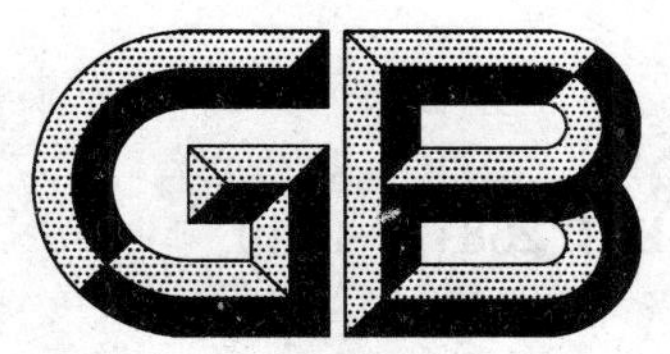

中华人民共和国国家标准

GB/T 25817—2010

酸性金黄 P-R 350%
(C.I.酸性黄 159)

Acid golden yellow P-R 350%
(C.I. Acid yellow 159)

2010-12-23 发布　　2011-10-01 实施

中华人民共和国国家质量监督检验检疫总局
中国国家标准化管理委员会　发布

前　言

本标准由中国石油和化学工业协会提出。

本标准由全国染料标准化技术委员会(SAC/TC 134)归口。

本标准起草单位:沈阳化工研究院有限公司、杭州下沙恒升化工有限公司。

本标准主要起草人:董仲生、吴显旺、苏志红。

酸性金黄 P-R 350%
（C. I. 酸性黄 159）

1 范围

本标准规定了酸性金黄 P-R 350%(C. I. 酸性黄 159)产品的要求、采样、试验方法、检验规则以及标志、标签、包装、运输和贮存。

本标准适用于酸性金黄 P-R 350%的产品质量控制。

CAS RN：12235-22-2

2 规范性引用文件

下列文件中的条款通过本标准的引用而成为本标准的条款。凡是注日期的引用文件，其随后所有的修改单(不包括勘误的内容)或修订版均不适用于本标准，然而，鼓励根据本标准达成协议的各方研究是否可使用这些文件的最新版本。凡是不注日期的引用文件，其最新版本适用于本标准。

GB/T 2374—2007 染料 染色测定的一般条件规定

GB/T 2378—2003 酸性染料 染色色光和强度的测定

GB/T 2381—2006 染料及染料中间体 不溶物质含量的测定

GB/T 2386—2006 染料及染料中间体 水分的测定

GB/T 3671.1—1996 水溶性染料溶解度和溶液稳定性的测定(idt ISO 105-Z07:1995)

GB/T 3920—2008 纺织品 色牢度试验 耐摩擦色牢度(ISO 105-X12:2001,MOD)

GB/T 3921—2008 纺织品 色牢度试验 耐皂洗色牢度(ISO 105-C10:2006,MOD)

GB/T 3922—1995 纺织品耐汗渍色牢度试验方法(eqv ISO 105-E04:1994)

GB/T 4841.1—2006 染料染色标准深度色卡 1/1

GB/T 5713—1997 纺织品 色牢度试验 耐水色牢度(eqv ISO 105-E01:1994)

GB/T 6152—1997 纺织品 色牢度试验 耐热压色牢度(eqv ISO 105-X11:1994)

GB/T 6678—2003 化工产品采样总则

GB/T 6693—2009 染料 粉尘飞扬性的测定(ISO 105-Z06:1996,IDT)

GB/T 8427—2008 纺织品 色牢度试验 耐人造光色牢度:氙弧(ISO 105-B02:1994,MOD)

GB 19601 染料产品中 23 种有害芳香胺的限量及测定

GB 20814 染料产品中 10 种重金属元素的限量及测定

3 要求

3.1 外观:橙色均匀粉末或颗粒。

3.2 酸性金黄 P-R 350%的质量应符合表 1 的规定。

表 1 酸性金黄 P-R 350%的质量要求

项 目		指 标
(1) 强度(为标准品的)/分		100
(2) 色光(与标准品)		近似～微
(3) 水分的质量分数/%	≤	8.0

表 1（续）

项　　目		指　　标
(4) 水不溶物的质量分数/%	≤	0.2
(5) 溶解度(90 ℃)/(g/L)	≥	40
(6) 防尘性/级	≥	2
(7) 有害芳香胺的质量分数/(mg/kg)		符合 GB 19601 的标准要求
(8) 重金属元素的质量分数/(mg/kg)		符合 GB 20814 的标准要求

3.3　酸性金黄 P-R 350%在锦纶织物上的色牢度应不低于表 2 的规定。

表 2　酸性金黄 P-R 350%在锦纶织物上的色牢度

<table>
<tr><td rowspan="3">染色深度</td><td rowspan="3">耐光
(氙弧)</td><td colspan="3" rowspan="2">耐　洗
50 ℃</td><td colspan="6">耐　汗　渍</td><td colspan="3" rowspan="2">耐　　水</td><td colspan="2" rowspan="2">耐摩擦</td><td rowspan="2">耐热压
180 ℃</td></tr>
<tr><td colspan="3">酸</td><td colspan="3">碱</td></tr>
<tr><td>变色</td><td>棉沾</td><td>锦沾</td><td>变色</td><td>棉沾</td><td>锦沾</td><td>变色</td><td>棉沾</td><td>锦沾</td><td>变色</td><td>棉沾</td><td>锦沾</td><td>干</td><td>湿</td><td>变色
(4 h 后)</td></tr>
<tr><td>1/1</td><td>6-7</td><td>3-4</td><td>3-4</td><td>3</td><td>4-5</td><td>4-5</td><td>4-5</td><td>4-5</td><td>4</td><td>3-4</td><td>4-5</td><td>4</td><td>3-4</td><td>4-5</td><td>4-5</td><td>4-5</td></tr>
<tr><td colspan="17">注：1.0%(owf)相当于 1/1 染色标准深度。</td></tr>
</table>

4　采样

以批为单位采样，一次拼混均匀的产品为一批。每批采样桶数应符合 GB/T 6678—2003 中 7.6 的规定。所采样产品的包装必须完好，采样时勿使外界杂质落入产品中，用探管从上、中、下三部分采样，所采样品总量不得少于 200 g。将采得的样品充分混匀后，分装于两个清洁、干燥、密封良好的容器中，其上粘贴标签。注明：产品名称、批号、生产厂名称、取样日期、地点。一个供检验，一个保存备查。

5　试验方法

5.1　外观的评定

采用目视评定。

5.2　染色色光和强度的测定

5.2.1　锦纶染色法(仲裁检验方法)

5.2.1.1　染色一般条件

染色时的一般条件应符合 GB/T 2374—2007 的有关规定。染色操作按 GB/T 2378—2003 中 6.2 的规定进行。

染色深度规定为 0.5%(owf)，染色用 4 g 锦纶织物，染色浴比为 1∶50。

5.2.1.2　染浴的配制

以一般染色机染色为例，于五个染杯中，按表 3 规定配制染浴。

表 3　染浴的配制

单位为毫升

染杯编号	1	2	3	4	5
0.5 g/L 标样溶液的体积	38	40	42	—	—
0.5 g/L 试样溶液的体积	—	—	—	38	40
50 g/L 乙酸铵溶液的体积	4	4	4	4	4
加蒸馏水至总体积	200	200	200	200	200

5.2.1.3 染色操作

按 GB/T 2378—2003 中 6.2.4 的规定进行，控制升温速度 1 ℃/min。在 90 ℃～95 ℃保温染色 30 min。

5.2.2 羊毛染色法

5.2.2.1 染色一般条件

染色时的一般条件应符合 GB/T 2374—2007 的有关规定。染色操作按 GB/T 2378—2003 中 6.1 表 1 规定的弱酸性染色法进行。

染色深度规定为 0.5%(owf)，染色用 4 g 羊毛凡力丁或毛线，染色浴比为 1∶50。

5.2.2.2 染浴的配制

以一般染色机染色为例，于五个染杯中，按表 4 规定配制染浴。

表 4 染浴的配制

单位为毫升

染杯编号	1	2	3	4	5
0.5 g/L 标样溶液的体积	38	40	42	—	—
0.5 g/L 试样溶液的体积	—	—	—	38	40
100 g/L 无水硫酸钠溶液的体积	4	4	4	4	4
10 g/L 乙酸溶液的体积	2	2	2	2	2
加蒸馏水至总体积	200	200	200	200	200

5.2.2.3 染色操作

按 GB/T 2378—2003 中 6.1.4 的规定进行，在 90 ℃～95 ℃保温染色 30 min。

5.2.3 色光和强度的评定

按 GB/T 2374—2007 中第 7 章的有关规定进行。

5.3 水分的测定

按 GB/T 2386—2006 中 3.2 烘干法的规定进行。

5.4 水不溶物的测定

按 GB/T 2381—2006 的规定进行。

5.5 溶解度的测定

按 GB/T 3671.1—1996 的规定进行，溶解温度为 90 ℃～95 ℃。

5.6 防尘性的测定

按 GB/T 6693—2009 的规定进行。

5.7 有害芳香胺的量的测定

按 GB 19601 的规定进行。

5.8 重金属元素的量的测定

按 GB 20814 的规定进行。

5.9 在锦纶织物上色牢度的测定

5.9.1 一般规定

所有色牢度的测试样应按 GB/T 4841.1—2006 的规定染成 1/1 染色标准深度。

5.9.2 耐摩擦色牢度的测定

耐摩擦色牢度按 GB/T 3920—2008 的规定进行。

5.9.3 耐洗色牢度的测定

耐洗色牢度按 GB/T 3921—2008 的规定进行。试验条件采用 GB/T 3921—2008 表 2 中的试验方法 B(2)。

5.9.4 耐汗渍色牢度的测定

耐汗渍色牢度按 GB/T 3922—1995 的规定进行。

5.9.5 耐水色牢度的测定

耐水色牢度按 GB/T 5713—1997 的规定进行。

5.9.6 耐热压色牢度的测定

耐热压色牢度按 GB/T 6152—1997 的规定进行，180 ℃干压(4 h后评定)。

5.9.7 耐光色牢度的测定

耐光色牢度按 GB/T 8427—2008 的规定进行。

6 检验规则

6.1 检验分类

本标准 3.1、3.2 和 3.3 所列的检验项目均为型式检验项目。其中本标准的 3.1 和 3.2 中(1)～(6)项为出厂检验项目，应逐批进行检验。在正常连续生产情况下，每年至少进行一次型式检验。但如有下述情况需进行型式检验：

a) 新产品最初定型时；

b) 产品异地生产时；

c) 生产配方、工艺及原材料有较大改变时；

d) 停产三个月后又恢复生产时；

e) 客户提出要求时。

6.2 出厂检验

酸性金黄 P-R 350％应由生产厂的质量检验部门检验合格，附合格证明后方可出厂。生产厂应保证所有出厂的酸性金黄 P-R 350％产品均符合本标准的要求。

6.3 复检

如果检验结果中有一项指标不符合本标准的要求时，应重新自两倍量的包装中取样进行检验，重新检验的结果，即使只有一项指标不符合本标准要求，则整批产品为不合格。

7 标志、标签、包装、运输和贮存

7.1 标志、标签

酸性金黄 P-R 350％的每个包装容器上都应涂上牢固、清晰的标志，注明：产品名称、规格、注册商标、净含量、生产厂名称、厂址、标准编号、批号、生产日期。也可将批号、生产日期打印在标签上，并和产品质量检验合格的证明一起放入包装容器内的塑料袋外面。

7.2 包装

酸性金黄 P-R 350％装于内衬塑料袋的包装容器内，并加密封，每件净含量 25 kg，其他包装可与用户协商确定。

7.3 运输

运输时应防止倒置，小心轻放，避免碰撞，切勿损坏包装。

7.4 贮存

酸性金黄 P-R 350％应贮存于阴凉，干燥通风处，防止受潮受热。

ICS 71.100.01;87.060.10
G 57

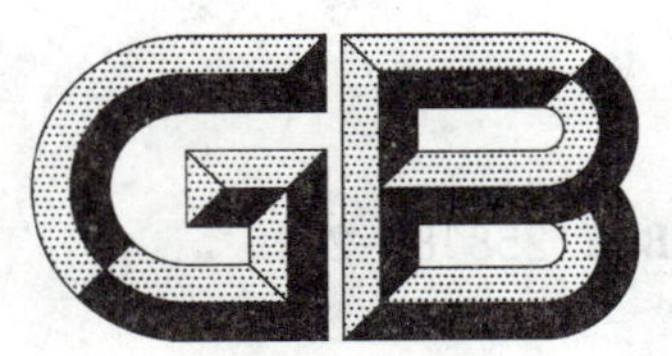

中华人民共和国国家标准

GB/T 25818—2010

酸性艳蓝 P-RL（C.I.酸性蓝 350）

Acid brilliant blue P-RL
（C.I. Acid blue 350）

2010-12-23 发布　　2011-10-01 实施

中华人民共和国国家质量监督检验检疫总局
中国国家标准化管理委员会　发布

前　言

本标准由中国石油和化学工业协会提出。

本标准由全国染料标准化技术委员会(SAC/TC 134)归口。

本标准起草单位:杭州下沙恒升化工有限公司、沈阳化工研究院有限公司。

本标准主要起草人:刘宏之、王勇、周雨颂、韩晓琴。

酸性艳蓝 P-RL
（C. I. 酸性蓝 350）

1 范围

本标准规定了酸性艳蓝 P-RL（C. I. 酸性蓝 350）产品的要求、采样、试验方法、检验规则以及标志、标签、包装、运输和贮存。

本标准适用于酸性艳蓝 P-RL 的产品质量控制。

结构式：

分子式：$C_{28}H_{22}N_3NaO_7S_2$

相对分子质量：599.61（按 2007 年国际相对原子质量）

CAS RN：138067-74-0

2 规范性引用文件

下列文件中的条款通过本标准的引用而成为本标准的条款。凡是注日期的引用文件，其随后所有的修改单（不包括勘误的内容）或修订版均不适用于本标准，然而，鼓励根据本标准达成协议的各方研究是否可使用这些文件的最新版本。凡是不注日期的引用文件，其最新版本适用于本标准。

GB/T 2374—2007 染料 染色测定的一般条件规定

GB/T 2378—2003 酸性染料 染色色光和强度的测定

GB/T 2381—2006 染料及染料中间体 不溶物质含量的测定

GB/T 2386—2006 染料及染料中间体 水分的测定

GB/T 3671.1—1996 水溶性染料溶解度和溶液稳定性的测定（idt ISO 105-Z07:1995）

GB/T 3920—2008 纺织品 色牢度试验 耐摩擦色牢度（ISO 105-X12:2001，MOD）

GB/T 3921—2008 纺织品 色牢度试验 耐皂洗色牢度（ISO 105-C10:2006，MOD）

GB/T 3922—1995 纺织品耐汗渍色牢度试验方法（eqv ISO 105-E04:1994）

GB/T 4841.1—2006 染料染色标准深度色卡 1/1

GB/T 5713—1997 纺织品 色牢度试验 耐水色牢度（eqv ISO 105-E01:1994）

GB/T 6152—1997 纺织品 色牢度试验 耐热压色牢度（eqv ISO 105-X11:1994）

GB/T 6678—2003 化工产品采样总则

GB/T 6693—2009 染料 粉尘飞扬性的测定（ISO 105-Z06:1996，IDT）

GB/T 8427—2008 纺织品 色牢度试验 耐人造光色牢度：氙弧（ISO 105-B02:1994，MOD）

GB 19601 染料产品中 23 种有害芳香胺的限量及测定

GB 20814 染料产品中 10 种重金属元素的限量及测定

3 要求

3.1 外观：蓝色均匀粉末或颗粒。

3.2 酸性艳蓝 P-RL 的质量要求应符合表 1 的规定。

表 1 酸性艳蓝 P-RL 的质量要求

项目		指标
(1) 强度(为标准品的)/分		100
(2) 色光(与标准品)		近似～微
(3) 水分的质量分数/%	≤	8.0
(4) 水不溶物的质量分数/%	≤	0.2
(5) 溶解度(90 ℃)/(g/L)	≥	30
(6) 防尘性/级	≥	3
(7) 有害芳香胺的质量分数/(mg/kg)		符合 GB 19601 的标准要求
(8) 重金属元素的质量分数/(mg/kg)		符合 GB 20814 的标准要求

3.3 酸性艳蓝 P-RL 在锦纶织物上的色牢度应不低于表 2 的规定。

表 2 酸性艳蓝 P-RL 在锦纶织物上的色牢度

染色深度	耐光(氙弧)	耐洗 50 ℃			耐汗渍						耐水			耐摩擦		耐热压 180 ℃
					酸			碱								
		变色	棉沾	锦沾	变色	棉沾	锦沾	变色	棉沾	锦沾	变色	棉沾	锦沾	干	湿	变色(4 h后)
1/1	6-7	3-4	4-5	3-4	4-5	4-5	4-5	4-5	4-5	4	4	4	3-4	4-5	4-5	4
注：2.2%(owf)相当于 1/1 染色标准深度。																

4 采样

以批为单位采样，一次拼混均匀的产品为一批。每批采样桶数应符合 GB/T 6678—2003 中 7.6 的规定。所采样产品的包装必须完好，采样时勿使外界杂质落入产品中，用探管从上、中、下三部分采样，所采样品总量不得少于 200 g。将采得的样品充分混匀后，分装于两个清洁、干燥、密封良好的容器中，其上粘贴标签。注明：产品名称、批号、生产厂名称、取样日期、地点。一个供检验，一个保存备查。

5 试验方法

5.1 外观的评定

采用目视评定。

5.2 染色色光和强度的测定

5.2.1 锦纶染色法(仲裁检验方法)

5.2.1.1 染色一般条件

染色时的一般条件应符合 GB/T 2374—2007 的有关规定。染色操作按 GB/T 2378—2003 中 6.2 的规定进行。

染色深度规定为 1.0%(owf)，染色用 4 g 锦纶织物，染色浴比为 1∶50。

5.2.1.2 染浴的配制

以一般染色机染色为例，于 5 个染杯中，按表 3 规定配制染浴。

表 3 染浴的配制

单位为毫升

染杯编号	1	2	3	4	5
1 g/L 标样溶液的体积	38	40	42	—	—
1 g/L 试样溶液的体积	—	—	—	38	40
50 g/L 乙酸铵溶液的体积	4	4	4	4	4
10 g/L 平平加 O 溶液的体积	6	6	6	6	6
加蒸馏水至总体积	200	200	200	200	200

5.2.1.3 染色操作

按 GB/T 2378—2003 中 6.2.4 的规定进行，控制升温速度 1 ℃/min，在(70±2)℃下续染 30 min。

5.2.2 羊毛染色法

5.2.2.1 染色一般条件

染色时的一般条件应符合 GB/T 2374—2007 的有关规定。染色操作按 GB/T 2378—2003 中 6.1 表 1 规定的弱酸性染色法进行。

染色深度规定为 1.0%(owf)，染色用 4 g 羊毛凡力丁或毛线，染色浴比为 1∶50。

5.2.2.2 染浴的配制

以一般染色机染色为例，于 5 个染杯中，按表 4 规定配制染浴。

表 4 染浴的配制

单位为毫升

染杯编号	1	2	3	4	5
1 g/L 标样溶液的体积	38	40	42	—	—
1 g/L 试样溶液的体积	—	—	—	38	40
100 g/L 无水硫酸钠溶液的体积	4	4	4	4	4
10 g/L 乙酸溶液的体积	2	2	2	2	2
加蒸馏水至总体积	200	200	200	200	200

5.2.2.3 染色操作

按 GB/T 2378—2003 中 6.1.4 的规定进行，在 90 ℃～95 ℃保温染色 30 min。

5.2.3 色光和强度的评定

按 GB/T 2374—2007 中第 7 章的有关规定进行。

5.3 水分的测定

按 GB/T 2386—2006 中 3.2 烘干法的规定进行。

5.4 水不溶物的测定

按 GB/T 2381—2006 中有关水溶性染料的规定进行。

5.5 溶解度的测定

按 GB/T 3671.1—1996 的规定进行，溶解温度为 90 ℃～95 ℃。

5.6 防尘性的测定

按 GB/T 6693—2009 的规定进行。

5.7 有害芳香胺的测定

按 GB 19601 的规定进行。

5.8 重金属元素的测定

按 GB 20814 的规定进行。

5.9 在锦纶织物上色牢度的测定

5.9.1 一般规定

所有色牢度的测试样应按 GB/T 4841.1—2006 的规定染成 1/1 染色标准深度。

5.9.2 耐摩擦色牢度的测定

耐摩擦色牢度按 GB/T 3920—2008 的规定进行。

5.9.3 耐洗色牢度的测定

耐洗色牢度按 GB/T 3921—2008 的规定进行。试验条件采用 GB/T 3921—2008 表 2 中的试验方法 B(2)。

5.9.4 耐汗渍色牢度的测定

耐汗渍色牢度按 GB/T 3922—1995 的规定进行。

5.9.5 耐水色牢度的测定

耐水色牢度按 GB/T 5713—1997 的规定进行。

5.9.6 耐热压色牢度的测定

耐热压色牢度按 GB/T 6152—1997 的规定进行，180 ℃干压(4 h 后评定)。

5.9.7 耐光色牢度的测定

耐光色牢度按 GB/T 8427—2008 的规定进行。

6 检验规则

6.1 检验分类

本标准 3.1、3.2 和 3.3 所列的检验项目均为型式检验项目。其中本标准的 3.1 和 3.2 中(1)～(6)项为出厂检验项目，应逐批进行检验。在正常连续生产情况下，每年至少进行一次型式检验。但如有下述情况需进行型式检验：

a) 新产品最初定型时；

b) 产品异地生产时；

c) 生产配方、工艺及原材料有较大改变时；

d) 停产三个月后又恢复生产时；

e) 客户提出要求时。

6.2 出厂检验

酸性艳蓝 P-RL 应由生产厂的质量检验部门根据本标准的要求检验合格，附合格证明后方可出厂。生产厂应保证所有出厂的酸性艳蓝 P-RL 产品均符合本标准的要求。

6.3 复检

如果检验结果中有一项指标不符合本标准的要求时，应重新自两倍量的包装中取样进行检验，重新检验的结果，即使只有一项指标不符合本标准要求，则整批产品为不合格。

7 标志、标签、包装、运输和贮存

7.1 标志、标签

酸性艳蓝 P-RL 的每个包装容器上都应涂上牢固、清晰的标志，注明：产品名称、规格、注册商标、净含量、生产厂名称、厂址、标准编号、批号、生产日期。也可将批号、生产日期打印在标签上，并和产品质量检验合格的证明一起放入包装容器内的塑料袋外面。

7.2 包装

酸性艳蓝 P-RL 装于内衬塑料袋的包装容器内，并加密封，每件净含量 25 kg，其他包装可与用户协商确定。

7.3 运输

运输时应防止倒置，小心轻放，避免碰撞，切勿损坏包装。

7.4 贮存

酸性艳蓝 P-RL 应贮存于阴凉，干燥通风处，防止受潮受热。

ICS 71.100.01;87.060.10
G 57

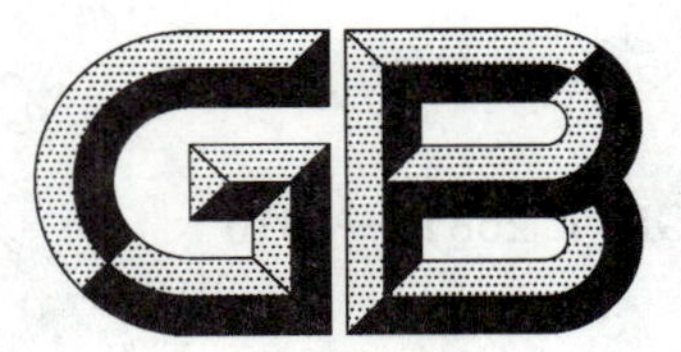

中华人民共和国国家标准

GB/T 25819—2010

液体反应黑 PWF

Liquid reactive black PWF

2010-12-23 发布 2011-10-01 实施

中华人民共和国国家质量监督检验检疫总局
中国国家标准化管理委员会 发布

前　言

本标准由中国石油和化学工业协会提出。

本标准由全国染料标准化技术委员会(SAC/TC 134)归口。

本标准起草单位:浙江舜龙化工有限公司、沈阳化工研究院有限公司。

本标准主要起草人:朱海根、王勇、张捷。

液体反应黑 PWF

1 范围

本标准规定了液体反应黑 PWF 产品的要求、采样、试验方法、检验规则以及标志、标签、包装、运输和贮存。

本标准适用于液体反应黑 PWF 的产品质量控制。

2 规范性引用文件

下列文件中的条款通过本标准的引用而成为本标准的条款。凡是注日期的引用文件，其随后所有的修改单(不包括勘误的内容)或修订版均不适用于本标准，然而，鼓励根据本标准达成协议的各方研究是否可使用这些文件的最新版本。凡是不注日期的引用文件，其最新版本适用于本标准。

GB/T 2374—2007　染料　染色测定的一般条件规定

GB/T 2381—2006　染料及染料中间体　不溶物质含量的测定

GB/T 2386—2006　染料及染料中间体　水分的测定

GB/T 2387—2006　反应染料　色光和强度的测定

GB/T 2390—2003　水溶性染料　pH 值的测定

GB/T 2391—2006　反应染料　固色率的测定

GB/T 3920—2008　纺织品　色牢度试验　耐摩擦色牢度(ISO 105-X12:2001,MOD)

GB/T 3921—2008　纺织品　色牢度试验　耐皂洗色牢度(ISO 105-C10:2006,MOD)

GB/T 3922—1995　纺织品耐汗渍色牢度试验方法(eqv ISO 105-E04:1994)

GB/T 4841.2—2006　染料染色标准深度色卡　藏青和黑色

GB/T 6152—1997　纺织品　色牢度试验　耐热压色牢度(eqv ISO 105-X11:1994)

GB/T 6678—2003　化工产品采样总则

GB/T 8427—2008　纺织品　色牢度试验　耐人造光色牢度:氙弧(ISO 105-B02:1994,MOD)

GB/T 8433—1998　纺织品　色牢度试验　耐氯化水色牢度(游泳池水)(eqv ISO 105-E03:1994)

GB/T 14576—1993　纺织品耐光、汗复合色牢度试验方法

GB 19601　染料产品中 23 种有害芳香胺的限量及测定

GB 20814　染料产品中 10 种重金属元素的限量及测定

GB/T 21882—2008　液体染料　黏度的测定

GB/T 23977—2009　染料　含盐量的测定　电导率法

3 要求

3.1 外观:黑色液体。

3.2 液体反应黑 PWF 的质量要求应符合表 1 的规定。

表 1　液体反应黑 PWF 的质量要求

项　　目	指　　标
(1)　强度(为标准品的)/分	100
(2)　色光(与标准品)	近似～微

表 1（续）

项　　目		指　　标
(3)　含固量的质量分数/%	≥	45.0
(4)　水不溶物的质量分数/%	≤	0.2
(5)　pH 值		4.0～5.0
(6)　黏度(25 ℃)/(mPa·s)	≤	60
(7)　含盐量(以氯化钠计的质量分数)/(mg/g)	≤	100
(8)　固色率(固着染料的质量分数)/%	≥	70
(9)　有害芳香胺的质量分数/(mg/kg)		符合 GB 19601 的标准要求
(10)　重金属元素的质量分数/(mg/kg)		符合 GB 20814 的标准要求

3.3　液体反应黑 PWF 在棉织物上的色牢度应不低于表 2 的规定。

表 2　液体反应黑 PWF 在棉织物上的色牢度

<table>
<tr><td rowspan="3">染色深度</td><td rowspan="3">耐光(氙弧)</td><td colspan="2" rowspan="2">耐汗光</td><td colspan="3" rowspan="2">耐洗
95 ℃</td><td colspan="6">耐　汗　渍</td><td colspan="2" rowspan="2">耐摩擦</td><td>耐热压
200 ℃</td><td rowspan="3">耐氯化水
有效氯
50 mg/L</td></tr>
<tr><td colspan="3">酸</td><td colspan="3">碱</td><td rowspan="2">变色
(4 h 后)</td></tr>
<tr><td>酸</td><td>碱</td><td>变色</td><td>棉沾</td><td>粘沾</td><td>变色</td><td>棉沾</td><td>毛沾</td><td>变色</td><td>棉沾</td><td>毛沾</td><td>干</td><td>湿</td></tr>
<tr><td>浅黑</td><td>3-4</td><td>3</td><td>3</td><td>3-4</td><td>3</td><td>3-4</td><td>4</td><td>4</td><td>4-5</td><td>4</td><td>4</td><td>4-5</td><td>4-5</td><td>3</td><td>4</td><td>1-2</td></tr>
<tr><td colspan="17">注：10%(owf)相当于浅黑染色标准深度。</td></tr>
</table>

4　采样

以批为单位采样，生产厂以一次拼混均匀的产品为一批。每批采样桶数应符合 GB/T 6678—2003 中 7.6 的规定。所采样产品的包装必须完好，采样时勿使外界杂质落入产品中。用探管从桶上、中、下三部分采样，所采样品总量不得少于 200 g。将所采样品充分混匀后，分装于两个清洁、干燥、密封良好的容器中，其上粘贴标签。注明：产品名称、批号、生产厂名称、采样日期、地点。一个供检验，一个保存备查。

5　试验方法

5.1　外观的评定

采用目视评定。

5.2　染色色光和强度的测定

5.2.1　染色一般条件

染色时的一般条件应符合 GB/T 2374—2007 的有关规定。

染色用棉布或棉纱：5 g；染色浴比：1∶40；或用棉针织布或棉纱：10 g；染色浴比：1∶20。染色深度：2%(owf)。

5.2.2　染液配方

以 5 g 棉布或棉纱染色为例，染液配方如表 3 所示。

表 3　染液配方

单位为毫升

染　缸　编　号	1	2	3	4	5
2 g/L 染料标准品溶液的体积	47.5	50.0	52.5	—	—
2 g/L 染料样品溶液的体积	—	—	—	47.5	50.0
200 g/L 无水硫酸钠溶液的体积	60	60	60	60	60
200 g/L 无水碳酸钠溶液的体积	20	20	20	20	20
加水至总体积	200	200	200	200	200

5.2.3　染色操作

按 GB/T 2387—2006 中 6.1.5 的规定进行，吸色温度 60 ℃，固色温度 60 ℃。

5.2.4　皂煮

按 GB/T 2387—2006 中 6.1.6 的规定进行。

5.2.5　色光和强度的评定

按 GB/T 2374—2007 中第 7 章的有关规定进行。

5.3　含固量的测定

按 GB/T 2386—2006 中 3.2 烘干法的规定进行。以烘干温度为(105±2)℃，干燥 6 h 的结果作为含固量。

含固量以质量分数 w 计，数值用%表示，按式(1)计算：

$$w=\frac{m_1}{m_0}\times 100 \qquad \cdots\cdots(1)$$

式中：

m_1——干燥 6 h 后试样质量的数值，单位为克(g)；

m_0——试样质量的数值，单位为克(g)。

5.4　水不溶物的测定

按 GB/T 2381—2006 的规定进行。

5.5　pH 值的测定

按 GB/T 2390—2003 的规定进行。

5.6　黏度的测定

按 GB/T 21882—2008 的规定进行。

5.7　固色率的测定

按 GB/T 2391—2006 的 6.2 的规定进行。吸色和固色温度、助剂用量参照本标准 5.2 的规定。

5.8　含盐量的测定

按 GB/T 23977—2009 的规定进行。

5.9　有害芳香胺的量的测定

按 GB 19601 的规定进行。

5.10　重金属元素的量的测定

按 GB 20814 的规定进行。

5.11　在棉织物上色牢度的测定

5.11.1　一般规定

所有色牢度的测试样应按 GB/T 4841.2—2006 的规定染成浅黑染色标准深度。

5.11.2 耐摩擦色牢度的测定

耐摩擦色牢度按 GB/T 3920—2008 的规定进行。

5.11.3 耐洗色牢度的测定

耐洗色牢度按 GB/T 3921—2008 的规定进行。试验条件采用 GB/T 3921—2008 表 2 中的试验方法 D(4)。

5.11.4 耐汗渍色牢度的测定

耐汗渍色牢度按 GB/T 3922—1995 的规定进行。

5.11.5 耐热压色牢度的测定

耐热压色牢度按 GB/T 6152—1997 的规定进行,200 ℃干压(4 h 后评定)。

5.11.6 耐光色牢度的测定

耐光色牢度按 GB/T 8427—2008 的规定进行。

5.11.7 耐氯化水色牢度的测定

耐氯化水色牢度按 GB/T 8433—1998 的规定进行。

5.11.8 耐汗光色牢度的测定

按 GB/T 14576—1993 中 7.2 的规定进行。

6 检验规则

6.1 检验分类

本标准 3.1、3.2 和 3.3 所列的检验项目均为型式检验项目。其中本标准的 3.1 和 3.2 中(1)～(7)项为出厂检验项目,应逐批进行检验。在正常连续生产情况下,每年至少进行一次型式检验。但如有下述情况需进行型式检验:

a) 新产品最初定型时;

b) 产品异地生产时;

c) 生产配方、工艺及原材料有较大改变时;

d) 停产三个月后又恢复生产时;

e) 客户提出要求时。

6.2 出厂检验

液体反应黑 PWF 应由生产厂的质量检验部门检验合格,附合格证明后方可出厂。生产厂应保证所有出厂的液体反应黑 PWF 都符合本标准的要求。

6.3 复检

如果检验结果中有一项指标不符合本标准的要求时,应重新自两倍量的包装中取样进行检验,重新检验的结果,即使只有一项指标不符合本标准要求,则整批产品为不合格。

7 标志、标签、包装、运输和贮存

7.1 标志、标签

液体反应黑 PWF 的每个包装容器上都应涂上牢固、清晰的标志,注明:产品名称、规格、注册商标、净含量、生产厂名称、厂址、标准编号、批号、生产日期。

7.2 包装

液体反应黑 PWF 装于内衬塑料袋的包装容器内,并加密封,每件净含量 50 kg,其他包装可与用户协商确定。

7.3 运输

运输时应防止倒置，小心轻放，避免碰撞，切勿损坏包装。

7.4 贮存

液体反应黑 PWF 应贮存于阴凉，干燥通风处，防止受潮受热。贮存期半年。

ICS 77.140.50
H 46

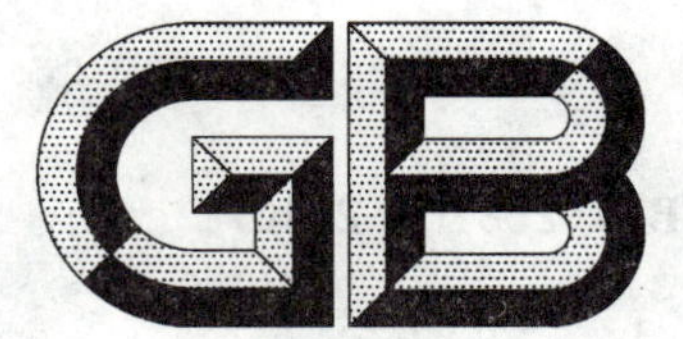

中华人民共和国国家标准

GB/T 25820—2010

包装用钢带

Steel strips for packing

2010-12-23 发布　　　　2011-09-01 实施

中华人民共和国国家质量监督检验检疫总局
中国国家标准化管理委员会　发布

前　言

本标准按照 GB/T 1.1—2009 给出的规则起草。

本标准的附录 A 为规范性附录。

本标准由中国钢铁工业协会提出。

本标准由全国钢标准化技术委员会(SAC/TC 183)归口。

本标准主要起草单位:无锡市方正金属捆带有限公司、鞍山市发蓝钢带有限责任公司、冶金工业信息标准研究院。

本标准主要起草人:宋志方、王洪珂、胡羽凡、王晓虎、王恩栋、何广生、高伟、孙长杰、高宏、陈晓军。

包装用钢带

1 范围

本标准规定了包装用钢带(以下简称捆带)的分类、代号和捆带牌号表示方法、订货内容、公称厚度、公称宽度、对焊、卷径及表面状态、技术要求、外形、尺寸的允许偏差、检验和试验、包装、标志及质量证明书等。

本标准适用于金属材料、纸箱、木箱、轻纺和化工产品等包装捆扎用的钢带。

2 规范性引用文件

下列文件对于本文件的应用是必不可少的。凡是注日期的引用文件,仅注日期的版本适用于本文件。凡是不注日期的引用文件,其最新版本(包括所有的修改单)适用于本文件。

GB/T 228.1 金属材料 拉伸试验 第1部分:室温试验方法(GB/T 228.1—2010,ISO 6892-1:2009,MOD)

GB/T 235 金属材料 厚度等于或小于3 mm薄板和薄带 反复弯曲试验方法

GB/T 247 钢板和钢带包装、标志及质量证明书的一般规定

GB/T 8170 数值修约规则与极限数值的表示和判定

GB/T 17505 钢及钢产品交货一般技术要求

3 分类和代号

3.1 牌号命名方法

捆带的牌号由规定的最低抗拉强度值(单位为MPa)+"捆带"汉语拼音的第一个字母"KD"组成。例如:830KD。

3.2 捆带的分类及牌号

3.2.1 按强度分:

a) 低强捆带,牌号有650KD、730KD、780KD;

b) 中强捆带,牌号有830KD、880KD;

c) 高强捆带,牌号有930KD、980KD;

d) 超高强捆带,牌号有1150KD、1250KD。

3.2.2 按表面状态分:

a) 发蓝 SBL;

b) 涂漆 SPA;

c) 镀锌 SZE。

3.3 按用途分:

a) 普通用;

b) 机用。

4 订货内容

按本标准订货的合同或订单应包括下列内容:

a) 牌号；
b) 本标准编号；
c) 规格尺寸；
d) 表面状态；
e) 卷的内径和最大外径；
f) 缠绕方式；
g) 重量(卷重及总重)；
h) 用途；
i) 包装方式；
j) 特殊要求。

5 尺寸、外形、重量及允许偏差

5.1 捆带的公称厚度与公称宽度按表1的规定。经供需双方协议，可供应其他尺寸的捆带。

表1 捆带的宽度和厚度

单位为毫米

公称厚度	公称宽度					
	16	19	25.4	31.75	32	40
0.4	√					
0.5	√	√				
0.6	√	√				
0.7		√				
0.8		√	√	√	√	
0.9		√	√	√	√	
1.0		√	√	√	√	√
1.2				√	√	√
注：√表示生产供应的捆带。						

5.2 捆带的厚度允许偏差按表2的规定。

表2 捆带厚度允许偏差

单位为毫米

公称厚度	厚度允许偏差	
	普通用捆带	机用捆带
0.4	±0.03	±0.02
0.5	±0.035	
0.6		
0.7～1.2	±0.04	±0.03
注：捆带厚度不包括漆层、镀锌层厚度。		

5.3 普通用捆带的宽度允许偏差为±0.13 mm；机用捆带的宽度允许偏差为±0.10 mm。

5.4 捆带外形允许偏差符合表3的规定。

表3 外形允许偏差

外 形	试样长度为2 000 mm	
	一般用途捆带	机用捆带
	不大于	不大于
镰刀弯	10 mm	6 mm
弯曲度	40 mm	24 mm
扭曲度	30°	18°

5.5 捆带允许采用对焊的方式进行接头，接头焊缝处的厚度不得超过公称厚度的145%，每卷捆带的接头数量最多一个。机用捆带应无接头。

5.6 捆带卷的内径为406 mm，允许偏差为±2 mm。经供需双方协议，可供应其他内径的捆带卷。

5.7 捆带按实际重量交货。

6 技术要求

6.1 力学性能和工艺性能

6.1.1 捆带拉伸性能应符合表4的规定。

表4 捆带的拉伸性能

牌 号	抗拉强度[a]，R_m/MPa 不小于	断后伸长率 $A_{30\ mm}$/% 不小于
650KD	650	6
730KD	730	8
780KD	780	8
830KD	830	10
880KD	880	10
930KD	930	10
980KD	980	12
1150KD	1 150	8
1250KD	1 250	6
[a] 焊缝抗拉强度不得低于规定抗拉强度最小值的80%。		

6.1.2 捆带反复弯曲性能应符合表5的规定。

表 5 捆带反复弯曲试验的最少次数

公称厚度/ mm	反复弯曲次数 r=3 mm
0.4	12
0.5	8
0.6	6
0.7	5
0.8	5
0.9	5
1.0	4
1.2	3
注：r 为弯曲半径。	

6.2 涂镀层

6.2.1 涂漆捆带的单面漆膜厚度应不小于 3 μm，表面漆膜应均匀连续，不得有漏涂，允许有轻微的流挂和擦伤。涂漆捆带表面颜色由供需双方协商规定。

6.2.2 镀锌捆带的单面镀层厚度应不小于 3 μm，表面镀层应均匀完整，不得有镀层剥落，裂纹和漏镀。

6.3 表面质量

6.3.1 捆带应有光滑的表面，捆带表面允许有不大于厚度允许公差之半的轻微个别凹面、凸起、纵向划伤，但不得有锈蚀。

6.3.2 钢带边缘不得有毛刺、裂边、切割不齐。

6.3.3 由于连续生产过程中捆带表面的局部缺陷不易被发现和去除，捆带允许带缺陷交货，捆带交货时，其缺陷部分不得超过一卷总长度的 4%。

7 检验和试验

7.1 捆带的外观色泽及表面质量用目视检查，尺寸用相应精度的测量仪器或通用量具测量。

7.2 捆带的镰刀弯、弯曲度和扭曲度的测量按附录 A 的规定。

7.3 涂漆捆带的漆膜厚度和镀锌捆带的镀层厚度用相应精度的测量仪器测量。其测量部位应距捆带边缘不小于 3 mm 处，间隔大致相等，且其长度不小于 100 mm。每面各测三个点，其六个测试值的算数平均值，即为漆膜厚度或镀锌层厚度。

7.4 拉伸试验的试样采用不经机加工的全矩形截面形状，取 L_0=30 mm。

7.5 每批捆带的试验项目、取样数量、取样方法和试验方法应符合表 6 的规定。

表 6 每批捆带的试验项目、取样数量、取样方法和试验方法

试验项目	取样数量	取样方法	试验方法
拉伸试验	1 个	捆带同一批号的成品卷上任意位置取样	GB/T 228.1
反复弯曲试验	2 个		GB/T 235

7.6 捆带应按批检验，每批应由同一牌号、同一冷轧工艺、同一热处理工艺、同一规格、同一表面状态的捆带组成。每批重量不超过 30 t。当采用单卷重量大于 30 t 的热轧板卷为原料时，允许以同一热轧板卷生产的捆带按照上述方法组批。

7.7 捆带的复验按 GB/T 17505 的规定。

8 包装、标志及质量证明书

捆带的包装、标志及质量证明书应符合 GB/T 247 的规定。

9 数值修约

数值修约按 GB/T 8170 的规定。

附 录 A
（规范性附录）
捆带外形的定义及测量方法

A.1 镰刀弯的定义及测量

捆带镰刀弯是指侧边与连接测量部分两端点直线之间的最大距离，在捆带凹形的一侧测量，如图 A.1 所示。

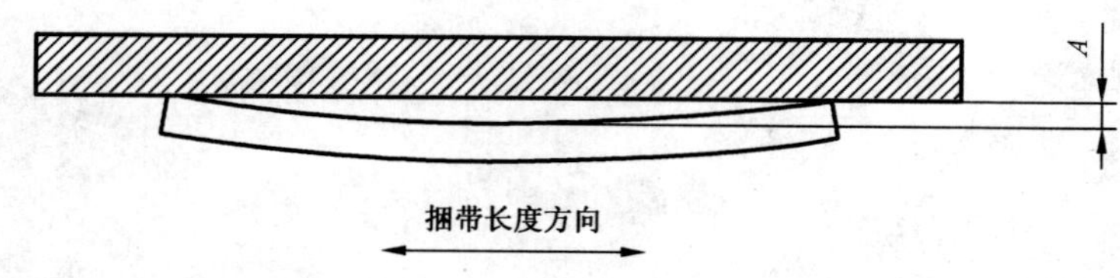

A——镰刀弯。

图 A.1 镰刀弯的测量

A.2 弯曲度

将捆带自由放在平台上，除捆带的本身重量外，不施加任何压力，测量捆带下表面与平台的最大距离，如图 A.2 所示。

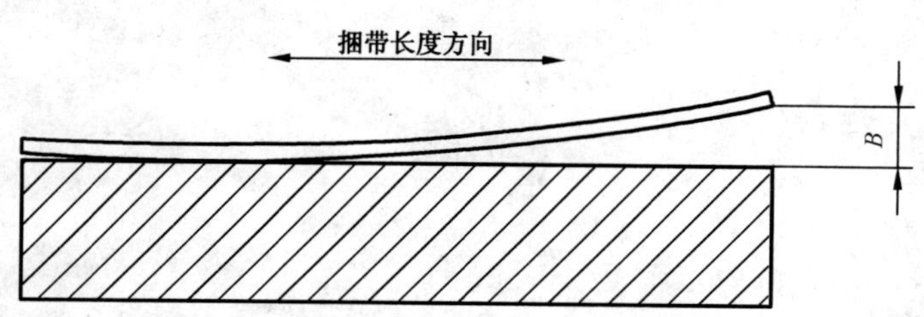

B——弯曲度。

图 A.2 弯曲度的测量

A.3 扭曲度

将捆带自由放在平台上，除捆带的本身重量外，不施加任何压力，测量捆带下表面与平台的最大倾角，如图 A.3 所示。

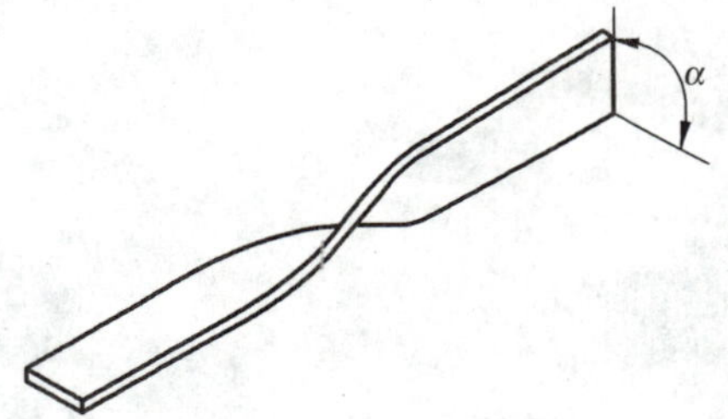

α——扭曲度。

图 A.3 扭曲度的测量

ICS 77.140.65
H 49

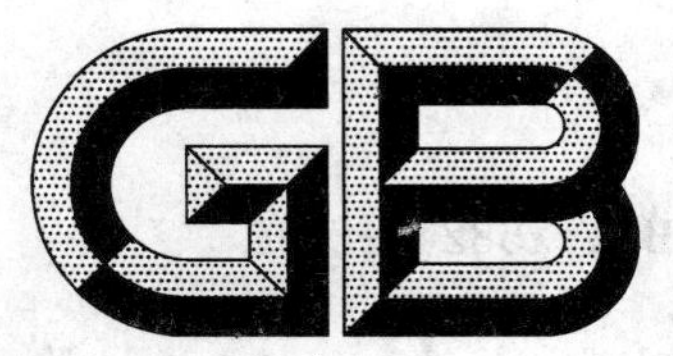

中华人民共和国国家标准

GB/T 25821—2010

不锈钢钢绞线

Stainless steel wire strand

2010-12-23 发布　　　　2011-09-01 实施

中华人民共和国国家质量监督检验检疫总局
中国国家标准化管理委员会　发布

前　言

本标准按照 GB/T 1.1—2009 给出的规则起草。

本标准修改采用 ASTM A 368-95a(2004)《不锈和耐热钢钢绞线》,附录 B 列出了本标准与 ASTM A 368 章条编号对照一览表。

本标准与 ASTM A 368 的主要技术差异如下:

——结合我国实际使用条件,对钢绞线结构、直径范围、抗拉强度级别适当扩大;

——规范性引用文件中增加检验方法标准。

本标准附录 A 和附录 B 为资料性附录。

本标准由中国钢铁工业协会提出。

本标准由全国钢标准化技术委员会(SAC/TC 183)归口。

本标准起草单位:浙江宁波东天机械科技有限公司、无锡通用钢绳有限公司、冶金工业信息标准研究院、广东坚朗五金制品有限公司。

本标准主要起草人:鲁文杰、邵登乔、王玲君、芮小保、任翠英、厉敏、张浩、赵波。

不 锈 钢 钢 绞 线

1 范围

本标准规定了不锈钢钢绞线(以下简称钢绞线)的分类、订货内容、尺寸、技术要求、试验方法、检验规则、包装、标志和质量证明书。

本标准适用于由多根圆形截面不锈钢钢丝(以下简称钢丝)组成的主要用于吊架、悬挂、栓系、固定物件及地面架空线、建筑用拉索、缆索用的钢绞线。

2 规范性引用文件

下列文件对于本文件的应用是必不可少的。凡是注日期的引用文件,仅注日期的版本适用于本文件。凡是不注日期的引用文件,其最新版本(包括所有的修改单)适用于本文件。

GB/T 2104—2008 钢丝绳包装、标志及质量证明书的一般规定

GB/T 4240 不锈钢丝

GB/T 8358 钢丝绳破断拉伸试验方法

3 分类和标记

3.1 钢绞线按其断面结构分为:1×3、1×7、1×19、1×37、1×61、1×91,见图1。需方如需要其他结构可在供货协议中注明。

结构	1×3	1×7	1×19	1×37	1×61	1×91
断面	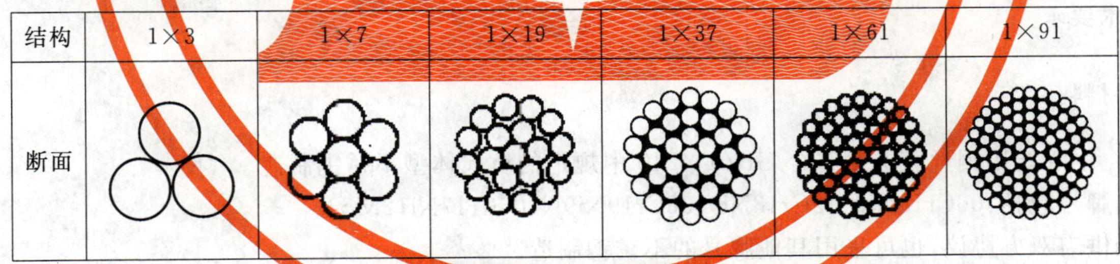					

图1 钢绞线断面结构

3.2 钢绞线按其破断拉力分为1 180 MPa、1 320 MPa、1 420 MPa、1 520 MPa四级。如需其他强度级别可供需双方协商并在供货协议中注明。

3.3 钢绞线的捻向按外层钢丝的捻向分为左捻和右捻两种。如在供货协议中未作注明,则以左捻供货。相邻两层钢绞线的捻向应相反。需方如有其他要求,须在供货协议中注明。

3.4 标记示例:钢绞线捻向为左捻S,结构为1×19,直径为5.5 mm,钢绞线的公称抗拉强度为1 320 MPa,其标记为:S-1×19-5.5-1320-GB/T 25821—2010。

4 订货内容

按本标准订货的合同应包括以下主要内容:

a) 本标准号;

b) 产品名称;

c) 牌号；

d) 断面结构；

e) 公称直径；

f) 抗拉强度级别；

g) 数量(长度和重量)；

h) 其他要求。

5 尺寸

5.1 钢绞线按标准长度供货。标准长度为:30 m、75 m、150 m、300 m、750 m、1 500 m。需方如需非标准长度供货,应在供货协议中注明。

5.2 钢绞线长度允许偏差为:<1 000 m 0%～+5%；

≥1 000 m 0%～+2%。

5.3 钢绞线直径允许偏差应符合表1规定。

表1 钢绞线直径允许偏差

公称直径/mm	允许偏差/%
≤10	+6 −2
>10	+5 −2

5.4 钢绞线的不圆度应不大于其公称直径的4%。

6 技术要求

6.1 材料

6.1.1 钢绞线用钢丝宜选用符合GB/T 4240中规定的奥氏体型不锈钢制造。

其牌号包括:06Cr18Ni9、12Cr18Ni9、06Cr19Ni9N、06Cr17Ni12Mo2。

经供需双方协议,也可采用其他牌号的不锈钢制造。

6.1.2 钢绞线用钢丝系冷拉状态,根据钢丝采用的牌号及公称直径,应符合GB/T 4240有关规定。

6.1.3 不锈钢丝的直径允许偏差,应符合表2的规定。

表2 不锈钢丝的直径允许偏差 单位为毫米

公称直径	允许偏差
0.6～<1.6	±0.02
1.6～<3.7	±0.03
3.7～<6	±0.04

6.1.4 不锈钢丝的不圆度应不大于直径公差之半。

6.1.5 允许钢丝有螺旋纹和润滑剂残留痕迹存在。

6.2 捻制质量

6.2.1 钢绞线应由同一牌号、同一强度级别、同一直径(中心丝可适当放大)的钢丝捻制而成。

6.2.2 钢绞线的捻距:1×3结构为其直径的10倍~16倍,其他结构为其直径的8倍~14倍。

6.2.3 在钢绞线全长上,直径和捻距应均匀,不应松散。钢绞线应捻制平整、光滑,不应有绞接头或插接头。钢绞线不应有跳丝、松弛等缺陷,钢丝不应有开裂、折弯等缺陷。

6.2.4 1×3结构的钢绞线内不允许钢丝接头,其他结构的钢绞线每一层内,钢丝的接头不得小于50 m区段,但在成品钢绞线中任意长度上对接数不得超过一个,且应把每个钢丝对接位置用颜料和其他明显的标记在钢绞线上标出。钢丝接头应用闪光对接焊或电阻对接焊。焊点应牢固并需要修平,允许接头点直径局部稍增大。

6.2.5 经供需双方协商,也可提供无接头钢绞线。

6.3 力学性能

6.3.1 钢绞线的最小破断拉力应符合表3的规定。在表中未列入的结构钢绞线的最小破断拉力可由供需双方协商。

表3 钢绞线的最小破断拉力

结构	直径/mm	最小破断拉力/kN				参考重量/(kg/100 m)
		1 180 MPa	1 320 MPa	1 420 MPa	1 520 MPa	
1×3	5.0	13.9	15.5	16.7	17.9	10.3
	5.5	16.8	18.8	20.2	21.6	12.4
	6.0	20.0	22.3	24.0	25.7	14.8
	6.5	23.4	26.2	28.2	30.2	17.3
	8.0	35.5	39.7	42.7	45.7	26.2
	9.5	50.1	56.0	60.2	64.5	37.0
1×7	5.5	19.6	22.0	23.6	25.3	15.1
	6.5	27.4	30.7	33.0	35.3	21.1
	7.0	31.8	35.6	38.2	41.0	24.5
	8.0	41.5	46.5	50.0	53.5	32.0
	9.5	58.6	65.5	70.5	75.4	45.1
1×19	6.0	22.5	25.2	27.1	29.0	17.6
	8.0	40.0	44.8	48.2	51.6	31.4
	9.5	56.4	63.1	68.0	72.7	44.2
	10.0	62.5	70.0	75.2	80.6	49.0
	11.0	75.7	84.7	91.0	97.4	59.3
	12.0	90.1	101	108	116	70.6
	12.5	97.7	109	117	126	76.6
	14.0	123	137	147	158	96.0

表 3（续）

结构	直径/mm	最小破断拉力/kN				参考重量/(kg/100 m)
		1 180 MPa	1 320 MPa	1 420 MPa	1 520 MPa	
1×19	16.0	160	179	193	206	125
	18.0	203	227	244	261	159
	19.0	226	253	272	291	177
	22.0	303	339	364	390	237
1×37	12	85.0	95.0	102	109	70.6
	12.5	92.2	103	111	119	76.6
	14	116	129	139	149	96.0
	16	151	169	182	195	125
	18	191	214	230	246	159
	19.5	224	251	270	289	186
	21	260	291	313	335	216
	22.5	299	334	359	385	248
	24	340	380	409	438	282
	26	399	446	480	514	331
	28	463	517	557	596	384
1×61	18	183	205	221	236	156
	20	227	253	273	292	192
	22	274	307	330	353	232
	24	326	365	293	420	276
	26	383	428	461	493	324
	28	444	497	534	572	376
	30	510	570	613	657	432
	32	580	649	698	747	492
	34	655	732	788	843	555
	36	734	821	883	945	622
1×91	30	478	535	575	—	441
	32	544	608	654	—	502
	34	614	686	739	—	566
	36	688	770	828	—	635
	38	766	858	922	—	707
	40	850	950	1 022	—	784
	42	937	1 048	1 127	—	864

表 3（续）

结构	直径/mm	最小破断拉力/kN				参考重量/(kg/100 m)
		1 180 MPa	1 320 MPa	1 420 MPa	1 520 MPa	
1×91	45	1 075	1 203	1 294	—	992
	48	1 223	1 368	1 472	—	1 129

6.3.2　钢绞线内拆出的钢丝自身缠绕 2 圈不断裂。

6.3.3　钢绞线的伸长率应不大于 1.5%。

7　试验方法

7.1　每条钢绞线都应检查其外观质量和捻制质量。

7.2　钢绞线都应测量其直径和不圆度。直径测量时在无张力状况下进行，用宽钳口游标卡尺测量至少相距 10 m 的两处，每处在相互垂直的方向上测量两次，这四次测量的平均值为钢绞线的实测直径，同一处的测量值之差为不圆度。

7.3　钢丝直径测量用精确度为 0.01 mm 的量具进行。

7.4　将钢绞线切断时其断口处的钢丝应保持在原位，或用手可轻易地将钢丝恢复原位。

7.5　钢绞线破断拉伸试验，按 GB/T 8358 进行。

7.6　钢绞线伸长率试验时，在拉力机上加最小公称破断拉力 1% 的负荷，标出 250 mm 长度(原始长度)后，作出标记，增加负荷至最小破断拉力的 60%，保持 1 min，再测量其标记间所增加的长度与原始长度的百分比，即为钢绞线的伸长率。

7.7　钢丝的缠绕试验时，以钢丝自身为轴芯，以每分钟不超过 15 圈的速度紧密缠绕至少 2 圈，钢丝不得断裂。

8　检验规则

8.1　出厂前的检验由供方技术质监部门进行。

8.2　需方的验收可委托有钢绞线检验资格的检验机构进行，验收的依据是本标准和订货合同，验收日期不应超过 1 年(以出厂期为准)。

8.3　钢绞线验收时，每批抽样进行钢绞线的不松散试验、破断拉伸试验、伸长率试验和拆股钢丝的缠绕试验。每批应由同一结构、同一直径、同一牌号、同一强度级别组成。

8.4　取样数量：每批钢绞线取 10%，但不少于 2 盘。当一批钢绞线仅一盘时应两端各取一个试样。

8.5　钢丝作缠绕试验的取样根数如下：

1×3 结构　取 3 根；

1×7 结构　任取 4 根；

1×19 结构　每层取 3 根，共取 6 根；

1×37 结构　每层取 3 根，共取 9 根；

1×61 结构　每层取 6 根，共取 12 根；

1×91 结构　每层取 4 根，共取 12 根。

8.6　复验规则

在试验结果中如有一项不合格，则该盘不得交货，可从该批中再取双倍试样复验不合格项目，如试验结果仍有不合格，则应逐盘试验，合格者交货。

9 包装、标志和质量证明书

9.1 钢绞线的包装应符合 GB/T 2104—2008 的规定。

直径不小于 8 mm，长度不小于 300 m 的钢绞线按方法二工字轮包装，其他的按方法一无工字轮包装。

9.2 钢绞线的标志和质量保证书应符合 GB/T 2104—2008 的规定。其内容应注明：

a) 供方名称或商标；

b) 钢绞线直径、结构和标准号；

c) 不锈钢牌号；

d) 最小破断拉力；

e) 长度；

f) 重量；

g) 制造日期；

h) 出厂编号。

附 录 A
（资料性附录）
不锈钢钢绞线最小破断拉力和参考重量计算方法

A.1 钢绞线最小破断拉力计算公式：

$$F=\frac{K'D^2R_0}{1\ 000} \qquad \cdots\cdots(A.1)$$

式中：

F——钢绞线最小破断拉力，单位为千牛(kN)；

K'——最小破断拉力系数，见表 A.1；

D——钢绞线公称直径，单位为毫米(mm)；

R_0——钢绞线公称抗拉强度，单位为兆帕(MPa)。

A.2 钢绞线参考重量计算方式：

$$W=K\cdot D^2 \qquad \cdots\cdots(A.2)$$

式中：

W——钢绞线单位长度重量，单位为千克每 100 m(kg/100 m)；

K——钢绞线重量系数，见表 A.1；

D——钢绞线公称直径，单位为毫米(mm)。

表 A.1 钢绞线最小破断拉力系数和重量系数

钢绞线结构	1×3	1×7	1×19	1×37	1×61	1×91
最小破断拉力系数 K'	0.47	0.55	0.53	0.50	0.48	0.45
重量系数 K	0.41	0.50	0.49	0.49	0.48	0.49

附　录　B
（资料性附录）
本标准章条与 ASTM A 368-95a(2004)《不锈和耐热钢钢绞线》章条编号对照

表 B.1 给出了本标准章条编号与 ASTM A 368-95a(2004)章条编号对照一览表。

表 B.1　本标准章条编号与 ASTM A 368-95a(2004)章条编号对照

本标准章条编号	对应的国际标准章条编号
1	1
2	2
3	—
4	3
5	13.1.1
6.1	7.1
6.1.3	9.2
6.2	5
6.2.3	10
6.2.4	6.3
6.3	8.1
7	12
7.7	8.2
8.2.1	11.1
8.2.3	12.1.2
9	13

ICS 77.140.75
H 48

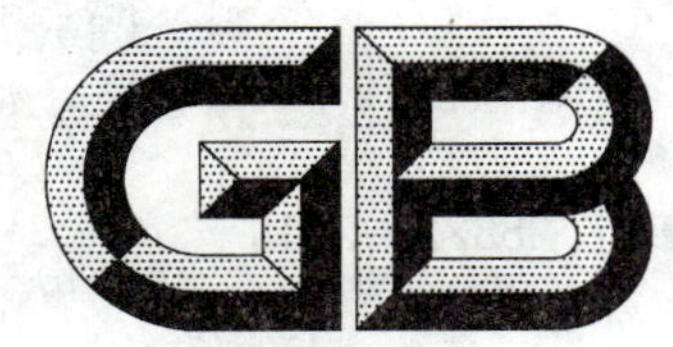

中华人民共和国国家标准

GB/T 25822—2010

车轴用异型及圆形无缝钢管

Shaped and round seamless steel tubes for axle

2010-12-23 发布　　2011-09-01 实施

中华人民共和国国家质量监督检验检疫总局
中国国家标准化管理委员会　发布

前　言

本标准按照 GB/T 1.1—2009 给出的规则起草。

本标准参照 ASTM A 500/A 500M-07《圆形与异型冷成形焊接与无缝碳素钢结构管》制定。

本标准由中国钢铁工业协会提出。

本标准由全国钢标准化技术委员会(SAC/TC 183)归口。

本标准起草单位:江阴市界达特异制管有限公司、冶金工业信息标准研究院。

本标准主要起草人:薛建良、邓尔康、王炜、陈培弟、董莉、黄颖。

车轴用异型及圆形无缝钢管

1 范围

本标准规定了车轴用异型及圆形无缝钢管(以下简称车轴管)的分类、代号、订货内容、尺寸、外形、重量及允许偏差、技术要求、试验方法、检验规则、包装、标志和质量证明书。

本标准适用于车轴用异型无缝钢管,同时适用于车轴用圆形无缝钢管。

2 规范性引用文件

下列文件对于本文件的应用是必不可少的。凡是注日期的引用文件,仅注日期的版本适用于本文件。凡是不注日期的引用文件,其最新版本(包括所有的修改单)适用于本文件。

GB/T 222 钢的成品化学成分允许偏差

GB/T 223.5 钢铁 酸溶硅和全硅含量的测定 还原型硅钼酸盐分光光度法

GB/T 223.9 钢铁及合金 铝含量的测定 铬天青 S 分光光度法

GB/T 223.12 钢铁及合金化学分析方法 碳酸钠分离-二苯碳酸二肼光度法测定铬量

GB/T 223.14 钢铁及合金化学分析方法 钽试剂萃取光度法测定钒含量

GB/T 223.16 钢铁及合金化学分析方法 变色酸光度法测定钛量

GB/T 223.19 钢铁及合金化学分析方法 新亚铜灵-三氯甲烷萃取光度法测定铜量

GB/T 223.23 钢铁及合金 镍含量的测定 丁二酮肟分光光度法

GB/T 223.40 钢铁及合金 铌含量的测定 氯磺酚 S 分光光度法

GB/T 223.62 钢铁及合金化学分析方法 乙酸丁酯萃取光度法测定磷量

GB/T 223.63 钢铁及合金化学分析方法 高碘酸钠(钾)光度法测定锰量

GB/T 223.67 钢铁及合金 硫含量的测定 次甲基蓝分光光度法

GB/T 223.69 钢铁及合金 碳含量的测定 管式炉内燃烧后气体容量法

GB/T 228.1 金属材料 拉伸试验 第 1 部分:室温试验方法(GB/T 228.1—2010,ISO 6892-1:2009,MOD)

GB/T 229 金属材料 夏比摆锤冲击试验方法

GB/T 2102 钢管的验收、包装、标志和质量证明书

GB/T 2975 钢及钢产品 力学性能试验取样位置及试样制备

GB/T 4336 碳素钢和中低合金钢 火花源原子发射光谱分析方法(常规法)

GB/T 5777—2008 无缝钢管超声波探伤检验方法

GB/T 6394 金属平均晶粒度测定法

GB/T 7735—2004 钢管涡流探伤检验方法

GB/T 10561—2005 钢中非金属夹杂物含量的测定-标准评级图显微检验法

GB/T 20066 钢和铁 化学成分测定用试样的取样和制样方法

GB/T 20123 钢铁 总碳硫含量的测定 高频感应炉燃烧后红外吸收法(常规方法)

GB/T 20125 低合金钢 多元素的测定 电感耦合等离子体发射光谱法

YB/T 4149 连铸圆管坯

YB/T 5221 合金结构钢圆管坯

YB/T 5222 优质碳素结构钢圆管坯

3 分类及代号

3.1 车轴管钢的牌号由车辆车轴用钢“辆轴”汉语拼音大写字母、规定下屈服强度(或规定塑性延伸强度)和质量等级组成。

示例:LZ320E

LZ——车辆车轴用钢“辆轴”汉语拼音大写字母;

320——规定下屈服强度或规定塑性延伸强度,单位为兆帕(MPa);

E——质量等级。

3.2 车轴管按热处理交货状态分为四类:

a) 退火状态;

b) 正火状态;

c) 正火+回火状态;

d) 淬火+回火状态。

4 订货内容

按本标准订购车轴管的合同或订单应包括下列内容:

a) 标准编号;

b) 产品名称;

c) 钢的牌号;

d) 尺寸规格;

e) 订购数量(总重量或总长度);

f) 制造方法;

g) 交货状态;

h) 特殊要求。

5 尺寸、外形、重量及允许偏差

5.1 车轴管的外形、尺寸应分别符合附录 A 中图 A.1~图 A.4 和表 A.1~表 A.4 的规定。

根据需方要求,经供需双方协商,也可供应附录 A 规定以外外形和尺寸的车轴管。

5.2 异型车轴管的尺寸允许偏差应符合表 1 的规定。

表 1 异型车轴管的尺寸允许偏差

单位为毫米

尺寸	允许偏差
边长 A	±0.6%A
边长 B	±0.6%B
公称壁厚 S	±7.5%S
外圆角 R	≤2.5S

5.3 异型车轴管的外形允许偏差应符合表 2 的规定。

表 2　异型车轴管的外形允许偏差

单位为毫米

外　形	允许偏差
边凹凸度　A	≤0.6%A
边凹凸度　B	≤0.6%B
弯曲度	≤1.5 mm/m，全长≤0.1%L[a]
扭转值	≤1.5 mm/m
端面直角度	±1°

[a] L 为车轴管长度，单位为毫米(mm)。

5.4　圆形车轴管的尺寸、外形允许偏差应符合表 3 的规定。

表 3　圆形车轴管的尺寸、外形允许偏差

单位为毫米

尺寸、外形	允许偏差
公称外径　D	±0.5%D
公称壁厚　S	±7.5%S
弯曲度	≤1.5 mm/m，全长≤0.1%L[a]

[a] L 为车轴管长度，单位为毫米(mm)。

5.5　车轴管按最小壁厚(S_{min})交货时，壁厚允许偏差为$^{+15}_{0}$%S_{min}。

5.6　根据需方要求，经供需双方协商，并在合同中注明，也可供应规定以外尺寸和外形允许偏差的异型及圆形车轴管。

5.7　车轴管的通常长度为 3 000 mm～12 000 mm。

根据需方要求，经供需双方协商，并在合同中注明，车轴管可按定尺或倍尺长度交货。定尺长度允许偏差为$^{+15}_{0}$ mm；倍尺长度全长允许偏差为$^{+15}_{0}$ mm，每个倍尺长度还应留 5 mm～10 mm 的切口余量。

5.8　车轴管两端端面应切(割)平齐，切口毛刺应予清除。

5.9　车轴管按实际重量交货。

6　技术要求

6.1　钢的牌号和化学成分

6.1.1　钢的牌号和化学成分(熔炼分析)应符合表 4 的规定。

根据需方要求，经供需双方协商，可供应其他牌号的车轴管。

表 4　钢的牌号和化学成分

牌号	化学成分(质量分数)[a,b]/%									碳当量 CEV[c]/%
	C	Si	Mn	S	P	Al_s[d]	Nb	Ti	V	
LZ320E	≤0.18	≤0.50	≤1.70	≤0.020	≤0.025	≥0.015	≤0.07	≤0.20	≤0.15	≤0.45
LZ355E	≤0.18	≤0.50	≤1.70	≤0.020	≤0.025	≥0.015	≤0.07	≤0.20	≤0.15	≤0.45

表 4（续）

牌号	化学成分（质量分数）[a,b]/%									碳当量
	C	Si	Mn	S	P	Al_s^d	Nb	Ti	V	CEV[c]/%
LZ460E	≤0.18	≤0.50	≤1.70	≤0.020	≤0.025	≥0.015	≤0.07	≤0.20	≤0.15	≤0.45
LZ500E	≤0.18	≤0.50	≤1.70	≤0.020	≤0.025	≥0.015	≤0.07	≤0.20	≤0.15	≤0.45
LZ590E	≤0.24	≤0.50	≤1.80	≤0.020	≤0.025	≥0.015	≤0.07	≤0.20	≤0.15	≤0.50

[a] 钢中残余元素 Cr、Ni 含量应不大于 0.30%，Cu 含量应不大于 0.20%。

[b] 钢中应至少含有细化晶粒元素 Al、Nb、V、Ti 中的一种，加入的细化晶粒元素应在质量证明书中注明含量。

[c] 碳当量计算公式：CEV＝C＋Mn/6＋(Cr＋Mo＋V)/5＋(Ni＋Cu)/15。

[d] 当采用全铝（Al_t）含量时，Al_t 应不小于 0.020%。

6.1.2 当需方要求做成品分析时，应在合同中注明，成品钢管的化学成分允许偏差应符合 GB/T 222 的规定。

6.2 制造方法

6.2.1 钢的冶炼方法

钢应采用电弧炉或氧气转炉冶炼，并经真空脱气处理。

6.2.2 管坯的制造方法

管坯可采用连铸圆管坯，也可采用热轧（锻）圆管坯。连铸圆管坯应符合 YB/T 4149 的规定或供需双方认可的其他规定，热轧（锻）圆管坯应分别符合 YB/T 5221 和 YB/T 5222 的规定。

6.2.3 车轴管的制造方法

异型车轴管应采用冷拔（轧）无缝成型方法制造，圆形车轴管应采用冷拔（轧）或热轧无缝方法制造。

6.3 交货状态

车轴管应以热处理状态交货，热处理制度应符合表 5 规定。

表 5 热处理制度

序号	牌号	热处理状态	热处理制度
1	LZ320E	退火	860 ℃～900 ℃退火
2	LZ320E	正火＋回火	890 ℃～920 ℃正火；550 ℃～600 ℃回火
3	LZ355E	正火	890 ℃～920 ℃正火
4	LZ460E	淬火＋回火	890 ℃～920 ℃淬火；540 ℃～580 ℃回火
5	LZ500E	淬火＋回火	890 ℃～920 ℃淬火；520 ℃～560 ℃回火
6	LZ590E	淬火＋回火	870 ℃～900 ℃淬火；500 ℃～540 ℃回火

6.4 力学性能

6.4.1 拉伸性能

车轴管的室温纵向拉伸性能应符合表 6 的规定。

表 6 力学性能

牌号	热处理状态	抗拉强度 R_m/MPa	下屈服强度或规定塑性延伸强度 R_{eL} 或 $R_{p0.2}$/MPa	断后伸长率 A/%	冲击吸收能量 KV_2/J
		不小于			
LZ320E	退火	460	320	25	34
LZ320E	正火＋回火	460	320	25	80
LZ355E	正火	470	355	22	80
LZ460E	淬火＋回火	510	450	20	80
LZ500E	淬火＋回火	560	500	19	80
LZ590E	淬火＋回火	660	590	18	80

6.4.2 冲击吸收能量

6.4.2.1 车轴管的纵向夏比 V 型缺口冲击吸收能量(KV_2)应符合表 6 的规定，冲击试验温度应为－43 ℃。

冲击试验结果的判定应符合 GB/T 2102 的规定。

6.4.2.2 表 6 中冲击吸收能量为标准试样夏比 V 型缺口冲击吸收能量要求值。当采用表 7 规定的小尺寸冲击试样时，小尺寸试样的最小夏比 V 型缺口冲击吸收能量要求值应为全尺寸试样冲击吸收能量要求值乘以表 7 中的递减系数。

冲击试样应为标准尺寸、宽度 7.5 mm 或宽度 5 mm，优先采用较大尺寸试样。冲击试样不允许展平，当钢管尺寸不足以制备宽度 5 mm 的冲击试样时，可不进行冲击试验。

表 7 小尺寸试样冲击吸收能量递减系数

试样规格	试样尺寸(高度×宽度)/(mm×mm)	递减系数
标准试样	10×10	1.00
小试样	10×7.5	0.75
小试样	10×5	0.50

6.5 非金属夹杂物

车轴管应做非金属夹杂物检验。非金属夹杂物按 GB/T 10561—2005 中的 A 法评级，其中 A、B、C、D 各类夹杂物细系级别和粗系级别应分别不大于 2.5 级，DS 类夹杂物应不大于 2.5 级。

6.6 实际晶粒度

车轴管应做晶粒度检验。车轴管的实际晶粒度应为 6 级或更细。

6.7 表面质量

车轴管内外表面不允许有裂纹、折叠、结疤、轧折和离层。这些缺陷应完全清除，车轴管内外表面直道、凹坑允许深度应不大于壁厚的 4%，且应不大于 0.30 mm，其余部分缺陷清除处的实际壁厚应不小于壁厚所允许的最小值。

6.8 无损检验

车轴管应逐根进行超声波或涡流探伤检验。当采用超声波探伤检验时，对比样管纵向刻槽深度应符合 GB/T 5777—2008 中验收等级 L3 的规定；当采用涡流探伤检验时，对比样管人工缺陷应符合 GB/T 7735—2004中验收等级 A 的规定。

异型车轴管的无损检验在成型前的圆管上进行。

7 检验和试验方法

7.1 车轴管的尺寸和外形应采用符合精度要求的量具逐根测量。扭转值的测量方法应符合附录 B 的规定。

除公称壁厚可在管端测量外，异型车轴管的尺寸和外形测量应在距离管端至少 50 mm 的位置进行。公称壁厚应在 R 角外的平面上测定。

7.2 车轴管的内外表面应在充分照明条件下逐根目视检查。

7.3 车轴管其他检验项目的试验方法应符合表 8 的规定。

表 8 检验项目和试验方法

序号	检验项目	试验方法	取样方法	试 验 数 量
1	化学成分	GB/T 223、GB/T 4336、GB/T 20123、GB/T 20125	GB/T 20066	每炉取 1 个试样
2	拉伸	GB/T 228.1	GB/T 2975	每批在两根车轴管上各取 2 个试样
3	冲击	GB/T 229	GB/T 2975	每批在两根车轴管上各取一组(3 个)试样
4	非金属夹杂	GB/T 10561—2005	GB/T 10561—2005	每批在两根车轴管上各取 1 个试样
5	晶粒度	GB/T 6394	GB/T 6394	每批在两根车轴管上各取 1 个试样
6	超声波检验	GB/T 5777—2008	—	逐根
7	涡流检验	GB/T 7735—2004	—	逐根

8 检验规则

8.1 检查和验收

车轴管的检查和验收由供方质量技术监督部门进行。

8.2 组批规则

8.2.1 车轴管按组进行检查和验收。

8.2.2 每批应由同一牌号、同一炉号、同一规格和同一热处理制度(炉次)的车轴管组成，每批车轴管的数量应不超过如下规定：

a) 周长≤400 mm：100 支；

b) 周长＞400 mm：50 支。

8.2.3 车轴管各项检验的取样方法和数量应符合表 8 规定。

8.2.4 车轴管的复验与判定规则应符合 GB/T 2102 的规定。

9 包装、标志和质量证明书

车轴管的包装、标志和质量证明书应符合 GB/T 2102 的规定。

附 录 A
（规范性附录）
车轴管的外形和尺寸

车轴管的外形和尺寸见图 A.1～图 A.4 和表 A.1～表 A.4。

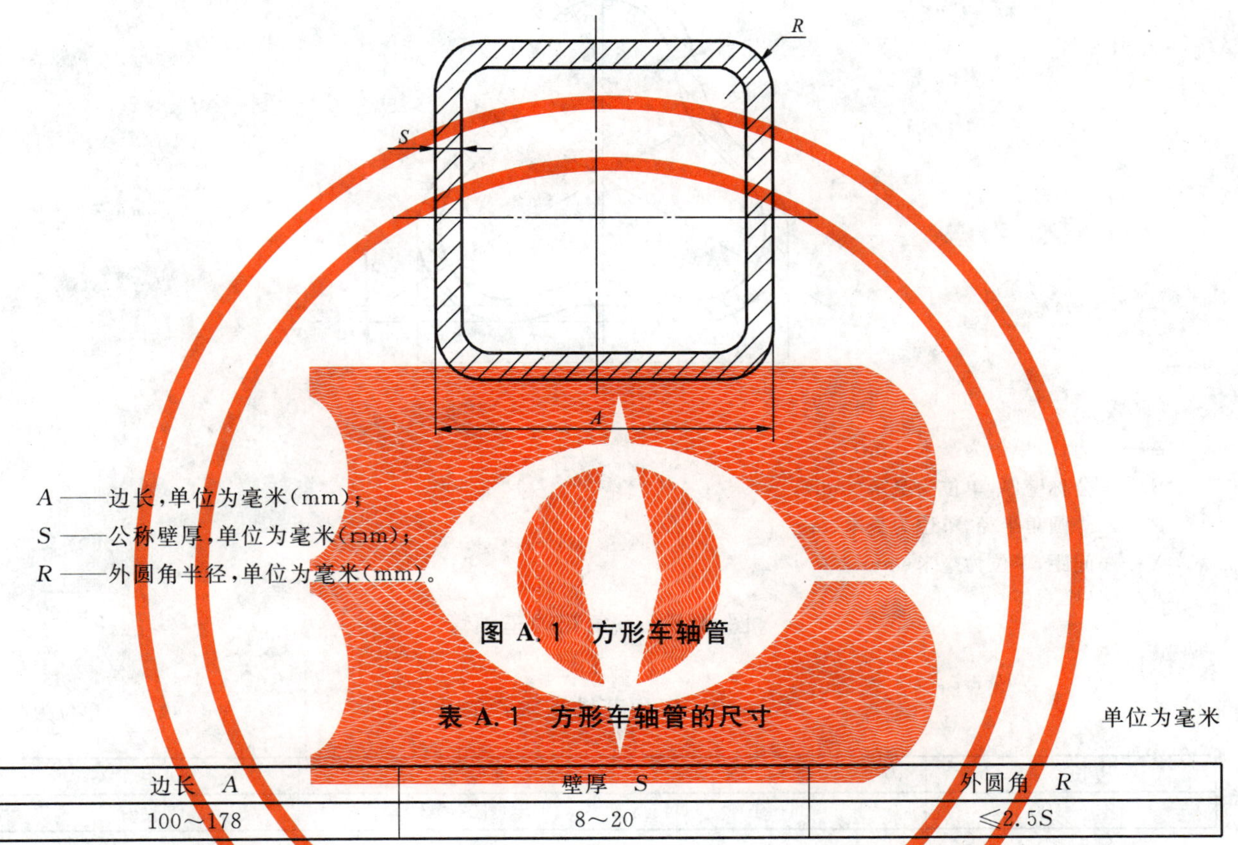

A——边长,单位为毫米(mm);
S——公称壁厚,单位为毫米(mm);
R——外圆角半径,单位为毫米(mm)。

图 A.1 方形车轴管

表 A.1 方形车轴管的尺寸

单位为毫米

边长 A	壁厚 S	外圆角 R
100～178	8～20	≤2.5S

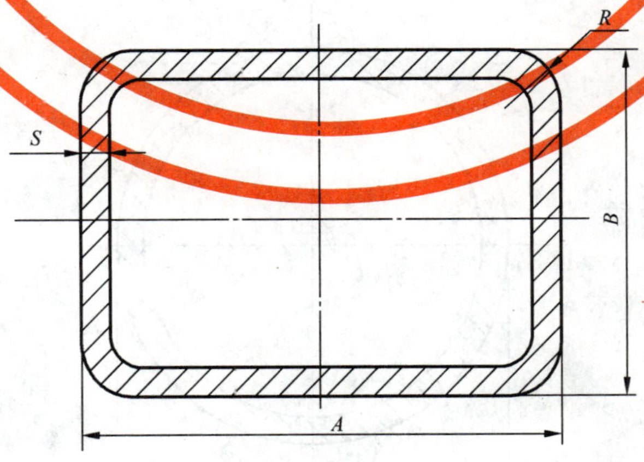

A——长边长,单位为毫米(mm);
B——短边长,单位为毫米(mm);
S——公称壁厚,单位为毫米(mm);
R——外圆角半径,单位为毫米(mm)。

图 A.2 矩形车轴管

表 A.2 矩形车轴管的尺寸

单位为毫米

长边长 A	短边长 B	壁厚 S	外圆角 R
120～180	100～160	12～18	≤2.5S

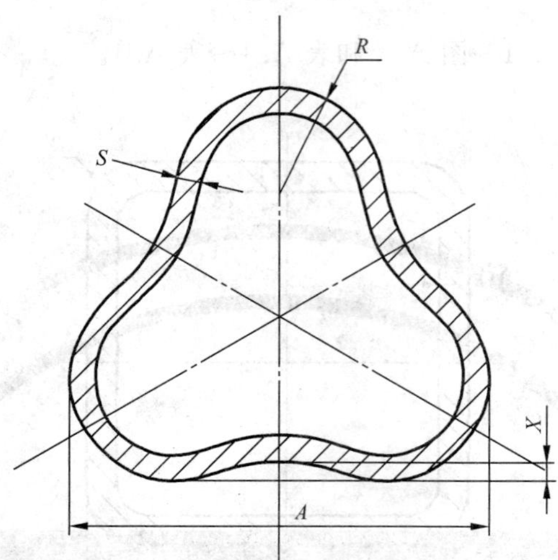

A——边长,单位为毫米(mm);
S——公称壁厚,单位为毫米(mm);
R——外圆角半径,单位为毫米(mm);
X——间距,单位为毫米(mm)。

图 A.3 三角花轴车轴管

表 A.3 三角花轴车轴管的尺寸

单位为毫米

边长 A	壁厚 S	外圆角 R	间距 X
40～100	4～10	10～22	2.7～4

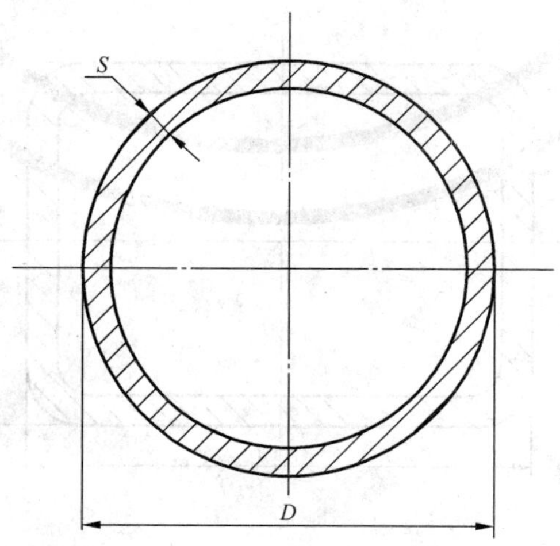

D——公称外径,单位为毫米(mm);
S——公称壁厚,单位为毫米(mm)。

图 A.4 圆形车轴管

表 A.4 圆形车轴管的尺寸

单位为毫米

外径 D	壁厚 S
100～178	6～20

附 录 B
（规范性附录）
异型车轴管扭转值测定方法

B.1 扭转值

异型车轴管出现扭转时，在单位长度内，其侧面会产生一个端点偏离其另外三个端点所构成的平面，此偏离的距离为扭转值，单位为毫米每米（mm/m）。

B.2 扭转值量具制作

B.2.1 制作材料：厚度为10 mm的钢板两块（钢板宽度应大于被测钢管边长），横梁用钢管（50 mm×50 mm×5 mm方管）。

B.2.2 将两块钢板平行放置在一个平面上，两钢板间距为1 000 mm，在两钢板上端面中心位置用横梁连接并焊成一整体，两钢板的下端面进行精加工并磨光。

B.2.3 将制作的量具放在测量平板上进行测定，量具的两个端面与测量平板之间无空隙为合格。

B.3 扭转值测定方法

B.3.1 将量具覆于异型车轴管的边平面上（量具方向与异型车轴管长度方向一致）。

B.3.2 将量具一端紧贴被测异型车轴管边平面上，检查量具另一端与被测异型车轴管边平面的空隙。量具在被测异型车轴管长度方向上反复移动测量，使用塞尺测量角空隙的最大距离 H，测出的最大 H 值即为扭转值（如图 B.1）。

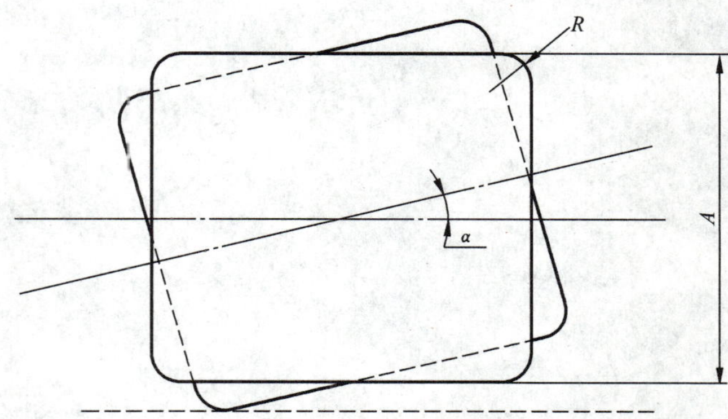

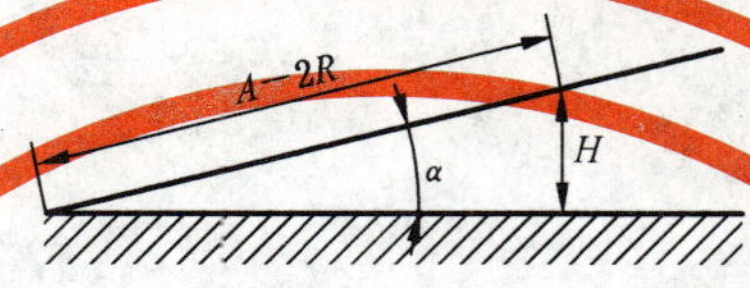

H ——扭转值，$H=(A-2R)\sin\alpha$，单位为毫米(mm)；

α ——每米扭转角，单位为度(°)；

A ——边长，单位为毫米(mm)；

R ——外圆角半径，单位为毫米(mm)。

图 B.1 扭转值测定方法示意图

ICS 77.140.65
H 49

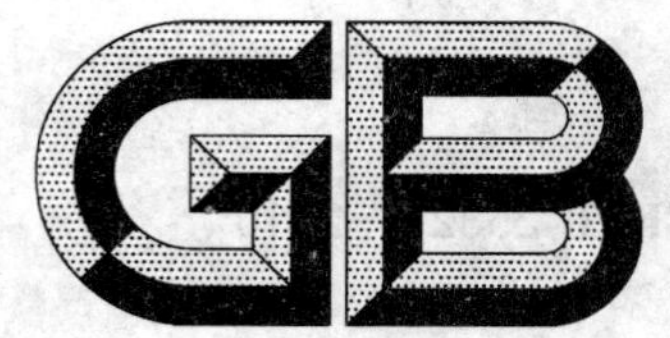

中华人民共和国国家标准

GB/T 25823—2010

单丝涂覆环氧涂层预应力钢绞线

Individual epoxy-coated wire prestressing steel strand

2010-12-23 发布 2011-09-01 实施

中华人民共和国国家质量监督检验检疫总局
中国国家标准化管理委员会 发布

前　言

本标准按照 GB/T 1.1—2009 给出的规则起草。

本标准附录 A 为规范性附录。

本标准由中国钢铁工业协会提出。

本标准由全国钢标准化技术委员会(SAC/TC 183)归口。

本标准起草单位:柳州欧维姆机械股份有限公司、冶金工业信息标准研究院、江阴华新钢缆有限公司。

本标准主要起草人:黄芳玮、黎念权、王玲君、陈华青、任翠英、陈小莲、黄永玖、王林锋。

单丝涂覆环氧涂层预应力钢绞线

1 范围

本标准规定了单丝涂覆环氧涂层预应力钢绞线的术语和定义、产品标记、订货内容、材料、涂覆、技术要求、涂层的修补、试验方法、检验规则、标志、包装和质量证明书。

本标准适用于防腐要求较高的预应力工程及构件，如桥梁、建筑、岩土锚固等用单丝涂覆的环氧涂层七丝预应力钢绞线，不适用于整体涂装型或填充型环氧涂层钢绞线。

2 规范性引用文件

下列文件对于本文件的应用是必不可少的。凡是注日期的引用文件，仅注日期的版本适用于本文件。凡是不注日期的引用文件，其最新版本（包括所有的修改单）适用于本文件。

GB/T 2103 钢丝验收、包装、标志及质量证明书的一般规定

GB/T 5224 预应力混凝土用钢绞线

GB/T 6461 金属基体上金属和其他无机覆盖层 经腐蚀试验后的试样和试件的评级

GB/T 10125 人造气氛腐蚀试验 盐雾试验

GB/T 13452.2 色漆和清漆 漆膜厚度的测定

GB/T 20624.2—2006 色漆和清漆 快速变形（耐冲击性）试验 第2部分：落锤试验（小面积冲头）

GB/T 21839 预应力混凝土用钢材试验方法

ASTM D1141 海水代用品

3 术语和定义

下列术语和定义适用于本文件。

3.1

环氧粉末涂料 epoxy coating powder

以环氧树脂为主要成膜材料的热固性熔融结合粉末涂料。

3.2

环氧粉末涂层 epoxy coating

环氧粉末经静电或其他方法均匀涂覆在钢绞线的各钢丝表面并熔融结合固化后形成的膜状物。本标准中简称“环氧涂层”。

3.3

单丝涂覆环氧涂层预应力钢绞线 individual epoxy-coated wire prestressing steel strand

每根钢丝表面单独形成致密环氧涂层保护膜的七丝预应力钢绞线。本标准中简称“环氧涂层钢绞线”。

3.4

修补材料 patching material

与环氧粉末涂层相容且性能相当的材料，用于修补环氧涂层钢绞线的涂层受损部位及切割部位。

4 产品标记

4.1 标记内容

按本标准交货的产品标记应包含下列内容：环氧涂层钢绞线代号 IECS，公称直径，强度级别，标准号。

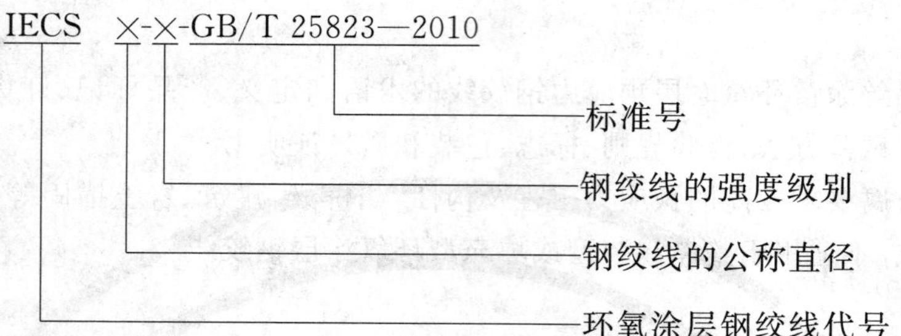

注：IECS 为 individual epoxy-coated wire prestressing steel strand 关键字母简称。

4.2 标记示例

示例 1：公称直径 15.20 mm 的环氧涂层钢绞线，强度级别为 1 860 MPa，标记为：

IECS15.2-1860-GB/T 25823—2010

示例 2：公称直径 12.7 mm 的环氧涂层钢绞线，强度级别为 1 860 MPa，标记为：

IECS12.7-1860-GB/T 25823—2010

5 订货内容

按本标准订货的合同应包含以下主要内容：

a) 本标准号；
b) 产品名称；
c) 公称直径；
d) 强度级别；
e) 重量；
f) 用途；
g) 包装要求；
h) 需方提出的其他要求。

6 材料

6.1 预应力钢绞线

涂覆环氧涂层的预应力钢绞线应符合 GB/T 5224 或其他相关标准的要求，且其表面不应有油、脂、漆等污染物。如有特殊要求时，应在合同中注明。

6.2 环氧粉末涂料

用涂覆的环氧粉末涂料所形成的涂层应符合本标准附录 A 的规定。

6.3 修补材料

用于修补材料应与环氧涂层相容且性能相当。修补材料形成的涂层性能应符合本标准附录 A 的规定,并可在工厂或工地用于环氧涂层钢绞线受损涂层的修补。

7 预应力钢绞线涂层的涂覆

7.1 需要进行涂覆的预应力钢绞线的钢丝表面,应通过化学方法或其他不影响钢绞线性能的方法进行净化处理。

7.2 净化处理后钢丝表面不应有目视可见的锈迹。

7.3 将经表面处理后的钢绞线完全散开,采用静电使环氧粉末均匀涂覆在每根钢丝上,通过加热熔融和完全固化后捻制复原。

8 技术要求

8.1 涂层厚度

环氧涂层钢绞线的涂层厚度应不小于 0.13 mm,如有特殊要求时,应在合同中注明。

8.2 力学性能

8.2.1 环氧涂层钢绞线应符合 GB/T 5224 或其他相关标准中钢绞线的最大力、规定非比例延伸力和最大力总伸长率的规定。

8.2.2 环氧涂层钢绞线在初始负荷相当于公称最大力的 70%并经过 1 000 h 后,应力松弛率≤6%。

8.2.3 环氧涂层钢绞线的弹性模量为$(1.95\pm0.1)\times10^5$ MPa,但不作为交货条件。

8.3 涂层连续性

8.3.1 环氧涂层钢绞线表面应具有连续的涂层,且应无孔洞、裂纹和其他目视可见的缺陷。

8.3.2 环氧涂层钢绞线应进行连续的针孔检测。每米检测到的针孔应不超过 3 个。

8.4 涂层附着性

8.4.1 经弯曲试验,环氧涂层钢绞线涂层表面应无目视可见的裂纹或涂层脱落现象。

8.4.2 经拉伸试验,直到延伸率达到 1%,涂层无目视可见的裂纹。

9 涂层的修补

9.1 每米长环氧涂层钢绞线受损面积超过总体外表面积的 0.5%时,不允许修补(不包括切割部位)。

9.2 对目视可见的涂层损伤,用符合 6.3 规定的修补材料进行修补。在修补前,应采用合适的方法除锈。修补后的涂层应符合第 8 章的要求。

10 试验方法

10.1 环氧涂层厚度

10.1.1 按 GB/T 13452.2 的规定,采用合适的测厚仪沿着曲面测量涂层的厚度。其测量值与真实厚度值的最大允许偏差为10%。

10.1.2 在环氧涂层钢绞线的一段直线长度上测量涂层的厚度，测量位置如图1箭头所示，同一个截面上的每根外层钢丝的测量值应满足8.1厚度要求。

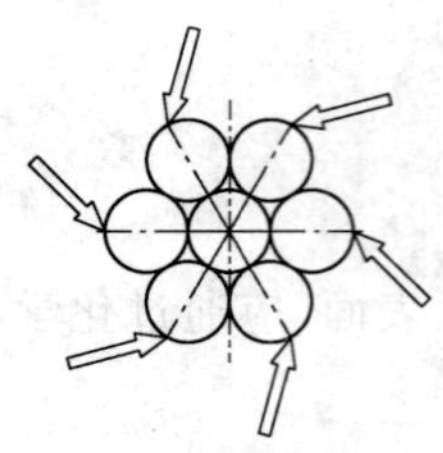

图 1

10.1.3 生产过程中应在每盘环氧涂层钢绞线5个大致平均分布的地方作涂层厚度测量。如果需要，供方应提供生产过程中的检测记录。

10.2 力学性能

环氧涂层钢绞线的力学性能试验按GB/T 21839的规定进行。

10.3 涂层连续性

钢绞线涂覆过程中，使用67.5 V的湿海绵直流针孔检测器或相当的方法对涂层进行连续的针孔检测。检测器应装有能指示涂层针孔的指示器，如灯或蜂鸣器等。

10.4 涂层附着性

通过弯曲试验和拉伸试验检验涂层的附着性。

10.4.1 弯曲试验

涂层的弯曲试验采用弯曲试验仪进行，试验样品长度宜不小于1 000 mm。

从已完成的一盘环氧涂层钢绞线中取一根试样，沿直径为5倍钢绞线公称直径的芯轴弯曲180°进行检验，试验时试样应处在20 ℃～30 ℃热平衡状态。

10.4.2 拉伸试验

涂层的附着性应按GB/T 21839的规定通过拉伸试验检验，试验温度为23 ℃±5 ℃。

11 检验规则

11.1 检查和验收

产品的检查由供方质量检验部门按表1的规定进行，需方可按本标准进行检查验收。

11.2 组批规则

环氧涂层钢绞线应成批验收，每批由同一公称直径、同一强度级别的预应力钢绞线经同一生产工艺制作的环氧涂层钢绞线组成。每批重量不大于100 t。

11.3 检验项目及取样数量

供方出厂常规检验项目和取样数量应符合表 1 的规定。

表 1 供方出厂常规检验项目及取样数量

序号	检验项目		取样数量	检验方法章节号
1	涂层厚度		逐盘	10.1
2	钢绞线的最大力		3 根/批	10.2
3	规定非比例延伸力			
4	最大力总伸长率			
5	应力松弛率		不小于 1 根/合同批[a]	
6	涂层连续性		逐盘	10.3
7	涂层的附着性	弯曲试验	逐盘	10.4
		拉伸试验	3 根/批	

[a] 合同批为一个订货合同的总量或各种规格的总量。在特殊情况下，松弛试验可以由工厂连续检验提供同一原料、同一生产工艺的数据所代替。

11.4 型式检验

凡属下列情况之一者，应进行型式检验：

a) 原料、工艺等有较大改变时；

b) 生产设备改造后或生产过程中设备发生较大故障时；

c) 产品长期停产后，恢复生产时；

d) 出厂检验结果与上次型式检验有较大差异时；

e) 供方对产品质量控制的检验；

f) 需方提出要求，经供需双方协议一致的检验；

g) 第三方产品认证及仲裁检验。

11.5 复验与判定规则

若试样的涂层厚度、力学性能、涂层附着性不符合规定，应在同一盘卷上与第一个试样相邻的位置再取双倍试样，对未通过的项目分别进行复验。若两个复验的结果都符合规定，则该批环氧涂层钢绞线为合格。对复验不合格的应进行逐盘检验，合格者交货。

对涂层厚度或涂层连续性不符合规定而被废弃的环氧涂层钢绞线盘卷，当除去不符合规定的部分且剩余部分的材料符合本标准规定时，该盘卷可为合格。

12 包装、标志及质量证明书

12.1 包装

环氧涂层钢绞线采用成盘卷包装，应符合 GB/T 2103 的规定，并采用合适的方法防止涂层的损伤。

注：推荐使用工字轮进行盘卷包装。包装时需在与环氧涂层钢绞线接触的工字轮内侧及各层环氧涂层钢绞线之间衬柔性材料。

12.2 标志

每盘卷环氧涂层钢绞线均应有标牌，其上应注明供方名称、重量、盘卷号、预应力钢绞线的规格、强度级别、标准号等。

12.3 质量证明书

供方应提供出厂检验的质量证明书，其内容包括：

a) 供方、需方名称；

b) 重量及件数；

c) 各项检测结果；

d) 执行的标准号；

e) 供方质量检验部门的印记。

附 录 A
（规范性附录）
环氧粉末涂层的要求

A.1 抗化学性

涂层的抗化学性应该通过将涂层试验样品局部沉浸到4种不同的液体中45 d来评估。

A.1.1 试验装置

透明的密闭试验容器16个，每个容器在垂直位置能够完全地装入一个试验样品，并且足够大，能够对液体和试剂蒸气提供足够的空间。

A.1.2 试验试剂

a) 蒸馏水；
b) 浓度为3 mol/L的$CaCl_2$水溶液；
c) 浓度为3 mol/L的NaOH水溶液；
d) $Ca(OH)_2$的饱和水溶液。

A.1.3 试样

切16根250 mm长的环氧涂层钢绞线试样，端部用修补材料进行封闭。试样的涂层厚度为8.1规定的最小厚度。

在其中8个试样上，距两端50 mm的位置分别用刀片削出长为6 mm长，宽为1 mm的裸露钢材的涂层破坏带。

A.1.4 试验过程

在每个容器中盛放一种试剂，将每个试样垂直放入试验容器中。

对于每种试液，两个容器放置削破坏带试样，另两个容器放置完好试样。

每个盛放特定试液的容器中，试液的液面应覆盖试样的一半。对于削破坏带试样，试液液面至两破坏带的中间位置。容器加盖密封，防止试液的挥发和污染。

在23 ℃±2 ℃的温度下，保持45 d。

试样经过45 d浸泡后取出，用水冲洗并用柔软干净的棉布或纸巾擦拭。

A.1.5 试验评定

试样经过45 d试验，环氧涂层钢绞线表面无目视可见锈蚀，即达到GB/T 6461规定的保护等级9级。涂层不产生剥落、开裂、软化、粉化、变质等现象。削破坏带试样上特意削出的破坏带，其周围的涂层不应出现凹陷。

A.2 氯化物渗透性

涂层的抗氯化物渗透性能，应通过45 d的试验进行评定。

A.2.1 试验装置

A.2.1.1 具有两个隔间的玻璃容器，如图 A.1 所示。

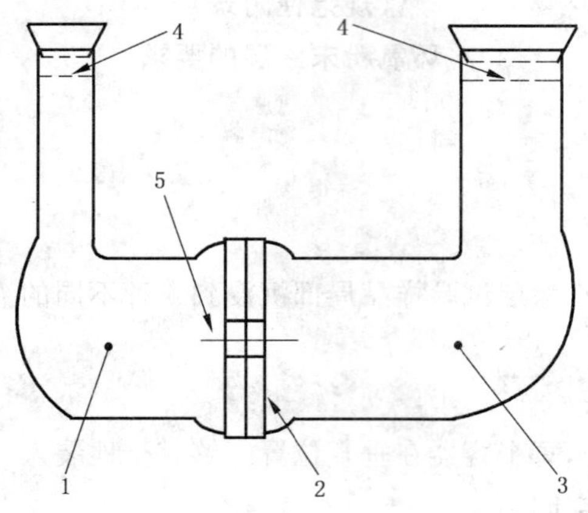

1——放置 115 mL 蒸馏水的隔间；

2——中心带 24 mm 开口的两块玻璃板之间的环氧涂膜；

3——放置 175 mL 浓度为 3 mol/L 的 NaCl 水溶液的隔间；

4——水平标记；

5——25 mm 的中心开口。

图 A.1 氯化物渗透性试验装置

两个隔间被两块玻璃隔开，每块玻璃板的中心位置都有一个直径为 24 mm 的开口。试样被夹在两块玻璃之间，在开口处形成一个隔膜。当两个隔间中的液体体积分别为 115 mL 和 175 mL 时，两个隔间的液面水平线平齐。夹持隔膜的开口应完全浸没在溶液中。

A.2.1.2 能测定氯离子浓度小于 1×10^{-4} mol/L 的氯离子计。

A.2.2 试样

试样为无金属基体的已固化的方形环氧涂层，尺寸为 100 mm×100 mm，试样的涂层厚度应满足 8.1 要求。

A.2.3 试验过程

试样放置在容器中的两块玻璃板之间，其中心位于玻璃板的开口处。在大隔间注入 175 mL 浓度为 3 mol/L 的 NaCl 水溶液，小隔间注入 115 mL 蒸馏水。在 23 ℃±2 ℃的温度下试验 45 d 后，测量小隔间水溶液中的氯离子浓度。

A.2.4 试验评定

小隔间水溶液中的氯离子浓度应小于 1×10^{-4} mol/L。

A.3 冲击试验

环氧涂层钢绞线涂层的抗机械损伤能力应通过落锤试验进行评定。

采用 GB/T 20624.2—2006 中描述的试验装置，及一个 1 800 g±1 g、锤头直径 16 mm±0.3 mm 的重锤。试样固定在刚性材料上。

试验在 23 ℃±2 ℃的温度下进行，冲击发生在环氧涂层钢绞线的顶部，冲击功为 9 N·m。除了由重锤冲击而永久变形的区域，周边涂层不应发生破碎、开裂。

A.4 盐雾试验

按 GB/T 10125 进行试验。将环氧涂层钢绞线试样拉伸到公称最大力的 70% 后，暴露于中性盐雾中 3 000 h，每 250 h 试验观察并记录一次。试验后环氧涂层钢绞线表面无目视可见锈蚀，即达到 GB/T 6461规定的保护等级 9 级。

注：保护端部的锚具不受盐雾腐蚀，以免影响试验结果。

A.5 耐干湿性

将环氧涂层钢绞线放在按 ASTM D1141 配制的海水溶液中浸泡 16 h 后在干燥空气中放置 8 h 为一周期，经 30 个周期后环氧涂层钢绞线表面无目视可见锈蚀，即达到 GB/T 6461 规定的保护等级 9 级。

ICS 77.140.99
H 54

中华人民共和国国家标准

GB/T 25824—2010

道路用钢渣

Steel slag for road

2010-12-23 发布　　2011-09-01 实施

中华人民共和国国家质量监督检验检疫总局
中国国家标准化管理委员会　发布

前　言

本标准按照 GB/T 1.1—2009 给出的规则起草。

本标准由中国钢铁工业协会提出。

本标准由全国钢标准化技术委员会(SAC/TC 183)归口。

本标准负责起草单位:中冶建筑研究总院有限公司。

本标准参加起草单位:中国京冶工程技术有限公司、首钢。

本标准主要起草人:朱桂林、张亮亮、卢忠飞、李爱东、闾文、夏春、霍兰平。

道 路 用 钢 渣

1 范围

本标准规定了道路用钢渣的术语和定义、规格、技术要求、试验方法、检验规则、运输和贮存等。

本标准适用于沥青混合料中的粗集料用钢渣、道路基层及路基用钢渣。

2 规范性引用文件

下列文件对于本文件的应用是必不可少的。凡是注日期的引用文件，仅注日期的版本适用于本文件。凡是不注日期的引用文件，其最新版本(包括所有的修改单)适用于本文件。

GB/T 24175 钢渣稳定性试验方法

JTG D50 公路沥青路面设计规范

JTG E42—2005 公路工程集料试验规程

JTG F40 公路沥青路面施工技术规范

JTJ 052—2000 公路工程沥青及沥青混合料试验规程

YB/T 804 钢铁渣及处理利用术语

3 术语和定义

GB/T 24175、YB/T 804、JTG D50 界定的以及下列术语和定义适用于本文件。

3.1

道路用钢渣 steel slag for road

经稳定化处理合格并用于道路工程的转炉钢渣或电炉钢渣。

3.2

高等级道路 high-grade road

公路中的高速公路和一级公路及城镇道路中的快速路和主干路。

3.3

其他等级道路 other grades road

除高等级道路外的其他等级道路。

4 规格

4.1 沥青混合料用钢渣粗集料规格

沥青混合料用钢渣粗集料的规格名称应符合 JTG F40 的规定，粒度要求应符合表 1 的规定。

表 1　沥青混合料用钢渣粗集料粒度要求

规格名称	公称粒径/mm	通过方孔筛(mm)的质量分数/%								
		37.5	31.5	26.5	19.0	13.2	9.5	4.75	2.36	0.6
S6	15～30	100	90～100	—	—	0～15	—	0～5		
S7	10～30	100	90～100	—	—	—	0～15	0～5		
S8	10～25		100	90～100	—	—	0～15	0～5		
S9	10～20			100	90～100	—	0～15	0～5		
S10	10～15				100	90～100	0～15	0～5		
S11	5～15				100	90～100	40～70	0～15	0～5	
S12	5～10					100	90～100	0～15	0～5	
S13	3～10					100	90～100	40～70	0～20	0～5
S14	3～5						100	90～100	0～15	0～3

4.2　道路基层用钢渣集料规格

对于高等级道路，基层用钢渣的最大粒径应不大于 31.5 mm，底基层用钢渣的最大粒径应不大于 37.5 mm；对于其他等级道路，基层用钢渣的最大粒径应不大于 37.5 mm，底基层用钢渣的最大粒径应不大于 53 mm。

水泥稳定钢渣混合料和水泥粉煤灰稳定钢渣混合料集料级配应符合表 2 的规定，石灰粉煤灰稳定钢渣混合料集料级配应符合表 3 的规定。

表 2　水泥稳定钢渣混合料和水泥粉煤灰稳定钢渣混合料集料级配

层位	混合料类型	通过方孔筛(mm)的质量分数/%							
		37.5	31.5	19.0	9.50	4.75	2.36	0.6	0.075
基层	悬浮密实型		100	90～100	60～80	29～49	15～32	6～20	0～5
	骨架密实型		100	68～86	38～58	22～32	16～28	8～15	0～3
底基层	悬浮密实型	100	93～100	75～90	50～70	29～50	15～35	6～20	0～5

表 3　石灰粉煤灰稳定钢渣混合料集料级配

层位	混合料类型	通过方孔筛(mm)的质量分数/%									
		37.5	31.5	26.5	19.0	9.50	4.75	2.36	1.18	0.6	0.075
基层	悬浮密实型		100		88～98	55～75	30～50	16～36	10～25	4～18	0～5
	骨架密实型		100	95～100	48～68	24～34	11～21	6～16	2～12	0～6	0～3
底基层	悬浮密实型	100	94～100		79～92	51～72	30～50	16～36	10～25	4～18	0～5

4.3　路基用钢渣规格

路基用钢渣的最大粒径应不大于 60 mm。

5 技术要求

5.1 沥青混合料用钢渣粗集料技术要求

沥青混合料用钢渣粗集料技术要求应符合表 4 的规定。

表 4 沥青混合料用钢渣粗集料技术要求

指标		高等级道路		其他等级道路
		表面层	其他层次	
压碎值/%	≤	26	28	30
洛杉矶磨耗损失/%	≤	26	28	30
表观相对密度	≥	2.90	2.90	2.90
吸水率/%	≤	3.0	3.0	3.0
坚固性/%	≤	12	12	—
针片状颗粒含量(混合料)/%	≤	12	12	—
其中粒径大于 9.5 mm/%	≤	12	12	—
其中粒径小于 9.5 mm/%	≤	12	12	—
软弱颗粒含量/%	≤	3	5	5
磨光值(PSV)	≥	42	42	42
与沥青的粘附性/级	≥	4	4	4
浸水膨胀率/%	≤	2.0	2.0	2.0

5.2 道路基层用钢渣集料技术要求

道路基层用钢渣集料技术要求应符合表 5 的规定。

表 5 道路基层用钢渣集料技术要求

指标		基层		底基层	
		高等级道路	其他等级道路	高等级道路	其他等级道路
压碎值/%	≤	30	35	30	40
浸水膨胀率/%	≤	2.0	2.0	2.0	2.0

5.3 路基用钢渣技术要求

路基用钢渣的浸水膨胀率应不大于 2.0%。

6 试验方法

6.1 筛分

按照 JTG E42 的规定进行。

6.2 浸水膨胀率

按照 GB/T 24175 的规定进行。

6.3 压碎值指标

按照 JTG E42—2005 中 T0316 的规定进行。

6.4 洛杉矶磨耗损失

按照 JTG E42—2005 中 T0317 的规定进行。

6.5 坚固性

按照 JTG E42—2005 中 T0314 的规定进行。

6.6 吸水率

按照 JTG E42—2005 中 T0304 的规定进行。

6.7 表观相对密度

按照 JTG E42—2005 中 T0304 的规定进行。

6.8 针片状含量

按照 JTG E42—2005 中 T0312 的规定进行。

6.9 软弱颗粒含量

按照 JTG E42—2005 中 T0320 的规定进行。

6.10 磨光值

按照 JTG E42—2005 中 T0321 的规定进行。

6.11 与沥青的粘附性

按照 JTJ 052—2000 中 T0616 的规定进行。

7 检验规则

7.1 型式检验

型式检验内容为第 4 章和第 5 章的所有规格和技术要求。有下列情况之一，应对钢渣进行型式检验：

a) 新的生产线投产或老的生产线改造后；

b) 停产一个月或更长时间，恢复生产时；

c) 出厂检验结果与上次型式检验有较大差别时；

d) 正常生产时每季度应进行一次检验。

7.2 出厂检验

7.2.1 钢渣出厂时，每批应进行出厂检验。

7.2.2 出厂检验项目为规格和浸水膨胀率。

7.3 组批规则

沥青混合料用钢渣粗集料应以每种规格的 1 000 t 为一批,不足 1 000 t 亦为一批。道路基层和路基用钢渣应以 3 000 t 为一批,不足 3 000 t 亦为一批。

7.4 抽样

在进行质量检验时,按随机抽样法,从每批钢渣堆放料堆内部 1 m 处取足够数量(满足所做试验的量)的钢渣样品,从 3 处以上取样混合后按分料器法或四分法进行处理,使所抽取的试样具有代表性。

7.5 判定规则

7.5.1 各项指标检验结果,应符合第 4 章和第 5 章的要求。

7.5.2 检验结果中若有一项性能指标不符合本标准要求时,则应从同一批产品中加倍取样,对不符合标准要求的项目进行复检。复检后,该项指标符合本标准要求时,可判该批产品合格,仍然不符合本标准要求时,则该批产品判为不合格。

8 贮存、运输和质量证明书

8.1 贮存

钢渣应按不同厂家、不同规格、不同处理工艺分别堆放,防止混料。

8.2 运输

运输时,应认真清扫运输设备并采取措施防止杂物混入。

8.3 钢渣出厂时,生产厂应提供产品质量证明书,其内容包括:

a) 产品名称、商标;

b) 钢渣规格;

c) 生产日期、批号、供货数量、生产单位及联系方式;

d) 出厂检验结果及执行标准编号;

e) 质量证明书编号及发放日期;

f) 检验部门及检验人员签章。

ICS 77.180
H 94

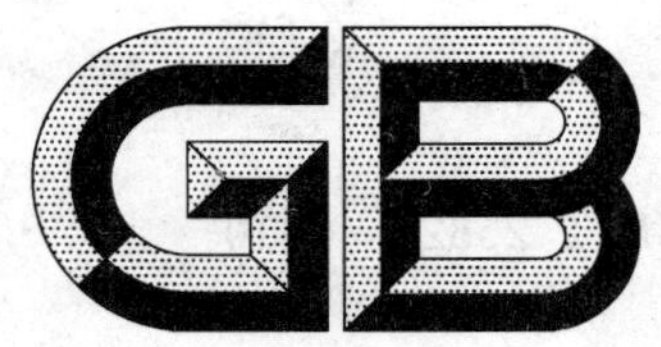

中华人民共和国国家标准

GB/T 25825—2010

热轧钢板带轧辊

Rolls for hot strip mill and plate mill

2010-12-23 发布　　　　2011-09-01 实施

中华人民共和国国家质量监督检验检疫总局
中国国家标准化管理委员会　发布

前 言

本标准按照 GB/T 1.1—2009 给出的规则起草。

本标准附录 A 是规范性附录。

本标准由中国钢铁工业协会提出。

本标准由全国钢标准化技术委员会(SAC/TC 183)归口。

本标准起草单位:江苏共昌轧辊有限公司、中国钢研科技集团有限公司。

本标准主要起草人:邵顺才、俞誓达、周军、邵素云、宫开令、周勤忠、张文君、李武。

热轧钢板带轧辊

1 范围

本标准规定了热轧钢板带轧辊的技术要求、试验方法、检验规则、标识、包装、质量证明书和超声波检测方法。

本标准适用于公称宽度为1 200 mm及以上的热轧钢板和钢带轧机用工作辊、支承辊及立辊。

2 规范性引用文件

下列文件对于本文件的应用是必不可少的。凡是注日期的引用文件，仅注日期的版本适用于本文件。凡是不注日期的引用文件，其最新版本（包括所有的修改单）适用于本文件。

GB/T 222 钢的成品化学成分允许偏差

GB/T 223.3 钢铁及合金化学分析方法 二安替比林甲烷磷钼酸重量法测定磷量（GB/T 223.3—1988，neq ASTM E30：1980）

GB/T 223.5 钢铁 酸溶硅和全硅含量的测定 还原型硅钼酸盐分光光度法（GB/T 223.5—2008，ISO 4829-1：1986，ISO 4829-2：1988，MOD）

GB/T 223.11 钢铁及合金 铬含量的测定 可视滴定或电位滴定法（GB/T 223.11—2008，ISO 4937：1986，MOD）

GB/T 223.13 钢铁及合金化学分析方法 硫酸亚铁铵滴定法测定钒含量

GB/T 223.18 钢铁及合金化学分析方法 硫代硫酸钠分离-碘量法测定铜量

GB/T 223.19 钢铁及合金化学分析方法 新亚铜灵-三氯甲烷萃取光度法测定铜量

GB/T 223.20 钢铁及合金化学分析方法 电位滴定法测定钴量

GB/T 223.21 钢铁及合金化学分析方法 5-Cl-PADAB分光光度法测定钴量

GB/T 223.22 钢铁及合金化学分析方法 亚硝基R盐分光光度法测定钴量

GB/T 223.23 钢铁及合金 镍含量的测定 丁二酮肟分光光度法

GB/T 223.25 钢铁及合金化学分析方法 丁二酮肟重量法测定镍量

GB/T 223.26 钢铁及合金 钼含量的测定 硫氰酸盐分光光度法

GB/T 223.28 钢铁及合金化学分析方法 α-安息香肟重量法测定钼量

GB/T 223.38 钢铁及合金化学分析方法 离子交换分离-重量法测定铌量

GB/T 223.40 钢铁及合金 铌含量的测定 氯磺酚S分光光度法

GB/T 223.43 钢铁及合金 钨含量的测定 重量法和分光光度法

GB/T 223.46 钢铁及合金化学分析方法 火焰原子吸收光谱法测定镁量

GB/T 223.59 钢铁及合金 磷含量的测定 铋磷钼蓝分光光度法和锑磷钼蓝分光光度法

GB/T 223.60 钢铁及合金化学分析方法 高氯酸脱水重量法测定硅含量

GB/T 223.62 钢铁及合金化学分析方法 乙酸丁酯萃取光度法测定磷量

GB/T 223.63 钢铁及合金化学分析方法 高碘酸钠（钾）光度法测定锰量

GB/T 223.64 钢铁及合金 锰含量的测定 火焰原子吸收光谱法（GB/T 223.64—2008，ISO 10700：1994，IDT）

GB/T 223.65 钢铁及合金化学分析方法 火焰原子吸收光谱法测定钴量

GB/T 223.66 钢铁及合金化学分析方法 硫氰酸盐-盐酸氯丙嗪-三氯甲烷萃取光度法测定钨量

GB/T 223.67 钢铁及合金 硫含量的测定 次甲基蓝分光光度法(GB/T 223.67—2008,ISO 10701:1994,IDT)

GB/T 223.68 钢铁及合金化学分析方法 管式炉内燃烧后碘酸钾滴定法测定硫含量

GB/T 223.71 钢铁及合金化学分析方法 管式炉内燃烧后重量法测定碳含量

GB/T 223.76 钢铁及合金化学分析方法 火焰原子吸收光谱法测定钒量

GB/T 228.1 金属材料 拉伸试验 第1部分:室温试验方法(GB/T 228.1—2010,ISO 6892-1:2009,MOD)

GB/T 1504—2008 铸铁轧辊

GB/T 1804—2000 一般公差 未注公差的线性和角度尺寸的公差(eqv ISO 2768-1:1989)

GB/T 9445 无损检测 人员资格鉴定与认证(GB/T 9445—2008,ISO 9712:2005,IDT)

GB/T 12604.1 无损检测 术语 超声检测(GB/T 12604.1—2005,ISO 5577:2000,IDT)

GB/T 13313 轧辊肖氏、里氏硬度试验方法

JB/T 10061 A型脉冲反射式超声探伤仪 通用技术条件(JB/T 10061—1999,eqv ASTM E 750-80)

JB/T 10062 超声探伤用探头性能测试方法

3 技术要求

3.1 一般要求

根据轧辊用途和供需双方确认的订货图样,依照本标准制造。本标准以外的技术要求由供需双方协商确定。

3.2 化学成分、表面硬度和辊颈抗拉强度

化学成分、表面硬度和辊颈抗拉强度应符合表1、表2和表3规定,离心铸造复合工作辊芯部推荐采用高强度球墨铸铁。

表1 工作辊、立辊工作层化学成分、表面硬度和辊颈抗拉强度

材质	材质代码	化学成分(质量分数)/%											表面硬度HSD		辊颈抗拉强度 R_m/(N/mm^2)	推荐用途
		C	Si	Mn	P	S	Cr	Ni	Mo	V	Nb	W	辊身	辊颈		
高镍铬无限冷硬铸铁	ICDP-Ⅰ	3.00~3.60	0.60~1.10	0.60~1.10	≤0.100	≤0.040	1.10~1.70	3.50~4.20	0.20~0.60	—	—	—	65~75	32~45	≥350	中厚板、炉卷、平整轧机;热轧带钢精轧机
	ICDP-Ⅱ	3.00~3.60	0.60~1.10	0.60~1.10	≤0.100	≤0.040	1.40~2.00	4.20~4.80	0.20~0.80	—	—	—	70~85	32~45		
	ICDP-Ⅲ	3.00~3.60	0.60~1.10	0.60~1.10	≤0.100	≤0.040	1.20~2.00	4.10~4.70	0.20~0.80	W+V+Nb 0.50~4.00			77~90	32~45		

表 1（续）

材质	材质代码	化学成分（质量分数）/%											表面硬度 HSD		辊颈抗拉强度 R_{m}/(N/mm^2)	推荐用途
		C	Si	Mn	P	S	Cr	Ni	Mo	V	Nb	W	辊身	辊颈		
高铬铸铁	HCrI-Ⅰ	2.30～2.90	0.40～0.90	0.60～1.20	≤0.080	≤0.040	12.00～15.00	0.70～1.30	0.80～1.50	≤0.50	—	—	55～65[a] 65～75	32～45	≥350	中厚板、炉卷、平整轧机；热轧带钢精轧机；立辊
	HCrI-Ⅱ	2.50～3.10	0.40～0.90	0.60～1.20	≤0.080	≤0.040	15.00～18.00	0.80～1.40	0.80～1.50	≤0.50	—	—	65～85	32～45		
	HCrI-Ⅲ	2.70～3.30	0.50～0.90	0.60～1.20	≤0.080	≤0.040	18.00～22.00	0.90～1.50	1.00～3.00	≤0.50	—	≤1.00	75～90	32～45		
高速钢	HSS	1.50～2.50	0.40～0.80	0.40～1.00	≤0.030	≤0.025	4.00～7.00	0.30～1.20	2.00～6.00	2.00～7.00	≤2.00	≤7.00	75～95	32～45	≥350	热轧带钢轧机
半高速钢	S-HSS	0.60～1.30	0.60～1.50	0.40～1.00	≤0.030	≤0.025	3.00～8.00	0.30～1.20	1.00～5.00	1.00～3.00	—	≤3.00	70～85	32～45	≥400	热轧带钢粗轧机
高铬钢	HCrS	1.00～1.80	0.40～1.00	0.40～1.00	≤0.030	≤0.025	7.00～14.00	0.60～1.50	1.50～4.50	≤0.50	—	—	55～70[a] 70～85	35～45	≥400	热轧带钢粗轧机；立辊
半钢	AD160	1.50～1.70	0.30～0.60	0.60～1.40	≤0.035	≤0.030	0.90～1.70	0.50～2.00	0.20～0.60	≤0.50	—	—	45～60	35～50	≥500	
	AD180	1.70～1.90	0.30～0.80	0.60～1.40	≤0.035	≤0.030	0.90～1.70	0.50～2.00	0.20～0.60	≤0.50	—	—	45～60	35～50	≥500	

注：高速钢：Co≤8.00%。

[a] 该硬度范围适用于立辊。

表 2 支承辊工作层化学成分、表面硬度和辊颈抗拉强度

材质	材质代码	化学成分（质量分数）/%									表面硬度 HSD		辊颈抗拉强度 R_{m}/(N/mm^2)	推荐用途
		C	Si	Mn	P	S	Cr	Ni	Mo	V	辊身	辊颈		
合金铸钢	ZG-Cr3	0.30～0.70	0.20～0.50	0.50～1.00	≤0.035	≤0.030	2.40～3.40	≤0.80	0.30～0.60	0.10～0.30	55～65	30～45	≥600	热轧带钢、平整轧机
	ZG-Cr4	0.30～0.70	0.20～0.50	0.50～1.00	≤0.035	≤0.030	3.40～4.40	≤0.60	0.30～0.60	0.10～0.30	60～68	30～45	≥600	
	ZG-Cr5	0.30～0.70	0.20～0.50	0.50～1.00	≤0.035	≤0.030	4.40～5.40	≤0.60	0.30～0.60	0.10～0.40	65～73	30～45	≥600	

表 2（续）

材质	材质代码	化学成分（质量分数）/%									表面硬度 HSD		辊颈抗拉强度 R_m/(N/mm²)	推荐用途
		C	Si	Mn	P	S	Cr	Ni	Mo	V	辊身	辊颈		
合金锻钢	DG-Cr2	0.75~0.95	0.25~0.45	0.20~0.50	≤0.020	≤0.020	1.50~2.50	—	0.20~0.40	—	50~60	30~45	≥600	中厚板轧机[a]
	DG-Cr3	0.35~0.55	0.40~0.80	0.50~0.80	≤0.020	≤0.020	2.50~3.50	≤0.60	0.50~0.80	≤0.30	50~65	30~45	≥600	热轧带钢、中厚板[a]、平整轧机
	DG-Cr4	0.35~0.55	0.40~0.80	0.60~1.00	≤0.020	≤0.020	3.50~4.50	0.40~0.80	0.40~0.80	0.05~0.15	60~70	30~45	≥600	
	DG-Cr5	0.30~0.70	0.40~0.80	0.50~0.80	≤0.020	≤0.020	4.50~5.50	≤0.60	0.40~0.80	≤0.30	65~75	30~45	≥600	
注：平整机支承辊也可选用高镍铬无限冷硬铸铁轧辊或高铬铸铁轧辊。														
[a] 指公称宽度≤4 000 mm 的轧机，公称宽度>4 000 mm 的轧机支承辊由供需双方协商确定。														

表 3　离心铸造复合轧辊芯部高强度球墨铸铁化学成分、辊颈表面硬度和抗拉强度

材质	材质代码	化学成分（质量分数）/%													表面硬度 HSD	抗拉强度 R_m/(N/mm²)	推荐用途
		C	Si	Mn	P	S	Cr	W	Mo	V	Nb	Cu	Ni	Mg			
球墨铸铁	SG-C	2.50~3.30	2.00~3.00	0.40~1.00	≤0.050	≤0.020	Cr+W+Mo+V+Nb≤0.80					≤1.00	≤1.50	0.04~0.10	32~45	≥350	离心铸造复合轧辊芯部

3.3　工作层厚度[1)]

3.3.1　复合轧辊外层厚度最薄处应超过使用工作层厚度 10 mm 以上；整体轧辊的淬硬层深度应超过使用工作层厚度 5 mm 以上。

3.3.2　离心铸造复合轧辊辊身长度 2 500 mm 以下的，外层厚度差≤20 mm；辊身长度 2 500 mm～3 500 mm 的轧辊外层厚度差≤25 mm；辊身长度 3 500 mm 以上的，外层厚度差≤30 mm。

3.4　硬度

3.4.1　辊身长度≤2 500 mm 时，辊身表面硬度均匀度≤4 HSD；辊身长度>2 500 mm 时，辊身表面硬度均匀度≤5 HSD。

1）　厚度值均指半径方向。

3.4.2 轧辊以辊肩托磨时，辊肩硬度≥40 HSD，硬度均匀性≤5 HSD，辊肩允许采取镶套方式。

3.4.3 轧辊使用至正常报废尺寸时的硬度落差应符合表 4 的规定。

表 4 轧辊使用至正常报废尺寸时的硬度落差

材质代码	ICDP-Ⅰ、ICDP-Ⅱ	ICDP-Ⅲ	其他类材质
工作层使用厚度≤40 mm	≤5 HSD	≤4 HSD	≤4 HSD
工作层使用厚度 40 mm～60 mm	≤6 HSD	≤5 HSD	≤5 HSD
工作层使用厚度≥60 mm	≤7 HSD	≤6 HSD	≤10 HSD

3.5 软带宽度

支承辊辊身表面两端边缘允许有软带区域存在，软带允许宽度应符合表 5 的规定。

表 5 允许软带宽度

单位为毫米

辊身长度	<1 800	1 800～2 500	>2 500
允许软带宽度	≤60	≤80	≤100

3.6 表面质量

辊身工作面不应有目视可见的制造缺陷，其他部位不影响使用的制造缺陷，应修复达到双方确认的订货图样要求。

3.7 超声波检测

3.7.1 轧辊各部位不允许存在裂纹性缺陷，且锻造轧辊不允许存在白点；离心铸造复合工作辊内部缺陷应符合表 A.2 的规定；支承辊和立辊内部缺陷应符合表 A.3 的规定。

3.7.2 对于无中心通孔支承辊，当中心部位出现超标缺陷时，在保证轧辊承载能力的前提下，可用打中心通孔方式去除。

3.8 金相检验

3.8.1 各类材质轧辊的工作层金相组织应满足不同轧制条件的使用要求。

3.8.2 离心铸造复合工作辊芯部球墨铸铁应符合 GB/T 1504—2008 附录 B 规定，辊颈球化率应不低于 3 级，辊颈碳化物及铁素体量应不低于 5 级。

3.9 其他性能

依据用户要求，生产制造企业应向使用单位提供所需的物理性能参数。

3.10 机械加工

3.10.1 符合供需双方确认的轧辊订货图样要求。

3.10.2 轧辊辊身、托肩、轴承部位、扁头的尺寸公差、形位公差和表面粗糙度应不低于表 6 规定，图样未注加工精度的，轧辊总长按 GB/T 1804—2000 的 c 级执行，其余按照 m 级执行。

表 6　轧辊关键部位尺寸公差、形位公差和表面粗糙度

部位名称	主要指标	主要参数		
		工作辊	支承辊	立辊
辊身	直径公差/mm	$^{+0.5}_{0}$	$^{+1}_{0}$	$^{+1}_{0}$
	同轴度/mm	≤0.02	≤0.02	≤0.02
	表面粗糙度 Ra/μm	≤1.6	≤1.6	≤3.2
托肩	直径公差/mm	±0.025	—	—
	同轴度/mm	≤0.02	—	—
	圆度/mm	≤0.015	—	—
	表面粗糙度 Ra/μm	≤0.8	—	—
轴承部位	同轴度/mm	≤0.02	≤0.03	≤0.03
	圆度/mm	≤0.015	≤0.025	≤0.025
	表面粗糙度 Ra/μm	≤0.8	≤0.8	≤0.8
扁头	对称度/mm	≤0.1	—	≤0.1
	表面粗糙度 Ra/μm	≤3.2	—	≤3.2

3.10.3　单重小于等于 80 t 的轧辊，中心孔推荐采用 75°B 型；单重大于 80 t 的轧辊，中心孔推荐采用 90°B 型。具体按图 1、图 2 和表 7 执行。

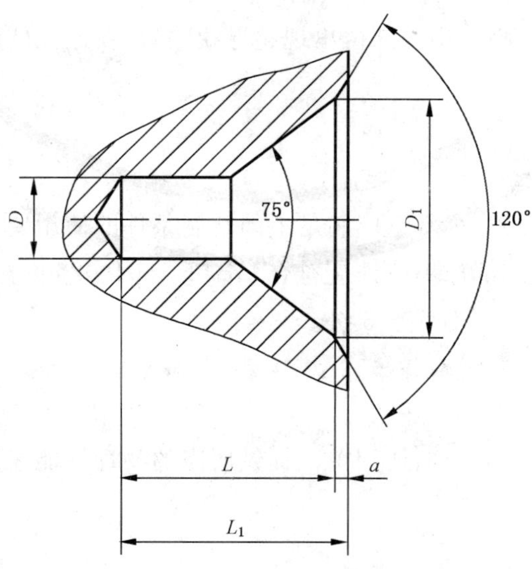

图 1　75°B 型中心孔

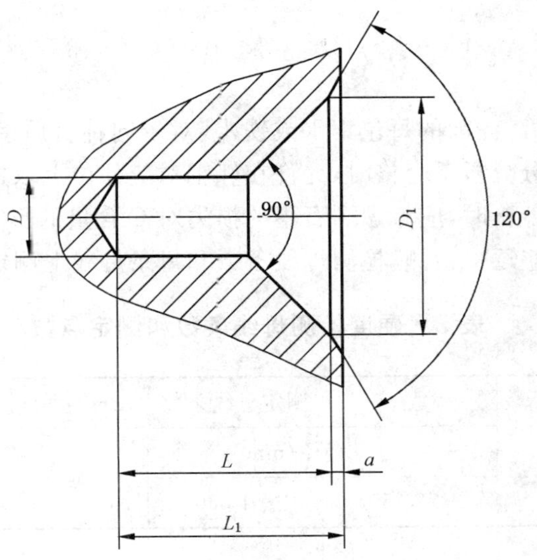

图 2　90°B 型中心孔

表 7　中心孔选择要求

D/ mm	$D_{1\,max}$/ mm	L_1≈ mm	L/ mm	a≈ mm	选择中心孔参考数据	
					轧辊重量 G/(t)	类型
12	36	31	28	2.5	≤3	75°B 型
16	48	41	38	2.5	3<G≤6	
20	60	53	50	3	6<G≤9	
24	65	62	58	4	9<G≤12	
30	90	74	70	4	12<G≤20	
40	120	100	95	5	20<G≤35	
45	135	121	115	6	35<G≤50	
50	150	148	140	8	50<G≤80	
50	200	128	120	8	G>80	90°B 型

4　试验方法

4.1　化学成分分析按 GB/T 223 相关标准规定进行，成品化学成分允许偏差按 GB/T 222 规定执行。

4.2　硬度试验方法和硬度转换按 GB/T 13313 规定进行。

4.3　室温拉伸试验按 GB/T 228.1 规定进行。

4.4　金相检验

4.4.1　制样过程中不得破坏原有的组织结构和石墨形态，腐蚀剂可按照不同材质或不同基体组织自行选定。

4.4.2　对组织或石墨进行定量分析时，可采取标准图片对比法或图像分析软件定量法。

4.5　超声波检测按附录 A 规定进行。

5 检验规则

5.1 化学成分分析试样取自浇注前的每包钢水或铁水，对于同种材质多炉合浇的情况，取加权计算结果作为熔炼成分。当化学成分分析不合格时，允许在轧辊对应部位上取样复验两次，有一次合格即为合格。铸铁类材质在本体取样分析时，应考虑到石墨的损失对C含量的影响。

5.2 辊身、辊颈的表面硬度应逐支检测，检测母线条数和每条母线上测定点数按表8规定执行。

表8 硬度检测母线条数和测定点数

<table>
<tr><th rowspan="3">辊身长度/
mm</th><th colspan="3">测定母线条数</th><th colspan="2">每条母线上测定点数</th></tr>
<tr><th colspan="2">辊身直径/mm</th><th rowspan="2">辊颈</th><th rowspan="2">辊身</th><th rowspan="2">辊颈</th></tr>
<tr><th>≤1 350</th><th>＞1 350</th></tr>
<tr><td>≤2 500</td><td rowspan="3">4</td><td rowspan="3">≥4</td><td rowspan="3">2</td><td>4</td><td rowspan="3">2</td></tr>
<tr><td>2 500～3 500</td><td>5</td></tr>
<tr><td>≥3 500</td><td>≥6</td></tr>
</table>

5.3 抗拉强度试样取自轧辊传动侧端部，取样比例按照合同规定。

5.4 应逐支在现场或取样对辊身、辊颈进行金相检验，并提供低倍、高倍组织图片。

5.5 表面质量、主要尺寸、表面粗糙度应逐支检验。

5.6 应逐支进行超声波检测。

6 包装、标识和质量证明书

6.1 成品检验合格后，应在辊颈端面刻上制造厂标识及辊号。需方对标识有具体要求时，可在订货图样或协议中注明。

6.2 包装前应对轧辊表面关键部位涂防锈材料进行保护，包装应考虑轧辊在运输及吊装时的安全，防止在运输过程中损伤和锈蚀，并满足室内存放6个月内不锈蚀。

6.3 轧辊应平放于干燥通风的室内环境中。

6.4 轧辊出厂时应附质量检验部门填写的质量证明书，内容包括：

a) 供方名称；

b) 需方名称；

c) 合同号、产品编号、辊号；

d) 产品规格；

e) 材质代码、化学成分、硬度、超声波检测结果、关键部位尺寸、金相组织图片、轧辊重量、生产日期。

附 录 A
（规范性附录）
热轧钢板带轧辊超声波检测方法

A.1 术语和定义

GB/T 12604.1 界定的以及下列术语和定义适用于本附录。

A.1.1

缺陷当量 defect equivalent size

指平底孔 [flat bottom hole(FBH)]反射当量。

A.1.2

单个缺陷 single defect

在规定的灵敏度下，相邻缺陷间距大于其中较大的缺陷当量的 8 倍时称为单个缺陷。

A.1.3

密集缺陷 concentrated defect

在规定的灵敏度下，相邻缺陷间距小于等于其中较大的缺陷当量的 8 倍时为密集缺陷；缺陷间距按缺陷回波峰值处探头中心位置确定；密集缺陷的指示面积以规定的灵敏度为边界确定。

A.1.4

底波衰减区 backwall echo attenuation zone

由于轧辊内部缺陷导致径向底波衰减至 10% f.s 以下的部位；底波衰减区包括无底波。

A.1.5

底波清晰 clear backwall echo

底波与其附近杂波信号的信噪比 S/N≥12 dB。

A.2 符号和缩略语

B ——底波或底波高(按仪器满屏高为 100%)。

F ——缺陷波或缺陷波高。

H ——缺陷回波距探测面的距离(mm)。

S ——以规定灵敏度缺陷回波高度为边界测定缺陷的指示面积。

f.s——仪器满屏高刻度(full scale)。

B_f ——有缺陷时的底波高度。

A.3 试样、设备及人员要求

A.3.1 轧辊

A.3.1.1 应加工成适于检测的简单圆柱体，妨碍检测的加工应在检测后进行。

A.3.1.2 探测表面粗糙度 $Ra \leqslant 12.5\ \mu m$。

A.3.1.3 组织粗大影响检测判定的轧辊，应在重结晶处理后再进行超声波检测。

A.3.2 设备

A.3.2.1 采用A型脉冲反射式超声探伤仪时,其通用和计量技术要求应符合JB/T 10061的规定。

A.3.2.2 仪器应具有满足所检测轧辊全长的扫描范围,频率范围至少应为0.5 MHz~5 MHz。推荐采用软保护膜探头,探头的技术要求应符合JB/T 10062的规定。

A.3.3 人员

检测人员应持有符合GB/T 9445规定的无损检测人员技术资格证书。

A.3.4 耦合剂

机油或满足耦合要求的其他物质。

A.4 检测要求

A.4.1 径向和轴向采用纵波垂直扫查,必要时可变换频率或探头类型。

A.4.2 探头在轧辊表面扫查速度应不大于150 mm/s,相邻两次扫查区域之间应有10%~15%的重叠。

A.4.3 检测频率及探头尺寸

A.4.3.1 轧辊径向和辊身轴向检测时频率为1 MHz,推荐探头晶片直径为ϕ34 mm。

A.4.3.2 轧辊全长轴向检测时频率为0.5 MHz,推荐探头晶片直径为ϕ34 mm。

A.4.3.3 工作层、结合层检测时频率为2 MHz~2.5 MHz,推荐探头晶片直径为ϕ20 mm~ϕ24 mm。

A.4.4 检测灵敏度

A.4.4.1 径向检测时,以相应检测部位中正常底波反射最高处的第一次底波$B1$作为基准底波,将$B1$调至100% f.s作为检测灵敏度。

A.4.4.2 辊身轴向检测时,以辊身两个端面分别作为探测面和底波反射面,将反射良好部位的$B1$调至100% f.s,作为检测灵敏度。

A.4.4.3 轧辊全长轴向检测时,以辊颈端面作为探测面,将对侧辊颈或辊身端面的底波$B1$调至20% f.s,作为检测灵敏度。

A.4.4.4 辊身结合层部位进行检测时,推荐使用如图A.1所示对比试块校定仪器的灵敏度,将ϕ5平底孔的第一次回波调至80% f.s,作为检测灵敏度。对比试块的材质应与被检测轧辊相同或相似,探测面至ϕ5平底孔底部为外层材质,ϕ5平底孔的部位为靠近结合部位的内层组织,试块的结合部位应熔接良好,试块顶部曲率半径R应接近被检测轧辊外圆曲率半径。

单位为毫米

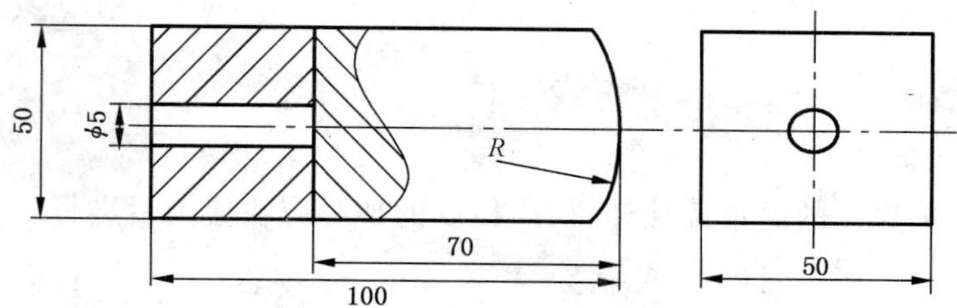

图A.1 检测对比试块示意图

A.4.4.5 工作层、结合层检测时传播声速在上述图 A.1 所示对比试块上调出，推荐采用如表 A.1 所示传播声速进行外层测厚。

表 A.1 不同材质参考声速表

材质	高镍铬无限冷硬铸铁	高铬铸铁	高速钢、半高速钢、高铬钢	半钢	合金铸钢、合金锻钢
声速/(m/s)	5 560～5 580	6 130～6 160	6 150～6 180	5 880～5 910	5 920～5 950

A.5 判定

依轧辊类型和用途按表 A.2 和表 A.3 进行超声波检测判定。

表 A.2 离心铸造复合工作辊超声波检测判定

<table>
<tr><td colspan="2" rowspan="2">部　位</td><td colspan="2">类　别</td></tr>
<tr><td>粗轧工作辊</td><td>精轧工作辊</td></tr>
<tr><td colspan="2">工作层</td><td colspan="2">不允许存在≥φ2 当量 F</td></tr>
<tr><td colspan="2">结合层单个缺陷</td><td>≤φ5+8 dB</td><td>≤φ5+6 dB</td></tr>
<tr><td rowspan="9">结合层
密集缺陷</td><td rowspan="4">ICDP
HCrI</td><td colspan="2">允许存在的密集 F 中最大当量应满足</td></tr>
<tr><td>≤φ5+6 dB</td><td>≤φ5+4 dB</td></tr>
<tr><td colspan="2">最大当量密集 F 分布面积 S 应不大于 50 cm^2</td></tr>
<tr><td colspan="2">相邻密集 F 间距应不小于 100 mm</td></tr>
<tr><td rowspan="5">HSS
S-HSS
HCrS</td><td colspan="2">允许存在的密集 F 中最大当量应满足</td></tr>
<tr><td>≤φ5+4 dB</td><td>≤φ5+2 dB</td></tr>
<tr><td colspan="2">最大当量密集 F 其分布面积 S(cm^2)应满足</td></tr>
<tr><td>≤36</td><td>≤25</td></tr>
<tr><td colspan="2">相邻密集 F 间距应不小于 100 mm</td></tr>
<tr><td colspan="2">辊身径向</td><td colspan="2">不允许底波衰减区存在</td></tr>
<tr><td colspan="2">辊颈径向</td><td colspan="2">允许存在中心缩松类 F 引起的 B 衰减区存在，但在此区域内，缺陷回波不得大于 20% f.s</td></tr>
<tr><td colspan="2">轴向检测</td><td colspan="2">各段 B 应能清晰显示，不允许裂纹性 F 存在</td></tr>
<tr><td colspan="2">外层测厚</td><td colspan="2">当屏幕显示一个清晰而稳定的结合层界面回波时即可测厚，其前沿位置即为外层厚度指标值；如出现相邻两个及以上结合层界面回波时，以后波的前沿位置作为外层的厚度指标值，但前波前沿位置应大于使用层</td></tr>
<tr><td colspan="4">注：本判定同时适用于同材质离心铸造复合立辊超声波检测，单机架工作辊参照粗轧工作辊判定要求</td></tr>
</table>

表 A.3 支承辊及立辊超声波检测判定

<table>
<tr><td rowspan="2">部　位</td><td colspan="3">类　别</td></tr>
<tr><td>立辊</td><td>铸造支承辊</td><td>锻造支承辊</td></tr>
<tr><td>工作层</td><td colspan="3">不允许存在≥$\phi 2$ 当量 F</td></tr>
<tr><td>径向检测</td><td colspan="2">允许 B 衰减区和非裂纹性 F 存在，F 应满足</td><td>不允许 B 衰减区和裂纹性 F 存在，且 F 应满足</td></tr>
<tr><td>辊身径向</td><td>≤30% f.s</td><td>≤50% f.s</td><td>F≥50% f.s 且 B_f≤50% f.s 时，缺陷面积≤25 cm^2</td></tr>
<tr><td>辊颈轴承位置径向</td><td>≤25% f.s</td><td colspan="2">不允许 B 衰减区或裂纹性 F 存在</td></tr>
<tr><td>辊身轴向</td><td colspan="3">不允许 B 衰减区或裂纹性 F 存在</td></tr>
<tr><td>全轴向</td><td colspan="3">各段 B 能清晰确认，不允许裂纹性 F 存在</td></tr>
</table>

A.6　报告

检测报告至少应包括下列内容：

a)　轧辊名称、编号、规格、材质、加工状态、探测表面粗糙度；

b)　仪器型号、探头规格、工作频率、试块型号；

c)　各部底波反射情况；

d)　离心铸造复合轧辊外层超声测厚结果；

e)　各部缺陷位置、深度、波高、指示面积或当量值。可用简图表示 F 在轧辊内的分布。必要时附缺陷波及底波波形图；

f)　检测结论；

g)　检查日期、检测人员签名。

ICS 77.140.60
H 44

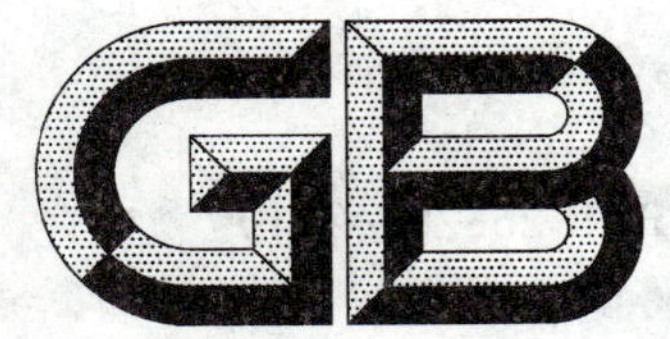

中华人民共和国国家标准

GB/T 25826—2010

钢筋混凝土用环氧涂层钢筋

Epoxy-coated steel for the reinforcement of concrete

2010-12-23 发布 2011-09-01 实施

中华人民共和国国家质量监督检验检疫总局
中国国家标准化管理委员会 发布

前　言

本标准按照GB/T 1.1—2009给出的规则起草。

本标准与国际标准ISO 14654:1999《钢筋混凝土用环氧树脂涂层钢》(英文版)的一致性程度为非等效。

本标准与ISO 14654:1999相比,主要变化如下:

——删除了国际标准的前言和引言;

——将标准名称修改为《钢筋混凝土用环氧涂层钢筋》;

——对标准的编写格式进行了修改;

——增加了环氧涂层钢筋的分类代号、产品型号的表示方式;

——修改了涂层厚度指标;

——增加了目视评定锈蚀等级检验方法;

——增加了出厂组批规则和交货检验、型式检验;

——将附录A试验方法、频率及复验并入标准正文。

本标准的附录A为规范性附录,附录B、附录C为资料性附录。

本标准由中国钢铁工业协会提出。

本标准由全国钢标准化技术委员会(SAC/TC 183)归口。

本标准起草单位:中冶建筑研究总院有限公司、冶金工业信息标准研究院、天铁轧二制钢有限公司、杜邦华佳化工有限公司、山东德瑞防腐材料有限公司、莱芜钢铁股份公司、江苏永钢集团有限公司、国家金属制品质量监督检验中心、首钢总公司。

本标准主要起草人:朱建国、冯超、陈洁、史国明、刘宝石、张立新、汪荣荫、逯彦国、李丰功、张先铁、洪涛、杜显威、何菊明。

钢筋混凝土用环氧涂层钢筋

1 范围

本标准规定了混凝土用熔融结合环氧涂层钢筋和成品钢筋的术语和定义、产品型号、订货内容、技术要求、试验方法、检验规则、包装、标志和质量证明书等。

本标准适用于涂覆前、后加工的钢筋和涂层前加工的成品钢筋。

2 规范性引用文件

下列文件对于本文件的应用是必不可少的。凡是注日期的引用文件，仅注日期的版本适用于本文件。凡是不注日期的引用文件，其最新版本(包括所有的修改单)适用于本文件。

GB 1499.1 钢筋混凝土用钢 第1部分:热轧光圆钢筋

GB 1499.2 钢筋混凝土用钢 第2部分:热轧带肋钢筋

GB/T 1499.3 钢筋混凝土用钢筋焊接网

GB/T 1768 色漆和清漆 耐磨性的测定 旋转橡胶砂轮法

GB/T 2101 型钢验收、包装、标志及质量证明书的一般规定

GB/T 3505—2009 产品几何技术规范(GPS) 表面结构 轮廓法

GB/T 8923—1988 涂装前钢材表面锈蚀等级和除锈等级

GB 13788 冷轧带肋钢筋

GB/T 13452.2—2008 色漆和清漆 漆膜厚度的测定

GB 50152 混凝土结构试验方法标准

GB/T 20624.2 色漆和清漆 快速变形(耐冲击性)试验 第2部分:落锤试验(小面积冲头)

3 术语和定义

下列术语和定义适用于本文件。

3.1

涂层钢筋 coated bar

熔融结合环氧涂层的钢筋、焊接网和成品钢筋。

3.2

涂覆前处理 conversion coating

涂覆前对金属表面预处理，以促进涂层附着，提高耐腐蚀和抗起泡能力。

3.3

剥离 disbonding

熔融结合环氧涂层与钢筋表面间粘结失效。

3.4

熔融结合环氧涂层 fusion-bonded epoxy coating

以粉末形式喷涂在已加热的洁净金属表面上，固化后形成的连续涂层。涂层包含热固性环氧树脂、固化剂、颜料及其他添加料。

3.5

漏点 holiday

涂层上存在的肉眼不可见的不连续缺陷。

3.6

涂覆后加工的钢筋 post-fabricated reinforcement

熔融结合环氧涂层涂覆后加工的钢筋和成品钢筋。

3.7

涂覆前加工的钢筋 pre-fabricated reinforcement

熔融结合环氧涂层涂覆前加工的钢筋和成品钢筋。

3.8

修补材料 sealing material

与熔融结合环氧涂层相容的材料，用于修补受损部位及钢筋两端切割部位。

3.9

润湿剂 wetting agent

降低钢筋与水的表面张力的介质，使水可以更好的渗透至涂层的漏点，更准确的测得漏点数量。

4 分类代号

4.1 分类

环氧涂层钢筋按涂层特性分为A类和B类。A类在涂覆后可进行再加工，B类在涂覆后不应进行再加工。

4.2 代号

环氧涂层钢筋的名称代号为ECR，取自钢筋混凝土用环氧涂层钢筋的英文缩写(Epoxy Coated steel for the Reinforcement of concrete)。

4.3 产品型号和示例

环氧涂层钢筋的型号由名称代号、涂层性质、钢筋牌号、钢筋直径组成。

示例1：用直径为20 mm、牌号为HRB335热轧带肋钢筋制作的A类环氧涂层钢筋，其产品型号为"ECRA·HRB335-20"。

示例2：用直径为20 mm、牌号为HRB335热轧带肋钢筋制作的B类环氧涂层钢筋，其产品型号为"ECRB·HRB335-20"。

5 订货内容

按本标准订货的合同应包括以下主要内容：

a) 产品名称；

b) 产品型号；

c) 本标准号；

d) 重量；

e) 长度；

f) 特殊要求。

6 技术要求

6.1 材料

6.1.1 钢筋

用于制作环氧涂层的钢筋和成品钢筋，其质量应符合 GB 1499.1、GB 1499.2、GB/T 1499.3、GB 13788 或需方提出的其他产品标准要求。钢筋表面不应有毛刺、影响涂层质量的尖角及其他缺陷，并应无油、脂或漆等的污染。

6.1.2 环氧粉末

应用的环氧粉末形成的涂层应符合附录 A.3 的规定。

合同如有规定，粉末生产厂应从每批环氧粉末中抽取 0.2 kg 试样提供给用户。试样应分别储存在密闭的容器中并标明批次名称。

6.1.3 修补材料

修补材料应与熔融结合环氧涂层有相容性，在混凝土中具有惰性。修补材料适用于在工厂或工地用于环氧涂层钢筋受损涂层的修补，其检验方法参见附录 B。

6.2 涂覆

6.2.1 涂覆前处理

钢筋在涂覆前其表面应使用钢砂喷射清理，其质量应该达到：

a) 轧制氧化铁皮的残余量应不超过 5%；

b) 平均粗糙度应在 50 μm～70 μm，平均偏差采用 GB/T 3505 中 *Ra* 值；

c) 表面不应附着有氯化物；

d) 达到 GB/T 8923—1988 规定的目视评定除锈等级 Sa2½级。

对符合要求的钢筋方可进行涂层制作。

为了增加钢筋和成品钢筋与涂料的粘结性，允许采用化学方法和/或其他预处理方法清理。

注：使用某些粉末涂料可按照涂料说明书对钢筋进行预处理。

如满足上述表面预处理标准，生产厂还可进行钢筋表面残留物污染物检验。

6.2.2 涂层的涂覆

涂层的涂覆应尽快在净化处理后的钢筋表面上进行，钢筋净化处理后至涂覆涂层的间隔时间不宜超过表 1 的规定，且钢筋表面不得有肉眼可见的氧化现象。如果相对湿度超过 85%，应停止涂覆操作。

表 1　钢筋净化处理和涂覆涂层最长间隔时间

相对湿度 RH	最长时间/min
RH≤55%	180
55%<RH≤65%	90
65%<RH≤75%	60
75%<RH≤85%	30

涂层涂覆时，钢筋表面预热温度范围和涂层涂覆后的固化要求，应按照涂层材料生产厂的说明书执行。在连续涂覆的过程中，至少每 30 min 测量一次进行涂覆的钢筋的表面温度。

6.3 质量保证和试验步骤

环氧涂层钢筋生产过程中的质量保证和试验步骤见附录 A。

6.4 涂层钢筋

6.4.1 涂层厚度

固化后的涂层厚度的记录值应至少有 95％以上的概率在 180 μm～300 μm，单个记录值不得低于 140 μm。涂层厚度的上限不适用于受损涂层修补的部位。对耐腐蚀等要求较高的环境下，固化后的涂层厚度的记录值应至少有 95％以上的概率在 220 μm～400 μm，单个记录值不得低于 180 μm。

6.4.2 涂层连续性

6.4.2.1 涂层固化后，应无孔洞、空隙、裂纹和其他目视可见的缺陷。

6.4.2.2 涂层钢筋每米长度上的漏点数目不应超过 3 个。对于小于 300 mm 长的涂层钢筋，漏点数目应不超过 1 个。钢筋焊接网的漏点数量不应超过表 2 中的规定。切割端头不计入在内。

表 2 涂层钢筋焊接网的连续性

间　　距	检测的交叉点数量/个	最多漏点数量
b_L 和 $b_C \leqslant 100$ mm	10	20 个/m^2
b_L 或 $b_C > 100$ mm	5	10 个/m^2
注 1：b_L 是钢筋横向间距；b_C 是钢筋纵向间距。 注 2：一个交叉点是指以一个焊点及以焊点为圆心半径 13 mm 范围内的钢筋。		

6.4.3 涂层可弯性

A 类钢筋应进行弯曲试验。弯曲试验后，试样弯曲外表面上没有肉眼可见的裂纹或剥离现象。

6.4.4 涂层附着性

涂层的附着性应按照 A.3.2 和 A.3.3 规定进行阴极剥离和盐雾试验。

6.4.5 粘结强度

涂层钢筋与混凝土之间的粘结强度，应不小于无涂层钢筋粘结强度的 85％。

6.5 允许的涂层损伤和修补

涂层在修补前，其受损涂层面积不应超过每米环氧涂层钢筋总体表面积的 0.5％（不包括切割部位）。

对目视可见的涂层损伤，应该用 6.1.3 规定的修补材料，按照修补材料的使用说明书进行修补。在修补前，应通过适当的方法除去受损部位所有的铁锈。修补后的涂层应符合 6.4 的规定，受损部位的涂层厚度应不少于 180 μm。

涂层钢筋的切割部位应使用相同的修补材料进行密封。

注 1：该规定适用于从用户订货到工地施工的整个过程，参见附录 C。

注 2：由于涂覆工艺的限制，钢筋的端部会出现约 200 mm 的不完全的涂覆段。建议将钢筋端部切除或在后续加工中进行修补。

注 3：如果每米涂层钢筋损伤面积超过 0.5%，该段应舍弃。修补涂层损伤时，要注意不要将修补材料过多地涂在完好涂层上。

7 试验方法

7.1 涂层厚度

涂层厚度的检验，可按照 GB/T 13452.2—2008 的方法 7 规定的方法对涂层的厚度进行测量。每个厚度记录值为 3 个相邻肋间厚度测量值的平均值。应在钢筋相对的两侧进行测量，且沿钢筋的每一侧至少应取得 5 个间隔大致均匀的涂层厚度记录值(每个试样最少 10 个记录值)。

7.2 涂层连续性

交货前应使用电压不低于 67.5 V，电阻不小于 80 kΩ 的湿海绵直流漏点检测器或相当的方法，并按照漏点检测器的说明书进行检测。漏点检测器应使用固定检测电压，并检定有效。漏点检测器应装有指示灯或蜂鸣器，以指示涂层的不连续。探头应检测涂层钢筋的整个表面。

浸泡海绵的水中应添加润湿剂。

注 1：推荐采用在线检漏法。应使用手持式检漏仪定期检查，以检验在线系统的准确性。

注 2：为了得到准确的漏点数，应确保海绵总是与被检测的涂层保持接触。

7.3 涂层可弯性

对于钢筋，应通过将涂层钢筋绕芯轴弯曲 180°(回弹后)的方法对涂层可弯性进行评价。采用弯曲试验机进行涂层可弯性的检验，带肋钢筋应将试样的纵肋置于与弯曲试验机的芯轴半径相垂直的平面内。对于 $d \leqslant 20$ mm 的涂层钢筋，试验弯曲角度为 180°(回弹后)，弯芯直径 $D=4d$；对于 20 mm$<d\leqslant$36 mm 的涂层钢筋，试验弯曲角度为 180°(回弹后)，弯芯直径 $D=6d$；对于 $d>36$ mm 的钢筋，弯曲角度为 90°(回弹后)，弯芯直径 $D=6d$。弯曲试验应以至少 8 r/min 的均匀的角速度进行。试验的温度应为 23 ℃±5 ℃。

弯曲试验后，涂层钢筋表面因可见缺陷所引起的断裂或部分断裂、裂缝或涂层剥离，不应被认为是涂层可弯性不合格，应对该批双倍取样再次进行试验。

对于钢筋焊接网或者对涂层有较高级别要求的涂层弯曲性能，应由供需双方协商。

7.4 涂层附着性

应按照 A.3.2 和 A.3.3 使用阴极剥离和盐雾试验的方法对涂层的附着性进行试验。

8 检验规则

产品检验分为过程控制检验、交货检验和型式检验。

8.1 组批规则

环氧涂层钢筋应成批验收。每批由同一生产线、同一生产工艺、同一公称直径、同一牌号的钢筋组成。每批重量不大于 30 t。

8.2 检验项目及取样数量

8.2.1 过程控制检验

每批钢筋的过程控制检验项目、次数和方法应符合表3的规定。

表3 过程控制检验项目和数量

序号	检验项目	检验数量/(次/班)	试验方法
1	氧化铁皮残余量	3	A.2.1
2	平均粗糙度	3	A.2.2
3	氯化物附着	3	A.2.3
4	目视评定除锈等级	3	A.2.4
5	喷砂磨料级配	3	A.2.5
6	涂覆前钢筋表面温度	16	A.2.6
7	表面残留物	3	A.2.7

8.2.2 交货检验

每批涂层钢筋的交货检验项目、数量和方法应符合表4的规定。

表4 交货检验项目和数量

序号	检验项目	检验数量/个	试验方法
1	涂层厚度	2	7.1
2	连续性	2	7.2
3	可弯性	1	7.3

8.2.3 复验与判定

涂层钢筋的复验与判定应符合GB/T 2101的规定。

8.2.4 型式检验

8.2.4.1 型式检验仅在原料、生产工艺、设备有重大变化及新产品生产、停产后复产时进行检验。

8.2.4.2 型式检验项目包括:抗化学腐蚀性、阴极剥离、盐雾试验、氯化物渗透性、涂层钢筋的粘结强度、耐磨性、冲击试验。

9 包装、标志及质量证明书

9.1 除上述规定外,涂层钢筋的包装、标志和质量证明书应符合GB/T 2101的有关规定。

9.2 涂层钢筋的搬运和贮存

涂层钢筋在搬运过程中应小心谨慎。吊索与涂层钢筋之间应设置垫层,不得直接接触。捆绑材料与钢筋间应有垫层或采用适当的方法防止涂层的损伤。吊装时采用多吊点以防止钢筋捆过度下垂。严禁拖拉抛拽涂层钢筋。

如果涂层在室外存放2个月以上,应采取保护措施,避免暴露在日照、盐雾和大气中。如果涂层钢筋贮存在具有腐蚀性的环境中,应采取专门保护措施。如果涂层钢筋在室外贮存且无覆盖物,应在该捆钢筋标签上注明室外贮存的时间。涂层钢筋应该用不透明材料或其他合适的保护罩覆盖。对于分层堆放的钢筋捆,遮盖物料应盖严。遮盖物应固定牢固,并保持涂层钢筋周围空气流通,避免覆盖层下凝结水珠。

所有涂覆钢筋贮存时应离开地面,并设有保护隔层。

涂层钢筋和成品钢筋的产品型号及批号、涂层日期,应在标牌及质量证明书上标示。

附 录 A
（规范性附录）
环氧涂层钢筋的相关试验方法

A.1 范围

本附录包括过程控制检验、交货检验和型式检验的试验方法。

A.2 过程控制检验

A.2.1 氧化铁皮的检验

A.2.1.1 本检验用于检测净化后钢筋表面的氧化铁皮残余量。

A.2.1.2 检测设备包括无水硫酸铜、蒸馏水、用于配制溶液的干净的玻璃瓶、滴管、30×放大镜或显微镜。

A.2.1.3 检测步骤

A.2.1.3.1 将硫酸铜溶于蒸馏水，配制浓度为5%的硫酸铜溶液。在生产线上取一根刚刚经过净化但尚未制作涂层的钢筋，长度不少于1 m。将少许硫酸铜溶液涂在净化后的钢筋表面上，并放置1 min。洁净的钢筋表面呈铜黄色，而钢筋表面附着的磨料碎屑、灰尘或残留的铁锈等的部分不起变化。

A.2.1.3.2 用30×放大镜或显微镜观察涂有硫酸铜溶液的钢筋表面，并与图A.3氧化铁皮污染图表进行对照，确定钢筋表面的氧化铁皮残余量。

A.2.1.3.3 在与受检钢筋测试位置相对的钢筋的另一侧，至少应再进行一次氧化铁皮的检验。

A.2.1.3.4 如钢筋表面的氧化铁皮残余量不符合本标准6.2.1的规定，应停止生产，检查喷砂机，并经重新检测合格后方可继续生产。

A.2.2 钢筋平均粗糙度检验

A.2.2.1 本检验用于检测净化后钢筋表面粗糙度。

A.2.2.2 可采用“表面光度仪”对净化处理后的钢筋进行表面粗糙度的检验。

A.2.2.3 如钢筋表面的平均粗糙度不符合本标准6.2.1的规定，应停止生产，检查喷砂机，并经重新检测合格后方可继续生产。

A.2.3 氯化物附着的检验

A.2.3.1 本检验用于检测净化处理后钢筋表面上及磨料中的残留氯化物。

A.2.3.2 检测设备包括铁氰化钾试纸、蒸馏水、塑料袋、塑料喷雾瓶、橡胶手套、镊子。

铁氰化钾试纸条应存放在密封的塑料袋中，并应避免光照，该试纸应呈黄色。

A.2.3.3 检测步骤

A.2.3.3.1 在生产线上取一根刚刚经过净化但尚未制作涂层的钢筋，长度不少于1 m；用蒸馏水浸湿试纸直到饱和，可将多余的水挤掉；轻轻地将试纸贴在钢筋表面，并保持接触30 s，揭开试纸并翻转过来，观察颜色的改变，蓝色指示存在可溶性氯化亚铁。

当检测磨砂介质中的氯化物时，将该介质撒在湿的试纸上，直到盖满为止，再保持在试纸上30 s。不得使试纸与手指直接接触。

A.2.3.3.2　将试纸条与图 A.4 氯化物试纸法检测的目视标准进行对照，确定氯化物浓度。

A.2.3.3.3　在钢筋试样的另外两个不同区域重复上述检测步骤。

A.2.3.3.4　如果在净化后的钢筋表面上或磨砂介质中发现存在氯化物，应另取样品进行检测。如发现新样品仍存在氯化物，应停止生产，寻找和清除污染源，并经重新检测合格后方可继续生产。

A.2.4　目视评定除锈等级检验

A.2.4.1　本检验用于检测净化处理后钢筋表面锈蚀等级。

A.2.4.2　依据 GB/T 8923—1988 规定的方法对净化处理后的钢筋表面除锈等级进行评定。

A.2.4.3　如钢筋表面的除锈等级不符合本标准 6.2.1 的规定，应停止生产，检查喷砂机，并经重新检测合格后方可继续生产。

A.2.5　喷砂磨料的筛分

A.2.5.1　本检验用于检验喷砂磨料的级配。

A.2.5.2　检测设备包括标准筛(850 μm、600 μm、425 μm、300 μm、212 μm)、计量仪或 100 mL 量筒、漏斗。

A.2.5.3　检测步骤

A.2.5.3.1　取出约 0.45 kg(或 100 mL)的磨料放置在标准筛中。标准筛按照自上而下由粗到细依次排放，底层的标准筛带一个底盘。

A.2.5.3.2　给标准筛顶部盖上盖子，人工或机械摇晃 3 min。

A.2.5.3.3　根据每个筛网上和底盘中磨料重量(体积)评价磨料。并把它换算为百分比。

A.2.5.4　应有大于 80%的磨料保留在 850 μm、600 μm 和 425 μm 的标准筛中，并在底盘中的磨料应少于 3 g。如果磨料颗粒大小分布不符合该要求，应停止生产，检查喷砂机，并经重新检测合格后方可继续生产。

A.2.6　涂覆前钢筋表面温度

A.2.6.1　本检验用于检测涂覆前钢筋表面温度。

A.2.6.2　可采用红外测温仪或测温笔对涂覆前钢筋进行表面温度的检验。

A.2.6.3　如钢筋表面温度不满足涂层材料生产厂说明书的要求，应停止生产，并调整温度经重新检测合格后方可继续生产。

A.2.7　钢筋表面残留物的检测

A.2.7.1　本检验用于检测净化处理后钢筋表面残留物。

A.2.7.2　检测设备包括白色胶带、标记笔、美工刀、抛光工具和 30×放大镜或显微镜。

A.2.7.3　检测步骤

A.2.7.3.1　在生产线上截取涂覆前预处理后尚未涂装的钢筋至少 1 m。

A.2.7.3.2　在距离钢筋一端约 300 mm 处横肋间用标记笔作第一个标记。在其相邻横肋间用胶带作第一个胶带标志。间隔三个横肋，在横肋间处贴第二个胶带标志，并在其后相邻的横肋间用标记笔作第二个标记。

A.2.7.3.3　用抛光工具轻轻打磨胶带后，再揭开胶带。

A.2.7.3.4　在 30×放大镜或显微镜下观察胶带上的最黑点，并与接触面污染图 A.5 作比较，判定接触面污染的比例。

A.2.7.3.5　距离钢筋另一端大约 300 mm 处，再粘贴一块胶带。重复 A.2.7.3.3 和 A.2.7.3.4 的步骤。

A.2.7.3.6 以弯芯直径为 6 *d* 做 180°弯曲，弯曲前和弯曲后不要污染标记的区域。

A.2.7.3.7 弯曲后，在弯曲前 A.2.7.3.2 所示贴胶带标志的位置贴上新的胶带，重复 A.2.7.3.3 和 A.2.7.3.4 的步骤。

A.2.7.4 直条和弯曲后的钢筋样品受污染的面积均不应超过 30%。如不满足，应停止生产，检查喷砂机，并经重新检测合格后方可继续生产。

A.3 型式检验

A.3.1 抗化学腐蚀

A.3.1.1 本检验用于评价在模拟大气环境暴露下抗起泡和耐腐蚀性能。

A.3.1.2 检测设备包括透明的密闭试验容器 16 个、恒温箱、蒸馏水、浓度为 3%的 NaCl 水溶液、浓度为 0.3 mol/L KOH 水溶液和浓度为 0.05 mol/L NaOH 水溶液的混合水溶液、浓度为 0.3 mol/L KOH 和 0.05 mol/L NaOH、3%的 NaCl 的混合水溶液。

A.3.1.3 检测步骤

A.3.1.3.1 对 A 类涂层钢筋，取 32 根 300 mm 长的环氧涂层钢筋试样，端部用修补材料进行封闭。在其中 16 个试样上，以恒定速率绕直径为 100 mm 弯芯在 5 s 内弯曲至 180°，弯曲后依据 7.2 检测并记录漏点数量。进行本检测前所有漏点都应进行修补。

A.3.1.3.2 对 B 类涂层钢筋，取 16 根 300 mm 长的环氧涂层钢筋试样，端部用修补材料进行封闭。并取 16 个未涂层钢筋以恒定速率绕直径为 100 mm 弯芯弯曲至 180°，再按 6.2、6.3 对样品进行涂层。后依据 7.2 检测并记录漏点数量。进行本检测前所有漏点都应进行修补。

A.3.1.3.3 在所有样品上制备穿透涂层的 3 mm 的人为缺陷孔。

A.3.1.3.4 将 4 支直条、4 支弯曲样品放入以上 4 种溶液中，保持溶液温度为 55 ℃±4 ℃，pH 值与起始值差距不应超过±0.2，进行 28 d 的试验。试验期间，涂层起泡或开裂，则试验样品不合格。

A.3.1.3.5 经过 28 d 后，从每种溶液中分别取出尚未干燥的 2 个直条、2 个弯曲样品进行测试。在人为缺陷孔处划 2 道划痕，形成 2 个 45°角。然后以直径为 3 mm 的铜针沿划痕方向将涂层挑起，并用镊子揭开。测量缺陷孔边缘至最大剥离边缘的距离。

A.3.1.3.6 经过 28 d 后，从每种溶液中取出 2 个直条、2 个弯曲样品，在 23 ℃±2 ℃、50%±5%相对湿度的环境中干燥 7 d 后，再以同样的方法进行 2 个直条、2 个弯曲样品的测试。

A.3.1.4 28 d 的试验后，95%的钢筋的最大剥离距离的平均值应不大于 4 mm。

A.3.2 阴极剥离

A.3.2.1 本检验用于评价钢筋表面涂层在阴极保护下耐阴极剥离性。

A.3.2.2 试验设备包括以下 4 项，见图 A.1：

a) 阴极是一根长为 200 mm 的涂层钢筋；

b) 阳极是一根长为 150 mm 直径为 1.6 mm 的纯铂电极或直径为 3.2 mm 的镀铂金属丝；

c) 参比电极应使用甘汞电极；

d) 电解质溶液是将 NaCl 溶于蒸馏水配制的 3% NaCl 溶液。

A.3.2.3 检测步骤

A.3.2.3.1 取 3 根长度为 200 mm 的试验钢筋，在距离端头 50 mm 处制作一个 3 mm 的人为缺陷孔。将 Pt 阳极以硅烷密封，在距离端头 10 mm 处制作一个人为缺陷孔。

A.3.2.3.2 将样品的人为缺陷孔所在端固定在烧杯底部，将另一段与电源负极连通。倒入电解液使样品端头浸没。将 75 mm 长的阳极至于溶液中，通过其上的人为缺陷孔将其与电阻和电源正极相连。将电压表的正极与参比电极相连，负极与试样相连。

A.3.2.3.3 打开电源，当电压表读数为−1 500 mV±20 mV 时，测量电阻两端的电压计算电流，并记录开始时间。

A.3.2.3.4 试验过程中，电解液的温度保持为 23 ℃±2 ℃，试验时间为 168 h±2 h，在前 8 h 内，每 2 h 记录电压值，并计算与起始电压的差值。试验进行 24 h 测量电压，之后每 12 h 测量一次，并测量计算电流值。

A.3.2.3.5 将钢筋取出后在 23 ℃±2 ℃环境中放置 1 h 后进行附着性测试。

A.3.2.3.6 用刀片在人为缺陷孔由内向外分别以 0°、90°、180°和 270°划 4 道划痕，划痕应透过涂层，并将涂层分为 4 区域。划痕长度应不小于 5 mm 或两肋间距离。

A.3.2.3.7 用刀片将 4 区域涂层撬起，直至涂层与基面良好附着无法撬起。测量撬剥后缺陷孔横纵方向间距离并求其平均值。同样的方法得到其余 5 点的取值，并取最终平均值。

A.3.2.4 试验后 3 支样品的平均涂层剥离半径不应超过 2 mm。

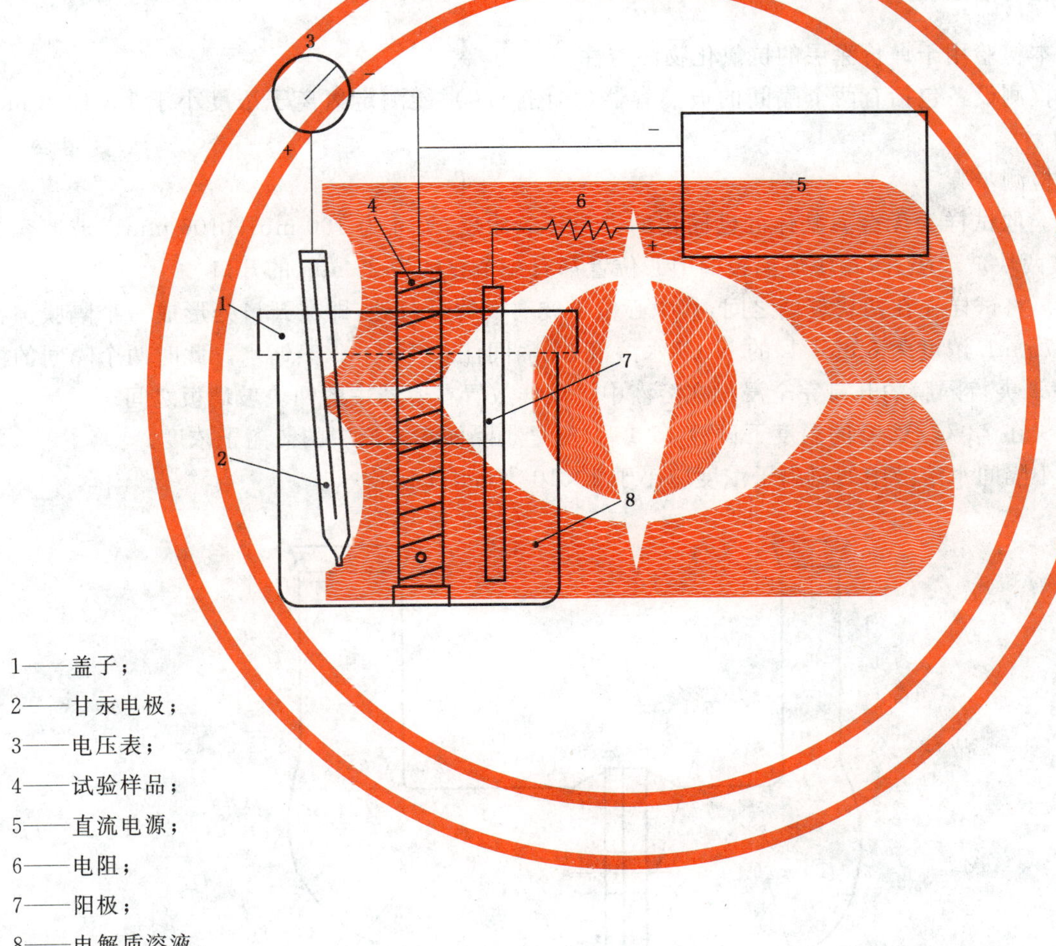

1——盖子；
2——甘汞电极；
3——电压表；
4——试验样品；
5——直流电源；
6——电阻；
7——阳极；
8——电解质溶液。

图 A.1 阴极剥离实验设备

A.3.3 盐雾试验

A.3.3.1 本检验用于评价钢筋表面涂层对热湿环境腐蚀的抵抗性。

A.3.3.2 检测设备包括盐雾试验箱、浓度为 5% NaCl 溶液、刀。

A.3.3.3 检测步骤

A.3.3.3.1 取 3 根长度为 250 mm 的试验钢筋，在试验钢筋的两侧各制作 3 个直径为 3 mm 且穿透涂层的人为缺陷孔，孔心应位于肋间，孔距应大致均匀。

A.3.3.3.2 将包含人为缺陷孔的钢筋以缺陷点朝向箱边90°方向水平放置在试验箱中，试验箱中的盐雾由NaCl和蒸馏水配制成的浓度为5% NaCl溶液形成。试验温度保持为35 ℃±2 ℃。

A.3.3.3.3 持续800 h±20 h后，将试样取出并在蒸馏水中清洗，将样品在23 ℃±2 ℃的空气中放置24 h±2 h后进行附着性测试。

A.3.3.3.4 在破坏点及其相邻区域，以刀片除去锈蚀产物，切勿损坏涂层。

A.3.3.3.5 用刀片在人为缺陷孔由内向外分别以0°、90°、180°和270°划4道划痕，划痕应透过涂层，并将涂层分为4区域。划痕长度应不小于5 mm或两肋间距离。

A.3.3.3.6 然后用刀片将4区域涂层撬起，直至涂层预基面良好附着无法撬起。测量撬剥后缺陷孔横纵方向间距离并求其平均值。同样的方法得到其余5点的取值，并取最终平均值。

A.3.3.4 试验后3支样品的平均涂层剥离半径不应超过3 mm。

A.3.4 氯化物渗透性

A.3.4.1 本检验用于评价涂层的抗氯化物渗透性。

A.3.4.2 检测设备包括有两个隔间的玻璃容器(如图A.2)、能测定氯离子浓度小于1×10^{-4} mol/L的氯离子计。

A.3.4.3 检测步骤

A.3.4.3.1 取试样为无金属基体的已固化的方形环氧涂层，尺寸为100 mm×100 mm。玻璃容器的两个隔间被两块玻璃隔开，每块玻璃板的中心位置都有一个直径为25 mm的开口。

A.3.4.3.2 将试样夹在两块玻璃之间，其中心位于玻璃板的开口处，即在开口处形成一个隔膜。在大隔间注入175 mL浓度为3 mol/L的NaCl水溶液，小隔间注入115 mL蒸馏水。此时两个隔间的液面水平线平齐。夹持隔膜的开口完全浸没在溶液中。试样放置在容器中的两块玻璃板之间。

A.3.4.3.3 在23 ℃±2 ℃的温度下试验45 d后，测量小隔间水溶液中的氯离子浓度。

A.3.4.4 小隔间水溶液中的氯离子浓度应小于1×10^{-4} mol/L。

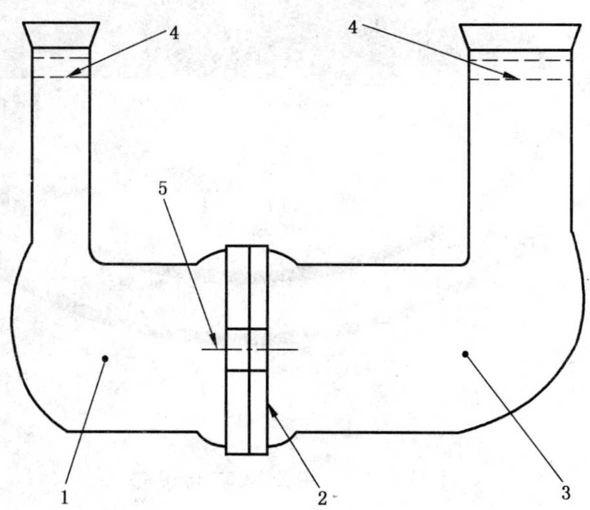

1——放置115 mL蒸馏水的隔间；

2——中心带25 mm开口的两块玻璃板之间的环氧涂膜；

3——放置175 mL浓度为3 mol/L的NaCl水溶液的隔间；

4——水平标记；

5——25 mm的中心开口。

图A.2 氯化物渗透性试验装置

A.3.5 涂层钢筋的粘结强度

钢筋与混凝土的粘结强度试验，应符合 GB 50152 的有关规定。涂层钢筋的粘结强度应不小于无涂层钢筋粘结强度的 85%。

A.3.6 耐磨性

涂层的耐磨性可按照 GB/T 1768 规定的方法进行测定，涂层的耐磨性在采用 CS-10 磨轮时应达到在 1 kg 负载下每 1 000 周涂层的重量损失不超过 100 mg。经供需双方协商也可采用其他磨轮，具体指标由双方协商。

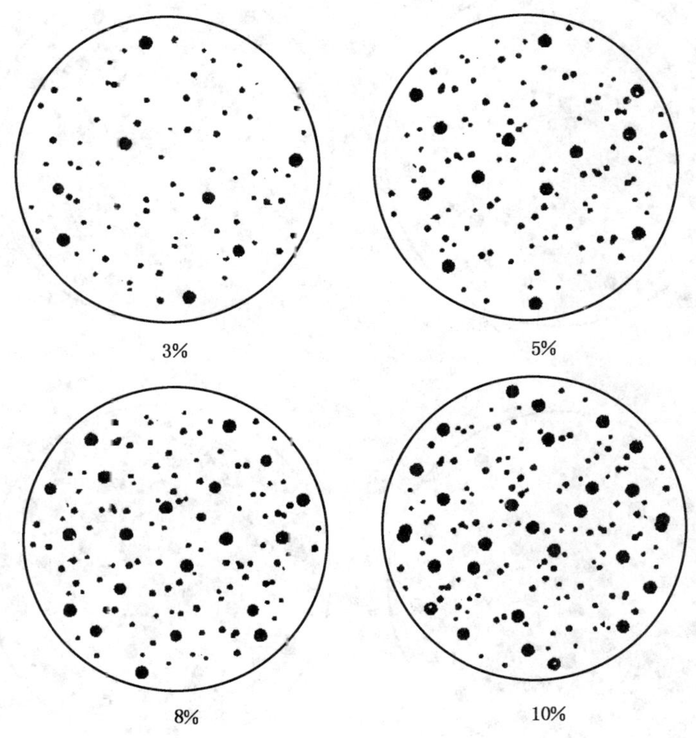

图 A.3 氧化铁皮污染图

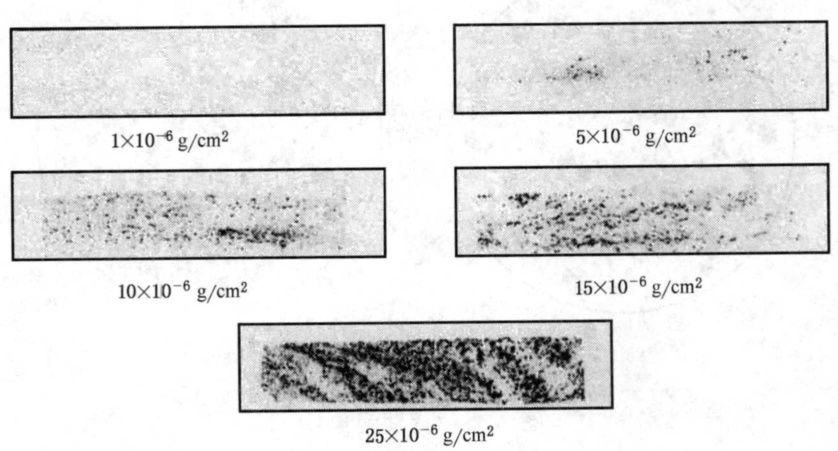

图 A.4 氯化物图

A.3.7 冲击试验

环氧涂层钢筋涂层的抗机械损伤能力应通过落锤试验进行评定。

采用 GB/T 20624.2 中描述的试验装置，及一个 1 800 g±1 g、锤头直径 16 mm±0.3 mm 的重锤。试样固定在刚性材料上。

试验在 23 ℃±2 ℃的温度下进行，冲击发生在环氧涂层钢筋的顶部，A 类涂层的冲击吸收能量为 10 J，B 类涂层的冲击吸收能量为 4.5 J。除了由重锤冲击而永久变形的区域，周边涂层不应发生破碎、开裂。

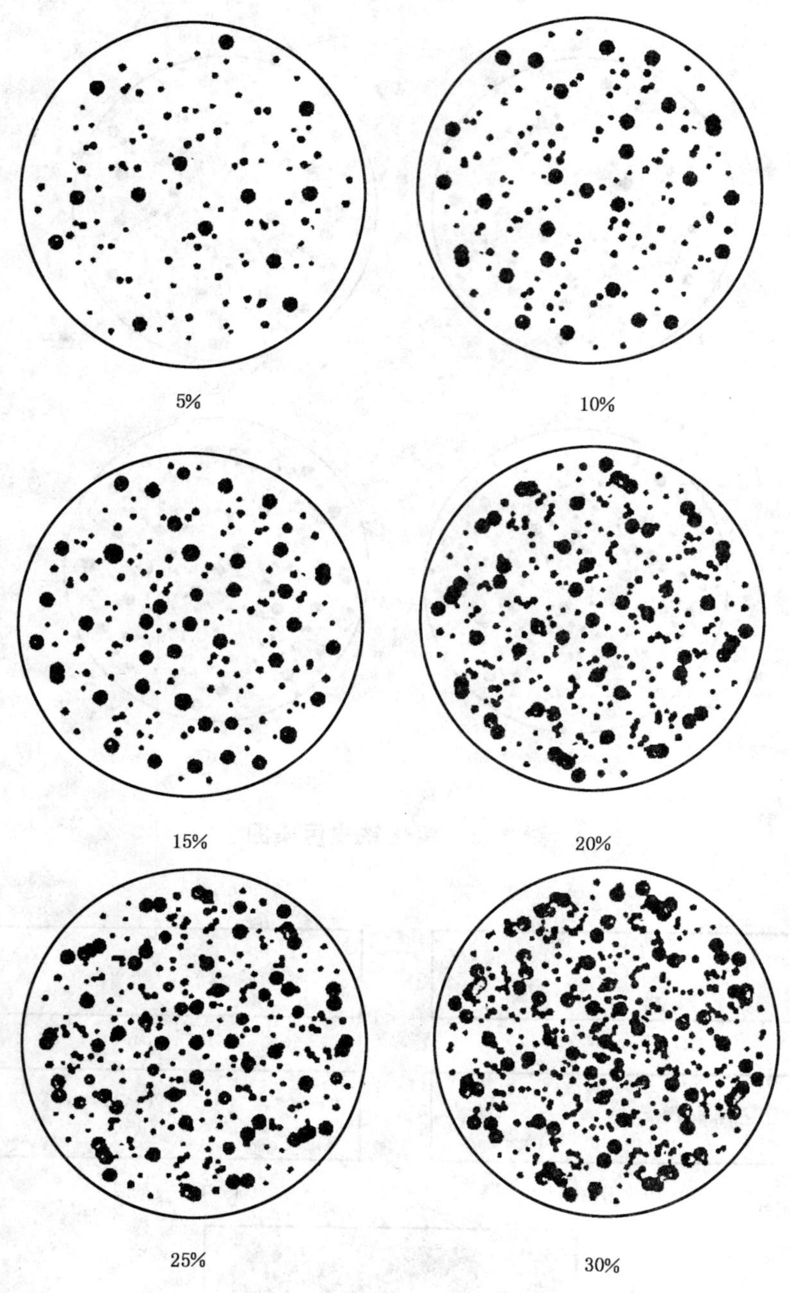

图 A.5 背面污染图

附 录 B
（资料性附录）
修补材料检验

B.1 抗化学腐蚀

B.1.1 本检验用于评价在模拟大气环境下暴露下抗起泡和耐腐蚀性能。

B.1.2 试验样品为3块用修补材料修补的钢板，浓度为0.3 mol/L KOH水溶液、浓度为0.05 mol/L NaOH水溶液。

B.1.3 试验步骤

B.1.3.1 用砂轮或其他适当方法在试验样品的中心磨去涂层制备12 mm×25 mm的人为缺陷孔。磨去涂层后用干净的布将缺陷处擦净。

B.1.3.2 用刷子将事先准备好的修补材料涂在人为缺陷孔上，将其全部覆盖，形成一块25 mm×37 mm修补区域。保持试验样品平放在桌上，直到涂料固化完全。修补过程保持温度为23 ℃±2 ℃。测量修补区域涂层的厚度并记录在报告中。

B.1.3.3 试验方法见A.3.1。

B.1.4 测试完成后，3块试样上均不应出现鼓泡和生锈。

B.2 盐雾试验

B.2.1 本检验用于评价修补材料对热湿环境腐蚀的抵抗性。

B.2.2 试验样品为3块用修补材料修补的钢板，35 ℃±2 ℃的5% NaCl水溶液。试验时间为400 h±10 h。

B.2.3 检测步骤

B.2.3.1 用砂轮或其他适当方法在试验样品的中心磨去涂层制备12 mm×25 mm的人为缺陷孔。磨去涂层后用干净的布将缺陷处擦净。

B.2.3.2 用刷子将事先准备好的修补材料涂在人为缺陷孔上，将其全部覆盖，形成一块25 mm×37 mm修补区域。保持试验样品平放在桌上，直到涂料固化完全。修补过程保持温度为23 ℃±2 ℃。测量修补区域涂层的厚度并记录在报告中。

B.2.3.3 试验方法见A.3.3。

B.2.4 测试完成后，3块试样上均不应出现鼓泡和生锈。

附 录 C
(资料性附录)
钢筋混凝土用环氧树脂涂层钢筋应用指南

C.1 适用范围

C.1.1 环氧涂层钢筋适用于处在潮湿环境或侵蚀性介质中的工业与民用房屋、一般构筑物及道路、桥梁、港口、码头等的钢筋混凝土结构中。

注：用于防腐工程时，尚应符合有关专业标准的规定。

C.1.2 在实际结构中，可根据工程的具体要求，全部或部分采用环氧涂层钢筋。

C.2 涂层钢筋特性

C.2.1 涂层钢筋与混凝土之间的粘结强度，应取为无涂层钢筋粘结强度的80%。

C.2.2 涂层钢筋的锚固长度应取不小于有关设计规范规定的相同等级和规格的无涂层钢筋锚固长度的1.25倍。

C.2.3 涂层钢筋的绑扎搭接长度，对受拉钢筋，应取不小于有关设计规范规定的相同等级和规格的无涂层钢筋锚固长度的1.5倍且不小于375 mm；对受压钢筋，应取不小于有关设计规范规定的相同等级和规格的无涂层钢筋锚固长度的1.0倍且不小于250 mm。

C.2.4 当涂层钢筋进行弯曲加工时，对直径 d 不大于20 mm的钢筋，其弯曲直径不应小于 $4d$；对直径 d 大于20 mm的钢筋，其弯曲直径不应小于 $6d$。

C.3 钢筋涂层保护

在施工现场的模板工程、钢筋工程、混凝土工程等各分项工程施工中，均应根据具体工艺采取有效措施，使钢筋涂层不受损坏，对在施工操作中造成的少量涂层破损，必须及时予以修补。

C.4 现场操作指南

C.4.1 涂层钢筋在搬运过程中应小心操作，避免由于捆绑松散造成的捆与捆或钢筋之间发生磨损。

C.4.2 宜采用尼龙带等较好柔韧性材料为吊索，不得使用钢丝绳等硬质材料吊装涂层钢筋，以避免吊索与涂层钢筋之间因挤压、摩擦造成涂层破损。吊装时采用多吊点以防止钢筋捆过度下垂。

C.4.3 涂层钢筋在堆放时，钢筋与地面之间、钢筋与钢筋之间应用木块隔开。

C.4.4 涂层钢筋与普通钢筋应分开贮存。

C.4.5 对涂层钢筋进行弯曲加工时，环境温度不宜低于5 ℃。钢筋弯曲机的芯轴应套以专用套筒，平板表面应铺以布毡垫层，避免涂层与金属物的直接接触挤压。涂层钢筋的弯曲直径对 $d \leqslant 20$ mm钢筋，不宜小于 $4d$；对 $d > 20$ mm钢筋，不宜小于 $6d$，且弯曲速率不宜高于8 r/min。

C.4.6 应采用砂轮锯或钢筋切割机对涂层钢筋进行切断加工。切断加工时，在直接接触涂层钢筋的部位应垫以缓冲材料；严禁采用气割方法切断涂层钢筋。切断头应以修补材料进行修补。

C.4.7 任1 m长的涂层钢筋受损涂层面积超过其表面积的1%时，该根钢筋和成品钢筋应废弃。

C.4.8 任1 m长的涂层钢筋受损涂层面积小于其表面积的1%时，应对钢筋和成品钢筋表面目视可见的涂层损伤进行修补。

C.4.9 修补材料要严格按照生产厂家的说明书使用。修补前，必须用适当的方法把受损部位的铁锈清除干净。涂层钢筋在浇注混凝土之前应完成修补。

C.4.10 固定涂层钢筋和成品钢筋所用的支架、垫块以及绑扎材料表面均应涂上绝缘材料，例如：环氧涂层或塑料涂层材料。

C.4.11 涂层钢筋和成品钢筋在浇注混凝土之前，应检查涂层是否有损害。特别是钢筋两端剪切部位的涂覆。损伤部位修补使用的修补材料的检验参见附录B。

C.4.12 涂层钢筋铺设好后，应尽量减少在上面行走。施工设备在移动过程中应避免损害涂层钢筋。

C.4.13 采用插入式混凝土振捣器振捣混凝土时，应在金属振捣棒外套以橡胶套或采用非金属振捣棒，并尽量避免振捣棒与钢筋的直接碰撞。

ICS 77.140.99
H 57

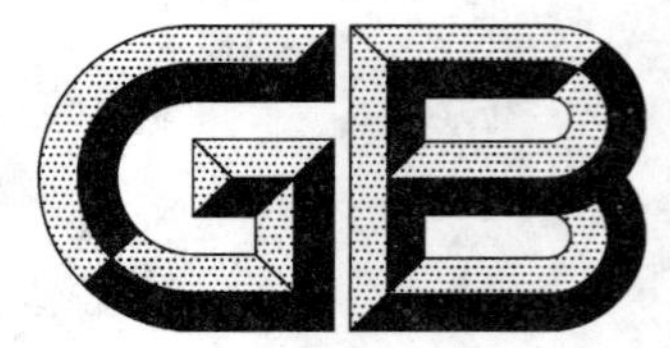

中华人民共和国国家标准

GB/T 25827—2010

高温合金板(带)材通用技术条件

General specification of superalloy plates and strips

2010-12-23 发布　　　　2011-09-01 实施

中华人民共和国国家质量监督检验检疫总局
中国国家标准化管理委员会　发布

前　言

本标准按照 GB/T 1.1—2009 给出的规则起草。

本标准由中国钢铁工业协会提出。

本标准由全国钢标准化技术委员会(SAC/TC 183)归口。

本标准主要起草单位:钢铁研究总院、冶金工业信息标准研究院。

本标准主要起草人:袁英、庄景云、张继、戴强、冯涤、刘宝石、栾燕。

引　言

本标准是变形高温合金板、带材的通用的技术条件，不涉及特定合金的应用条件和使用性能，仅对技术要求和检验规则做出一般性规定。本标准应与专用技术文件配套使用，不能单独用于订货。

高温合金板(带)材通用技术条件

1 范围

1.1 本标准规定了变形高温合金的板(带)材产品交货的技术要求、试验方法、检验规则,包装、标志及质量证明书、订货内容等。

1.2 本标准适用于厚度为 4 mm～14 mm 的热轧板材、厚度小于 4 mm 的冷轧薄板和带材(以下简称板(带)材)。其他类型或规格的板(带)材可参照使用。

1.3 当合同协议或专用技术文件中的规定与本标准中的规定不一致时,应以合同或专用技术文件为准。

2 规范性引用文件

下列文件对于本文件的应用是必不可少的。凡是注日期的引用文件,仅注日期的版本适用于本文件。凡是不注日期的引用文件,其最新版本(包括所有的修改单)适用于本文件。

GB/T 223(所有部分) 钢铁及合金化学分析方法

GB/T 228.1 金属材料 拉伸试验 第 1 部分:室温试验方法(GB/T 228.1—2010,ISO 6892-1:2009,MOD)

GB/T 230.1 金属材料 洛氏硬度试验 第 1 部分:试验方法(A、B、C、D、E、F、G、H、K、N、T 标尺)

GB/T 231.1 金属材料 布氏硬度试验 第 1 部分:试验方法

GB/T 232 金属材料 弯曲试验方法

GB/T 235 金属材料 厚度等于或小于 3 mm 薄板和薄带 反复弯曲试验方法

GB/T 247 钢板和钢带检验、包装、标志及质量证明书的一般规定

GB/T 2039 金属拉伸蠕变及持久试验方法

GB/T 2975 钢及钢产品力学性能试验取样位置及试样制备

GB/T 4162 锻轧钢棒超声检测方法

GB/T 4338 金属材料 高温拉伸试验方法

GB/T 4340.1 金属材料 维氏硬度试验 第 1 部分:试验方法

GB/T 6394 金属平均晶粒度测定法

GB/T 8651 金属板材超声波探伤方法

GB/T 14992—2005 高温合金和金属间化合物高温材料的分类和牌号

GB/T 14999.1 高温合金棒材纵向低倍组织酸浸试验方法

GB/T 14999.2 高温合金横向低倍组织酸浸试验方法

GB/T 14999.4 高温合金显微组织试验法

GB/T 20066 钢和铁 化学成分测定用试样的取样和制样方法

GB/T 20127(所有部分) 钢铁及合金 痕量元素的测定

GB/T 25829 高温合金成品化学成分允许偏差

YB/T 081 冶金技术标准的数值修约与检测数值的判定原则

HB 5354 热处理工艺质量控制

3 术语和定义

GB/T 14999.1、GB/T 14999.2 和 GB/T 14999.4 界定的以及下列术语和定义适用于本文件。

3.1

热处理炉批 heat treatment furnace number

由同一热处理炉、同一材料、同一尺寸、同一预处理状态、同一热处理制度(一次或连续)处理的板、带材组成。

3.2

检验批 inspection batch

由同一熔炼炉号、同一热处理炉批、同一交货状态、同一表面质量、同一尺寸或外形,在同一时间提交检验的所有板(带)材组成。

4 技术要求

4.1 冶炼工艺

4.1.1 合金应按以下方法之一进行冶炼,可以选择供需双方同意的能满足使用条件的其他冶炼方法。所采用的冶炼方法应在合同和质量证明书中注明。

a) 电弧炉;

b) 电弧炉+电渣重熔;

c) 电弧炉+真空自耗重熔;

d) 非真空感应炉;

e) 非真空感应炉+电渣重熔;

f) 非真空感应炉+真空自耗重熔;

g) 真空感应炉;

h) 真空感应炉+电渣重熔;

i) 真空感应炉+真空自耗重熔;

j) 真空感应炉+电渣重熔+真空自耗重熔;

k) 真空感应炉+真空自耗重熔+电渣重熔。

4.1.2 当冶炼工艺、锭型尺寸有变化时,应征得需方同意。

4.2 均匀化处理

板(带)材的均匀化处理按专用技术文件选择。

4.3 制造方法

板(带)材采用开坯、锻制、热轧、冷轧等加工工艺制造,其中对材料要求的变形比按专用技术文件执行。

4.4 化学成分

4.4.1 常用的变形高温合金牌号和化学成分见 GB/T 14992—2005 的表 1。允许在产品标准或合同、协议中规定较严格的化学成分范围、微量元素、痕量元素和有害元素的控制要求。

4.4.2 成品化学成分允许偏差应符合 GB/T 25829 的规定,其结果应符合合同或专用技术文件的规定。

4.5 热处理

板(带)材应按专用工艺技术文件规定进行热处理,热处理工艺质量控制按照 HB 5354 的规定执行,表面状态应符合合同或产品标准的规定,实际热处理制度应在质量证明书中注明。

4.6 交货状态

根据需方要求,供方可以提供下列不同交货状态的板(带)材。产品的最终处理状态应在合同和质量证明书中注明。其他交货状态,由供需双方协商确定。

a) 加工(热轧、冷轧)状态;

b) 板材经固溶处理、碱酸洗、平整、矫直、切边;

c) 软态带材经固溶热处理、酸碱洗、切边后成卷。采用光亮固溶处理后,可不经酸碱洗;

d) 硬态带材经冷轧、退火处理、抛光、切边后成卷。采用光亮退火处理后,可不经抛光。

4.7 力学性能和工艺性能

板(带)材的力学性能和工艺性能应符合合同或专用技术文件的规定。

4.8 低倍组织

4.8.1 在经酸浸的横向试片上不应有缩孔、缩孔痕迹、空洞、针孔、裂纹和夹杂(包括外来金属夹渣),其评定方法按照 GB/T 14999.2 规定执行。

4.8.2 当需要时,可在经热处理的酸浸纵向试样上检验低倍组织,其评定方法应符合 GB/T 14999.1 规定或专用技术文件的规定。

4.8.3 如发现浅、暗色腐蚀区域,需要时,可按 4.9.2 进行高倍组织检验,鉴定点偏、黑斑、白斑等偏析。

4.9 高倍组织

4.9.1 根据需方要求,可在热处理状态的成品板、带(或中间坯)上检验晶粒度、条带晶粒组织、一次碳化物分布和析出相。按专用技术文件或合同要求验收。

4.9.2 当需要时,借助显微镜对低倍组织中出现的异常浅、暗色腐蚀区域进行分析。对检验出的点偏、黑斑、白斑按专用技术文件的规定处理,或由供需双方根据具体使用要求协商解决。

4.10 晶间腐蚀

根据需方要求,可对交货状态的冷轧薄板和带材进行表面晶间腐蚀检验,具体规定应符合专用技术文件或合同的规定。

4.11 超声波检验

交货状态的板材应逐一进行超声波探伤检验,允许供方在中间坯上检验;带材在中间坯上进行超声波检验。其检验结果不允许有裂纹、分层等缺陷。

4.12 尺寸、外形及允许偏差

4.12.1 尺寸及允许偏差

对板(带)材的尺寸及允许偏差有特殊要求,按专用技术文件或合同规定执行。

4.12.1.1 热轧板

4.12.1.1.1 通常交货规格为:厚度 4 mm～14 mm、宽度 600 mm～1 000 mm、长度 1 000 mm～

2 000 mm。超出上述范围的规格由供需双方协商。

4.12.1.1.2 成品板材的长度允许偏差为＋10 mm，宽度允许偏差为＋10 mm，厚度允许偏差应符合表1规定。具体厚度精度应在合同中注明。

表 1

单位为毫米

公称厚度	公称宽度			
	600～750		750～1 000	
	较高轧制精度	普通轧制精度	较高轧制精度	普通轧制精度
4.00～5.50	+0.10 −0.30	+0.20 −0.40	+0.15 −0.30	+0.30 −0.40
＞5.50～7.50	+0.10 −0.40	+0.20 −0.50	+0.10 −0.50	+0.20 −0.60
＞7.50～14.00	+0.10 −0.70	+0.20 −0.80	+0.10 −0.70	+0.20 −0.80

4.12.1.1.3 经供需双方协商，可以按倍尺交货，圆角允许交货。因取试样而造成的短、窄尺的板材，每批允许交货1张(每批交货量不小于100张时，则允许交2张)。供方可向需方提供零件尺寸定尺或倍尺的板材。

4.12.1.1.4 成品板材应切成直角，切斜不得使板材长度和宽度小于公称尺寸，并须保证订货公称尺寸的最小矩形。

4.12.1.2 冷轧薄板

4.12.1.2.1 通常交货规格见表2。其他规格，由供需双方协商，并在合同和质量证明书中注明。

表 2

单位为毫米

公称厚度	公称宽度	公称长度
0.5～3.0	600～1 000	1 200～2 100
＞3.0～4.0	600～1 000	900～1 600

4.12.1.2.2 成品板材的长度允许偏差为＋10 mm，板材的宽度允许偏差为＋6 mm，厚度、宽度和长度允许偏差应符合专用技术文件或合同的规定。

4.12.1.2.3 成品板材应切成直角，切斜时须保证订货要求的公称尺寸。

4.12.1.2.4 经供需双方协商，可供应不超过每批交货重量的10％的短、窄尺板材。允许的最小短、窄尺板材尺寸应在合同中注明。不注明时，供方可按不小于500 mm交货。因取试样而造成短、窄尺的板材，每批允许交货1张(每炉批交货量不小于100张时，允许交2张)。经供需双方协商，可以按零件的定尺或倍尺交货。

4.12.1.3 冷轧带材

4.12.1.3.1 通常交货厚度为：0.10 mm～0.80 mm，其厚度允许偏差见表3。允许供应其他尺寸及偏差的带材。

表 3

单位为毫米

公称厚度	厚度允许偏差			
	公称宽度≤150		公称宽度＞150～250	
	普通精度	高级精度	普通精度	高级精度
0.10～0.15	±0.015	±0.010	±0.020	±0.010
＞0.15～0.25	±0.020	+0.010 −0.020	±0.025	+0.010 −0.020
＞0.25～0.45	±0.025	±0.020	±0.030	±0.020
＞0.45～0.65	±0.030	+0.020 −0.030	±0.040	+0.020 −0.030
＞0.65～0.80	±0.040	±0.030	±0.040	±0.030

4.12.1.3.2　成品带材的宽度允许偏差应符合表 4 的规定。公称宽度大于 250 mm 时，其允许偏差由供需双方协商确定。

表 4

单位为毫米

公称宽度	公称宽度允许偏差	
	公称厚度	
	≤0.60	＞0.60～0.80
≤80	±0.20	±0.25
＞80～150	±0.25	±0.30
＞150～250	±0.30	±0.35

4.12.2　**外形**

交货状态的热轧板材和冷轧薄板的不平度、带材侧面镰刀弯应符合表 5 的规定。

表 5

公称厚度/mm	热轧板材	公称厚度/mm	冷轧薄材	公称宽度/mm	冷轧带材
	不平度/(mm/m)		不平度/(mm/m)		侧面镰刀弯/(mm/m)
4.0～10.0	≤10	＜0.8	≤15	≤50	＜3
＞10.0～14.0	≤8	≥0.8～4.0	≤10	＞50	＜2

4.13　**外观质量**

4.13.1　**热轧板材和冷轧薄板**

4.13.1.1　交货状态的板材表面应光滑、平整，不应有疤痕、重皮、氧化皮、麻坑、过酸洗痕迹、结疤、腐蚀坑等有害缺陷。

4.13.1.2　交货状态的板材表面允许有深度不大于厚度公差之半、且能保证板材最小厚度的个别擦伤、划伤、轧辊压痕和小麻点。凡超出上述规定的缺陷，允许用粒度细于 80 号的细砂轮顺轧制方向清除，但应保证板材的最小厚度,清理面积按合同或专用技术文件规定。

4.13.2 冷轧带材

4.13.2.1 交货状态的带材表面不允许有裂纹、气泡、夹杂、结疤和分层。

4.13.2.2 交货状态的带材表面允许带有若干不正常的部分。不经抛光的带材,表面允许有个别轻微的擦伤、划痕、压痕、凹面、轧印和麻点,其深度或高度不应超过带材厚度公差之半,其中经酸洗的带材应无氧化层,允许有轻微色差和过酸洗痕迹。

4.13.2.3 成品带材表面粗糙度由需方进行测定,供方认可。

4.13.2.4 成品带材的边缘应平整,边缘不允许有深度超过宽度公差一半的切割不齐和大于带材厚度公差的毛刺。

5 试验方法

5.1 化学分析取样按照 GB/T 20066 有关规定进行;成品化学分析在最终熔炼炉号的铸锭(或坯料或成品)上进行。痕量元素分析按照 GB/T 20127 的相应规定进行,其他元素的分析方法按 GB/T 223 或其他相关标准规定进行。

5.2 力学性能试验取样位置和试样制备按 GB/T 2975 规定。

5.3 室温拉伸试验按照 GB/T 228.1 进行;高温拉伸试验按照 GB/T 4338 进行。

5.4 持久试验按照 GB/T 2039 进行。

5.5 洛氏硬度试验按 GB/T 230.1 进行;布氏硬度试验按 GB/T 231.1 进行;维氏硬度试验GB/T 4340.1 进行。

5.6 弯曲试验按照 GB/T 232 的规定进行。

5.7 厚度等于或小于 3 mm 薄板和薄带的反复弯曲试验按 GB/T 235 的规定进行;厚度 3 mm～4 mm 薄板和薄带的反复弯曲试验可参照 GB/T 235 的规定进行。

5.8 低倍组织检验采用目视或借助于 10 倍以下的放大镜按 GB/T 14999.1 和 GB/T 14999.2 进行。

5.9 晶粒度测定按照 GB/T 6394 测定和评级;条带晶粒组织、一次碳化物分布和析出相测定按 GB/T 14999.4 测定和评级。

5.10 晶间腐蚀检验在不经腐蚀的试样上放大 500 倍测定。

5.11 板材超声波检验按 GB/T 8651 规定的方法进行,允许供方在中间坯上检验;带材在中间坯上进行超声波检验,中间坯超声波检验按 GB/T 4162 规定的方法进行。

5.12 不平度测量是将板材自由地轻放在检查平台上,以通用直尺沿板材长度或宽度方向,测量波峰或凸出高度最大值减去板材的厚度数值。

5.13 镰刀弯为侧边与连接测量部分两端点直线之间的最大距离,在产品呈凹形的一侧测量。

5.14 尺寸的测量采用通用的卡尺、千分尺或钢卷尺测量量具进行测量,测量板材的厚度应在距离板材顶角不小于 100 mm 和距离各边缘不小于 20 mm 处测量。

5.15 外观质量检查采用目视进行检查,必要时,可采用其他方法检查。

6 检验规则

6.1 检查和验收

6.1.1 产品的质量应由供方质量检验部门根据合同或专用技术文件进行检验和验收。

6.1.2 供方应保证交货的产品符合合同或专用技术文件的规定,需方有权按照合同或专用技术文件的规定进行检验和验收。

6.2 组批规则

板(带)材应按批提交检验和验收。每批由同一熔炼炉号、同一热处理炉批、同一交货状态、同一表面质量、同一尺寸或外形，在同一时间提交检验的所有板(带)材组成。

6.3 检验项目、取样部位及取样数量

根据板(带)材的使用要求，选择检验类别或类别的组合、或检验项目的序号。每批板(带)材的检验项目、取样数量和取样部位见表6。其他要求检验的项目，按照合同或专用技术文件的规定执行。

表6

类别	序号	检验项目	取样数量/个	取样部位[a,b,c]
一般检验	1	化学分析	1～2/炉	取样按GB/T 20066要求； 最终是电渣冶炼的合金，对C、Al、Ti元素应从锭头和锭尾分别取样，其他规定元素只从锭头部取样
	2	超声波检验	逐张(卷)	中间坯； 交货状态的整张板材
	3	尺寸、外形	逐张(卷)	交货状态的板(带)材
	4	外观质量		
专项检验	5	低倍	2/批	中间坯：相当于铸锭的头、尾位置
	6	高倍	2/批	中间坯：向相当于铸锭的头、尾位置； 热轧板和冷轧薄板：一边一中
	7	晶间腐蚀		冷轧薄板：一边一中； 带材：任取
常规力学性能	8	硬度	2/批	热轧板和冷轧薄板：一边一中； 带材：任取
	9	室温拉伸		
	10	高温拉伸		
	11	持久		
工艺性能	12	弯曲	2/批	热轧板和冷轧薄板：一边一中； 带材：任取
	13	反复弯曲		冷轧薄板：一边一中； 带材：任取

注：铸锭的最后凝固端称为铸锭的头部。

[a] 对于宽度不小于230 mm的冷轧薄板和带材，试样轴线垂直于轧制方向；小于230 mm时，试样轴线平行于轧制方向。

[b] 热轧板厚度不小于7 mm时，力学性能试样采用圆形试样，厚度小于7 mm时，允许制备非标准试样。

[c] 冷轧板厚度小于0.8 mm的板材，力学性能可在大于或接近0.8 mm的半成品板材上进行，或由供需双方协商确定。

6.4 复验与判定规则

6.4.1 当化学分析不合格时，允许在原取样部位重新取样对不合格元素复验，若仍不合格，该炉判为不合格。

6.4.2 当某项力学性能或工艺性能某项检验结果不合格时，允许从该批板材或坯料(包括原初检不合格的板材或坯料)，或熔检试样上切取双倍数量的试样，对不合格的项目进行复验，复验结果仍有一个试样不合格时，判该批板(带)材不合格。

6.4.3 当低倍检验不合格时，应判为不合格(缩孔残余等有规律性缺陷除外)。因缩孔残余等有规律性缺陷造成低倍检验不合格时，允许供方将其切净，然后复验，合格者交货。

6.4.4 当高倍组织和晶间腐蚀检验不合格时，允许从该批板(带)或坯料上重新切取试样对不合格项目进行复验，复验结果仍不合格，该批板(带)材判为不合格。因局部组织或热处理不当造成检验不合格时，允许供方重新热处理后作为新的一批提交验收；或逐张(卷)进行检验，合格者交货。

6.4.5 当尺寸、外形、外观质量和超声波检验不合格时，应单张(卷)判为不合格。

6.4.6 允许供方根据实际情况将复验不合格的炉批改轧成其他尺寸或重新热处理，重新组批提交验收。

6.5 试验结果无效

由于取样、制样、试验不当而获得的试验结果，应视为无效。

6.6 力学和化学试验结果的修约

除非在合同或产品标准中另有规定，当需要评定试验结果是否符合规定值，所给出的检验或试验结果应修约到与规定值本位数字所标识的数位一致，其修约方法应按 YB/T 081 的规定进行。

6.7 冶金来源缺陷的处理

当需方在成品或半成品零件上发现冶金来源缺陷，并经供需双方鉴定确认后，供方应予退货，并且当需方要求时应予补制。如供需双方对缺陷性质难以确定时，可提请双方同意的仲裁单位仲裁。

7 包装、标志及质量证明书

7.1 包装

板(带)材的包装按 GB/T 247 的规定进行。

7.2 标志

板(带)材的标志按 GB/T 247 的规定进行，也可以按照合同或专用技术文件规定进行。

7.3 质量证明书

每批供应的板(带)材均应附有质量证明书，其上注明：

a) 供方名称；
b) 需方名称；
c) 合同号；
d) 采用的标准号；
e) 材料牌号；
f) 冶炼方法；
g) 炉号；批号；
h) 交货状态；
i) 规格、数量、重量；
j) 试样热处理制度及合同或专用技术文件规定的各项检验结果(如复验，应包括两次检验结果)；

k） 质量检验部门印记。

注：当超出上述内容时，由供需双方协商。

8 订货内容

合同或订单中应注明下列内容：

a） 采用标准号；

b） 产品名称、合金牌号；

c） 冶炼方法；

d） 检验项目；

e） 交货状态；

f） 尺寸规格、数量、重量；

g） 尺寸允许偏差；

h） 交货时间；

i） 其他技术要求。

ICS 77.140.99
H 57

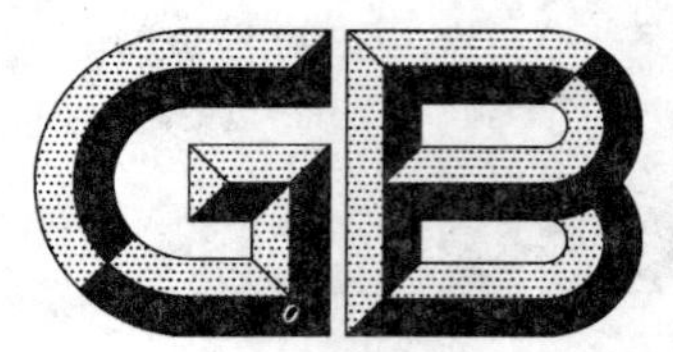

中华人民共和国国家标准

GB/T 25828—2010

高温合金棒材通用技术条件

General specification of superalloy bars

2010-12-23 发布　　2011-09-01 实施

中华人民共和国国家质量监督检验检疫总局
中国国家标准化管理委员会　发布

前　言

本标准按照 GB/T 1.1—2009 给出的规则起草。

本标准由中国钢铁工业协会提出。

本标准由全国钢标准化技术委员会(SAC/TC 183)归口。

本标准主要起草单位:钢铁研究总院、冶金工业信息标准研究院。

本标准主要起草人:袁英、庄景云、张继、栾燕、冯涤、戴强、刘宝石。

引　言

本标准是变形高温合金棒材的通用技术条件，不涉及特定合金的应用条件和使用性能，仅对技术要求和检验规则做出一般性规定。本标准应与专用技术文件配套使用，不能单独用于订货。

高温合金棒材通用技术条件

1 范围

1.1 本标准规定了变形高温合金棒材产品交货的技术要求、试验方法、检验规则、包装、标志及质量证明书、订货内容等。

1.2 本标准适用于直径大于 8 mm 的高温合金棒材产品(以下简称棒材),包括:一般承力部件用直径为 20 mm～450 mm 的热轧和锻制棒材(以下简称普通承力件用棒材)、紧固件用冷拉棒材(以下简称紧固件用棒材)、涡轮叶片和涡轮螺栓等高温转动承力部件用热轧棒材(以下简称转动承力件用棒材)。其他类型的棒材可参照使用。

1.3 当合同或专用技术文件中的规定与本标准中的规定不一致时,应以合同或专用技术文件为准。

2 规范性引用文件

下列文件对于本文件的应用是必不可少的。凡是注日期的引用文件,仅注日期的版本适用于本文件。凡是不注日期的引用文件,其最新版本(包括所有的修改单)适用于本文件。

GB/T 223(所有部分) 钢铁及合金化学分析方法

GB/T 228.1 金属材料 拉伸试验 第1部分:室温试验方法(GB/T 228.1—2010,ISO 6892.1:2009,MOD)

GB/T 229 金属材料 夏比摆锤冲击试验方法

GB/T 230.1 金属材料 洛氏硬度试验 第1部分:试验方法(A、B、C、D、E、F、G、H、K、N、T标尺)

GB/T 231.1 金属材料 布氏硬度试验 第1部分:试验方法

GB/T 905—1994 冷拉圆钢、方钢、六角钢尺寸、外形、重量及允许偏差

GB/T 2039 金属拉伸蠕变及持久试验方法

GB/T 2101 型钢验收、包装、标志及质量证明书的一般规定

GB/T 2975 钢及钢产品力学性能试验取样位置及试样制备

GB/T 4162 锻轧钢棒超声检测方法

GB/T 4338 金属材料 高温拉伸试验方法

GB/T 6394 金属平均晶粒度测定法

GB/T 14992—2005 高温合金和金属间化合物高温材料的分类和牌号

GB/T 14999.1 高温合金棒材纵向低倍组织酸浸试验方法

GB/T 14999.2 高温合金横向低倍组织酸浸试验方法

GB/T 14999.3 高温合金棒材纵向断口测定方法

GB/T 14999.4 高温合金显微组织试验法

GB/T 14999.6 锻制高温合金双重晶粒组织和一次碳化物分布测定方法

GB/T 15711 钢材塔形发纹酸浸检验方法

GB/T 20066 钢和铁 化学成分测定用试样的取样和制样方法

GB/T 20127(所有部分) 钢铁及合金 痕量元素的测定

GB/T 25829 高温合金成品化学成分允许偏差

YB/T 081　冶金技术标准的数值修约与检测数值的判定原则

YB/T 5293　金属材料　顶锻试验方法

HB 5354　热处理工艺质量控制

3　术语和定义

GB/T 14999.1、GB/T 14999.2、GB/T 14999.3、GB/T 14999.4、GB/T 14999.6 界定的以及下列术语和定义适用于本文件。

3.1

热处理炉批　heat treatment furnace number

由同一热处理炉、同一材料、同一尺寸、同一预处理状态、同一热处理制度(一次或连续)处理的棒材组成。

3.2

检验批　inspection batch

由同一熔炼炉号、同一热处理炉批、同一交货状态、同一表面质量、同一尺寸或外形,在同一时间提交检验的所有棒材组成。

4　技术要求

4.1　冶炼工艺

4.1.1　合金应按以下方法之一进行冶炼,可以选择供需双方同意的能满足使用条件的其他冶炼方法。所采用的冶炼方法应在合同和质量证明书中注明。

a)　电弧炉;

b)　电弧炉+电渣重熔;

c)　电弧炉+真空自耗重熔;

d)　非真空感应炉;

e)　非真空感应炉+电渣重熔;

f)　非真空感应炉+真空自耗重熔;

g)　真空感应炉;

h)　真空感应炉+电渣重熔;

i)　真空感应炉+真空自耗重熔;

j)　真空感应炉+电渣重熔+真空自耗重熔;

k)　真空感应炉+真空自耗重熔+电渣重熔。

4.1.2　当冶炼工艺、锭型尺寸有变化时,应征得需方同意。

4.2　均匀化处理

棒材的均匀化处理按专用技术文件选择。

4.3　制造方法

棒材采用开坯、锻制、热轧、冷拉等加工工艺制造,其中对材料要求的变形比按专用技术文件执行。

4.4 化学成分

4.4.1 常用的变形高温合金牌号和化学成分见 GB/T 14992—2005 的表 1。允许在产品标准或合同、协议中规定较严格的化学成分范围、微量元素、痕量元素和有害元素的控制要求。

4.4.2 成品化学成分允许偏差应符合 GB/T 25829 的规定，其结果应符合合同或专用技术文件的规定。

4.5 热处理

棒材应按专用工艺技术文件规定进行热处理，热处理工艺质量控制按 HB 5354 的规定执行，表面状态应符合合同或产品标准的规定，实际热处理制度应在质量证明书中注明。

4.6 交货状态

4.6.1 根据需方要求，供方可以提供以下不同交货状态的棒材，棒材的最终处理状态应在合同和质量证明书中注明。

a) 加工(锻制、热轧、冷拉)状态；

b) 固溶或退火处理；

c) 固溶或退火处理、酸洗。

4.6.2 根据需方要求，可以车光或磨光表面后交货。

4.6.3 根据需方要求，冷拉棒材的最终冷拉变形量可在质量保证书中注明。

4.6.4 当产品的交货状态有硬度要求时，应按照专用技术文件的规定执行。

4.6.5 其他交货状态，由供需双方协商确定。

4.7 力学性能和工艺性能

棒材的力学性能和工艺性能应符合合同或专用技术文件的规定。

4.8 低倍组织

4.8.1 在经酸浸的横向试片上不应有缩孔、缩孔痕迹、空洞、针孔、裂纹和夹杂(包括外来金属夹渣)，其评定方法按照 GB/T 14999.2 规定执行。

4.8.2 需要时，可在经热处理的酸浸纵向试样上检验低倍组织，其评定方法应符合 GB/T 14999.1 规定或专用技术文件的规定。

4.8.3 如发现浅、暗色腐蚀区域，需要时可按 4.11.3 进行高倍组织检验，鉴定点偏、黑斑、白斑等偏析。

4.8.4 棒材直径大于 100 mm 时，也可在 80 mm～100 mm 毛坯或熔检试样上进行检验。

4.9 断口

当需要时，对轧制棒材可进行纵向断口的检验，疏松、分层的评定方法按 GB/T 14999.3 规定或专用技术文件的规定执行。直径小于 20 mm 棒材不做断口检验。

4.10 塔形试验

对于经电弧炉单炼的、直径不小于 16 mm 的紧固件用棒材，应按照 GB/T 15711 进行塔形检验。直径小于 16 mm 的紧固件用圆形和非圆形棒材可在半成品上进行该项检验。塔形试样上发纹的数量与长度应符合表 1 的规定。

表 1

发纹数量或长度	允许条件,不大于
发纹总数/条	15
发纹最大长度/mm	10
整个试样上发纹的总长度/mm	60
每个阶梯上发纹最多的数量/条	8
每个阶梯上发纹的总长度/mm	40

4.11 高倍组织

4.11.1 成品棒材经热处理后检验晶粒度、条带晶粒组织、双重晶粒组织。评级应分别按 GB/T 6394、GB/T 14999.4 和 GB/T 14999.6 的规定执行,其结果应符合合同或专用技术文件的规定。

4.11.2 当需要时,成品棒材的一次碳化物分布评级可按 GB/T 14999.4 和 GB/T 14999.6 的规定执行,其结果应符合合同或专用技术文件的规定。

4.11.3 当需要时,借助显微镜对低倍组织中出现的异常浅、暗色腐蚀区域进行分析。对检验出的点偏、黑斑、白斑按专用技术文件的规定处理,或由供需双方根据具体使用要求协商解决。

4.11.4 根据需方要求,可以对合金中的析出相进行检验。检验方法和验收标准按照专用技术文件执行,或按供需双方协商确定的要求进行。

4.12 超声波检验

4.12.1 交货状态的棒材应逐根按照 GB/T 4162 进行超声波检验,其合格级别应符合合同或专用技术文件的规定,并应在质量证明书中注明试样尺寸规格和超声波检验结果。

4.12.2 当棒材直径小于 20 mm 时,允许供方在直径不大于 60 mm 的中间坯上进行检验。检验方法和要求允许供需双方协商确定。

4.13 尺寸、外形及允许偏差

4.13.1 尺寸及允许偏差

4.13.1.1 普通承力件用棒材

4.13.1.1.1 成品的直径及其允许偏差应符合表 2 的规定。需方要求特殊尺寸偏差时应在合同中注明。

4.13.1.1.2 通常交货长度为 2 000 mm～6 000 mm;直径大于 45 mm～100 mm 时,长度为 1 000 mm～6 000 mm;直径大于 100 mm 时,其长度由供需双方协商,并在合同中注明。长度大于 500 mm 的短尺料,每批中允许供应的重量应不超过该批重量的 10%。

表 2

单位为毫米

公称直径	允许偏差	公称直径	允许偏差
20～50	±1.5	＞100～180	±8.0
＞50～80	±3.0	＞180～300	±10.0
＞80～100	±5.0	＞300～450	±15.0

4.13.1.2 紧固件用棒材

成品的尺寸允许偏差应符合 GB/T 905—1994 规定。需方要求其他尺寸及其偏差，由供需双方协商，并在合同中注明。

4.13.1.2.1 直径为 8 mm～45 mm 圆形棒材，其尺寸允许偏差为 11 级或 12 级。

4.13.1.2.2 边长为 8 mm～30 mm 方形棒材，其尺寸允许偏差为 11 级或 12 级。

4.13.1.2.3 内切圆直径为 8 mm～36 mm 六角棒材，其尺寸允许偏差为 12 级。

4.13.1.2.4 通常交货长度应大于 2 000 mm。长度为 1 000 mm～2 000 mm 时，每炉批允许量不超过支数的 20%；长度为 500 mm～1 000 mm 时，每炉批不多于 5 根。

4.13.1.3 转动承力件用棒材

4.13.1.3.1 成品的直径及其允许偏差应符合专用技术文件的规定。需方要求特殊尺寸偏差时应在合同中注明。

4.13.1.3.2 直径不大于 45 mm 时，供应长度为 1 500 mm～6 000 mm；直径大于 45 mm 时，供应长度为 1 000 mm～6 000 mm。允许长度大于 500 mm 的短尺料，但重量不超过该批重量的 10%。经供需双方协商，可以按零件的定尺或倍尺交货。

4.13.2 外形

交货状态的棒材外形应符合表 3 的规定。

表 3

类　型	不圆度，不大于	弯曲度/(mm/m)不大于
热轧和锻制圆棒材	直径公差的 70%	6
冷拉棒材(圆、方、六角形)	符合 GB/T 905—1994 规定	符合 GB/T 905—1994 规定

4.13.3 外观质量

4.13.3.1 交货状态的棒材表面不应有裂纹、折叠、结疤、夹渣和氧化皮。局部存在的上述缺陷允许清除，清除深度从棒材实际尺寸算起，清除宽度不小于深度的 5 倍。允许清除缺陷的深度和允许存在的缺陷应符合表 4 的规定。

表 4

单位为毫米

<table>
<tr><th>类　型</th><th>公称直径</th><th>允许清除缺陷的深度，不大于</th><th>允许存在的缺陷</th></tr>
<tr><td rowspan="3">普通承力棒材</td><td>≤50</td><td>公称尺寸公差</td><td rowspan="3">深度不超过公称尺寸公差之半的个别划痕、压痕、凹坑、麻点</td></tr>
<tr><td>>50～100</td><td>公称尺寸的 6%</td></tr>
<tr><td>>100</td><td>供需双方协商</td></tr>
<tr><td>紧固件用棒材</td><td>所有尺寸</td><td>—</td><td>深度不超公称尺寸负偏差的小麻点、擦伤、压伤、黑斑及划痕。固溶状态交货的棒材表面允许有非粗糙的氧化皮存在</td></tr>
<tr><td>转动承力件用棒材</td><td>所有尺寸</td><td>公称尺寸公差之半</td><td>深度不超过公称尺寸公差 1/4 的个别轻微划伤</td></tr>
</table>

4.13.3.2 经车光或磨光的棒材表面粗糙度应满足超声波检验要求。

5 试验方法

5.1 化学分析取样按照 GB/T 20066 规定进行，成品化学分析在最终熔炼炉号的铸锭(或坯料或成品)上进行。痕量元素分析按 GB/T 20127 的规定进行，其他元素的分析方法按 GB/T 223 或其他相关标准规定进行。

5.2 力学性能试验取样位置和试样制备按 GB/T 2975 规定。

5.3 室温拉伸试验按 GB/T 228.1 进行；高温拉伸试验按 GB/T 4338 进行。

5.4 持久试验按 GB/T 2039 进行。

5.5 冲击试验按 GB/T 229 进行。

5.6 洛氏硬度试验按 GB/T 230.1 进行；布氏硬度试验按 GB/T 231.1 进行。

5.7 顶锻试验按 YB/T 5293 进行。

5.8 低倍组织检验采用目视或借助于 10 倍以下的放大镜，按 GB/T 14999.1 和 GB/T 14999.2 进行。

5.9 纵向断口检验按 GB/T 14999.3 进行。

5.10 轧制棒材的条带晶粒组织、一次碳化物分布按 GB/T 14999.4 测定和评级；锻制棒材的双重晶粒组织和一次碳化物分布按 GB/T 14999.6 测定和评级。

5.11 等轴晶晶粒度测定按 GB/T 6394 进行。

5.12 塔形试验按 GB/T 15711 进行。

5.13 超声波检验按 GB/T 4162 进行。

5.14 尺寸检验用通用的卡尺、千分尺或钢卷尺测量量具进行测量。

5.15 不圆度应在棒材横截面上测量，以通用测量工具测量同一截面的最大直径与最小直径之差。

5.16 弯曲度应沿棒材长度方向上测量，用一米直尺靠量，取直尺与棒材最大弯曲处之波高。

5.17 外观质量应逐根用目视进行检查，必要时，可采用其他方法检查。

6 检验规则

6.1 检查和验收

6.1.1 产品的质量应由供方质量检验部门进行检验和验收。

6.1.2 供方应保证交货的产品符合合同或专用技术文件的规定，需方有权按照合同或专用技术文件的规定进行检验和验收。

6.2 组批规则

棒材应按批提交检验和验收。每批由同一熔炼炉号、同一热处理炉批、同一交货状态、同一表面质量、同一尺寸或外形，在同一时间提交检验的所有棒材组成。

6.3 检验项目、取样部位及取样数量

根据棒材的使用要求，选择检验类别或类别的组合或检验项目。棒材的检验项目、取样数量和取样部位见表 5。其他要求检验的项目，按照合同或专用技术文件的规定执行。

表 5

类别	序号	检验项目	取样数量/个	取样部位[b]
一般检验	1	化学成分	1～2/炉	取样按 GB/T 20066 要求； 最终是电渣冶炼的合金，对 C、Al、Ti 元素应从锭头和锭尾分别取样，其他规定元素只从铸锭的头部取样
	2	横向低倍	1/批	中间坯或熔检试样：相当于铸锭的头部位置
			2/批	棒材：相当于铸锭的头、尾位置
	3	超声波检验	逐根	中间坯； 交货产品
	4	尺寸、外形	逐根	交货产品
	5	外观质量		
专项检验	6	塔形	3/批	冷拉棒：任意棒材端部
	7	纵向低倍	1～2/批	中间坯或熔检试样：对应于铸锭的头部位置成品棒材：相当于铸锭的头、尾位置
	8	高倍组织		
	9	纵向断口		成品棒材：相当于铸锭的头、尾位置
常规力学性能	10	冲击	2/批	熔检试样：相当于铸锭的头部位置； 热轧或锻制棒材：相当于铸锭的头、尾位置； 冷拉棒：任意棒材端部
	11	室温拉伸[a]		
	12	高温拉伸		
	13	持久		
	14	硬度：试样硬度		
		硬度：交货硬度	按专用技术文件规定	交货和经热处理的成品棒材：任意棒材端部
工艺性能	15	顶锻	3/批	棒材：任意棒材端部

注：铸锭的最后凝固端称为铸锭的头部。

[a] 对于紧固件用棒材，直径不大于 15 mm 的试样，室温拉伸不测屈服强度。

[b] 对于转动承力件用棒材，直径小于 16 mm 棒材的冲击、直径小于 14 mm 棒材的持久、直径小于 10 mm 棒材的高温拉伸应在中间坯上取样检验。棒材直径小于 32 mm，力学性能样坯的中心线与棒材中心线吻合，棒材直径不小于32 mm，力学性能样坯的中心线在棒材半径的 1/2 处。

6.4 复验与判定规则

6.4.1 当化学分析不合格时，允许在原取样部位重新取样对不合格的元素进行复验，若仍不合格，该炉批判为不合格。

6.4.2 当某项力学性能或工艺性能的检验结果不合格时，允许从该批棒材（包括原初检不合格的棒材）或熔检试样上切取双倍数量的试样，对不合格的项目进行复验，复验结果仍有一个试样不合格时，判该批棒材不合格。

6.4.3 当横向低倍检验不合格时，应判为不合格（缩孔残余等有规律性缺陷除外）。因缩孔残余等有规律性缺陷造成低倍检验不合格时，允许供方将其切净，然后复验，合格者交货。

6.4.4 当纵向低倍、纵向断口检验不合格时，允许将头、尾切净后重新取相同数量的试样进行复验，若仍不合格，则判为不合格，允许对其余棒材逐根进行检验，然后复验，合格者交货。

6.4.5 当高倍组织检验不合格时，允许从该批棒材上重新切取相同数量的试样对不合格项目进行复验，复验结果仍不合格，该批棒材判为不合格。因局部组织或热处理不当造成检验不合格时，允许供方重新热处理后作为新的一批提交验收；或逐根进行检验，合格者交货。

6.4.6 尺寸、外形、外观质量和超声波检验不合格时，单根棒材判为不合格。

6.4.7 允许供方根据实际情况将复验不合格的炉批改锻、拔(轧)成其他尺寸或重新热处理，重新组批提交验收。

6.5 试验结果无效

由于取样、制样、试验不当而获得的试验结果，应视为无效。

6.6 力学和化学试验结果的修约

除非在合同或产品标准中另有规定，当需要评定试验结果是否符合规定值，所给出的检验或试验结果应修约到与规定值本位数字所标识的数位一致，其修约方法应按 YB/T 081 的规定进行。

6.7 冶金来源缺陷的处理

当需方在成品或半成品零件上发现冶金来源缺陷，并经供需双方鉴定确认后，供方应予退货，并且当需方要求时应予补制。如供需双方对缺陷性质难以确定时，可提请双方同意的仲裁单位仲裁。

7 包装、标志及质量证明书

7.1 包装

棒材的包装按 GB/T 2101 的规定进行。

7.2 标志

棒材的标志按 GB/T 2101 的规定进行，也可以按照合同或专用技术文件规定进行。

7.3 质量证明书

每批供应的棒材均应附有质量证明书，其上注明：

a) 供方名称；
b) 需方名称；
c) 合同号；
d) 采用的标准号；
e) 材料牌号；
f) 冶炼方法；
g) 炉号、批号；
h) 交货状态；
i) 规格、数量、重量；
j) 试样热处理制度及合同或专用技术文件规定的各项检验结果(如复验，应包括两次检验结果)；
k) 质量检验部门印记。

注：当超出上述内容时，由供需双方协商。

8 订货内容

合同或订单中应注明下列内容：

a) 采用标准号；

b) 产品名称、合金牌号；

c) 冶炼方法；

d) 检验项目；

e) 交货状态；

f) 尺寸规格、数量、重量；

g) 尺寸允许偏差；

h) 交货时间；

i) 其他技术要求。

ICS 77.140.99
H 57

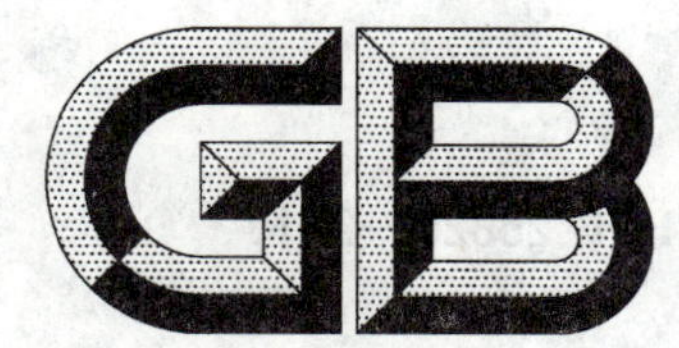

中华人民共和国国家标准

GB/T 25829—2010

高温合金成品化学成分允许偏差

Permissible variations for chemical composition of superalloy products

2010-12-23 发布 2011-09-01 实施

中华人民共和国国家质量监督检验检疫总局
中国国家标准化管理委员会 发布

前　言

本标准按照 GB/T 1.1—2009 给出的规则起草。

本标准由中国钢铁工业协会提出。

本标准由全国钢标准化技术委员会(SAC/TC 183)归口。

本标准起草单位:宝山钢铁股份有限公司、攀钢集团江油长城特殊钢有限公司、冶金工业信息标准研究院。

本标准主要起草人:刘群、戴强、谢伟、夏万勇、俞信霞、张捷频。

高温合金成品化学成分允许偏差

1 范围

本标准规定了高温合金成品化学成分允许偏差。

本标准适用于高温合金产品的成品化学成分分析。

2 规范性引用文件

下列文件对于本文件的应用是必不可少的。凡是注日期的引用文件，仅注日期的版本适用于本文件。凡是不注日期的引用文件，其最新版本(包括所有的修改单)适用于本文件。

GB/T 223(所有部分) 钢铁及合金化学分析方法

GB/T 11261 钢铁 氧含量的测定 脉冲加热惰气熔融-红外线吸收法

GB/T 20066 钢和铁 化学成分测定用试样的取样和制样方法

GB/T 20123 钢铁 总碳硫含量的测定 高频感应炉燃烧后红外吸收法(常规方法)

GB/T 20124 钢铁 氮含量的测定 惰性气体熔融热导法(常规方法)

GB/T 20127(所有部分) 钢铁及合金 痕量元素的测定

3 术语和定义

下列术语和定义适用于本文件。

3.1

成品分析 product analysis

即成品化学成分分析，指在成品上取样进行的化学成分分析。

3.2

成品化学成分允许偏差 permissible variations for chemical composition of products

成品化学成分分析的实测值与超出标准规定界限值之间的允许差值。

4 要求

4.1 成品分析用试样取样及制样方法

成品分析用试样的取样及制样应按 GB/T 20066 规定的方法或按供需双方协商规定的其他方法进行。

4.2 化学成分分析方法

4.2.1 化学成分分析方法按 GB/T 223、GB/T 20123 和 GB/T 20127 或按供需双方协商规定的其他方法进行。

4.2.2 化学成分仲裁分析方法按 GB/T 223 和 GB/T 20127 或按供需双方协商规定的其他方法进行。

4.3 成品化学成分允许偏差

4.3.1 高温合金成品化学成分允许偏差应符合表 1 的规定。

4.3.2 高温合金成品分析所得的值，不能超过标准规定的化学成分范围的上限加正偏差或下限加负偏差。同一元素只允许单向偏差，不允许同时出现正偏差和负偏差。

4.3.3 表1中未列出的元素，其成品化学成分允许偏差由供需双方协商确定。

表1

质量分数/%

元素	规定化学成分范围	允许偏差	
		上偏差	下偏差
C	≤0.01	0.002	0.002
	>0.01～0.03	0.005	0.005
	>0.03～0.20	0.01	0.01
	>0.20～0.60	0.02	0.02
	>0.60～1.00	0.03	0.03
Mn	≤1.00	0.03	0.03
	>1.00～3.00	0.04	0.04
	>3.00～6.00	0.05	0.05
	>6.00～10.00	0.07	0.07
P	全范围	0.005	—
S	<0.01	0.001	—
	≥0.01	0.003	—
Si	≤0.05	0.01	0.01
	>0.05～0.25	0.02	0.02
	>0.25～0.50	0.03	0.03
	>0.50～1.00	0.05	0.05
V	≤0.50	0.02	0.02
	>0.50～2.00	0.04	0.04
Cr	≤1.00	0.03	0.03
	>1.00～2.00	0.05	0.05
	>2.00～5.00	0.10	0.10
	>5.00～15.00	0.15	0.15
	>15.00～25.00	0.25	0.25
	>25.00～35.00	0.30	0.30
	>35.00～45.00	0.40	0.40
Ni	≤1.00	0.03	0.03
	>1.00～5.00	0.07	0.07
	>5.00～10.00	0.10	0.10
	>10.00～20.00	0.15	0.15
	>20.00～30.00	0.20	0.20
	>30.00～40.00	0.25	0.25
	>40.00～60.00	0.30	0.30
	>60.00～80.00	0.35	0.35

表 1（续） 质量分数/%

元素	规定化学成分范围	允许偏差	
		上偏差	下偏差
Cu	≤0.20	0.02	0.02
	>0.20～0.50	0.03	0.03
	>0.50～5.00	0.04	0.04
	>5.00～10.00	0.05	0.05
	>10.00～20.00	0.10	0.10
	>20.00～30.00	0.15	0.15
	>30.00～40.00	0.20	0.20
Mo	≤0.60	0.01	0.01
	>0.60～2.00	0.02	0.02
	>2.00～5.00	0.05	0.05
	>5.00～15.00	0.10	0.10
	>15.00～20.00	0.15	0.15
	>20.00～30.00	0.20	0.20
	>30.00～40.00	0.25	0.25
Ti	≤0.10	0.02	0.02
	>0.10～0.50	0.03	0.03
	>0.50～1.00	0.04	0.04
	>1.00～2.00	0.05	0.05
	>2.00～3.50	0.07	0.07
	>3.50～5.00	0.10	0.10
	>5.00～10.00	0.20	0.20
Co	≤0.10	0.01	0.01
	>0.10～0.20	0.02	0.02
	>0.20～1.00	0.03	0.03
	>1.00～5.00	0.05	0.05
	>5.00～10.00	0.10	0.10
	>10.00～15.00	0.15	0.15
	>15.00～20.00	0.20	0.20
	>20.00～25.00	0.25	0.25
	>25.00～30.00	0.30	0.30
	>30.00～35.00	0.35	0.35
	>35.00～50.00	0.50	0.50
Nb 或 Nb+Ta	≤1.50	0.02	0.02
	>1.50～5.00	0.05	0.05
	>5.00～7.00	0.10	0.10
	>7.00～10.00	0.15	0.15
	>10.00～13.00	0.20	0.20

表 1（续）

质量分数/%

元素	规定化学成分范围	允许偏差	
		上偏差	下偏差
Ta	≤0.10 >0.10～1.50 >1.50～5.00 >5.00～7.00	0.02 0.03 0.05 0.10	0.02 0.03 0.05 0.10
Al	≤0.10 >0.10～0.50 >0.50～2.00 >2.00～5.00 >5.00～10.00	0.01 0.02 0.05 0.10 0.20	0.01 0.02 0.05 0.10 0.20
Fe	≤0.20 >0.20～0.75 >0.75～2.50 >2.50～5.00 >5.00～10.00 >10.00～15.00 >15.00～30.00 >30.00～50.00	0.02 0.03 0.05 0.07 0.10 0.15 0.25 0.35	0.02 0.03 0.05 0.07 0.10 0.15 0.25 0.35
N	≤0.02 >0.02～0.20 >0.20～0.25 >0.25～0.35 >0.35～0.50 >0.50～0.60	0.005 0.01 0.02 0.03 0.04 0.05	0.005 0.01 0.02 0.03 0.04 0.05
W	≤0.20 >0.20～1.00 >1.00～5.00 >5.00～10.00 >10.00～22.00	0.01 0.02 0.05 0.10 0.15	0.01 0.02 0.05 0.10 0.15
Mg	≤0.01 >0.01～0.10	0.002 0.005	0.002 0.005
Ce	≤0.05 >0.05～0.10	0.005 0.01	0.005 0.01
Zr	≤0.02 >0.02～0.10 >0.10～0.20	0.002 0.01 0.02	0.002 0.01 0.02
Ca	≤0.01	0.002	0.002

表 1（续）

质量分数/%

元素	规定化学成分范围	允许偏差	
		上偏差	下偏差
B	≤0.01 >0.01～0.05 >0.05～0.10 >0.10～0.15	0.001 0.002 0.005 0.01	0.001 0.002 0.005 0.01
La	≤0.20	0.01	0.01
Hf	≤1.50 >1.50～3.00	0.05 0.10	0.05 0.10
Y	≤0.05 >0.05～0.10	0.005 0.01	0.005 0.01
O	≤0.01	0.003	0.003

ICS 77.140.99
H 57

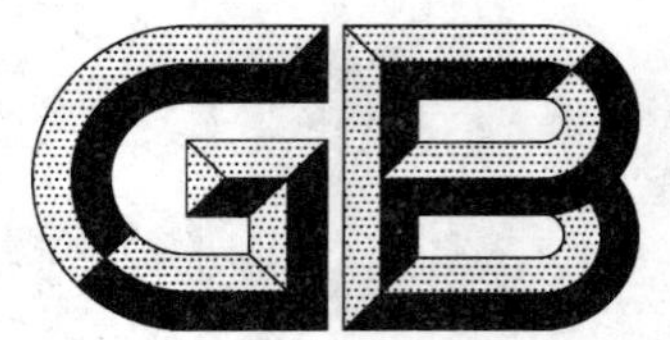

中华人民共和国国家标准

GB/T 25830—2010

高温合金盘(环)件通用技术条件

General specification of superalloy disks and rings

2010-12-23 发布　　2011-09-01 实施

中华人民共和国国家质量监督检验检疫总局
中国国家标准化管理委员会　发布

前　言

本标准按照 GB/T 1.1—2009 给出的规则起草。

本标准由中国钢铁工业协会提出。

本标准由全国钢标准化技术委员会(SAC/TC 183)归口。

本标准主要起草单位:钢铁研究总院、冶金工业信息标准研究院。

本标准主要起草人:袁英、庄景云、张继、栾燕、冯涤、刘宝石、戴强。

引　言

本标准是变形高温合金盘(环)件的通用技术条件,不涉及特定合金的应用条件和使用性能,仅对技术要求和检验规则做出一般性规定。本标准应与专用技术文件配套使用,不能单独用于订货。

高温合金盘(环)件通用技术条件

1 范围

1.1 本标准规定了经过热加工生产的变形高温合金的盘(环)件产品(包括自由锻、模锻和环轧产品)交货的技术要求、试验方法、检验规则,以及包装、标志及质量证明书和订货内容等。

1.2 本标准适用于锻制圆饼和环件毛坯、模锻盘、锻(轧)环等产品(以下统称盘(环)件)。

1.3 当合同或专用技术文件中的规定与本标准中的规定不一致时,应以合同或专用技术文件为准。

2 规范性引用文件

下列文件对于本文件的应用是必不可少的。凡是注日期的引用文件,仅注日期的版本适用于本文件。凡是不注日期的引用文件,其最新版本(包括所有的修改单)适用于本文件。

GB/T 223(所有部分) 钢铁及合金化学分析方法

GB/T 228.1 金属材料 拉伸试验 第1部分:室温试验方法(GB/T 228.1—2010,ISO 6892-1:2009,MOD)

GB/T 229 金属材料 夏比摆锤冲击试验方法

GB/T 230.1 金属材料洛氏硬度试验 第1部分:试验方法(A、B、C、D、E、F、G、H、K、N、T标尺)

GB/T 231.1 金属材料布氏硬度试验 第1部分:试验方法

GB/T 1786 锻制圆饼超声波检验方法

GB/T 2039 金属拉伸蠕变及持久试验方法

GB/T 2975 钢及钢产品力学性能试验取样位置及试样制备

GB/T 3075 金属材料 疲劳试验 轴向力控制方法

GB/T 4162 锻轧钢棒超声检测方法

GB/T 4337 金属材料 疲劳试验 旋转弯曲方法

GB/T 4338 金属材料 高温拉伸试验方法

GB/T 6394 金属平均晶粒度测定法

GB/T 13239 金属材料 低温拉伸试验方法

GB/T 14992—2005 高温合金和金属间化合物高温材料的分类和牌号

GB/T 14999.1 高温合金棒材纵向低倍组织酸浸试验方法

GB/T 14999.2 高温合金横向低倍组织酸浸试验方法

GB/T 14999.6 锻制高温合金双重晶粒组织和一次碳化物分布测定方法

GB/T 15248 金属材料轴向等幅低循环疲劳试验方法

GB/T 20066 钢和铁 化学成分测定用试样的取样和制样方法

GB/T 20127(所有部分) 钢铁及合金 痕量元素的测定

GB/T 25828 高温合金棒材通用技术条件

GB/T 25829 高温合金成品化学成分允许偏差

YB/T 081 冶金技术标准的数值修约与检测数值的判定原则

HB 5214 金属室温缺口拉伸试验方法

HB 5354 热处理工艺质量控制

HB/Z 59　超声波检验

3　术语和定义

GB/T 14999.1、GB/T 14999.2 和 GB/T 14999.6 界定的以及下列术语和定义适用于本文件。

3.1

热处理炉批　heat treatment furnace number

由同一热处理炉、同一图号、同一材料、同一尺寸、同一预处理状态、同一热处理制度(一次或连续)处理的盘(环)件组成。

3.2

检验批　inspection batch

由同一图号、同一熔炼炉号、同一热处理炉批、同一交货状态、同一表面质量、同一尺寸或外形，在同一时间提交检验的所有盘(环)件组成。

3.3

试样　test specimens

盘(环)件自身附带的样件或具有相同、相近工艺的同一生产批、同一热处理炉次的理化检验专用模拟件。

4　技术要求

4.1　冶炼方法

4.1.1　合金应按以下方法之一进行冶炼，可以选择供需双方同意的能满足使用条件的其他冶炼方法。所采用的冶炼方法应在合同和质量证明书中注明。

a)　电弧炉；

b)　电弧炉＋电渣重熔；

c)　电弧炉＋真空自耗重熔；

d)　非真空感应炉；

e)　非真空感应炉＋电渣重熔；

f)　非真空感应炉＋真空自耗重熔；

g)　真空感应炉；

h)　真空感应炉＋电渣重熔；

i)　真空感应炉＋真空自耗重熔；

j)　真空感应炉＋电渣重熔＋真空自耗重熔；

k)　真空感应炉＋真空自耗重熔＋电渣重熔。

4.1.2　当冶炼工艺、锭型尺寸有变化时，应征得需方同意。

4.2　均匀化处理

盘(环)件的均匀化处理按专用技术文件选择。

4.3　制造方法

盘(环)件采用开坯、镦锻、模锻、轧制等加工工艺制造，其中对材料要求的变形比按专用技术文件执行。

4.4 化学成分

4.4.1 常用的变形高温合金牌号和化学成分见 GB/T 14992—2005 的表 1。允许在产品标准或合同、协议中规定较严格的化学成分范围，以及对微量元素、痕量元素和有害元素的控制要求。

4.4.2 成品化学成分允许偏差应符合 GB/T 25829 的规定，其结果应符合合同或专用技术文件的规定。

4.5 热处理

盘(环)件应按专用工艺技术文件规定进行热处理，热处理工艺质量控制按 HB 5354 的规定执行。表面状态应符合图纸和专用技术文件的要求，实际热处理制度应在质量证明书中注明。

4.6 交货状态

4.6.1 根据需方要求，供方可以提供以下不同交货状态的盘(环)件，产品的最终处理状态应在合同和质量证明书中注明。其他交货状态，供需双方协商确定。

a) 锻或轧态；

b) 车光；

c) 热处理、车光。

4.6.2 盘(环)件经最终热处理至规定的硬度交货时，硬度指标和表面状态按合同或专用技术文件规定执行。

4.7 力学性能

4.7.1 按专用技术文件选择在熔检料、或盘(环)解剖件、或试样环上进行力学性能试验。

4.7.2 力学性能应符合合同或专用技术文件的规定。

4.8 冶金质量

4.8.1 坯料

4.8.1.1 低倍和高倍组织

按照 GB/T 25828 的规定或专用技术文件进行检验。

4.8.1.2 外观质量

坯料表面经粗加工后进行低倍腐蚀检查，不允许有目视可见的残余缩孔、过烧、空洞、裂纹、夹杂和夹渣等缺陷。局部出现上述缺陷时，允许用倾斜法打磨清理，打磨处应圆滑过渡。端面缺陷打磨宽深比应不小于 6；侧面缺陷打磨宽深比应不小于 8。

4.8.1.3 超声波检验

坯料表面经机械加工到超声波探伤要求的粗糙度后，应逐个进行超声波检验，探伤级别与合格标准应符合供需双方签订的技术协议或专用技术文件的规定。

4.8.2 盘(环)件

4.8.2.1 低倍组织

4.8.2.1.1 径轴向低倍组织

4.8.2.1.1.1 在经热处理的酸浸纵向试样上，不应有目视可见的裂纹、折叠、分层、空洞、夹杂和严重偏析等冶金缺陷,其评定方法应符合 GB/T 14999.1 规定或专用技术文件的规定。

4.8.2.1.1.2　变形流线应基本沿盘(环)件总的轮廓线分布,且规则、无穿流、无严重的涡流现象。

4.8.2.1.1.3　当需要时,供方应提供低倍(1∶1)晶粒度实际检查照片。

4.8.2.1.2　横向表面低倍组织

4.8.2.1.2.1　盘(环)件经粗加工、酸浸后不允许有裂纹、分层、空洞、夹杂和严重偏析等冶金缺陷。

4.8.2.1.2.2　盘(环)件经热处理、酸浸后按 GB/T 6394 和 GB/T 14999.2 测定表面宏观晶粒度、个别粗晶粒、粗晶区、碳化物偏析等,其评定方法应符合产品标准或专用技术文件的规定。

4.8.2.1.3　其他

当需要时,对低倍组织检验时发现的浅、暗色腐蚀区域,可按 4.8.2.2.3 进行高倍组织检验,鉴定点偏、黑斑、白斑等偏析。

4.8.2.2　径轴向高倍组织

4.8.2.2.1　晶粒度

受检样经热处理、腐蚀后,借助显微镜测定晶粒度。等轴晶按照 GB/T 6394 相应规定测定和评级;双重晶粒组织按照 GB/T 14999.6 相应规定测定和评级,按照产品标准或专用技术文件验收。

4.8.2.2.2　一次碳化物

当需要时,受检样不经腐蚀,借助显微镜检查一次碳化物的分布状态,按照 GB/T 14999.6 和专用技术文件的规定进行评定和验收。

4.8.2.2.3　偏析

当需要时,借助显微镜对低倍组织中出现的浅、暗色腐蚀区域进行分析。对检验出的点偏、黑斑、白斑按专用技术文件的规定处理,或由供需双方根据具体使用要求协商解决。

4.8.2.2.4　析出相

根据需方要求,可以对合金中的析出相进行检验。检验方法和验收标准按照专用技术文件的规定,或由供需双方根据具体使用要求协商解决。

4.8.2.3　超声波检验

经粗加工后的盘(环)件应逐件进行超声波探伤检验,采用方法和探伤标准应经需方同意,其合格级别应符合专用技术文件的规定。

4.9　尺寸、外形、重量及允许偏差

4.9.1　盘(环)坯应呈鼓形或圆柱形,不应有明显的歪扭、偏斜及双鼓形;环坯内外径要同心,圆周壁厚要均匀。

4.9.2　盘(环)件的尺寸、重量及其允许偏差应符合供需双方签订的盘(环)件图纸要求。

4.10　外观质量

盘(环)件表面不允许有过热和过烧等影响材质的缺陷存在。不允许有目视可见的裂纹、结疤、折叠、夹渣、嵌入物、氧化皮等冶金缺陷。允许用倾斜打磨的方法清除这些缺陷,打磨处应圆滑过渡,清理

深度不应超过图纸规定的加工余量之半。清理后的表面状态应满足图纸要求。

5 试验方法

5.1 化学分析取样按照 GB/T 20066 有关规定进行，成品化学分析在最终熔炼炉号的铸锭(或坯料或成品)上进行。痕量元素分析按 GB/T 20127 的规定进行，其他元素的分析方法按 GB/T 223 或其他相关标准规定进行。

5.2 力学性能试验取样位置和试样制备按 GB/T 2975 规定。

5.3 洛氏硬度试验按 GB/T 230.1 进行；布氏硬度试验按 GB/T 231.1 进行。

5.4 室温拉伸试验按 GB/T 228.1 进行；高温拉伸试验按 GB/T 4338 进行；低温拉伸试验按 GB/T 13239 进行；室温缺口拉伸试验按 HB 5214 进行。

5.5 冲击试验按 GB/T 229 进行。

5.6 光滑和缺口持久、蠕变试验按 GB/T 2039 进行。

5.7 轴向力控制疲劳试验按 GB/T 3075 进行。

5.8 旋转弯曲疲劳试验按 GB/T 4337 进行。

5.9 轴向等幅低循环疲劳试验按 GB/T 15248 进行。

5.10 低倍组织检验用目视或借助于 10 倍以下的放大镜按 GB/T 14999.1 和 GB/T 14999.2 进行。

5.11 等轴晶晶粒度按 GB/T 6394 的规定测定和评级。

5.12 双重晶粒组织和一次碳化物分布按 GB/T 14999.6 规定测定和评级。

5.13 棒坯的超声波检验按 GB/T 4162 的规定进行；饼坯和盘件超声波检验按 GB/T 1786 的规定进行；环坯和环件超声波检验按 HB/Z 59 的规定进行。

5.14 成品的尺寸用通用的卡尺、千分尺或钢卷尺测量量具进行测量。

5.15 成品应逐件用目视进行表面质量检查，必要时，可采用其他方法检查。

6 检验规则

6.1 检查和验收

6.1.1 产品的质量应由供方质量检验部门进行检验和验收。

6.1.2 供方应保证交货的产品符合合同或专用技术文件及图纸的规定，需方有权按照合同或专用技术文件及图纸的规定进行检验和验收。

6.2 组批规则

盘(环)件应按批提交检验和验收。每批由同一图号、同一熔炼炉号、同一热处理炉批、同一交货状态、同一表面质量、同一尺寸或外形，在同一时间提交检验的所有盘(环)件组成。经电渣或真空自耗重熔的双联工艺生产的盘(环)件，经供需双方协商允许按母炉号组批。

6.3 检验项目、取样部位及取样数量

6.3.1 根据盘(环)件产品的使用要求，选择检验类别或类别的组合、或检验项目的序号。表 1 概括了盘(环)件常用的检测项目、取样数量和取样部位。其他要求检验的项目，按照合同或专用技术文件的规定执行。

6.3.2 对于采用不同图号组批的盘(环)件，征得需方同意后，可以用尺寸最大(截面积最大)的盘(环)件的理化检验结果代表本批盘(环)件的检验结果。

表 1

<table>
<tr><th>类别</th><th>序号</th><th colspan="2">检验项目</th><th>取样数量/个</th><th>取样部位[a,b,c]</th></tr>
<tr><td rowspan="7">一般检验</td><td rowspan="2">1</td><td colspan="2" rowspan="2">化学分析</td><td>1～2/炉</td><td>取样按 GB/T 20066 要求；
最终是电渣冶炼的合金，对 C、Al、Ti 元素应从锭头和锭尾分别取样，其他规定元素只从锭头部取样</td></tr>
<tr><td>1</td><td>复验时在解剖件或试样环上任取</td></tr>
<tr><td rowspan="2">2</td><td rowspan="2">硬度</td><td>试样</td><td>2/批</td><td>熔检试样：对应铸锭头部位置</td></tr>
<tr><td>盘(环)件</td><td>按相应技术条件</td><td>按图纸规定部位</td></tr>
<tr><td>3</td><td colspan="2">外观质量</td><td>逐件</td><td>交货产品</td></tr>
<tr><td>4</td><td colspan="2">尺寸、外形</td><td>逐件</td><td>交货产品</td></tr>
<tr><td>5</td><td colspan="2">超声波检验</td><td>逐件</td><td>坯料和盘(环)件</td></tr>
<tr><td rowspan="4">专项检验</td><td rowspan="2">6</td><td colspan="2">横向低倍</td><td>1/炉</td><td>熔检试样：对应铸锭头部位置</td></tr>
<tr><td colspan="2">横向表面低倍</td><td>按相应技术条件</td><td>盘(环)件</td></tr>
<tr><td>7</td><td colspan="2">径轴向低倍</td><td>1/炉</td><td>解剖件：径轴向剖面</td></tr>
<tr><td>8</td><td colspan="2">径轴向高倍</td><td>1～2/批</td><td>熔检试样：对应铸锭头部位置；
解剖件：径轴向中心和 1/2R 处；
试样件：技术要求或图纸规定部位</td></tr>
<tr><td rowspan="5">常规力学性能</td><td>9</td><td colspan="2">室温冲击</td><td rowspan="5">2/批</td><td rowspan="5">熔检试样：对应铸锭的头部位置；
解剖件：轮缘弦向；
试样件：弦向</td></tr>
<tr><td>10</td><td colspan="2">室温拉伸</td></tr>
<tr><td>11</td><td colspan="2">高温拉伸</td></tr>
<tr><td>12</td><td colspan="2">高温光滑持久</td></tr>
<tr><td>13</td><td colspan="2">高温缺口持久</td></tr>
<tr><td rowspan="4">专项力学性能</td><td>14</td><td colspan="2">室温缺口拉伸</td><td rowspan="4">1～2/批</td><td rowspan="4">熔检试样：对应铸锭的头部位置；
解剖件：轮缘弦向；
试样件：弦向</td></tr>
<tr><td>15</td><td colspan="2">低温拉伸</td></tr>
<tr><td>16</td><td colspan="2">蠕变</td></tr>
<tr><td>17</td><td colspan="2">疲劳</td></tr>
<tr><td colspan="6">[a] 铸锭的最后凝固端称为铸锭的头部。
[b] 硬度允许在冲击试样上进行(冲击试验前)。
[c] 因熔检坯锻造工艺不当导致力学性能检验不合格时，可用中间坯改锻成熔检试样检验，也可在解剖件或试样环上取弦向试样检验。</td></tr>
</table>

6.3.3 当供方在 90 mm×90 mm 方熔检样上进行检验时，应向需方提供 90 mm×90 mm×200 mm 的长试料两块，提供需方复验。

6.3.4 当供方在相当于铸锭头部的半个解剖件(或在供需双方指定的解剖件)上进行检验时，剩余的半个解剖件提供需方复验。

6.3.5 当供方在半个试样件上进行检验时，剩余的半个试样件提供需方复验。

6.4 复验与判定规则

6.4.1 当化学分析不合格时，允许在原取样部位重新取样对不合格元素复验，若仍不合格，该炉批判为不合格。

6.4.2 当某项力学性能试验结果不合格时，允许从原受检样上取双倍数量的试样对不合格的项目进行重复试验。复验结果即使有一个试样不合格，该批盘（环）件判为不合格。如能确定是由于热处理不当造成的，允许对盘（环）件按特定合金的热处理制度进行重新热处理后，再进行全部性能的检验。若仍不合格，该批盘（环）件判为不合格。重新热处理只允许进行一次。补充时效不计为重复热处理。

6.4.3 熔检试样的横向低倍组织检验不合格时，单炼料可在该锭的第一个坯料上检查，如仍不合格，还应对相邻坯料和所有相对锭头部的第一个坯料进行检查；经电渣和自耗炉重熔料，应对邻近坯料进行检查；双联工艺生产的坯料按母炉号组批时，允许供方将不合格子炉号报废，其余子炉号逐炉检查。

当供方在有技术依据，且能确保产品质量的情况下，允许对坯料中一些有规律分布的低倍缺陷（如残余缩孔、粗大疏松、热加工裂纹等）进行复验，复验仍不合格时，则该炉批坯料报废。但允许供方按缺陷在锭中的部位、顺序对坯料的横向低倍进行检查或对全炉批坯料逐个检查，重新组批提交验收。

6.4.4 盘（环）件横向表面低倍组织检验存在冶金裂纹、偏析或晶粒度不合格时，单件判为不合格。对于盘（环）件表面低倍组织检查如发现点偏、黑斑、白斑，按专用技术文件的规定处理，或由供需双方根据具体使用要求协商解决。

6.4.5 解剖件径轴向低倍组织检验不合格时，如系因合金冶炼造成的空洞、夹杂和严重偏析，不允许重复试验，该炉批盘（环）件判为不合格；如能确认该盘（环）件上述缺陷是由于合金铸锭头、尾未切净造成的，可在相邻的盘（环）件上进行检验。如检验合格，该炉批盘（环）件判为合格；如果是因为锻造或轧制过程中产生的裂纹或折叠，不影响盘（环）件的机械加工和成品盘（环）件的质量，在有充分技术依据时，该批盘（环）件判为合格。

6.4.6 熔检试样、解剖件、试样件径轴向高倍组织检验不合格时，允许复验。如复验结果仍不合格，该批判为不合格。因局部组织或热处理不当造成检验不合格时，允许供方重新热处理后作为新的一批提交验收；或逐个进行检验，合格者交货。

6.4.7 当坯料或盘（环）件超声波检验不合格时，单件判为不合格。

6.4.8 当坯料或盘（环）件尺寸、外形、外观质量检验不合格时，单件判为不合格。允许供方根据实际情况将不合格的炉批改锻或改轧成其他尺寸或重新热处理，重新组批提交验收。

6.5 试验结果无效

由于取样、制样、试验不当而获得的试验结果，应视为无效。

6.6 力学和化学试验结果的修约

除非在合同或产品标准中另有规定，当需要评定试验结果是否符合规定值，所给出的检验或试验结果应修约到与规定值本位数字所标识的数位一致，其修约方法应按 YB/T 081 的规定进行。

6.7 冶金来源缺陷的处理

当需方在成品或半成品零件上发现冶金来源缺陷，并经供需双方鉴定确认后，供方应予退货，并且当需方要求时应予补制。如供需双方对缺陷性质难以确定时，可提请双方同意的仲裁单位仲裁。

7 包装、标志及质量证明书

7.1 包装

盘（环）件按照订货合同要求进行包装。

7.2 标志

7.2.1 供方应尽量满足需方要求在盘(环)件指定部位进行标识。

7.2.2 标记内容应具有可追溯性。标记包括:材料牌号、熔炼炉号、锭节号、盘(环)件代号。

7.3 质量证明书

每批盘(环)件均应附有供方质量检验部门签发的质量证明书,其上注明:

a) 供方名称或代号;
b) 需方名称;
c) 合同号;
d) 采用的标准号或技术协议号;
e) 盘(环)件名称及图号;
f) 合金牌号;
g) 熔炼炉号、锭节号;
h) 交货状态;
i) 本批数量或重量;
j) 材料生产厂及冶炼方法;
k) 试样热处理制度及合同或专用技术文件规定的各项检验结果(如复验,应包括两次检验结果);
l) 质量检验部门印记。

注:当超出上述内容时,由供需双方协商。

8 订货内容

合同或订单中应注明下列内容:

a) 采用的标准号或技术协议号;
b) 合金牌号;
c) 冶炼方法;
d) 盘(环)件名称、图号;
e) 数量;
f) 检验项目;
g) 交货状态;
h) 其他技术要求。

ICS 77.140.99
H 57

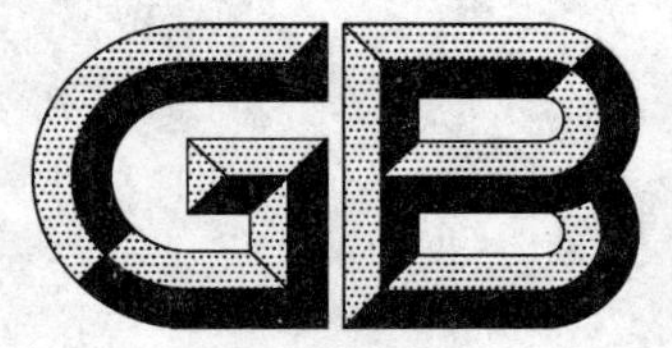

中华人民共和国国家标准

GB/T 25831—2010

高温合金丝材通用技术条件

General specification of superalloy wires

2010-12-23 发布　　　2011-09-01 实施

中华人民共和国国家质量监督检验检疫总局
中国国家标准化管理委员会 发布

前　言

本标准按照 GB/T 1.1—2009 给出的规则起草。

本标准由中国钢铁工业协会提出。

本标准由全国钢标准化技术委员会(SAC/TC 183)归口。

本标准主要起草单位:钢铁研究总院、冶金工业信息标准研究院。

本标准主要起草人:袁英、庄景云、张继、刘宝石、冯涤、戴强、栾燕。

引　言

本标准是变形高温合金丝材的通用技术条件。不涉及特定合金的应用条件和使用性能，仅对技术要求和检验规则做出一般性规定。本标准应与专用技术文件配套使用，不能单独用于订货。

高温合金丝材通用技术条件

1 范围

1.1 本标准规定了变形高温合金丝材产品交货的技术要求、试验方法、检验规则、包装、标志及质量证明书、订货内容等。

1.2 本标准适用于制作弹簧用的冷拉丝(简称弹簧丝),制作铆钉、紧固件顶镦用的冷拉丝(简称顶镦丝),供电弧焊和气体保护焊等用的冷拉丝(简称焊丝),以下统称为丝材。其他用途丝材可参照使用。

1.3 当合同或专用技术文件中的规定与本标准中的规定不一致时,应以合同或专用技术文件为准。

2 规范性引用文件

下列文件对于本文件的应用是必不可少的。凡是注日期的引用文件,仅注日期的版本适用于本文件。凡是不注日期的引用文件,其最新版本(包括所有的修改单)适用于本文件。

GB/T 223(所有部分) 钢铁及合金化学分析方法

GB/T 228.1 金属材料 拉伸试验 第1部分:室温试验方法(GB/T 228.1—2010,ISO 6892-1:2009,MOD)

GB/T 230.1 金属材料 洛氏硬度试验 第1部分:试验方法(A、B、C、D、E、F、G、H、K、N、T 标尺)

GB/T 231.1 金属材料 布氏硬度试验 第1部分:试验方法

GB/T 238 金属材料 线材 反复弯曲试验方法

GB/T 239 金属线材扭转试验方法

GB/T 2039 金属拉伸蠕变及持久试验方法

GB/T 2103 钢丝验收、包装、标志及质量证明书的一般规定

GB/T 2975 钢及钢产品力学性能试验取样位置及试样制备

GB/T 2976 金属材料 线材 缠绕试验方法

GB/T 4162 锻轧钢棒超声检测方法

GB/T 4338 金属材料 高温拉伸试验方法

GB/T 4340.1 金属材料 维氏硬度试验 第1部分:试验方法

GB/T 6394 金属平均晶粒度测定法

GB/T 14992—2005 高温合金和金属间化合物高温材料的分类和牌号

GB/T 14999.1 高温合金棒材纵向低倍组织酸浸试验方法

GB/T 14999.2 高温合金横向低倍组织酸浸试验方法

GB/T 14999.4 高温合金显微组织试验法

GB/T 20066 钢和铁 化学成分测定用试样的取样和制样方法

GB/T 20127(所有部分) 钢铁及合金 痕量元素的测定

GB/T 25829 高温合金成品化学成分允许偏差

YB/T 081 冶金技术标准的数值修约与检测数值的判定原则

YB/T 5293 金属材料 顶锻试验方法

HB 5354 热处理工艺质量控制

3 术语和定义

GB/T 14999.1、GB/T 14999.2 和 GB/T 14999.4 界定的以及下列术语和定义适用于本文件。

3.1

热处理炉批 heat treatment furnace number

由同一热处理炉、同一材料、同一尺寸、同一预处理状态、同一热处理制度(一次或连续)处理的丝材组成。

3.2

检验批 inspection batch

由同一熔炼炉号、同一热处理炉批、同一交货状态、同一表面质量、同一尺寸或外形,在同一时间提交检验的所有丝材组成。

4 技术要求

4.1 冶炼工艺

4.1.1 合金应按以下方法之一进行冶炼,可以选择供需双方同意的能满足使用条件的其他冶炼方法。所采用的冶炼方法应在合同和质量证明书中注明。

a) 电弧炉;
b) 电弧炉+电渣重熔;
c) 电弧炉+真空自耗重熔;
d) 非真空感应炉;
e) 非真空感应炉+电渣重熔;
f) 非真空感应炉+真空自耗重熔;
g) 真空感应炉;
h) 真空感应炉+电渣重熔;
i) 真空感应炉+真空自耗重熔;
j) 真空感应炉+电渣重熔+真空自耗重熔;
k) 真空感应炉+真空自耗重熔+电渣重熔。

4.1.2 当冶炼工艺、锭型尺寸有变化时,应征得需方同意。

4.2 均匀化处理

丝材的均匀化处理按专用技术文件选择。

4.3 制造方法

丝材采用开坯、锻制、热轧、冷拉、顶镦等加工工艺制造,其中对材料要求的变形比按专用技术文件执行。

4.4 化学成分

4.4.1 常用的变形高温合金牌号和化学成分见 GB/T 14992—2005 的表 1。允许在产品标准或合同、协议中规定较严格的化学成分范围、微量元素、痕量元素和有害元素的控制要求。

4.4.2 成品化学成分允许偏差应符合 GB/T 25829 的规定，其结果应符合合同或专用技术文件的规定。

4.5 热处理

丝材应按专用工艺技术文件规定进行热处理，丝材的热处理工艺质量控制按 HB 5354 的规定执行。表面状态应符合合同或产品标准的规定，实际热处理制度应在质量证明书中注明。

4.6 交货状态

4.6.1 根据需方要求，供方可以提供以下不同交货状态的丝材，丝材的最终处理状态应在合同和质量证明书中注明。其他交货状态，由供需双方协商确定。

a) 冷拉(硬态)态；

b) 半硬态(焊丝，减面率不大于 20%)；

c) 光亮固溶或光亮退火处理；

d) 固溶处理、酸洗；

e) 固溶处理、细磨光。

4.6.2 丝材以成盘(轴)或直条状态交货。

4.7 力学性能和工艺性能

丝材的力学性能和工艺性能应符合需方订单或专用技术文件的规定。

4.8 低倍组织

4.8.1 在经酸浸的横向试片上不应有缩孔、缩孔痕迹、空洞、针孔、裂纹和夹杂(包括外来金属夹渣)，其评定方法按照 GB/T 14999.2 规定执行。

4.8.2 需要时，可在经热处理的酸浸纵向试样上检验低倍组织。其评定方法应符合 GB/T 14999.1 规定或专用技术文件的规定。

4.8.3 如发现浅、暗色腐蚀区域，需要时可按 4.9.2 进行高倍组织检验，鉴定点偏、黑斑、白斑等偏析。

4.9 高倍组织

4.9.1 根据需方要求，可在热处理状态的成品丝(或中间坯)上检验晶粒度、条带晶粒组织、一次碳化物分布和析出相。按专用技术文件或合同要求验收。

4.9.2 当需要时，借助显微镜对低倍组织中出现的异常浅、暗色腐蚀区域进行分析。对检验出的点偏、黑斑、白斑按专用技术文件的规定处理，或由供需双方根据具体使用要求协商解决。

4.10 超声波检验

根据需方要求，可在中间坯上进行超声波检验。检验方法和试验要求由供需双方协商确定。

4.11 尺寸、外形、重量及允许偏差

4.11.1 尺寸及允许偏差

4.11.1.1 弹簧丝

4.11.1.1.1 交货状态的圆形弹簧丝直径及其允许偏差应符合表 1 的规定。需方要求特殊尺寸偏差时应在合同中注明。

表 1

单位为毫米

公称直径	允许偏差
0.10～0.30	±0.014
>0.3～0.60	±0.018
>0.60～1.0	±0.023
>1.0～3.0	±0.030
>3.0～6.0	±0.040
>6.0～8.0	±0.050

4.11.1.1.2　其他形状的弹簧丝直径及其允许偏差按专用技术文件的规定执行。

4.11.1.1.3　以直条状态交货的弹簧丝，其长度应不小于 1 000 mm。

4.11.1.2　**顶镦丝**

4.11.1.2.1　交货状态的顶镦丝直径及其允许偏差应符合表 2 的规定。经固溶＋酸洗的成品顶镦丝，直径允许偏差为表 2 中规定的相应直径允许偏差的 2 倍。

表 2

单位为毫米

公称直径	允许偏差		公称直径	允许偏差	
	普通精度	高级精度		普通精度	高级精度
<2.0	−0.05	−0.04	>5.0～6.0	−0.08	−0.05
≥2.0～5.0	−0.06	−0.04	>6.0～8.0	−0.08	−0.06
注：高级精度指经细磨光交货的顶镦丝。					

4.11.1.2.2　以直条状态交货的顶镦丝，其长度应不小于 2 000 mm；长度大于 1 000 mm 但小于 2 000 mm 的顶镦丝，每批允许不超过总支数的 20％。

4.11.1.3　**焊丝**

4.11.1.3.1　交货状态的焊丝直径及其允许偏差应符合表 3 的规定。经酸洗的成品焊丝直径允许偏差为表 3 中规定的相应直径允许偏差的 2 倍。

表 3

单位为毫米

公称直径	允许偏差
0.2～0.3	−0.03
>0.3～0.8	−0.04
>0.8～2.5	−0.05
>2.5～6.0	−0.08
>6.0～10.0	−0.10

4.11.1.3.2　以直条状态交货的焊丝，供应长度分别为 450 mm、675 mm 和 900 mm。根据需方要求，并应在合同中注明，也可以供应其他长度的焊丝。

4.11.2 外形及允许偏差

4.11.2.1 交货状态的圆形丝材的不圆度应不大于直径允许偏差之半。
4.11.2.2 其他形状丝材的外形及允许偏差应符合专用技术文件的要求。
4.11.2.3 每盘丝材应规整,不应散乱或成“∞”字形。每盘丝材不应多于两个头。

4.11.3 重量

交货状态的丝材盘重应符合表4的规定。

表4

公称直径/mm	每盘(轴)重量/kg,不小于
<2.0	不限
2.0～4.0	2.0
>4.0～6.5	3.0
>6.5～10.0	4.0

4.12 外观质量

4.12.1 交货状态的丝材表面应光滑,不应有裂纹、结疤、折叠、起刺、锈蚀、油污、氧化皮及其他有害缺陷。
4.12.2 交货状态的丝材表面允许有深度不超过直径公差之半的个别小拉痕、划伤、麻点、矫直痕迹和其他不影响使用的缺陷存在。固溶处理+酸洗、光亮固溶或光亮退火处理状态交货的丝材允许有轻微的氧化色。

5 试验方法

5.1 化学分析取样按GB/T 20066规定进行,成品化学分析在最终熔炼炉号的铸锭(或坯料或成品)上进行。痕量元素分析按GB/T 20127的规定进行,其他元素的分析方法按GB/T 223或其他相关标准规定进行。
5.2 力学性能试验取样位置和试样制备按GB/T 2975规定。
5.3 洛氏硬度试验按GB/T 230.1进行;布氏硬度试验按GB/T 231.1进行;维氏硬度试验按GB/T 4340.1进行。
5.4 室温拉伸试验按GB/T 228.1进行;高温拉伸试验按GB/T 4338进行。
5.5 持久试验按GB/T 2039进行。
5.6 顶锻试验按YB/T 5293进行。
5.7 反复弯曲试验按GB/T 238进行。
5.8 扭转试验按GB/T 239进行。
5.9 缠绕试验按GB/T 2976进行。
5.10 排绕特性和螺旋度检验按专用技术文件规定进行。
5.11 低倍组织检验用目视或借助于10倍以下的放大镜按GB/T 14999.1和GB/T 14999.2进行。
5.12 晶粒度测定按GB/T 6394进行;条带晶粒组织和一次碳化物分布测定按GB/T 14999.4进行。
5.13 超声波检验按GB/T 4162的相应规定进行。

5.14 尺寸测量采用最小分度值为 0.01 mm 的量具，在同一横截面的两个相互垂直的方向进行。每支(盘、轴)丝材测量的部位不少于两处。

5.15 不圆度测量采用最小分度值为 0.01 mm 的量具，在同一横截面上测量最大直径与最小直径，并计算两者之差。

5.16 秤量盘(轴)重采用最小分度值为 0.1 kg 的衡具。

5.17 外观质量采用目视进行检查，有争议时，可用适用的方法进行鉴别。

6 检验规则

6.1 检查和验收

6.1.1 产品的质量应由供方质量检验部门进行检验和验收。

6.1.2 供方应保证交货的产品符合合同或专用技术文件的规定，需方有权按照合同或专用技术文件的规定进行检验和验收。

6.2 组批规则

丝材应按批提交检验和验收。每批由同一熔炼炉号、同一热处理炉批、同一交货状态、同一表面质量、同一尺寸或外形，在同一时间提交检验的所有丝材组成。

6.3 检验项目、取样部位及取样数量

根据丝材产品的使用要求，选择检验类别或类别组合、或检验项目。每批丝材的检验项目、取样数量和取样部位见表 5。其他要求检验的项目，按照合同或专用技术文件的规定执行。

表 5

类别	序号	试验项目	取样数量/个	取样部位
一般检验	1	化学分析	1～2/炉	取样按 GB/T 20066 要求； 最终是电渣冶炼的合金，对 C、Al、Ti 元素应从锭头和锭尾分别取样，其他规定元素只从锭头部取样
	2	重量	逐盘(轴)	交货状态成品丝
	3	尺寸、外形	逐支(盘、轴)	
	4	外观质量		
专项检验	5	低倍组织	2/批	中间坯：相当于铸锭的头、尾位置
	6	高倍组织	2/批	中间坯：相当于铸锭的头、尾位置； 成品丝：任取
	7	超声波检验	100%	中间坯
常规力学性能	8	硬度	2/批	成品丝：任取
	9	室温拉伸		中间坯：任取； 成品丝：任取
	10	高温拉伸		
	11	持久		

表 5（续）

类别	序号	试验项目	取样数量/个	取样部位
工艺性能	12	顶锻	2/批	成品丝不同支上:任取
	13	扭转		
	14	缠绕		
	15	反复弯曲		
	16	排绕、螺旋度	按合同要求	交货状态成品丝
注：铸锭的最后凝固端称为铸锭的头部。				

6.4 复验与判定规则

6.4.1 当化学分析不合格时，允许在原取样部位重新取样对不合格元素复验，若仍不合格，则该炉批判为不合格。

6.4.2 当某项力学性能或工艺性能的检验结果不合格时，允许从该批丝材或中间坯（包括原初试不合格的丝材或中间坯）上切取双倍数量的试样，对不合格的项目进行复验，复验结果即使有一个试样不合格时，则该批丝材判为不合格。

6.4.3 当低倍组织检验不合格时，则该批丝材判为不合格（缩孔残余等有规律性缺陷除外）。因缩孔残余等有规律性缺陷造成低倍检验不合格时，允许供方将其切净，然后复验，合格者交货。

6.4.4 当高倍组织检验不合格时，允许从该批丝材或中间坯上重新切取试样对不合格项目进行复验，复验结果仍不合格，则该批丝材判为不合格。因局部组织或热处理不当造成检验不合格时，允许供方重新热处理后作为新的一批提交验收；或逐支（盘、轴）进行检验，合格者交货。

6.4.5 当尺寸、外形、重量、外观质量和超声波检验不合格时，应单支（盘、轴）丝材判为不合格。

6.4.6 允许供方根据实际情况将复验不合格的炉批冷拉成其他尺寸或重新热处理，重新组批提交验收。

6.5 试验结果无效

由于取样、制样、试验不当而获得的试验结果，应视为无效。

6.6 力学和化学试验结果的修约

除非在合同或产品标准中另有规定，当需要评定试验结果是否符合规定值，所给出的检验或试验结果应修约到与规定值本位数字所标识的数位一致，其修约方法应按 YB/T 081 的规定进行。

6.7 冶金来源缺陷的处理

当需方在成品或半成品零件上发现冶金来源缺陷，并经供需双方鉴定确认后，供方应予退货，并且当需方要求时应予补制。如供需双方对缺陷性质难以确定时，可提请双方同意的仲裁单位仲裁。

7 包装、标志及质量证明书

7.1 包装

丝材的包装按 GB/T 2103 的规定进行。

7.2 标志

丝材的标志按 GB/T 2103 的规定进行，也可以按合同或专用技术文件的规定。

7.3 质量证明书

每批供应的丝材均应附有质量证明书，其上注明：

a) 供方名称；

b) 需方名称；

c) 合同号；

d) 采用的标准号；

e) 材料牌号；

f) 冶炼方法；

g) 炉号、批号

h) 交货状态；

i) 规格、数量、重量；

j) 试样热处理制度及合同或专用技术文件规定的各项检验结果(如复验，应包括两次检验结果)；

k) 质量检验部门印记。

注：当超出上述内容时，由供需双方协商。

8 订货内容

合同或订单中应注明下列内容：

a) 采用标准号；

b) 产品名称、合金牌号；

c) 冶炼方法；

d) 检验项目；

e) 交货状态；

f) 尺寸规格、数量、重量；

g) 尺寸允许偏差；

h) 交货时间；

i) 其他技术要求。

ICS 77.140.50
H 46

中华人民共和国国家标准

GB/T 25832—2010

搪瓷用热轧钢板和钢带

Hot rolled steel plates and strips for porcelain enameling

2010-12-23 发布　　2011-09-01 实施

中华人民共和国国家质量监督检验检疫总局
中国国家标准化管理委员会　发布

前 言

本标准按照GB/T 1.1—2009给出的规则起草。

本标准由中国钢铁工业协会提出。

本标准由全国钢标准化技术委员会(SAC/TC 183)归口。

本标准起草单位:鞍钢股份有限公司、冶金工业信息标准研究院。

本标准主要起草人:管吉春、朴志民、王东明、王晓虎。

搪瓷用热轧钢板和钢带

1 范围

本标准规定了搪瓷用热轧钢板和钢带的牌号表示方法、订货内容、尺寸、外形、重量及允许偏差、技术要求、试验方法、检验规则、包装、标志及质量证明书等。

本标准适用于轻工、家电、冶金、建筑、化工设备、水处理工业等行业使用的具有良好搪瓷性能厚度不大于40 mm的热轧钢板和钢带。

2 规范性引用文件

下列文件对于本文件的应用是必不可少的。凡是注日期的引用文件，仅注日期的版本适用于本文件。凡是不注日期的引用文件，其最新版本(包括所有的修改单)适用于本文件。

GB/T 222 钢的成品化学成分允许偏差

GB/T 223.3 钢铁及合金化学分析方法 二安替比林甲烷磷钼酸重量法测定磷量

GB/T 223.9 钢铁及合金 铝含量的测定 铬天青S分光光度法

GB/T 223.16 钢铁及合金化学分析方法 变色酸光度法测定钛量

GB/T 223.17 钢铁及合金化学分析方法 二安替比林甲烷光度法测定钛量

GB/T 223.40 钢铁及合金 铌含量的测定 氯磺酚S分光光度法

GB/T 223.58 钢铁及合金化学分析方法 亚砷酸钠-亚硝酸钠滴定法测定锰量

GB/T 223.59 钢铁及合金 磷含量的测定 铋磷钼蓝分光光度法和锑磷钼蓝分光光度法

GB/T 223.60 钢铁及合金化学分析方法 高氯酸脱水重量法测定硅含量

GB/T 223.61 钢铁及合金化学分析方法 磷钼酸铵容量法测定磷量

GB/T 223.62 钢铁及合金化学分析方法 乙酸丁酯萃取光度法测定磷量

GB/T 223.63 钢铁及合金化学分析方法 高碘酸钠(钾)光度法测定锰量

GB/T 223.64 钢铁及合金 锰含量的测定 火焰原子吸收光谱法

GB/T 223.67 钢铁及合金 硫含量的测定 次甲基蓝分光光度法

GB/T 223.68 钢铁及合金化学分析方法 管式炉内燃烧后碘酸钾滴定法测定硫含量

GB/T 223.69 钢铁及合金 碳含量的测定 管式炉内燃烧后气体容量法

GB/T 223.71 钢铁及合金化学分析方法 管式炉内燃烧后重量法测定碳含量

GB/T 223.72 钢铁及合金 硫含量的测定 重量法

GB/T 223.79 钢铁 多元素含量的测定 X-射线荧光光谱法(常规法)

GB/T 228.1 金属材料 拉伸试验 第1部分:室温试验方法(GB/T 228.1—2010,ISO 6892-1:2009,MOD)

GB/T 229 金属材料 夏比摆锤冲击试验方法

GB/T 232 金属材料 弯曲试验方法

GB/T 247 钢板和钢带包装、标志及质量证明书的一般规定

GB/T 709 热轧钢板和钢带的尺寸、外形、重量及允许偏差

GB/T 2975 钢及钢产品 力学性能试验取样位置及试样制备

GB/T 4336 碳素钢和中低合金钢 火花源原子发射光谱分析方法(常规法)

GB/T 17505　钢及钢产品交货一般技术要求

GB/T 20066　钢和铁　化学成分测定用试样的取样和制样方法

GB/T 20123　钢铁　总碳硫含量的测定　高频感应炉燃烧后红外吸收法(常规方法)

GB/T 20125　低合金钢　多元素含量的测定　电感耦合等离子体发射光谱法

YB/T 081　冶金技术标准的数值修约与检测数值的判定原则

3　分类和代号

3.1　分类

各牌号的分类、代号及用途见表1。

表1　牌号的分类、代号及用途

类别	类别代号	牌　　号	用　　途
日用	TC	TCDS	厨具、卫具、建筑面板、电烤箱、炉具等
	TC1	Q210TC1、Q245TC1、Q300TC1、Q330TC1、Q360TC1	热水器内胆等
化工设备用	TC2	Q245TC2B、Q245TC2C、Q245TC2D Q295TC2B、Q295TC2C、Q295TC2D Q345TC2B、Q345TC2C、Q345TC2D	化工容器换热器及塔类设备等
环保设备用	TC3	Q245TC3、Q295TC3、Q345TC3	拼装型储罐、环保行业罐体、环保水处理工程、自来水工程等

3.2　牌号表示方法

搪瓷用超低碳钢的牌号由代表搪瓷用钢的符号TC和代表冲压钢drawing steel的首位英文字母DS组成，即TCDS。其他钢的牌号由代表屈服强度的字母、屈服强度数值、搪瓷用钢的类别等三个部分按顺序组成；对于TC2类别增加质量等级符号(B、C、D)，质量等级符号省略时按B级供货。

例如：Q245TC2B

Q——钢材屈服强度“屈”字汉语拼音首位字母；

245——钢板的下屈服强度的下限值，单位为牛顿每平方毫米(N/mm^2)；

TC2——搪瓷钢的类别为化工设备用；

B——质量等级为B。

4　订货内容

用户订货时在合同或订单中应提供下列信息：

a)　本标准编号；

b)　产品名称(钢板或钢带)；

c)　牌号；

d)　交货状态；

e)　规格及尺寸精度；

f)　重量；

g)　用途；

h) 特殊要求。

5 尺寸、外形、重量及允许偏差

热轧钢板和钢带的尺寸、外形、重量及允许偏差应符合 GB/T 709 的规定。

6 技术要求

6.1 钢的牌号及化学成分

6.1.1 钢的牌号及化学成分(熔炼分析)应符合表 2、表 3 或表 4 的规定。

6.1.2 成品钢板和钢带化学成分的允许偏差应符合 GB/T 222 的规定。

表 2 日用搪瓷钢的化学成分

牌号		化学成分[a](质量分数)/%					
强度级别	类别	C	Si	Mn	P	S[c]	Als[b]
TCDS		≤0.008	≤0.03	≤0.40	≤0.020	≤0.025	≥0.015
Q210	TC1	≤0.12	≤0.05	≤0.70	≤0.020	≤0.025	≥0.015
Q245	TC1	≤0.12	≤0.05	≤1.20	≤0.020	≤0.025	≥0.015
Q300	TC1	≤0.12	≤0.05	≤1.40	≤0.020	≤0.025	≥0.015
Q330	TC1	≤0.16	≤0.05	≤1.50	≤0.020	≤0.025	≥0.015
Q360	TC1	≤0.16	≤0.05	≤1.60	≤0.020	≤0.025	≥0.015

[a] 根据需要,可加入其他合金元素。

[b] 酸溶铝含量可以用测定全铝含量代替,此时全铝含量应不小于 0.020%。如加入 Nb、V、Ti 等其他元素,Al 含量下限可不作要求。

[c] 经供需双方协商,S 含量上限可为 0.035%。

表 3 化工设备用搪瓷钢的化学成分

牌号			化学成分[a](质量分数)/%							
强度级别	类别	质量等级	C	Si	Mn	P	S	Als[b]	Ti[c]	Ti/C[c]
Q245	TC2	B C D	≤0.12	≤0.30	≤1.20	≤0.020	≤0.015 ≤0.015 ≤0.012	≥0.015	0.06~0.20	≥1.0
Q295	TC2	B C D	≤0.12	≤0.30	≤1.40	≤0.020	≤0.015 ≤0.015 ≤0.012	≥0.015	0.06~0.20	≥1.0
Q345	TC2	B C D	≤0.16	≤0.30	≤1.50	≤0.020	≤0.015 ≤0.015 ≤0.012	≥0.015	0.06~0.20	≥1.0

[a] 根据需要,可添加其他合金元素。

[b] 酸溶铝含量可以用测定全铝含量代替,此时全铝含量应不小于 0.020%。

[c] 经供需双方协商,在保证钢板搪瓷性能的情况下,也可使用其他合金元素。此时 Ti 和 Ti/C 的要求不适用。

表 4 环保设备用搪瓷钢的化学成分

牌号		化学成分[a](质量分数)/%							
强度级别	类别	C	Si	Mn	P	S	Als[b]	Ti[c]	Ti/C[c]
Q245	TC3	≤0.08	≤0.30	≤1.20	≤0.020	≤0.020	≥0.015	0.06~0.20	≥2.1
Q295	TC3	≤0.08	≤0.30	≤1.40	≤0.020	≤0.020	≥0.015	0.06~0.20	≥2.1
Q345	TC3	≤0.08	≤0.30	≤1.50	≤0.020	≤0.020	≥0.015	0.06~0.20	≥2.1

[a] 根据需要,可添加其他合金元素。

[b] 酸溶铝含量可以用测定全铝含量代替,此时全铝含量应不小于 0.020%。

[c] 经供需双方协商,在保证钢板搪瓷性能的情况下,也可使用其他合金元素。此时 Ti 和 Ti/C 的要求不适用。

6.2 冶炼方法

钢板和钢带所用的钢应采用氧气转炉或电炉冶炼,除非另有规定,冶炼方法由供方选择。

6.3 交货状态

钢板和钢带应以热轧或正火状态交货。

6.4 力学性能和工艺性能

6.4.1 钢板和钢带的力学性能和工艺性能应符合表 5、表 6 或表 7 的规定。

6.4.2 经供需双方协商,TC3 类别可以作冲击试验,TC2 类别可以作其他试验温度的冲击试验。此时试验温度和冲击吸收能量由供需双方协商确定。

6.4.3 冲击试验结果按一组 3 个试样试验结果的算术平均值计算,允许其中一个试样的试验结果小于规定值,但不得低于规定值的 70%。

6.4.4 对于 TC2 类别,厚度不小于 12 mm 的钢板和钢带应做冲击试验,试样尺寸为 10 mm×10 mm×55 mm。根据需方要求,经供需双方协商,厚度为 6 mm~<12 mm 的钢板和钢带可以做冲击试验,试样尺寸为 10 mm×7.5 mm×55 mm 或 10 mm×5 mm×55 mm,并应尽可能取较大尺寸的冲击试样,其试验结果应不小于表 6 规定值的 75%或 50%。厚度小于 6 mm 的钢板和钢带不做冲击试验。

表 5 日用搪瓷钢的力学性能

牌号		拉伸试验[a,b]		
强度级别	类别	下屈服强度 R_{eL}/MPa	抗拉强度 R_m/MPa	断后伸长率 $A_{50\ mm}$/%
TCDS		130~240	270~380	≥33
Q210	TC1	≥210	300~420	≥28
Q245	TC1	≥245	340~460	≥26
Q300	TC1	≥300	370~490	≥24
Q330	TC1	≥330	400~520	≥22
Q360	TC1	≥360	440~560	≥22

[a] 拉伸试验取纵向试样,试样宽度为 12.5 mm。

[b] 当屈服不明显时,可测量 $R_{P0.2}$ 代替下屈服强度。

表 6　化工设备用搪瓷钢的力学性能及工艺性能

<table>
<tr><td colspan="3">牌号</td><td colspan="3">拉伸试验[a,b]</td><td colspan="2">180°弯曲试验[a]
弯心直径/mm</td><td colspan="2">冲击试验[a]</td></tr>
<tr><td rowspan="2">强度级别</td><td rowspan="2">类别</td><td rowspan="2">质量等级</td><td rowspan="2">下屈服强 R_{eL}/MPa</td><td rowspan="2">抗拉强度 R_m/MPa</td><td rowspan="2">断后伸长率 A/%</td><td colspan="2">厚度/mm</td><td rowspan="2">试验温度/℃</td><td rowspan="2">吸收能量 KV_2/J</td></tr>
<tr><td><16</td><td>≥16</td></tr>
<tr><td rowspan="3">Q245</td><td rowspan="3">TC2</td><td>B</td><td rowspan="3">≥245</td><td rowspan="3">400～520</td><td rowspan="3">≥26</td><td rowspan="3">1.5a</td><td rowspan="3">2a</td><td>20</td><td rowspan="3">≥31</td></tr>
<tr><td>C</td><td>0</td></tr>
<tr><td>D</td><td>−20</td></tr>
<tr><td rowspan="3">Q295</td><td rowspan="3">TC2</td><td>B</td><td rowspan="3">≥295</td><td rowspan="3">460～580</td><td rowspan="3">≥24</td><td rowspan="3">2a</td><td rowspan="3">3a</td><td>20</td><td rowspan="3">≥34</td></tr>
<tr><td>C</td><td>0</td></tr>
<tr><td>D</td><td>−20</td></tr>
<tr><td rowspan="3">Q345</td><td rowspan="3">TC2</td><td>B</td><td rowspan="3">≥345</td><td rowspan="3">510～630</td><td rowspan="3">≥22</td><td rowspan="3">2a</td><td rowspan="3">3a</td><td>20</td><td rowspan="3">≥34</td></tr>
<tr><td>C</td><td>0</td></tr>
<tr><td>D</td><td>−20</td></tr>
<tr><td colspan="10">注：a 为试样厚度。</td></tr>
<tr><td colspan="10">[a] 拉伸试验、弯曲试验和冲击试验取横向试样。
[b] 当屈服不明显时，可测量 $R_{P0.2}$ 代替下屈服强度。</td></tr>
</table>

表 7　环保设备用搪瓷钢的力学性能及工艺性能

<table>
<tr><td colspan="2">牌　　号</td><td colspan="3">拉伸试验[a,b]</td><td colspan="2">180°弯曲试验[a]
弯心直径/mm</td></tr>
<tr><td rowspan="2">强度级别</td><td rowspan="2">类别</td><td rowspan="2">下屈服强度 R_{eL}/MPa</td><td rowspan="2">抗拉强度 R_m/MPa</td><td rowspan="2">断后伸长率 A/%</td><td colspan="2">厚度/mm</td></tr>
<tr><td><16</td><td>≥16</td></tr>
<tr><td>Q245</td><td>TC3</td><td>≥245</td><td>400～520</td><td>≥26</td><td>1.5a</td><td>2a</td></tr>
<tr><td>Q295</td><td>TC3</td><td>≥295</td><td>460～580</td><td>≥24</td><td>2a</td><td>3a</td></tr>
<tr><td>Q345</td><td>TC3</td><td>≥345</td><td>510～630</td><td>≥22</td><td>2a</td><td>3a</td></tr>
<tr><td colspan="7">注：a 为试样厚度。</td></tr>
<tr><td colspan="7">[a] 拉伸试验和弯曲试验取横向试样。
[b] 当屈服不明显时，可测量 $R_{P0.2}$ 代替下屈服强度。</td></tr>
</table>

6.5　表面质量

6.5.1　钢板和钢带表面不得有裂纹、结疤、折叠、气泡和夹杂等缺陷。钢板和钢带不得有分层。

6.5.2　钢板和钢带表面允许有深度(高度)不超过厚度公差之半的局部麻点、划痕及其他轻微缺陷，但应保证钢板和钢带的最小厚变。经供需双方协商，TC2 钢板和钢带对允许的表面缺陷深度最大不超过 0.20 mm。

6.5.3　钢带允许带缺陷交货，但有缺陷部分应不超过每卷总长度的 8%。

7 试验方法

7.1 钢板和钢带的外观目视检查。

7.2 钢板和钢带的尺寸、外形应用合适的测量工具测量。

7.3 钢板和钢带每批的检验项目、试样数量、取样方法和试验方法应符合表 8 的规定。

表 8 检验项目、取样数量及试验方法

序号	试验项目	试样数量/个	取样方法	试验方法
1	化学分析	1(每炉罐号)	GB/T 20066	GB/T 223、GB/T 4336、GB/T 20123、GB/T 20125
2	拉伸试验	1	GB/T 2975	GB/T 228.1
3	弯曲试验	1	GB/T 2975	GB/T 232
4	冲击试验	1 组(3 个)	GB/T 2975	GB/T 229

8 检验规则

8.1 组批规则

钢板和钢带应成批验收。每批应由同一牌号、同一炉号、同一厚度、同一轧制制度和同一交货状态的钢板或钢带组成。

8.2 复验

钢板和钢带的复验应按 GB/T 17505 的规定。

8.3 修约规则

数值修约应按 YB/T 081 的规定进行。

9 包装、标志和质量证明书

钢板和钢带的包装、标志和质量证明书应符合 GB/T 247 的规定。

ICS 77.140.65
H 49

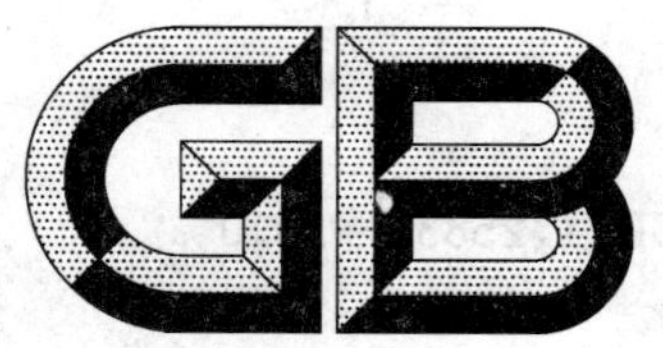

中华人民共和国国家标准

GB/T 25833—2010

公路护栏用镀锌钢丝绳

The galvanized steel wire ropes for highway guardrail

2010-12-23 发布　　2011-09-01 实施

中华人民共和国国家质量监督检验检疫总局
中国国家标准化管理委员会　发布

前　言

本标准按照 GB/T 1.1—2009 给出的规则起草。

本标准修改采用 ASTM A741—2003《公路护栏用镀锌钢丝绳和连接件》。

本标准与 ASTM A741—2003 相比，做了下列编辑性修改：

a) 本标准名称修改为“公路护栏用镀锌钢丝绳”；

b) 本标准删除 ASTM A741—2003 中的连接件的内容；

c) 本标准在标准的结构和条款等内容编写方面，按照现行钢丝绳系列标准格式及我国生产和使用的惯例进行了修改。

本标准结合安全护栏用钢丝绳的生产和使用特点，与 ASTM A741—2003 相比，技术内容作了如下变化：

——增加了 3×19 类结构；

——抗拉强度分为 1 270 MPa、1 370 MPa、1 470 MPa、1 570 MPa 和 1 670 MPa 等 5 个级别；

——规定了钢丝公称抗拉强度的下限；

——扩大了钢丝绳直径范围，钢丝绳直径范围为 16 mm～28 mm；

——扩大了钢丝直径范围，钢丝直径范围为 0.80 mm～4.00 mm；

——规定了钢丝绳和股绳的捻距倍数；

——规定了钢丝绳的近似重量系数和破断拉力系数以及捻制损失系数；

——规定了钢丝绳长度及允许偏差；

——规定了钢丝绳拆股试验允许低值钢丝根数（抗拉强度、缠绕、锌层重量按试验钢丝数的 5% 确定，直径按试验钢丝数的 3% 确定）；

——调整了钢丝镀锌层级别和锌层重量（分为 B 级、AB 级、A 级和特 A 级四个级别）。

本标准由中国钢铁工业协会提出。

本标准由全国钢标准化技术委员会(SAC/TC 183)归口。

本标准起草单位：南通神威钢绳有限公司、国家金属制品质量监督检验中心、通辽钢丝绳厂、南通市产品质量监督检验所、冶金工业信息标准研究院。

本标准主要起草人：陶荣、张平萍、王忠林、王玲君、刘伟、陈建豪、洪涛、任翠英。

公路护栏用镀锌钢丝绳

1 范围

本标准规定了公路护栏用镀锌钢丝绳的分类、订货内容、材料、技术要求、检查、试验、检验规则、复验与判定、包装、标志及质量证明书等。

本标准适用于公路护栏用镀锌钢丝绳。

2 规范性引用文件

下列文件对于本文件的应用是必不可少的。凡是注日期的引用文件，仅注日期的版本适用于本文件。凡是不注日期的引用文件，其最新版本(包括所有的修改单)适用于本文件。

GB/T 228.1 金属材料 拉伸试验 第1部分：室温试验方法(GB/T 228.1—2010,ISO 6892-1:2009,MOD)

GB/T 1839 钢产品镀锌层质量试验方法(GB/T 1839—2008,ISO 1460—1992,MOD)

GB/T 2104—2008 钢丝绳包装、标志及质量证明书的一般规定

GB/T 2976 金属材料 线材 缠绕试验方法(GB/T 2976—2004,ISO 7802:1983,IDT)

GB/T 4354 优质碳素钢热轧盘条

GB/T 8170 数值修约规则与极限数值的表示和判定

GB/T 8358 钢丝绳破断拉伸试验方法(GB/T 8358—2006,ISO 3108:1974,NEQ)

GB/T 8706 钢丝绳 术语、标记和分类(GB/T 8706—2006,ISO 17893:2004,IDT)

GB/T 21965 钢丝绳 验收及缺陷术语(GB/T 21965—2008,ISO 2532:1974,NEQ)

GB/T 24242.2 制丝用非合金钢盘条 第2部分 一般用途盘条(GB/T 24242.2—2009,ISO 16120-2:2001,MOD)

3 分类

3.1 公路护栏用镀锌钢丝绳的分类按其股数和股外层钢丝的数目分类，见表1。如果需方没有明确要求某种结构的钢丝绳时，在同一组别内，结构的选择由供方自行确定。

表1 钢丝绳分类

组别	类别	分类原则	典型结构		直径范围/mm
			钢丝绳	股	
1	3×7	3个圆股，每股外层丝6根，中心丝外捻制1层钢丝。钢丝等捻距。	3×7	(1—6)	16～24
2	3×19	3个圆股，每股外层丝12根，中心丝外捻制2层钢丝。	3×19	(1—6/12)	16～26
3	6×7	6个圆股，每股外层丝6根，中心丝外捻制1层钢丝。钢丝等捻距。	6×7+WSC	(1—6)	16～28

表 1（续）

组别	类别	分类原则	典型结构		直径范围/mm
			钢丝绳	股	
4	6×19(a)	6 个圆股，每股外层丝 9～12 根，中心丝外捻制 2 层钢丝，钢丝等捻距。	6×19S＋WSC 或 IWRC 6×19W＋WSC 或 IWRC 6×25Fi＋WSC 或 IWRC	(1—9—9) (1—6—6＋6) (1—6—6F—12)	18～28
5	6×19(b)	6 个圆股，每股外层丝 12 根，中心丝外捻制 2 层钢丝。	6×19＋WSC 或 IWRC	(1—6/12)	18～28

3.2 钢丝绳按捻法分为右交互捻、左交互捻、右同向捻和左同向捻四种，如图 1～图 4 所示。

图 1 和图 2 绳与股捻向相反；图 3 和图 4 绳与股捻向相同。

如果需方没有明确要求某种捻法时，钢丝绳的捻法由制造方确定。

3.3 钢丝绳的标记代号按 GB/T 8706 的规定；股的结构由中心向外层进行标记。

3.4 经供需双方协议，可供应表 1 以外其他结构规格的钢丝绳。

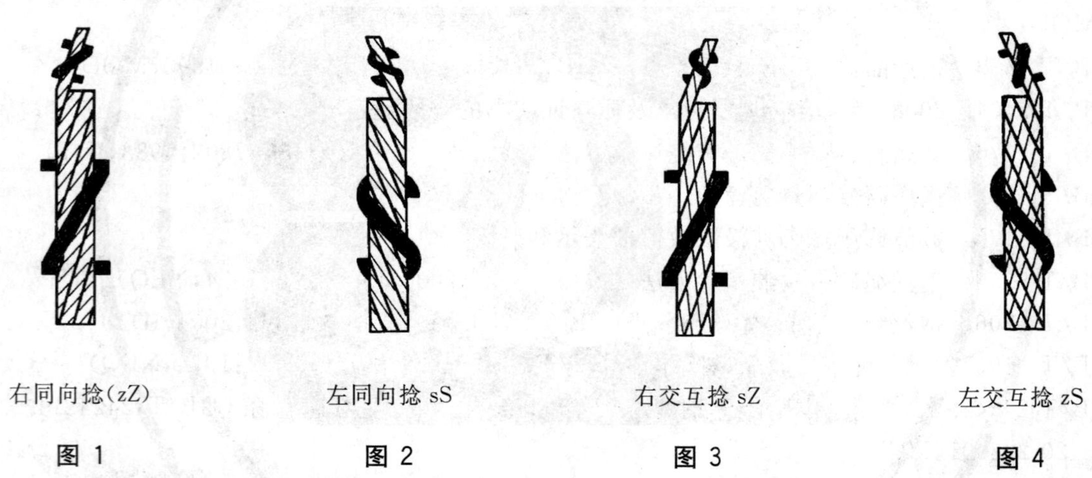

右同向捻(zZ) 图 1　　左同向捻 sS 图 2　　右交互捻 sZ 图 3　　左交互捻 zS 图 4

4 钢丝绳订货内容

钢丝绳按本标准订货的合同应包括以下主要内容：

a) 本标准号；
b) 产品名称；
c) 结构(标记代号)；
d) 公称直径；
e) 捻法；
f) 表面状态；
g) 公称抗拉强度；
h) 镀层级别；
i) 数量(长度)；
j) 需方提出的其他要求。

5 钢丝绳材料

5.1 制绳用钢丝

5.1.1 原材料

制绳用钢丝(以下简称“钢丝”)应采用符合 GB/T 4354、GB/T 24242.2 或者其他能满足要求的盘条制造,但其硫、磷含量各不得大于 0.030%。

5.1.2 公称直径

钢丝公称直径由制造方按满足表 10～表 14 中钢丝绳公称尺寸要求确定。如需方有特殊要求,则由双方协商确定。

5.1.3 实测直径允许偏差

钢丝实测直径允许偏差应符合表 2 的规定。

表 2 钢丝实测直径允许偏差 单位为毫米

钢丝公称直径 d	允许偏差			
	B 级镀锌钢丝	AB 级镀锌钢丝	A 级镀锌钢丝	特 A 级镀锌钢丝
$0.8 \leqslant d < 1.0$	±0.04	±0.05	±0.06	±0.07
$1.0 \leqslant d < 2.0$	±0.05	±0.06	±0.07	±0.08
$2.0 \leqslant d < 2.5$	±0.06	±0.07	±0.08	±0.09
$2.5 \leqslant d < 3.2$	±0.08	±0.09	±0.10	±0.11
$3.2 \leqslant d < 4.0$	±0.10	±0.11	±0.12	±0.13

5.1.4 不圆度

钢丝不圆度为同一横截面上最大直径与最小直径之差。其值不得大于钢丝直径公差之半。

5.1.5 外形

钢丝盘应规整,当打开钢丝盘时,钢丝不得散乱、扭转或呈“∞”字形。

5.1.6 公称抗拉强度及允许偏差

钢丝包括中心丝和钢芯钢丝。其公称抗拉强度应符合表 3 规定,表中钢丝公称抗拉强度是其下限,上限等于下限加上表 3 中抗拉强度允许偏差。

表 3 钢丝公称抗拉强度及其允许偏差

钢丝公称直径/mm	钢丝公称抗拉强度/MPa	抗拉强度允许偏差/MPa
$0.8 \leqslant d < 1.0$	1 470;1 570;1 670	350
$1.0 \leqslant d < 2.0$	1 370;1 470;1 570;1 670	320
$2.0 \leqslant d < 3.0$	1 370;1 470;1 570	290
$3.0 \leqslant d \leqslant 4.0$	1 270;1 370;1 470	260

5.1.7 钢丝韧性

钢丝应具有良好的韧性，当按 8.1.3 规定的方法进行试验时，钢丝不得开裂或断裂。

5.1.8 锌层重量

钢丝锌层重量分为 B 级、AB 级、A 级和特 A 级四个级别。钢丝锌层重量应保证制绳后的拆股钢丝符合表 8 的要求。

5.1.9 锌层附着性

钢丝的锌层应牢固，当按 8.1.5 规定的方法进行试验时，锌层不得开裂或剥落到用裸手指能擦拭掉的程度。

5.1.10 锌层表面质量

钢丝表面的镀锌层应均匀连续、无开裂和剥落现象。

5.2 绳芯

绳芯为钢芯。钢芯分为独立钢丝绳芯(IWRC)、钢丝股芯(IWS)。绳芯用钢丝应符合 5.1 规定。

6 技术要求

6.1 钢丝绳、股的捻距

钢丝绳及股的捻距用捻距倍数(钢丝绳或股的直径的倍数)规定，其值应符合表 4 的规定。

表 4 钢丝绳及股的捻距倍数

钢丝绳类别	捻距倍数，不大于			
	股的捻距倍数		绳的捻距倍数	
	点接触	线接触	点接触	线接触
3 股钢丝绳	14	12	12	10
6 股钢丝绳	12	10	8	7

6.2 捻制质量

6.2.1 股应捻制均匀、紧密，中心钢丝可适当加大。

6.2.2 钢丝绳应捻制均匀、紧密，应进行预变形处理，钢丝绳不允许松散。在展开和无负荷情况下，钢丝绳不得呈波浪状。绳内钢丝不得有交错、折弯和断丝等缺陷，但允许有因变形工卡具压紧造成的钢丝压扁现象存在。

6.2.3 在一条钢丝绳中，捻距不应有明显差别。

6.2.4 钢丝绳中钢丝的接头应尽量减少。在同一次捻制中，各连接点在股内的距离不得小于 50 m。钢丝应用对焊连接。对焊接点应去除毛刺并进行防腐处理。

6.3 表面质量

钢丝绳表面不得存在 GB/T 21965 中规定的制造缺陷。

6.4 直径

6.4.1 公称直径 *D*

钢丝绳的公称直径为钢丝绳的名义直径，用毫米(mm)表示，应符合表10～表14的规定。

6.4.2 实测直径及允许偏差

钢丝绳的实测直径按7.1规定的方法测得。其允许偏差为：+5%～-1%。

6.5 长度

6.5.1 公称长度

钢丝绳的公称长度由供需双方在订货合同中注明，钢丝绳长度用米(m)表示。

6.5.2 实测长度

钢丝绳的实测长度按7.2规定的方法测得。

6.5.3 允许偏差

钢丝绳的实测长度在无负荷状态下允许与订货长度有偏差，但应符合表5规定。

表5 钢丝绳长度及允许偏差

单位为米

钢丝绳长度	允许偏差
≤400	0～+5%
>400～1 000	0～+20
>1 000	0～+2%

6.6 重量

6.6.1 参考重量

钢丝绳的参考重量见表10～表14，按公式(1)计算：

$$M=KD^2 \quad \cdots\cdots (1)$$

式中：

M ——钢丝绳单位长度的参考重量；单位为千克每100米(kg/100 m)；

D ——钢丝绳的公称直径，单位为毫米(mm)；

K ——某一类别钢丝绳单位长度的重量系数，kg/(100 m·mm^2)，K 值见表6。

6.6.2 实测重量

钢丝绳的实测重量应按7.3规定的方法测得。

6.7 破断拉力

6.7.1 钢丝绳破断拉力的测定值应不低于表10～表14的规定。钢丝绳最小破断拉力按公式(2)计算：

$$F_0=K'D^2R_0/1\,000 \quad \cdots\cdots (2)$$

式中：

F_0——钢丝绳最小破断拉力，单位为千牛(kN)；

D——钢丝绳公称直径，单位为毫米(mm)；

R_0——钢丝绳公称抗拉强度，单位为兆帕(MPa)；

K'——某一类别钢丝绳的最小破断拉力系数，K'值见表6。

6.7.2 钢丝绳最小钢丝破断拉力总和，按表13～表17中注的换算系数计算。

表6 钢丝绳重量系数和最小破断拉力系数

组别	类别	钢丝绳重量系数 K/[kg/(100 m·mm²)]	最小破断拉力系数 K'
1	3×7	0.332	0.341
2	3×19	0.330	0.395
3	6×7	0.387	0.359
4	6×19(a)	0.418	0.356
5	6×19(b)	0.400	0.332

6.8 拆股钢丝

6.8.1 实测直径

钢丝实测直径应符合5.1.3的规定，允许有不超过测量钢丝数3%的钢丝超出表2规定，但不应超出各规定的50%。

6.8.2 抗拉强度

钢丝的抗拉强度，应不低于表7甲栏的规定，但允许有不超过5%的钢丝低于表7甲栏而不低于表7乙栏的规定。

表7 抗拉强度的允许低值

公称抗拉强度/MPa		1 270	1 370	1 470	1 570	1 670
最低抗拉强度/MPa	甲	1 220	1 320	1 420	1 520	1 620
	乙	1 120	1 210	1 290	1 380	1 470

6.8.3 钢丝韧性

钢丝应具有良好的韧性，当按8.1.3规定的方法进行试验时，至少95%的钢丝不得开裂或断裂。

6.8.4 锌层重量

钢丝的锌层重量，允许有5%的钢丝低于表8的规定，但不低于表8的10%。

表8 拆股钢丝最小锌层重量

钢丝公称直径 d/mm	最小锌层重量/(g/m²)			
	B级镀锌钢丝	AB级镀锌钢丝	A级镀锌钢丝	特A级镀锌钢丝
0.8≤d<1.0	100	130	150	160
1.0≤d<1.2	110	140	160	180
1.2≤d<1.5	130	150	170	200

表 8（续）

钢丝公称直径 d/mm	最小锌层重量/(g/m²)			
	B 级镀锌钢丝	AB 级镀锌钢丝	A 级镀锌钢丝	特 A 级镀锌钢丝
1.5≤d<1.9	160	170	180	220
1.9≤d<2.5	200	210	220	240
2.5≤d<3.2	230	240	250	270
3.2≤d≤4.0	250	260	270	300

6.8.5 锌层附着性

钢丝的锌层应牢固，当按 8.1.5 规定的方法进行试验时，至少 95%的钢丝锌层不得开裂或剥落到用裸手指能擦拭掉的程度。

6.9 低值根数

钢丝实测直径、抗拉强度、韧性、锌层重量、锌层附着性所计算的允许低值根数应修约成整数，不足一根时分别允许有一根。当同一根钢丝有多项低值时，只按一根计算。

6.10 数值修约

所有数值修约应符合 GB/T 8170 标准的规定。

6.11 其他要求

需方对以上条款有特殊要求时，由供需双方协商确定。

7 钢丝绳检查

7.1 直径的测量

钢丝绳直径应用带有宽钳口的游标卡尺测量。钳口的宽度要足以跨越两个相邻的股。其测量方法见图 5(三股钢丝绳应测量其外接圆直径，测量方法应由供需双方协商确定)。

测量应在无张力的情况下，于距钢丝绳端头 15 m 外的直线部位上进行，在相距至少 1 m 的两截面上，并在同一截面相互垂直的方向上测取两个数值。

四个测量结果的算术平均值作为钢丝绳的实测直径，该值应符合 6.4.2 的规定。

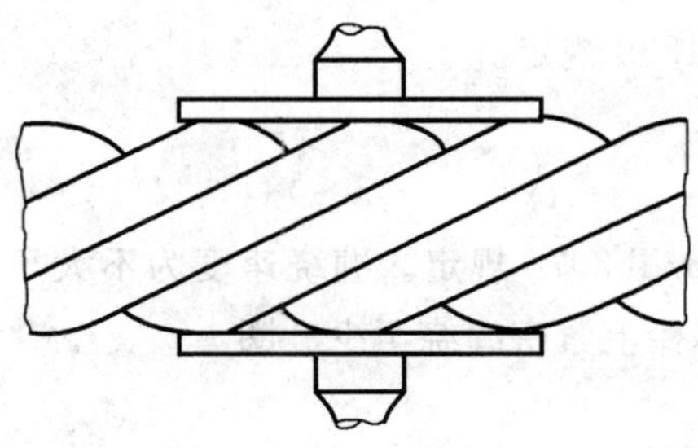

图 5 钢丝绳直径测量

7.2 长度的测量

测量钢丝绳长度的方法由供需双方协议。

7.3 重量的测量

钢丝绳的总重量包括钢丝绳、卷轴和包装材料的重量，用千克(kg)表示。

计算钢丝绳的单位重量时，用钢丝绳的净重量除以钢丝绳实测长度。钢丝绳的实测单位重量用千克/100 米(kg/100 m)表示。

7.4 不松散检查

将钢丝绳一端解开相对称的两个股(三股钢丝绳除外)，约有两个捻距长，当这两个股重新恢复到原位后，不应自行再散开。

三股钢丝绳不松散性的测量方法应由供需双方协商确定。

7.5 表面质量检查

钢丝绳的表面质量，用手感和目测检查。

8 钢丝绳试验

8.1 拆股钢丝试验

8.1.1 直径的测量

钢丝直径用精度为 0.01 mm 的千分尺，在钢丝同一截面的相互垂直方向上进行测量。两次测量所得结果的算术平均值，为钢丝实测直径。

8.1.2 拉伸试验

钢丝拉伸试验应按 GB/T 228.1 规定。

8.1.3 钢丝韧性试验

钢丝韧性试验应按 GB/T 2976 规定。缠绕速度为不大于 15 圈/min，芯棒直径为试验钢丝公称直径的 3 倍，将试验钢丝在芯棒上紧密缠绕至少 2 圈。

8.1.4 锌层重量试验

钢丝镀锌层试验应按 GB/T 1839 规定。

8.1.5 锌层附着性试验

钢丝锌层附着性试验应按 GB/T 2976 规定。缠绕速度为不大于 15 圈/min，芯棒直径为试验钢丝公称直径的 3 倍，将试验钢丝在芯棒上紧密缠绕至少 2 圈。

8.2 钢丝绳破断拉伸试验

钢丝绳应按 GB/T 8358 的规定进行破断拉伸试验。经供需双方协商，供方在保证钢丝绳破断拉力的前提下，也可采用测定钢丝破断拉力总和的方法考核。

9 检验规则

9.1 检查和验收

钢丝绳的检查和验收由供方技术监督部门进行。

9.2 组批规则

钢丝绳应按批验收，每批应由同一结构、同一直径、同一抗拉强度、同一锌层级别的钢丝绳组成。

9.3 取样数量

9.3.1 每盘钢丝绳均应进行结构、直径、捻法、不松散性和表面质量的检查。

9.3.2 在 9.3.1 检查合格的钢丝绳中，每 5 盘或不足 5 盘随机抽取 1 根试样进行下列试验：

a) 钢丝绳破断拉力试验；

b) 拆股试验。

9.3.3 拆股钢丝试样数量应符合表 9 中的规定。其中绳芯不做试验，但在计算钢丝破断拉力总和时，按制绳前的钢丝公称直径和公称抗拉强度计算。

表 9 钢丝绳检验项目、取样方法及数量

<table>
<tr><th>序号</th><th>检验项目</th><th>抽样数量</th><th>拆股试验数量</th></tr>
<tr><td>1</td><td>钢丝直径</td><td rowspan="5">每 5 盘或不足 5 盘随机抽取 1 盘</td><td rowspan="5">随机拆一股试验全部钢丝</td></tr>
<tr><td>2</td><td>钢丝抗拉强度</td></tr>
<tr><td>3</td><td>钢丝韧性</td></tr>
<tr><td>4</td><td>锌层重量</td></tr>
<tr><td>5</td><td>锌层附着性</td></tr>
</table>

9.3.4 当一条钢丝绳截成数条(盘)交货时，则从其中随机抽取一条(盘)取样试验，如果合格(包括复试)，其余各条(盘)免于试验，否则应逐条(盘)进行试验。

10 复验与判定规则

10.1 钢丝绳力学性能的考核

根据实测钢丝绳破断拉力考核钢丝绳最小破断拉力。

10.2 拆股钢丝性能考核

拆股钢丝抗拉强度按钢丝的公称抗拉强度考核，锌层重量按锌层级别考核，钢丝韧性按 8.1.3 规定考核，锌层附着性按 8.1.5 规定考核。

10.3 如果所有试验都符合要求，则该批(或条)钢丝绳合格。

10.4 如果一个或一个以上的试验项目不符合规定要求，则应在同一条钢丝绳上重新取样进行不合格项目的复验。若是拆股钢丝不合格，则应百分之百拆股，复验其不合格钢丝的不合格项目，加上原试验结果，按100%试验评定。复验结果符合规定要求时，则该批(盘)钢丝绳仍为合格。

10.5 如果经过复验仍不合格，则该盘报废。另从该批剩余盘中抽取双倍数量的盘截取规定的试样数量，复验其中不合格项目。若复验仍不合格，该批判为不合格产品。但允许逐盘检验，合格者予以交货。

10.6 需方验收试验

需方的验收试验可委托有钢丝绳检验资格的检测部门进行。验收的依据是本标准和订货合同及供方质量证明书。

10.7 仲裁试验

当供需双方对任一试验结果有争议时，应在双方同意的检验机构进行仲裁试验。仲裁试验应采用考核钢丝绳破断拉力的方法。仲裁试验的依据是本标准、订货合同及供方质量证明书。

10.8 钢丝绳的验收期从出厂之日算起，不应超过一年。

11 包装、标志、运输、贮存、质量证明书

11.1 包装

钢丝绳的包装应采用GB/T 2104—2008中的方法二。

如有特殊要求应在合同注明。

11.2 标志

每个工字轮上应有产品标志，钢丝绳的标志应符合GB/T 2104的规定，并有明显的防雨、防潮、防撞击等标记。

11.3 运输

在运输过程中应防止工字轮撞击损坏，各种运输工具装运的工字轮上都应盖上防雨油布、扎紧运输。

11.4 贮存

钢丝绳应贮存在干燥通风、无腐蚀性介质的室内。

11.5 质量证明书

钢丝绳的质量证明书应符合GB/T 2104—2008的规定。

表 10　3×7 结构

钢丝绳结构:3×7　　　　股结构:(1—6)

钢丝绳直径/mm	钢丝绳近似重量/(kg/100 m)	公称抗拉强度/MPa			
		钢丝绳最小破断拉力/kN			
		1 270	1 370	1 470	1 570
16	95.2	109	118	126	135
18	120	138	149	160	170
20	149	170	184	197	210
22	180	206	222	238	254
24	214	245	264	284	303
26	251	288	310	333	355
注:最小钢丝破断拉力总和＝钢丝绳最小破断拉力×1.110。					

表 11　3×19 结构

钢丝绳结构:3×19　　　　股结构:(1—6/12)

钢丝绳直径/mm	钢丝绳近似重量/(kg/100 m)	公称抗拉强度/MPa			
		钢丝绳最小破断拉力/kN			
		1 370	1 470	1 570	1 670
16	92.4	113	121	129	137
18	117	142	153	163	174
20	144	176	189	202	214
22	175	213	228	244	259
24	208	253	272	290	309
26	244	297	319	341	362
28	283	345	370	395	420
注:最小钢丝破断拉力总和＝钢丝绳最小破断拉力×1.115。					

表 12　6×7 结构

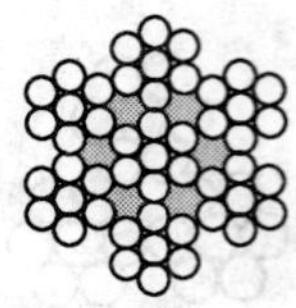

钢丝绳结构：6×7　　　　　　　　　股结构：(1—6)

钢丝绳直径/mm	钢丝绳近似重量/(kg/100 m)	公称抗拉强度/MPa			
		钢丝绳最小破断拉力/kN			
		1 370	1 470	1 570	1 670
16	99.1	126	135	144	153
18	125	159	171	183	194
20	155	197	211	225	240
22	187	238	255	273	290
24	223	283	304	325	345
26	262	332	357	381	405
28	303	286	414	442	470
注：最小钢丝破断拉力总和＝钢丝绳最小破断拉力×1.214。					

表 13　6×19(a)结构

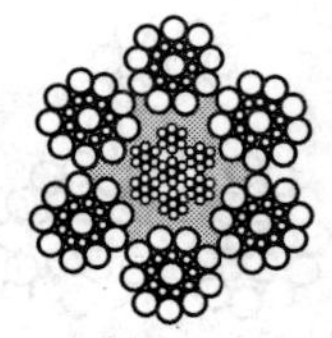

钢丝绳结构：6×19S＋IWS/IWRC　　　　股结构：(1—9—9)
6×19W＋IWS/IWRC　　　　(1—6—6＋6)
6×25Fi＋WSC 或 IWRC　　　　(1—6—6F—12)

钢丝绳直径/mm	钢丝绳近似重量/(kg/100 m)	公称抗拉强度/MPa			
		钢丝绳最小破断拉力/kN			
		1 370	1 470	1 570	1 670
18	135	158	170	181	193
20	167	195	209	224	238
22	202	236	253	271	288
24	241	281	301	322	342
26	283	330	354	378	402
28	328	386	414	442	470
注：最小钢丝破断拉力总和＝钢丝绳最小破断拉力×1.308。					

表 14　6×19(b)结构

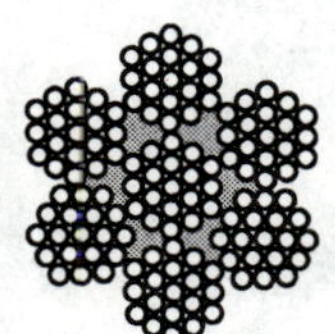

钢丝绳结构:6×19+IWS/IWRC　　　　股结构:(1−6/12)

钢丝绳直径/mm	钢丝绳近似重量/(kg/100 m)	公称抗拉强度/MPa 钢丝绳最小破断拉力/kN			
		1 370	1 470	1 570	1 670
18	130	147	158	169	180
20	160	182	195	208	222
22	194	220	236	252	268
24	230	262	281	300	319
26	270	307	330	352	375
28	314	357	383	409	435
注：最小钢丝破断拉力总和＝钢丝绳最小破断拉力×1.321。					

ICS 77.060
H 25

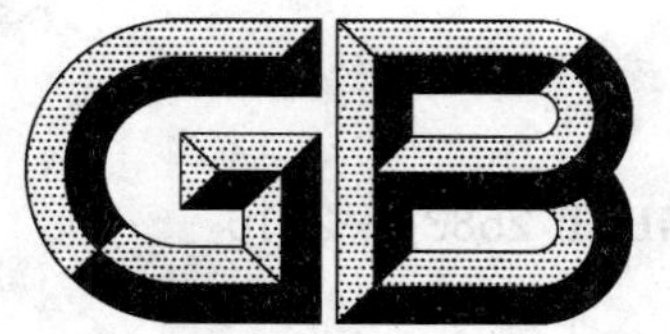

中华人民共和国国家标准

GB/T 25834—2010

金属和合金的腐蚀 钢铁户外大气加速腐蚀试验

**Corrosion of metals and alloys—
Accelerate corrosion testing of iron and steel in outdoor atmospheres**

2010-12-23 发布　　2011-09-01 实施

中华人民共和国国家质量监督检验检疫总局
中国国家标准化管理委员会　发布

前　言

本标准由中国钢铁工业协会提出。

本标准由全国钢标准化技术委员会归口。

本标准起草单位：中国科学院金属研究所、冶金工业信息标准研究院、国家材料环境腐蚀野外科学研究试验站网综合研究中心。

本标准主要起草人：韩薇、王振尧、冯超、刘宝石、于国才。

金属和合金的腐蚀 钢铁户外大气加速腐蚀试验

1 范围

本标准规定了大气环境中钢铁加速腐蚀试验的一般要求。这种试验宜在气候较干燥季节或地区的大气腐蚀户外暴露试验站(场)条件下进行。

本标准试验目的是:

——较快速获得钢铁在大气环境下的耐腐蚀性能数据;

——评价在给定的试验条件下和自然大气暴露环境条件下试验结果之间的相关性。

2 规范性引用文件

下列文件中的条款通过本标准的引用而成为本标准的条款。凡是注日期的引用文件,其随后所有的修改单(不包括勘误的内容)或修订版均不适用于本标准,然而,鼓励根据本标准达成协议的各方研究是否可使用这些文件的最新版本。凡是不注日期的引用文件,其最新版本适用于本标准。

GB/T 11377 金属和其他无机覆盖层 储存条件下腐蚀试验的一般规则

GB/T 14165—2008 金属和合金 大气腐蚀试验 现场试验的一般要求

GB/T 16545 金属和合金的腐蚀 腐蚀试样上腐蚀产物的清除

GB/T 19292.3 金属和合金的腐蚀 大气腐蚀性 污染物的测量

JB/T 6074 腐蚀试样的制备、清洗和评定

3 试验装置

加速试验装置由试验架和雾化系统组成。其中雾化系统包括雾化设备(水路部分)、净水器和定时喷雾自动控制系统。图1为试验架和雾化设备示意图。

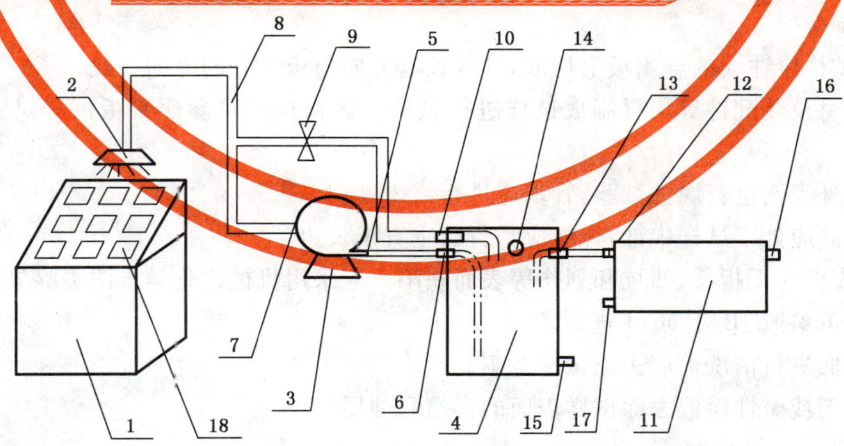

1——试验架;
2——喷头;
3——水泵;
4——水槽;
5——水泵入水口;
6——水槽出水口;
7——水泵出水口;
8——水泵出水管(供水管);
9——阀门(回水阀);
10——水槽入水口;
11——净水器;
12——净水器出水口;
13——水槽入水口(试验介质入口);
14——水槽溢流口;
15——水槽排污口;
16——净水器入水口;
17——净水器出水口(排污口);
18——试样。

图1 加速试验装置示意图

3.1 试验架

试验架1应符合GB/T 14165—2008中4.4.1对暴露架的要求。

3.2 雾化设备

靠水压经喷头2形成水雾。水泵3和水槽4安装在防雨(雪)和灰尘的并留有水管和电缆的进出口的柜中,与出水管和喷头一起构成加速试验的雾化设备。

3.2.1 水槽

水槽应选用不污染水质的耐蚀材料制作。水槽上部应加防尘盖。

3.2.2 水泵

选用能连续运转且性能稳定的水泵,过流泵体和叶片等部件均为不污染水质的耐蚀材料制作。

3.2.3 喷头与喷雾量

喷头与试样的垂直距离和水平距离均为300 mm～900 mm,喷射的雾滴应尽量细小,应保证水雾能在试样表面形成连续完整的液膜。喷头水嘴直径宜在0.5 mm～1.5 mm之间。喷雾速率宜为(0.5～1.5)L/(min·m^2)。喷雾方向应水平,保证水雾自然沉降。

3.3 定时喷雾自动控制系统

定时喷雾自动控制系统应保证实现喷雾的自动控制。

4 试验要求

4.1 试验季节

户外加速试验计划一年可安排2次,每次(3～4)个月。户外加速试验宜避开雨季和冰冻季。

4.2 试验场地

户外大气加速腐蚀试验应在符合GB/T 14165—2008第4章要求的试验场地进行。户外大气加速腐蚀试验装置应距离其他装置5 m以上。

4.3 试样

4.3.1 试样尺寸

试样尺寸应不小于100 mm×50 mm。推荐试样尺寸为100 mm×50 mm。试样厚度以2 mm～5 mm为宜。

4.3.2 试样的制备

4.3.2.1 平板试样应在大的金属板上切取,试样长度方向与板材轧制方向一致。

其他形状钢材及装配件等均可制成试样进行试验。试样尺寸可参照平板试样尺寸或与用户协商确定。

如果只对管外表面进行腐蚀试验,管端应进行封闭处理。

焊接试样焊缝应处于试样中部,焊缝应平行或垂直于长边。

4.3.2.2 试样表面应无折叠、凹坑和划伤等表面缺陷。应采用机械或化学方法去除氧化皮。试样去除氧化皮处理方法可参照JB/T 6074进行。

在对试样表面进行清洗前应去除试样毛刺。

采用有机溶剂或碱性溶液去除试样表面的污渍和油垢。

4.3.3 试样标记

试样标记应标于不影响试验结果检查评定的区域。标记在整个暴露期间应清晰、耐久,保证试样在试验期间不发生混淆。

试样可采取打钢号、钻孔或挂标签等方式进行标记。

4.3.4 试样数量

每一取样周期,平行试样数量不应少于3件。如需进行腐蚀产物分析时,平行试样数量不应少于4件。

4.3.5 试样尺寸和质量测量精度

测量尺寸的精确度为 0.1 mm。称取试样质量的精确度为 0.1 mg。暴露试验前、后的质量称取宜选用同一天平。

4.3.6 移动与贮存

清洗试样完成后，应戴清洁的手套移动试样。试样在暴露试验前、后及酸洗后应存放在干燥器中或密封在有干燥剂的塑料袋中。

4.4 试样放置

按以下方式放置试样：

——试样之间、试样与试样架之间保持电绝缘；

——便于观察试样表面和取样；

——防止试样落掉(例如受风作用)、偶然污染或损坏；

——试样表面宜朝南暴露；除非另有规定或协议，试样与水平面宜呈 45°倾斜；

——试样放置于试验架能有效着雾的范围内进行暴露。

4.5 试验介质

试验介质为经过净水器过滤的自来水。净水器宜安装在实验室内。

4.6 喷雾周期

根据昼夜温度和日照的差异，宜将昼夜分为 6:00～18:00 和 18:00～6:00 两个时段分别设定喷雾周期。6:00～18:00 时段每 10 min～20 min 喷雾 1 次，18:00～6:00 时段每 20 min～40 min 喷雾 1 次，每次喷雾 1 min。

5 试验步骤

5.1 通入试验介质

打开净水器入水开关，使净化水通过管道进入并充满水槽。试验过程中，水槽中的水量应满足喷雾要求。

5.2 定时喷雾检验

试验前，检查自动喷雾系统是否工作正常，确认喷雾正常后，**暂时停止控制器的运行程序**。

5.3 放置试样

定时喷雾检验完成后，待试验架完全干燥开始放置试样。

5.4 启动控制器运行程序

启动控制器运行程序开始户外加速试验。

5.5 取样周期和方式

户外加速试验取样时间建议为 10 天、30 天、60 天、90 天和 120 天。同期进行大气暴露对比试验取样时间建议为 10 天、30 天、60 天、120 天、180 天和 240 天及 1 年和 2 年。

注：作为对比试验或根据需要可同时进行大气暴露对比试验。开始时间与户外加速试验时间一致。试样、场地和试验架的要求均按照本标准执行。

对户外加速试验，每次从最下面一行取样。取样后保持架上其他试样顺序不动，整体下移一行，填补取样后的空位。也可每 10 天～15 天上下交换试样位置，可不固定位置取样。

5.6 检查

每天早晚各检查一次设备运行情况，调整净化水供水量。

定期检查试样，观测、记录外观的任何明显变化或出现的特殊情况。应观察试样正、反两面，以发现腐蚀作用的任何差别。定期检查的间隔时间通常是最初 1 个月内暴露 1 天、2 天、5 天、10 天、20 天、30 天检查试样，以后每(10～20)天检查一次。

5.7 记录

采用文字描述(结合彩色照相)记录检查结果。记录包括：腐蚀产物的颜色、厚度、均匀性、附着/剥离情况。

6 结果评定

6.1 腐蚀形貌

试验各周期试样表面腐蚀形貌观察结果，应采用文字描述和照片相结合的方式。

6.2 产物成分检验

产物成分检验可选用X射线衍射、扫描电镜能谱仪等进行。

6.3 腐蚀产物清除

按照GB/T 16545规定的方法清除腐蚀产物。

6.4 腐蚀速率计算

可通过试样试验前、后的质量损失计算腐蚀速率，宜用表格或图给出腐蚀速率。如果数据经过较复杂的数学处理，应给出数据处理方法。

可通过金相检查进行腐蚀坑深度测量。

6.5 材料物理性能

可采用相应试验方法对试验前后材料物理性能进行评定。

7 试验记录

7.1 试样(包括参比试样)

7.1.1 原始资料

试样(试验材料)原始资料包括：

——试验材料名称和牌号；

——化学成分；

——冶金工艺、热处理方法(参数)等；

——表面粗糙度。

7.1.2 制备方法

试样制备方法包括：

——机械加工方法；

——表面化学处理方法(化学去除氧化皮方法)。

7.1.3 形状和尺寸

按试样长度×宽度×厚度记录平板试样尺寸。其他形状试样宜用简捷语言描述试样形状和尺寸，并附照片。

7.1.4 试样质量

记录试样试验前、试验后和去除腐蚀产物以后的质量。

7.1.5 试样表面状态

记录并保存试样试验之前的目视检查结果和每次评价时表面外观变化情况。如果可能，附上试样在试验前、试验中和试验后的照片。

7.1.6 腐蚀坑深度

记录试样表面腐蚀坑深度、密度和分布。

7.1.7 腐蚀产物成分

如果需要分析腐蚀产物成分，应记录分析结果和测试方法。

7.1.8 物理性能

如果需要对试样试验后的物理性能(机械性能、电或物理化学性能)进行评价时，应记录试样试验前、后的物理性能和所采用的试验方法。

7.2 试验条件

——试样放置角度、朝向、高度等；

——试验起止日期和取样周期；

——喷雾周期和喷雾量。

7.3 试验场环境参数

——日或月平均气温，以℃表示；

——大气相对湿度月平均值，以%表示；

——降雨量(月累计)，以 mm 表示；

——日照时数(月累计)；

——按 GB/T 19292.3 测定的 SO_2 和 Cl^- 月累计沉降率，以 mg/(m^2 · d)表示；

——试验场环境出现特殊状况，如沙尘暴、冰凌等。

8 试验报告

试验报告应包括以下内容：

a) 本标准号；

b) 试样原始资料；

c) 试样制备方法和数量；

d) 试验条件；

e) 评定方法；

f) 试验结果；

g) 其他。

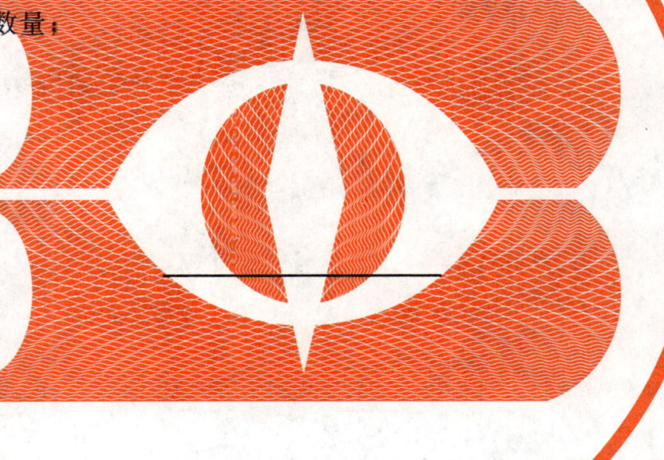

ICS 77.140.65
H 49

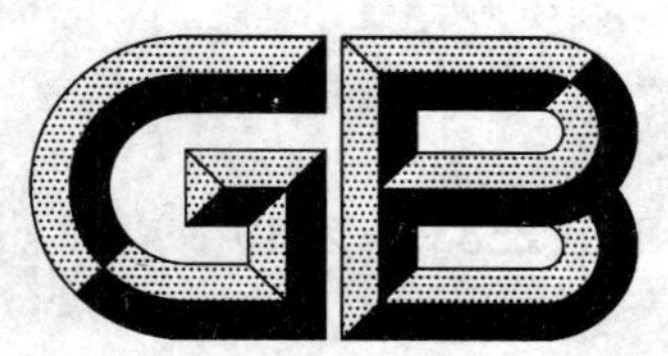

中华人民共和国国家标准

GB/T 25835—2010

缆索用环氧涂层钢丝

Epoxy-coated steel wires for cables

2010-12-23 发布　　　　2011-09-01 实施

中华人民共和国国家质量监督检验检疫总局
中国国家标准化管理委员会　发布

前　言

本标准按照 GB/T 1.1—2009 给出的规则起草。

本标准附录 A 和附录 B 为规范性附录。

本标准由中国钢铁工业协会提出。

本标准由全国钢标准化技术委员会(SAC/TC 183)归口。

本标准起草单位:柳州欧维姆机械股份有限公司、冶金工业信息标准研究院、江阴法尔胜住电新材料有限公司。

本标准主要起草人:黄芳玮、黎念权、王玲君、金平、任翠英、陈小莲、黄永玖、马伟杰。

缆索用环氧涂层钢丝

1 范围

本标准规定了缆索用环氧涂层钢丝的术语和定义、产品标记、订货内容、材料、涂覆、技术要求、涂层的修补、试验方法、检验规则、包装、标志和质量证明书。

本标准适用于桥梁、建筑、岩土锚固等领域中防腐要求较高的缆索结构。

2 规范性引用文件

下列文件对于本文件的应用是必不可少的。凡是注日期的引用文件，仅注日期的版本适用于本文件。凡是不注日期的引用文件，其最新版本(包括所有的修改单)适用于本文件。

GB/T 2103 钢丝验收、包装、标志及质量证明书的一般规定

GB/T 5223 预应力混凝土用钢丝

GB/T 6461 金属基体上金属和其他无机覆盖层 经腐蚀试验后的试样和试件的评级

GB/T 10125 人造气氛腐蚀试验 盐雾试验

GB/T 13452.2 色漆和清漆 漆膜厚度的测定

GB/T 20624.2—2006 色漆和清漆 快速变形(耐冲击性)试验 第2部分：落锤试验(小面积冲头)

GB/T 21839 预应力混凝土用钢材试验方法

ASTM D1141 海水代用品

3 术语和定义

下列术语和定义适用于本文件。

3.1

环氧粉末涂料 epoxy coating powder

以环氧树脂为主要成膜材料的热固性熔融结合粉末涂料。

3.2

环氧粉末涂层 epoxy coating

环氧粉末经静电或其他方法均匀涂覆在钢丝表面并熔融结合固化后形成的膜状物。本标准中简称“环氧涂层”。

3.3

环氧涂层钢丝 epoxy-coated steel wire

表面均匀涂覆一层致密环氧涂层保护膜的钢丝。

3.4

修补材料 patching material

与环氧粉末涂层相容且性能相当的材料，用于修补环氧涂层钢丝的涂层受损部位及切割部位。

4 产品标记

4.1 标记内容

按本标准交货的产品标记应包含下列内容:涂层钢丝代号 ECW,公称直径,强度级别,标准号。

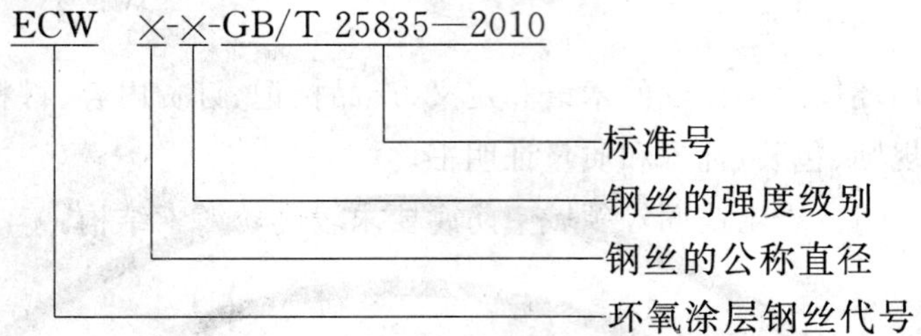

注:ECW 为 epoxy-coated steel wire 关键字母简称。

4.2 标记示例

示例 1:公称直径 5.00 mm 的环氧涂层钢丝,强度级别为 1 670 MPa:

ECW 5-1670-GB/T 25835—2010

示例 2:公称直径 7.00 mm 的环氧涂层钢丝,强度级别为 1 770 MPa:

ECW 7-1770-GB/T 25835—2010

5 订货内容

按本标准订货的合同应包含以下主要内容:

a) 本标准号;
b) 产品名称;
c) 公称直径;
d) 强度级别;
e) 重量;
f) 用途;
g) 包装要求;
h) 需方提出的其他要求。

6 材料

6.1 预应力钢丝

用于涂覆环氧粉末涂层的预应力钢丝应符合 GB/T 5223 或其他相关标准的要求,且其表面不应有油、脂、漆等污染物。如有特殊要求,应在合同中注明。

6.2 环氧粉末涂料

涂覆的环氧粉末涂料所形成的涂层应符合本标准附录 A 的规定。

6.3 修补材料

修补材料应与环氧粉末涂层相容且性能相当。修补材料形成的涂层性能应符合本标准附录 A 的规定,并可在工厂或工地用于环氧涂层钢丝受损涂层的修补。

7 环氧涂层钢丝的涂覆

7.1 需要进行涂覆的预应力混凝土用钢丝的表面,应通过化学方法或其他不影响钢丝性能的方法进行净化处理。

7.2 净化处理后钢丝表面不应有目视可见的锈迹。

7.3 将经表面处理后的钢丝采用静电使环氧树脂均匀涂覆在钢丝表面上,通过加热熔融和冷却后完全固化。

8 技术要求

8.1 力学性能

8.1.1 环氧涂层钢丝力学性能应符合表1的规定。

表 1

公称直径 d/mm	抗拉强度 R_m/MPa,不小于	规定非比例延伸强度 $R_{P0.2}$/MPa		断后伸长率 (L_0=250 mm) A/%,不小于	应力松弛性能		
		无松弛或Ⅰ级松弛,不小于	Ⅱ级松弛,不小于		初始载荷(公称载荷)/%	1 000 h后应力松弛率 r/%,不大于	
					对所有钢丝	Ⅰ级松弛	Ⅱ级松弛
5.00	1 670	1 340	1 410	4.0	70	8	4.5
	1 770	1 420	1 500				
	1 860	1 490	1 580				
7.00	1 670	—	1 410	4.0	70	8	4.5
	1 770		1 500				
	1 860		1 580				
注:钢丝力学性能按公称直径计算。							

8.1.2 对无松弛要求和Ⅰ级松弛要求的5 mm系列钢丝,扭转试验不小于8次。

8.1.3 涂层钢丝的弹性模量为$(2.0\pm0.1)\times10^5$ MPa。

8.1.4 按10.1.2的要求作缠绕试验后,钢丝不应发生断裂。

8.1.5 经供需双方协商,可供应其他力学性能要求的钢丝。

8.2 工艺性能

8.2.1 抗脉动拉伸疲劳

涂层钢丝应能承受200万次$0.45F_m\sim(0.45F_m-2\Delta F_a)$的载荷后而不断裂,其中:

$$2\Delta F_a/S_n=360\ \text{MPa} \qquad (1)$$

式中:

F_m ——预应力混凝土用钢丝的最大力,$F_m=R_m\times S_n$,单位为牛(N);

R_m ——预应力混凝土用钢丝的抗拉强度,单位为兆帕(MPa);

S_n ——预应力混凝土用钢丝的公称面积,单位为平方毫米(mm^2);

$2\Delta F_a$——脉动应力幅的载荷值,单位为牛(N)。

8.2.2 镦头试验

如需方要求,可做镦头试验,具体要求及试验方法由供需双方协商。

8.3 接头要求

在交货的成品环氧涂层钢丝中,不应存在任何形式的接头。

8.4 涂层

8.4.1 涂层厚度

涂层钢丝的涂层厚度应在 0.13 mm～0.30 mm。

8.4.2 涂层连续性

环氧涂层钢丝表面应具有连续的涂层,且应无孔洞、裂纹和其他目视可见的缺陷。环氧涂层钢丝应进行连续的针孔检测,每米检测到的针孔不应超过 3 个。

8.4.3 涂层附着性

环氧涂层钢丝经附着性试验后涂层表面应无目视可见的裂纹或涂层脱落现象。

8.5 伸直性能

8.5.1 环氧涂层钢丝长度方向不应呈波浪形,不得存在弯折、扭曲等缺陷。

8.5.2 环氧涂层钢丝的自然矢高:取弦长 1 m 的钢丝,其弦与弧的最大自然矢高不大于 30 mm。

8.5.3 环氧涂层钢丝的自由翘头高度:取 5 m 长的钢丝,自然地放置于光滑平整的台面上,一端接触台面,翘起的一端离台面的高度不大于 150 mm。若供方制造有保证,可不作试验。

9 涂层的修补

9.1 每米长环氧涂层钢丝受损面积超过总体表面积的 0.5%时,不允许修补(不包括切割部位)。

9.2 对目视可见的涂层损伤,用符合 6.3 规定的修补材料进行修补。在修补前,应采用合适的方法除锈。修补后的涂层应符合 8.4 的要求。

10 试验方法

10.1 力学性能试验

10.1.1 环氧涂层钢丝的力学性能试验按 GB/T 21839 的规定进行。

10.1.2 钢丝缠绕试验的芯棒直径为 3 d,缠绕圈数不小于 8 圈,缠绕速度不大于 15 圈/min。

10.2 工艺性能试验

脉动疲劳试验按附录 B 规定进行。

10.3 涂层厚度

10.3.1 按 GB/T 13452.2 的规定,采用合适的测厚仪进行涂层厚度的测量。测厚仪应能够沿着曲面测量涂层的厚度。其测量值与真实厚度值的最大允许偏差为10%。

10.3.2 涂层的厚度应在自然伸直的环氧涂层钢丝上测量,测量时应在环氧涂层钢丝的同一个截面大致平均分布的四个点上测量,测量值应满足8.4.1厚度要求。

10.3.3 生产过程中应在每盘环氧涂层钢丝5个大致平均分布的地方作涂层厚度测量。如果需要,供方应提供生产过程中的检测记录。

10.4 涂层连续性

钢丝涂覆过程中,使用67.5 V的湿海绵直流针孔检测器或相当的方法对涂层进行连续的针孔检测。检测器应装有能指示涂层针孔的指示器,如灯或蜂鸣器等。

10.5 涂层附着性

钢丝附着性试验的芯棒直径为5 d,缠绕圈数不小于8圈,缠绕速度不大于15圈/min。

11 检验规则

11.1 检验分类

产品检验分为出厂检验和型式检验。环氧涂层钢丝应成批验收,每批由同一规格、同一生产工艺制造的环氧涂层钢丝组成,每批重量不大于100 t。

11.2 检验项目及取样数量

每批环氧涂层钢丝的产品出厂检验项目及取样数量按表2的规定。

表2 供方出厂常规检验项目及取样数量

序号	检验项目	取样数量及取样部位	检验方法
1	涂层连续性	逐盘	按10.4规定执行
2	涂层厚度	逐盘	按10.3规定执行
3	抗拉强度	每盘取1根,盘的任一端	按10.1规定执行
4	规定非比例伸长应力	每10盘取1根,盘的任一端	
5	断后伸长率	每盘取1根,盘的任一端	
6	缠绕试验	每10盘取1根,盘的任一端	
7	弹性模量	每10盘取1根,盘的任一端	
8	松弛试验	1根/300 t,盘的任一端	
9	附着性试验	每10盘取1根,盘的任一端	按10.5规定执行
10	伸直试验	每10盘取1根,盘的任一端	按8.5规定执行

11.3 型式检验

凡属下列情况之一者,应进行型式检验:

a) 原料、工艺等有较大改变时;

b) 生产设备改造后或生产过程中设备发生较大故障时;

c) 产品长期停产后,恢复生产时;

d) 出厂检验结果与上次型式检验有较大差异时；
e) 供方对产品质量控制的检验；
f) 需方提出要求，经供需双方协议一致的检验；
g) 第三方产品认证及仲裁检验。

11.4 判定规则和复检

11.4.1 当检验项目中有不符合本标准规定的技术要求的检验项目时，应在同一盘环氧涂层钢丝中进行双倍重新取样，对该项目进行重复检验。如果重复检验的结果全部达到规定的技术要求，该盘环氧涂层钢丝仍为合格产品。

11.4.2 当进行重复检验的结果仍至少有一项不符合本标准规定的技术要求时，该盘环氧涂层钢丝判为不合格。

11.4.3 当出现涂层的不连续性，而去掉该部分后其余部分仍符合本标准规定的技术要求时，该盘环氧涂层钢丝仍为合格产品，但要对该部分做出明显标志，且其重量应去除掉。此外，还应在质保书上注明该不合格部分的长度。

12 包装、标志及质量证明书

12.1 包装

环氧涂层钢丝应采用不损伤涂层的包装带进行包装，并应符合 GB/T 2103 的规定。

包装造成的涂层损伤应进行修补。

12.2 标志

每盘卷环氧涂层钢丝均应有标牌，其上应注明供方名称、重量、盘卷号、钢丝的规格、强度级别、执行标准号等。

12.3 质量证明书

供方应提供出厂检验的质量证明书，其内容包括：
a) 供方、需方名称；
b) 重量及件数；
c) 各项检测结果；
d) 执行的标准编号；
e) 供方质量检验部门的印记。

附 录 A
（规范性附录）
环氧粉末涂层的要求

A.1 抗化学性

涂层的抗化学性应该通过将涂层试验样品局部沉浸到4种不同的液体中45 d来评估。

A.1.1 试验装置

透明的密闭试验容器16个，每个容器在垂直位置能够完全地装入一个试验样品，并且足够大，能够对液体和试剂蒸气提供足够的空间。

A.1.2 试验试剂

a) 蒸馏水；
b) 浓度为3 mol/L的$CaCl_2$水溶液；
c) 浓度为3 mol/L的NaOH水溶液；
d) $Ca(OH)_2$的饱和水溶液。

A.1.3 试样

切16根250 mm长的环氧涂层钢绞线试样，端部用修补材料进行封闭。试样的涂层厚度为8.4.1规定的最小厚度。

在其中8个试样上，距两端60 mm的位置分别用刀片削出长为6 mm，宽为1 mm的裸露钢材的涂层破坏带。

A.1.4 试验过程

在每个容器中盛放一种试剂，将每个试样垂直放入试验容器中。

对于每种试液，两个容器放置削破坏带试样，另两个容器放置完好试样。

每个盛放特定试液的容器中，试液的液面应覆盖试样的一半。对于削破坏带试样，试液液面至两破坏带的中间位置。容器加盖密封，防止试液的挥发和污染。

在23 ℃±2 ℃的温度下，保持45 d。

试样经过45 d浸泡后取出，用水冲洗并用柔软干净的棉布或纸巾擦拭。

A.1.5 试验评定

试样经过45 d试验，环氧涂层钢绞线表面无目视可见锈蚀，即达到GB/T 6461规定的保护等级9级。涂层不产生剥落、开裂、软化、粉化、变质等现象。削破坏带试样上特意削出的破坏带，其周围的涂层不应出现凹陷。

A.2 氯化物渗透性

涂层的抗氯化物渗透性能，应通过45 d的试验进行评定。

A.2.1 试验装置

A.2.1.1 具有两个隔间的玻璃容器，如图 A.1 所示。

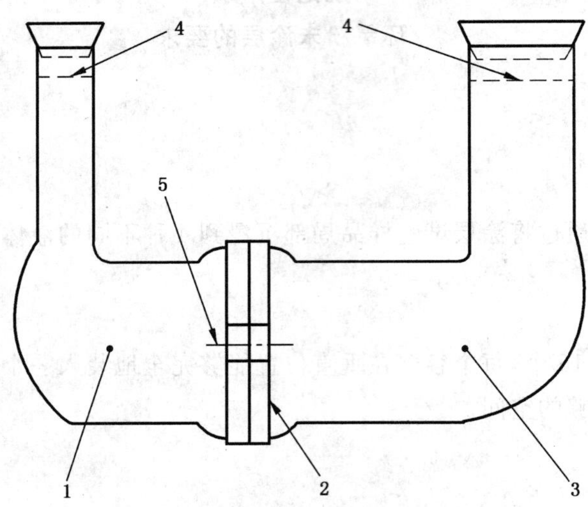

1——放置 115 mL 蒸馏水的隔间；

2——中心带 24 mm 开口的两块玻璃板之间的环氧涂膜；

3——放置 175 mL 浓度为 3 mol/L 的 NaCl 水溶液的隔间；

4——水平标记；

5——25 mm 的中心开口。

图 A.1 氯化物渗透性试验装置

两个隔间被两块玻璃隔开，每块玻璃板的中心位置都有一个直径为 24 mm 的开口。试样被夹在两块玻璃之间，在开口处形成一个隔膜。当两个隔间中的液体体积分别为 115 mL 和 175 mL 时，两个隔间的液面水平线平齐。夹持隔膜的开口应完全浸没在溶液中。

A.2.1.2 能测定氯离子浓度小于 1×10^{-4} mol/L 的氯离子计。

A.2.2 试样

试样为无金属基体的已固化的方形环氧涂层，尺寸为 100 mm×100 mm，试样的涂层厚度应满足 8.4 要求。

A.2.3 试验过程

试样放置在容器中的两块玻璃板之间，其中心位于玻璃板的开口处。在大隔间注入 175 mL 浓度为 3 mol/L 的 NaCl 水溶液，小隔间注入 115 mL 蒸馏水。在 23 ℃±2 ℃的温度下试验 45 d 后，测量小隔间水溶液中的氯离子浓度。

A.2.4 试验评定

小隔间水溶液中的氯离子浓度应小于 1×10^{-4} mol/L。

A.3 冲击试验

环氧涂层钢绞线涂层的抗机械损伤能力应通过落锤试验进行评定。

采用 GB/T 20624.2—2006 中描述的试验装置，及一个 1 800 g±1 g、锤头直径 16 mm±0.3 mm 的

重锤。试样固定在刚性材料上。

试验在 23 ℃±2 ℃的温度下进行，冲击发生在环氧涂层钢绞线的顶部，冲击功为 9 N·m。除了由重锤冲击而永久变形的区域，周边涂层不应发生破碎、开裂。

A.4　盐雾试验

按 GB/T 10125 进行试验。将环氧涂层钢绞线试样拉伸到公称最大力的 70%后，暴露于中性盐雾中 3 000 h，每 250 h 试验观察并记录一次。试验后环氧涂层钢绞线表面无目视可见锈蚀，即达到 GB/T 6461 规定的保护等级 9 级。

注：保护端部的锚具不受盐雾腐蚀，以免影响试验结果。

A.5　耐干湿性

将环氧涂层钢绞线放在按 ASTM D1141 配制的海水溶液中浸泡 16 h 后在干燥空气中放置 8 h 为一周期，经 30 个周期后环氧涂层钢绞线表面无目视可见锈蚀，即达到 GB/T 6461 规定的保护等级 9 级。

附 录 B
（规范性附录）
脉动拉伸疲劳试验方法

B.1 试验原理

使试样承受两种负荷（预定的脉动拉伸最大负荷和最小负荷）之间的脉动拉伸应力至规定次数，考察试样的疲劳性能。

B.2 试样

疲劳试验用试样是一段未经加工的涂层钢丝。两个夹具之间的试样尺寸应尽可能地长，至少140 mm。

B.3 试验条件

B.3.1 根据环氧涂层钢丝的分类、强度级别，确定加载时的最大应力载荷为 $0.45F_{m}$，应力幅值为360 MPa。

B.3.2 在试验的全过程中，脉动拉伸的最大负荷和最小负荷应保持恒定值。宜考虑采用能周期性检查负荷或能作记录的装置，负荷的控制精度至少为1%。

B.3.3 试验期间负荷循环变化的频率应是恒定的，此频率不应超过120 Hz。

所有应力都呈轴向传递给试样，既没有钳口影响，也没有缺口影响。应有一个相应的装置能限定夹头中试样的任何滑移。

B.4 试验判定

由于缺口影响或局部过热引起试样在夹头内和夹持区域内（3倍的钢丝公称直径）断裂时，本次试验无效，可重新试验。如果实际负荷循环次数已达到或超过规定值，试验结果视为有效。

ICS 27.100
F 24

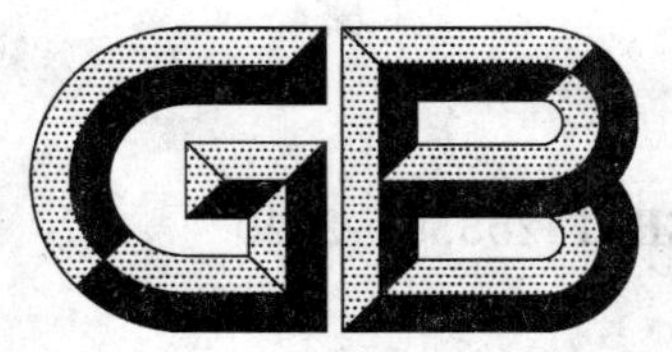

中华人民共和国国家标准

GB/T 25836—2010

微量硬度快速测定方法

Rapid determination method of micro-hardness

2010-12-23 发布　　2011-05-01 实施

中华人民共和国国家质量监督检验检疫总局
中国国家标准化管理委员会　发布

前　言

本标准按照 GB/T 1.1—2009 给出的规则起草。

本标准由中国电力企业联合会提出并归口。

本标准负责起草单位:西安热工研究院有限公司、华北电力科学研究院有限责任公司。

本标准主要起草人:黄善锋、王应高、田利、龚丽华、史庆琳、孙巍伟、王广珠。

微量硬度快速测定方法

1 范围

本标准规定了软化水、H 型阳离子交换器出水、锅炉给水、凝结水等水样中微量硬度的测定方法。

本标准适用于水样中硬度(以$\frac{1}{2}Ca^{2+}$和$\frac{1}{2}Mg^{2+}$计)为 0.5 μmol/L～200 μmol/L 含量的测定。

2 规范性引用文件

下列文件对于本文件的应用是必不可少的。凡是注日期的引用文件,仅注日期的版本适用于本文件。凡是不注日期的引用文件,其最新版本(包括所有的修改单)适用于本文件。

GB/T 6903 锅炉用水和冷却水分析方法 通则

GB/T 6907 锅炉用水和冷却水分析方法 水样的采集方法

3 方法概要

在 pH 为 10.0±0.1 的水溶液中,加入微量硬度指示剂[1],用乙二胺四乙酸二钠盐(简称 EDTA)标准滴定溶液滴定至蓝色为终点。根据消耗 EDTA 标准滴定溶液的体积,即可计算出水样硬度值。

水样中铁含量小于 1.0 mg/L、铜含量小于 0.05 mg/L 对测定无干扰。当水样中铁含量大于 1.0 mg/L、铜含量大于 0.05 mg/L,可在加指示剂前用 2 mL 的 L-半胱胺酸盐酸盐溶液(10 g/L)和 2 mL 三乙醇胺溶液(1+4)进行联合掩蔽消除干扰。

4 试剂与仪器

4.1 试剂纯度应符合 GB/T 6903 规定。

4.2 试剂水:应符合 GB/T 6903 规定的Ⅱ级试剂水。

4.3 滴定管:当水中硬度含量小于 50.0 μmol/L 时采用最小分刻度不大于 0.05 mL 的微量滴定管;当水中硬度含量大于或等于 50.0 μmol/L 时采用最小分刻度为 0.1 mL 的滴定管。

4.4 氢氧化钠溶液(40 g/L)。

4.5 盐酸溶液(1+4)。

4.6 硼砂缓冲溶液:称取 40 g 硼砂($Na_2B_4O_7 \cdot 10H_2O$),加入 10 g 氢氧化钠,溶于试剂水中,稀释至 1 L。贮于塑料瓶中。

4.7 钙标准溶液[c_1=0.100 0 mmol/L]:准确称取于 110 ℃下烘 2 h 并在干燥器中冷却的基准碳酸钙($CaCO_3$)1.000 9 g,溶于 15 mL 盐酸溶液(4.5)并定量转移至 1 L 容量瓶中,用试剂水稀释至刻度。再吸取此标准溶液 10.00 mL 至 1 L 容量瓶中,混匀,并用试剂水稀释至刻度。

4.8 微量硬度指示剂溶液:称取微量硬度指示剂 2.0 g,加入 5 mL 试剂水搅匀,再加入 80 mL 三乙醇胺和 15 mL 无水乙醇,搅拌均匀,贮于棕色瓶中。有效期≤30 天。

4.9 EDTA 标准滴定溶液[c(EDTA)=0.5 mmol/L]的配制和标定

1) 微量硬度指示剂是由西安热工研究院有限公司提供的产品的商品名。

4.9.1 EDTA标准滴定溶液的配制：称取4.0 g EDTA($C_{10}H_{14}N_2O_8Na_2 \cdot 2H_2O$)溶解于一定量试剂水中，并用试剂水稀释至1 L，混匀。吸取此溶液50 mL，稀释至1 L，混匀，贮存于塑料瓶中。

4.9.2 EDTA标准滴定溶液的标定：吸取20.00 mL钙标准溶液放入250 mL锥形瓶中，加入80 mL试剂水，按分析步骤5.3～5.5标定。EDTA标准滴定溶液的浓度(c_2)按式(1)计算：

$$c_2 = \frac{20.00 \times c_1}{V_1 - V_0} \qquad \cdots\cdots (1)$$

式中：

c_2 ——EDTA标准滴定溶液的浓度，mmol/L；

c_1 ——钙标准溶液浓度，mmol/L；

20.00 ——吸取钙标准溶液的体积，mL；

V_1 ——标定消耗EDTA标准滴定溶液的体积，mL；

V_0 ——空白消耗EDTA标准滴定溶液的体积，mL。

5 分析步骤

5.1 按GB/T 6907规定的方法采集水样。

5.2 量取水样100 mL(V_1)放入250 mL锥形瓶中。

注：水样酸性或碱性很高时，用氢氧化钠溶液(4.4)或盐酸溶液(4.5)调节试样的pH值为7～10。

5.3 加入1 mL硼砂缓冲溶液和(1～2)滴微量硬度指示剂溶液，摇匀。

5.4 用EDTA标准滴定溶液滴定，溶液由红色变为蓝色即为终点，记录消耗EDTA标准滴定溶液的体积(V_2)。从加入缓冲溶液到滴定完成应不超过5 min，水样温度应不低于15 ℃。

5.5 另量取100 mL试剂水，按5.3和5.4的操作步骤测定空白，记录消耗EDTA标准滴定溶液体积(V_3)。

6 结果表述

水样中硬度按式(2)计算：

$$H = \frac{(V_2 - V_3) \times c_2 \times 2}{V} \times 1\,000 \qquad \cdots\cdots (2)$$

式中：

H ——水样中硬度，μmol/L；

c_2 ——EDTA标准滴定溶液的浓度，mmol/L；

V_2 ——滴定水样消耗EDTA标准滴定溶液的体积，mL；

V_3 ——空白试验消耗EDTA标准滴定溶液的体积，mL；

V ——水样体积，mL；

2 ——Ca^{2+}和Mg^{2+}换算成$\frac{1}{2}Ca^{2+}$和$\frac{1}{2}Mg^{2+}$基本单元的换算系数；

1 000 ——单位换算系数。

7 允许差

取平行测定结果的算术平均值为测定结果。当水中硬度含量小于50.0 μmol/L时两次平行测定结果的允许差不大于0.5 μmol/L硬度；当水中硬度含量大于或等于50.0 μmol/L时两次平行测定结果的允许差不大于1.0 μmol/L硬度。

8 试验报告内容

试验报告至少应包括下列各项：

a） 注明引用标准；

b） 受检水样的完整标识：包括水样名称、采样地点、采样时间、采样人等；

c） 测定结果；

d） 测定人员、校核人员和测定日期。

ICS 27.120.20
F 69

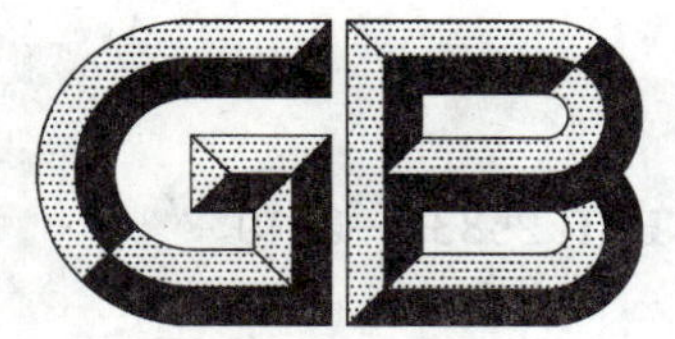

中华人民共和国国家标准

GB/T 25837—2010

核电厂安全壳电气贯穿件的质量鉴定

Qualification of electrical penetration assemblies in containment structures for nuclear power plants

2010-12-23 发布　　　　2011-05-01 实施

中华人民共和国国家质量监督检验检疫总局
中国国家标准化管理委员会　发布

前　言

本标准按照GB/T 1.1—2009给出的规则起草。

本标准是GB/T 12727—2002《核电厂安全系统电气设备质量鉴定》的配套标准，为执行GB/T 12727—2002《核电厂安全系统电气设备质量鉴定》的要求提供了具体化的实施条件。

本标准由中国核工业集团公司提出。

本标准由全国核仪器仪表标准化技术委员会(SAC/TC 30)归口。

本标准起草单位：核工业标准化研究所、上海发电设备成套设计研究院。

本标准主要起草人：章坚青、黄定忠、杨荫宁、耿远、阴冀川、耿文行。

核电厂安全壳电气贯穿件的质量鉴定

1 范围

本标准规定了核电厂安全壳电气贯穿件质量鉴定所采用的试验项目、试验方法、试验条件和验收准则。

本标准适用于参照法国RCC系列规范设计建造的压水堆核电厂中通过安全壳进行安装、保证反应堆厂房内部与外部之间信号传递及电力输送用电气贯穿件的质量鉴定。

本标准也可供其他类型核电厂安全壳电气贯穿件进行质量鉴定时参考。

2 规范性引用文件

下列文件对于本文件的应用是必不可少的。凡是注日期的引用文件，仅所注日期的版本适用于本文件。凡是不注日期的引用文件，其最新版本(包括所有的修改单)适用于本文件。

GB/T 2421.1—2008 电工电子产品环境试验 概述和指南

GB/T 2423.4—2008 电工电子产品环境试验 第2部分:试验方法 试验Db:交变湿热(12 h+12 h循环)

GB/T 2423.10—2008 电工电子产品环境试验 第2部分:试验方法 试验Fc:振动(正弦)

GB/T 2423.22—2002 电工电子产品环境试验 第2部分:试验方法 试验N:温度变化

GB/T 7354—2003 局部放电测量

GB/T 11026.1—2003 电气绝缘材料 耐热性 第1部分:老化程序和试验结果的评定

GB/T 12727—2002 核电厂 安全系统电气设备 质量鉴定

GB/T 13538—1992 核电厂安全壳电气贯穿件

GB/T 13625—1992 核电厂安全系统电气设备抗震鉴定

GB/T 18380.3—2001 成束电线或电缆的燃烧试验方法

GB/T 18380.31—2008 电缆和光缆在火焰条件下的燃烧试验 第31部分:垂直安装的成束电线电缆 火焰垂直蔓延试验 试验装置

EJ/T 1197—2007 核电厂安全级电气设备质量鉴定试验方法与环境条件

3 术语和定义

GB/T 12727—2002确立的以及下列术语和定义适用于本文件。

3.1

鉴定程序 qualification procedure

提供某类设备质量证明的程序。

3.2

条件试验 conditioning

把试验样品暴露在试验环境中，以确定这些条件对试验样品的影响。

3.3

预处理 pre-conditioning

为消除或部分消除试验样品以前经历的各种响应，在条件试验前对试验样品所做的处理。

3.4

恢复 recovery

在条件试验之后，最后检测之前，为使试验样品的性能稳定所做的处理。

3.5

影响量 influence quantity

设备以外可能影响其运行的量。

3.6

馈通线 feedthrough

电气贯穿件特有的成系列的部件。它是包括有各种线规的绝缘导线以及与机械零件组装在一起的、实现绝缘和密封功能的部件。

3.7

中压动力电气贯穿件 Medium-Voltage Power electric penetration assembly

额定交流电压 6 kV 或 10 kV 的三相动力回路组成部分的电气贯穿件。

3.8

低压动力电气贯穿件 Low-Voltage Power electric penetration assembly

额定电压小于或等于 1 000 V 的三相动力回路组成部分的电气贯穿件。

3.9

低压控制电气贯穿件 Low-Voltage Control electric penetration assembly

额定交流(或直流)电压小于 1 000 V 的控制电路组成部分的电气贯穿件。

3.10

仪表电气贯穿件 instrumentation electric penetration assembly

用于仪表电路的电气贯穿件，其中包括用于连接热电偶的电气贯穿件。

3.11

同轴电气贯穿件 coaxial electric penetration assembly

由同轴、或三同轴导体组成的电气贯穿件。

3.12

过负荷能力 overload capability

如果不超过 10.7 中给定的温度限制值，电气贯穿件的任意 1/3 导线(这一分数并非表示少于 3 根导线)在正常环境下在给定时间内可以通过的极限电流。

4 技术规格书

本章阐述了技术规格书中应为设备鉴定说明的条款，包括设备标识、功能和性能要求、设备电源要求及设计环境条件，以及电源、环境条件变化对设备功能特性的影响。

电气贯穿件的技术规格书宜包括：

a) 要求的范围；

b) 为生产厂和用户规定的法规、标准和导则；

c) 安全分级；

d) 运行条件和环境条件；

e) 安装寿命；

f) 安装接口条件；

g) 设计和结构的详细说明；

h) 设计鉴定；

i) 非标准产品试验；
j) 供方需提供的图纸、文件、数据和资料；
k) 检查、质量保证和质量控制要求；
l) 包装、运输、装卸和贮存要求；
m) 按功能分类和额定值分类的电气贯穿件清单；
n) 电气贯穿件的抗震要求。

5 质量鉴定方法

设备质量鉴定可通过分析法、试验法(主要指型式试验)、运行经验法或组合法(分析、试验、运行经验的结合)获得的证据，以证明在规定的运行条件和环境条件下设备能满足其规定的准确度和性能要求。

本标准阐述了使用试验法对电气贯穿件进行质量鉴定。

6 鉴定试验大纲和鉴定试验程序

6.1 概述

开展设备质量鉴定试验必须要编制鉴定试验大纲和鉴定试验程序。编制鉴定试验大纲和鉴定试验程序的依据是相关的标准、设备技术规格书、设备标识文件及参考文件。

6.2 鉴定试验大纲

鉴定试验大纲是开展设备鉴定试验的纲领性文件，试验大纲应与设备技术规格书相协调，且详细说明应进行的各项试验和建立设备技术规格书与试验结果之间的联系，以使所提供的证据证明所采用的试验方法是合适的。鉴定试验大纲应包括：

a) 待试验设备说明；
b) 待试验样本设备的数量及其标识；
c) 安装、连接和其他接口的要求；
d) 老化模拟程序；
e) 模拟的运行条件和环境条件；
f) 需测定的环境变量、设备性能和验收准则；
g) 对试验设备的要求，包括准确度；
h) 鉴定试验期间允许的维修和更换；
i) 性能限值和故障定义；
j) 鉴定试验数据的文档要求；
k) 设备技术规格书中不适用部分的说明；
l) 鉴定试验项目的顺序；
m) 以上没有涉及但在试验期间可能对设备有影响的特殊情况说明。

6.3 鉴定试验程序

应按照 GB/T 12727—2002 的 5.4.2 和 EJ/T 1197—2007 第 5 章、第 6 章、第 8 章中的有关规定编制设备质量鉴定试验程序，以规定和说明鉴定试验的项目、试验条件、试验和测试方法、操作和测试步骤、以及验收准则等。

电气贯穿件的质量鉴定程序中应包括下述四类试验内容：

a） 基准试验；

b） 极限使用条件下的试验；

c） 评价设备性能随时间变化的试验；

d） 事故和事故后环境条件下试验。

6.3.1 基准试验

基准试验包括：

——设备电气特性试验；

——设备功能特性的测定试验。

基准试验的结果将作为与后续试验时设备性能进行比较的基准。

6.3.2 极限使用条件下的试验

设备在极限使用条件下的试验用于检验设备在影响量的额定范围内和限值下的功能特性，这些影响量包括：

——环境条件，如温度、压力、湿度、辐照等；

——每个设备特定的影响量、与其安装条件有关的影响量（如振动）或与其操作所需的电源特性有关的影响量（如电源电压或频率的影响、电磁干扰）。

对电气贯穿件鉴定试验所考虑的影响量在下面的各个试验内容条款中分别表述。

6.3.3 评价设备性能随时间变化的试验

应按要求对设备老化，使其置于模拟预期安装寿期末的状态。应考虑的老化因素包括：

——温度（循环或不循环的温度变化）；

——腐蚀；

——长时间运行；

——设备全寿期内可能经受的正常辐照的累积剂量；

——机械振动。

6.3.4 事故和事故后环境条件下试验

目的是验证设备在下列设计基准事故工况条件下的性能：

——地震；

——安全壳内事故期间可能出现的累积辐照剂量；

——安全壳内事故热力条件（压力、温度）和化学条件；

——安全壳内事故后条件（温度、饱和蒸汽压力）。

7 安全壳电气贯穿件的功能及其分类

7.1 安全壳电气贯穿件的安全功能及其分类

7.1.1 安全壳电气贯穿件的安全功能

电气贯穿件主要具有两项安全功能：

a） 密封功能。电气贯穿件应在各种情况下（正常运行工况、地震、事故等）满足密封功能；

b） 电气完整性功能。应区别以下三种情况：

1） 各种情况下（正常运行工况、地震、事故等）都要求满足电气完整性功能；

2) 只对正常运行工况和地震条件下要求满足电气完整性功能；

3) 只对正常运行工况要求满足电气完整性功能。

7.1.2 馈通线以及对应电气贯穿件的安全功能分类

根据7.1.1，从安全功能需求来说，要区分与其连接方式有关的两类馈通线：

a) "K1类"馈通线，他们应能满足7.1.1中a)和b) 1)的功能；

b) "K2类"馈通线，他们应能满足7.1.1中a)和b) 2)的功能。

7.2 电气贯穿件的密封性

要区分两种密封性：

a) 充满了带压力的干燥氮气并包含有馈通线的套筒的密封性，称为"电气贯穿件的密封"，在整个鉴定过程中要控制这一特性；

b) 安装有电气贯穿件的反应堆厂房安全壳的密封性，称为"安全壳的密封"。这一密封与现场电气贯穿件的实际安装情况密切相关，在执行鉴定程序时并不能表现出来。

8 基准试验

8.1 测量和试验时的大气条件

基准试验时以及在第9章～第11章试验中进行测量时的大气条件符合GB/T 2421.1—2008中5.2和5.3的规定。

8.1.1 测量和试验用正常大气条件

除非特别指明，正常大气条件为：

——温度范围：15 ℃～35 ℃；

——相对湿度：25%～75%；

——大气压力：(96±10)kPa。

在进行基准试验之前，所有被试验设备在上述条件下放置24 h。如没有特殊说明，这些条件也是恢复和预处理的条件。

8.1.2 参考大气条件(仲裁测量和试验用标准大气条件)

某些试验应在下面所定义的参考大气条件下进行：

——环境温度：(23±2)℃；

——相对湿度：45%～55%；

——大气压力：(96±10)kPa。

8.2 电气贯穿件新状态下的性能试验

新状态是指在工厂中安装到预埋管之前、未施加应力时的状态。

8.2.1 密封性试验

在工厂中安装到预埋管之前，在正常大气条件下进行干氦密封试验。

试验时，使电气贯穿件内充以20 ℃、0.5 MPa(绝对值)的氦气。

试验也可用氦和氮的混合物进行，但氦气的分压不能小于总压力的25%。

试验期间应监测电气贯穿件的泄漏率，在正常大气条件下氦气的泄漏率应小于 10^{-6} std cm^3/s。

如果用氦和氮的混合物进行试验，允许的最大泄漏率按照混合物中氦的分压百分率按比例减少。

8.2.2 电气性能试验

8.2.2.1 介电强度试验

介电强度试验在正常大气条件下进行。

新状态下的介电强度试验可以根据电气贯穿件技术规格书的要求、依据有关标准的规定进行。本标准推荐采用以下方法进行介电强度试验。

对每一个馈通线，在每一根绝缘导线与同一馈通线中与地相接的其他导线之间按照下述规定相继施加 50 Hz 频率的交流电压(有效值)：

a) 对中压动力馈通线，施加 20 kV 有效值，持续 2 h；

b) 对低压动力馈通线，施加 2 kV 有效值，持续 15 min；

c) 对控制馈通线，施加 2 kV 有效值，持续 15 min；

d) 对仪表馈通线，施加 2 kV 有效值，持续 15 min；

e) 对同轴馈通线，施加 3 kV 有效值(特殊情况为 7 kV)，持续 1 min。

在施加试验电压期间，不应出现绝缘击穿或飞弧现象。

8.2.2.2 绝缘电阻测量

在正常大气条件下进行绝缘电阻测量。

对每一个馈通线，在每一根绝缘导线与同一馈通线中与地相接的其他导线之间相继施加试验电压。在此期间其他馈通线的导线相互连接并与地相接。

低压馈通线直流试验电压最小为 500 V，中压馈通线直流试验电压最小为 2 000 V，至少将该电压施加 1 min，直至测量达到充分稳定。

对不同类型电气贯穿件的馈通线，测量的绝缘电阻值应分别满足下述要求：

a) 对中压动力馈通线，测得的绝缘电阻应大于 10^9 Ω；

b) 对低压动力馈通线，测得的绝缘电阻应大于 10^9 Ω；

c) 对控制馈通线，测得的绝缘电阻应大于 10^9 Ω；

d) 对仪表馈通线，测得的绝缘电阻应大于 10^9 Ω；

e) 对同轴馈通线，在导线与同地相接的屏蔽之间的绝缘电阻测量值应大于 5×10^{12} Ω，在屏蔽与地之间的绝缘电阻测量值应大于 2×10^6 Ω。

8.2.2.3 电路的电气连续性检查

在正常大气条件下通过测量馈通线(必须包括电缆、连接件作为整体)的电阻来检查电路的电气连续性。

在由电缆-馈通线-连接件组成的试验电路的端子上进行这一测量。根据不同的电气参数的需要，应采用不同的测量和检查方法，例如：

——用蜂鸣器检查电气贯穿件电路的连续性，可在电路连接时用于检查电路拓扑的正确性；

——用双臂直流电桥测量试验电路的电阻，由此检查电气贯穿件电路的连续性，可考查一段时间内电气贯穿件电路的平均连续性；

——用外加直流电压和可调电阻连接到试验电路端子，通过测量电路的端电压和流过的电流，计算出试验电路的电阻，由此检查电气贯穿件电路的连续性。着重考查电气贯穿件电路接点的接触电阻稳定性；

——用数字式瞬断测试仪检查电气贯穿件电路的连续性，这适用于传送数字信号的电路。

通过测量或检查，应表明电气贯穿件电路（馈通线和连接件）不存在任何的电气不连续性，并符合相关标准的要求。

8.3 电气贯穿件施加应力后的性能试验

在整个鉴定试验期间，使电气贯穿件充以干氮，并达到它的工作压力，即 20 ℃时 0.35 MPa（绝对值）。在这样的充压条件下进行下述各项试验。

8.3.1 密封性试验

在电气贯穿件充以干氮并达到它的工作压力即 20 ℃时 0.35 MPa（绝对值）后检查电气贯穿件的密封性，对电气贯穿件的密封性的要求见 GB/T 13538—1992 的 5.1.2。

在正常大气条件下氮气的泄漏率应小于 10^{-2} std cm^3/s。

8.3.2 电气性能试验

8.3.2.1 介电强度试验

8.3.2.1.1 在交流电压（50 Hz）下的介电强度试验（工频耐压试验）

介电强度试验在正常大气条件下进行。

对每一个馈通线，在每一根绝缘导线与同一馈通线中与地相接的其他导线之间按照下述规定相继施加 50 Hz 频率的交流电压（有效值）：

a) 对中压动力馈通线，施加 20 kV 有效值，持续 1 min；

b) 对低压动力馈通线，施加 2 kV 有效值，持续 1 min；

c) 对控制馈通线，施加 2 kV 有效值，持续 1 min；

d) 对仪表馈通线，施加 2 kV 有效值，持续 1 min；

e) 对同轴馈通线，施加 3 kV（特殊情况为 7 kV）有效值，持续 1 min。

在施加试验电压期间，不应出现绝缘击穿或飞弧现象。

8.3.2.1.2 在雷电冲击波电压下的介电强度试验

只对中压动力电气贯穿件进行此项试验。

使中压动力电气贯穿件的每根馈通线（中性线馈通线除外）相继承受 10 次正的冲击波电压和 10 次负的冲击波电压。

在每根馈通线同其他与地相接的馈通线之间相继施加试验电压。

对于 6 kV 馈通线施加的电压波：

——波前：1.2 μs±0.36 μs；

——半峰值时间：50 μs±10 μs；

——峰值：75 kV。

不应出现绝缘击穿或飞弧现象。

8.3.2.2 绝缘电阻测量

在正常大气条件下进行绝缘电阻测量。

对每一个馈通线，在每一根绝缘导线与同一馈通线中与地相接的其他导线之间相继施加试验电压。

在测量期间其他馈通线的导线相互连接并与地相接。

低压馈通线直流试验电压最小为 500 V，中压馈通线直流试验电压最小为 2 000 V，至少将该电压施加 1 min,直至测量达到充分稳定。

对不同类型电气贯穿件的馈通线,测量的绝缘电阻值应满足下述要求:

a) 对中压动力馈通线,测得的绝缘电阻应大于 10^7 Ω;
b) 对低压动力馈通线,测得的绝缘电阻应大于 10^7 Ω;
c) 对控制馈通线,测得的绝缘电阻应大于 10^7 Ω;
d) 对仪表馈通线,测得的绝缘电阻应大于 10^7 Ω;
e) 对同轴馈通线,在导线与同地相接的屏蔽之间的绝缘电阻测量值应大于 10^{11} Ω,在屏蔽与地之间的绝缘电阻测量值应大于 10^5 Ω。

8.3.2.3 电路的电气连续性测量

试验方法、条件和要求与 8.2.2.3 相同。

9 极限使用条件下的试验

对电气贯穿件来说,需考虑在下述影响量的极限条件下进行试验:

a) 在额定运行时的使用条件下电气贯穿件套管中的最高温度,试验要求见 10.6;
b) 中压动力电气贯穿件抗雷电冲击波的能力,试验要求见 10.8;
c) 中压动力电气贯穿件耐受局部放电,试验要求见 10.5;
d) 过负荷能力(中压和低压动力电气贯穿件),试验要求见 10.7;
e) 短路能力(中压和低压动力电气贯穿件),试验要求见 10.9.1 和 10.9.2;
f) 耐火性能,试验要求见第 12 章。

10 评价设备性能随时间变化的试验

10.1 热老化试验

对于绝缘及密封材料已知热老化特性的电气贯穿件,如按照 10 ℃定律进行热老化试验可覆盖其热老化性能,则可按式(1)执行,否则应按照 10.2 的规定进行热寿命试验。

热老化试验所采用的时间 τ 和温度 θ 按照下面的规定执行:

基准值:950 h 和 135 ℃;

对于任何不同于 135 ℃的试验温度 θ,试验时间 τ 应按式(1)计算:

$$\tau = 950 \times 2^{[(135-\theta)/10]} \qquad (1)$$

式中:

τ——放置电气贯穿件样机的试验箱内保持恒定温度的时间,单位为小时(h),不少于 100 h;

θ——试验箱内的试验温度,单位为摄氏度(℃)。

试验中,电气贯穿件样机不通电。

试验结束后,在正常大气条件下,对电气贯穿件进行下述检查:

——按照 8.3.1 的规定,检查电气贯穿件的密封性,得到的氦泄漏率应保持在低于 8.3.1 中规定的数值;

——按照 8.3.2.1 的规定,对电气贯穿件进行 50 Hz 交流电压的介电强度试验,试验结果应符合 8.3.2.1 中规定的要求;

——按照 8.3.2.2 的规定,测量电气贯穿件的绝缘电阻,测得的绝缘电阻值应符合 8.3.2.2 中规定的要求。

10.2 热寿命试验

当电气贯穿件中包含有未知热老化特性的绝缘或密封材料时，需要对这类电气贯穿件进行热寿命试验，以获取绝缘密封材料的长期老化特性，并为加速热老化试验提供基本热寿命数据以及合格判定依据。

热寿命试验按 GB/T 11026.1—2003 第 5 章和第 7 章中的有关规定执行。

热寿命试验用的试样应按照所涉及的电气贯穿件类型以及所要达到的目标来选取。

至少对 4 个温度点进行热老化试验，获得相应的热老化寿命数据，应用下面的验收准则作为热老化寿命判定依据。其温度点的取值应满足下列要求：

——低温点的取值应使进行该温度暴露的试样的平均寿命不低于 5 000 h；

——高温点的取值应使进行该温度暴露的试样的平均寿命不低于 100 h，但尽可能低于 500 h；

——中间温度点应以相同的间隔进行取值，一般不低于 10 K。

根据由阿伦纽斯定律得到的式(2)以及由试验取得的失效数据，计算出绝缘密封材料的活化能：

$$\mathrm{Ln}(t)=C+(E/K)/T \qquad \cdots\cdots(2)$$

式中：

t ——材料寿命，单位为小时(h)；

E ——活化能，单位为电子伏(eV)；

K ——玻尔兹曼常数，8.617×10^{-5}(eV/K)；

T ——运行温度，单位为开尔文(K)；

C ——常数。

确定按回归分析的平均热寿命曲线和置信界限降低到 95% 的平均热寿命曲线(即最终热寿命曲线)。

在热寿命试验过程中，应对馈通线进行失效检测。

通过上述热寿命试验，得出绝缘密封材料的活化能，再按 EJ/T 1197—2007 中 5.4.2.1 的方法进行加速热老化试验。

10.3 运输与储存模拟试验

应用温度变化试验模拟电气贯穿件的运输和储存试验，用以确定电气贯穿件低温、高温储存以及经受环境温度变化的能力。

温度变化试验按照 GB/T 2423.22—2002 第 2 章中试验 Nb 进行。

选取低温 $T_L=-25$ ℃±3 ℃，高温 $T_H=55$ ℃±2 ℃，每个温度平台的持续时间 2 h，温度循环变化 5 次，温度升降变化速率可按(1±0.2)℃/min、(3±0.6)℃/min 或(5±1)℃/min 进行选择。

试验期间，电气贯穿件样机不通电。

试验后，对电气贯穿件进行下述检测：

——按照 8.3.2.1 的规定，对电气贯穿件进行 50 Hz 交流电压的介电强度试验，试验结果应符合 8.3.2.1 中规定的要求；

——按照 8.3.2.2 的规定，测量电气贯穿件的绝缘电阻，测得的绝缘电阻值应符合 8.3.2.2 中规定的要求；

——按照 8.2.2.3 的规定，测量电气贯穿件电路的电气连续性，试验结果应符合 8.2.2.3 中规定的要求。

10.4 交变湿热试验

将电气贯穿件样机放置在高低温湿热试验箱中，按照 GB/T 2423.4—2008 第 4 章和第 5 章中规定的条件和方法进行交变湿热试验(湿热循环试验)。

采用下述试验条件：

——高温：55 ℃；

——相对湿度：95%；

——试验循环次数：2 次，每次 12 h+12 h。

试验期间，电气贯穿件样机不通电。

试验结束后，在正常大气条件下恢复 2 h 后，对电气贯穿件进行下述检查：

——按照 8.3.1 的规定，检查电气贯穿件的密封性，得到的氮泄漏率应保持在低于 8.3.1 中规定的数值；

——按照 8.3.2.1 的规定，对电气贯穿件进行 50 Hz 交流电压的介电强度试验，试验结果应符合 8.3.2.1 中规定的要求；

——按照 8.3.2.2 的规定，测量电气贯穿件的绝缘电阻，测得的绝缘电阻值应符合 8.3.2.2 中规定的要求；

——按照 8.2.2.3 的规定，测量电气贯穿件电路的电气连续性，试验结果应符合 8.2.2.3 中规定的要求。

10.5 局部放电试验

局部放电试验仅对中压动力电气贯穿件样机进行，采用的试验条件是：

——对中压动力电气贯穿件样机的每相导体进行局部放电试验；

——测试电路必须保证本底噪声电荷量不超过规定允许放电电荷量的 50%；

——测量电路本身的灵敏度应能探测到等于或小于规定允许放电电荷量的 20%。

试验方法按照 GB/T 7354—2003 第 6 章的有关规定执行。

试验中对中压动力馈通线进行下述测量：

——测量局部放电熄灭电压，测得的局部放电熄灭电压应不小于额定电压 U_0；

——在 $1.05U_0/\sqrt{3}$ 工频电压下测得的放电电荷量应不大于 1×10^{-11} C。

10.6 环境温度影响试验

环境温度影响试验只对中压和低压的动力电气贯穿件进行。

模拟电气贯穿件在安全壳上的实际安装条件，并将安全壳两侧端子箱内的空气温度调整到下述数值：

——安全壳外侧端子箱：40 ℃±2 ℃；

——安全壳内侧端子箱：55 ℃±2 ℃。

在电气贯穿件的馈通线中流过三相额定电流(电流值参见附录 A)，以减少涡流损耗。

在馈通线的导线上对地不施加电压。

在安全壳电气贯穿件内侧、外侧和中间三个方位上、电气贯穿件套管相互隔开 120°的三个位置及导体端部安装热电偶。

在连续加热并达到热稳定后，用安装的热电偶测量对应位置的温度。

试验结束时，电气贯穿件套管处的任一温度不应超过 70 ℃，导体端部温度不应超过 85 ℃。

10.7 过负荷试验

过负荷试验只对中压和低压的动力电气贯穿件进行。

模拟电气贯穿件在安全壳上的实际安装条件，并使安全壳两侧端子箱内的空气温度调整到 10.6 说明的温度。

在安全壳电气贯穿件内侧、外侧和中间三个方位上、电气贯穿件套管相互隔开120°的三个位置及导体端部安装热电偶。

试验时，在电气贯穿件馈通线的导线上不施加电压。

试验时，使中压动力电气贯穿件三相电路中的两相流过额定电流，使第三相电路在35 s内流过5倍额定电流，进行一次中压电气贯穿件过负荷试验。

试验时，使低压动力电气贯穿件三相电路中的两相流过额定电流，使第三相电路在10 s内流过6倍额定电流，进行一次低压电气贯穿件过负荷试验。

对同一电气贯穿件内各组馈通线同时进行过负荷试验，总共进行5次过负荷试验。两次相继过负荷试验之间的期限确定为10 min，在此期间每个馈通线中流过额定电流。

在试验中和试验后，用安装的热电偶测量对应位置的温度。

试验结束时，电气贯穿件套管处的任一温度不应超过70 ℃，导体端部温度不应超过85 ℃。

10.8 抗雷电冲击波能力试验

抗雷电冲击波能力试验只对中压动力电气贯穿件进行。

试验方法和要求按8.3.2.1.2中的规定执行。

10.9 短路能力试验

短路能力试验只对中压和低压动力电气贯穿件进行。

短路能力试验包括短路电流峰值试验(对应动稳定)和额定短路热容量试验(对应热稳定)。

通过短路能力试验可检验电气贯穿件能满足动稳定、热稳定的要求：

——动稳定，短路电流峰值，参见附录A；

——热稳定，以积 $I^2 t$ 来表示其特征，数值参见附录A。

模拟电气贯穿件在安全壳上的实际安装条件，并使安全壳两侧端子箱内的空气温度调整到10.6说明的温度。

在安全壳电气贯穿件内侧、外侧和中间三个方位上、电气贯穿件套管相互隔开120°的三个位置及导体端部安装热电偶。

对于低压动力和控制导体，试验电路参数设置成 $X/R \geqslant 8$；对于中压动力导体，试验电路参数设置成 $X/R \geqslant 16$。

10.9.1 短路电流试验

在短路电流试验前12 h内，使所有馈通线流过规定的额定电流(参见附录A)，并达到稳定的温升。

应对电气贯穿件馈通线的所有导线相继地进行短路电流试验。

在进行短路电流试验时，短暂地中断给试验导线施加的额定连续电流，使导线中通过短路电流，其他导线通过额定电流。短路电流峰值应达到规定的数值(参见附录A)，试验电路产生的短路电流不小于额定短路电流+5%的裕度。

对短路电流试验的顺序不作明确规定。

试验期间，可用热电偶监测电气贯穿件的温度。在进行下次短路试验之前，必须保证上次短路试验产生的温度影响已恢复到试验前的稳定状态。

试验结束后，在正常大气条件下，对电气贯穿件进行下述检查：

——按照8.3.1的规定，检查电气贯穿件的密封性，得到的氮泄漏率应保持在低于8.3.1中规定的数值；

——按照8.3.2.1的规定，对电气贯穿件进行50 Hz交流电压的介电强度试验，试验结果应符合8.3.2.1中规定的要求；

——按照 8.3.2.2 的规定，测量电气贯穿件的绝缘电阻，测得的绝缘电阻值应符合 8.3.2.2 中规定的要求；

——按照 8.2.2.3 的规定，测量电气贯穿件电路的电气连续性，试验结果应符合 8.2.2.3 中规定的要求。

10.9.2 额定短路热容量试验

本试验与 10.9.1 规定的额定短路电流试验组合进行，以检验电气贯穿件能满足热稳定的要求。

试验方法和条件与 10.9.1 相同，只是在进行短路热容量试验时，既使导线中通过的短路电流峰值达到规定的数值(参见附录 A)，又使导线中流过的短路电流达到规定的额定短路热容量 I^2t 数值(参见附录 A)。

试验期间和试验结束后对电气贯穿件进行的测量、检查和验收准则与 10.9.1 短路电流试验相同。

10.10 反应堆正常运行期间的辐照老化试验

将不通电的电气贯穿件样机放在一个辐照试验容器或一个辐照试验空间中，以每小时 3 倍容积的最低速度更新容器或空间内的空气，使容器或空间内的环境温度保持在(70±10)℃，在此温度环境与设备之间达到热平衡后开始辐照。

试验条件为：

——温度：(70±10)℃；

——电气贯穿件样机处的剂量率一般可采用：(0.2±0.1)kGy/h。使反应堆厂房内侧的电气贯穿件壳体端部至电气贯穿件壳体中间部位，处在这一要求剂量率下，而电气贯穿件另一半所处的剂量率梯度应尽可能大；

——标准累积剂量一般应达到：(50±7.5)kGy。

试验结束后，在正常大气条件下，对电气贯穿件进行下述检查：

——按照 8.3.1 的规定，检查电气贯穿件的密封性，得到的氦泄漏率应保持在低于 8.3.1 中规定的数值；

——按照 8.3.2.1 的规定，对电气贯穿件进行 50 Hz 交流电压的介电强度试验，试验结果应符合 8.3.2.1 中规定的要求；

——按照 8.3.2.2 的规定，测量电气贯穿件的绝缘电阻，测得的绝缘电阻值应符合 8.3.2.2 中规定的要求；

——按照 8.2.2.3 的规定，测量电气贯穿件电路的电气连续性，试验结果应符合 8.2.2.3 中规定的要求。

10.11 机械振动试验

电气贯穿件样机在振动台上的固定用一个适合于电气贯穿件结构特点的、不会影响试验的刚性部件来实现。

对电气贯穿件样机的电缆输出段，用同类电缆加以延长，以便在试验期间和试验后进行测量和检查，在电缆连接处应保证绝缘和电气连续性。

机械振动的试验方法和条件见 GB/T 2423.10—2008 第 5 章和第 8 章的有关规定。

试验期间，对电气贯穿件样机进行电流的连续性监测。

试验包括有按三个规定轴(至少 *OY*/*OZ* 两轴)的每一个轴向对被试验样机相继进行下列三个阶段试验。

10.11.1 共振频率探查试验

采用连续正弦波信号在每一个轴线方向对振动试验台进行激励，按照每分钟 1 倍频程的对数速率进行频率扫描,扫描频率范围为10 Hz～500 Hz,测出每个轴向放大倍数大于2的共振频率。在有些情况下,为了能准确地确定被试验设备的共振频率可以降低扫描速度。

振动按下述特性来规定:

——在交越频率57 Hz以下,位移不变;

——在交越频率57 Hz以上,加速度不变。

振动条件通常应按第2阶段频率扫描耐久性试验相同的条件在一个扫描循环上进行。为了使采用的振动条件能更好地确定响应特性,实际可采用下述条件:

——位移幅值(峰值):0.015 mm;

——加速度幅值(峰值):0.2 g。

10.11.2 用频率扫描进行的耐久性试验

频率扫描范围:10 Hz～500 Hz。

振动条件一般可采用:

——位移幅值(峰值):0.035 mm;

——加速度幅值(峰值):0.5 g。

频率扫描的耐久性持续时间一般可采用:

——总的持续时间:6 h;

——对三个规定轴线方向之每一方向的持续时间:2 h。

10.11.3 在固定频率点的耐久性试验

对10.11.1中发现的每一个共振频率进行试验。如果没有发现共振频率,则对固定频率100 Hz进行试验。振幅和加速度与10.11.2具有相同值。

对每一共振频率点的耐久性持续时间一般可采用:

——总的持续时间:30 min;

——对三个规定轴线方向之每一方向的持续时间:10 min。

耐久性试验所采用的共振频率数量应使得每个方向进行试验的总时间不超过2 h。

10.11.4 试验后测量和检查

在每项试验后以及在振动试验全部结束后,在正常大气条件下,对电气贯穿件进行下述检查:

——按照8.2.2.3的规定,测量电气贯穿件电路的电气连续性,试验结果应符合8.2.2.3中的规定;

——按照8.3.1的规定,检查电气贯穿件的密封性,得到的氮泄漏率应保持在低于8.3.1中规定的数值。

11 事故和事故后环境条件下试验

11.1 抗震试验

抗震试验用来验证电气贯穿件样机在运行基准地震(OBE或S1)和安全停堆地震(SSE或S2)期间和试验之后在规定的试验条件下完成其安全功能的能力。在抗地震试验期间,电气贯穿件样机经受的地震运动应保守地模拟地震在贯穿件安装点感应的运动。

电气贯穿件样机的下部安装支架、以及电气贯穿件样机与下部安装支架之间的连接和固定,应按照电气贯穿件在现场的实际安装方式进行设计。

下部安装支架在地震试验台上的连接和固定用一个不会影响试验的刚性部件来实现,刚性部件的设计应考虑下部安装支架的结构特点并符合试验台的安装要求。

对电气贯穿件样机的电缆输出段，用同类电缆加以延长，以便在试验期间和试验后进行测量和检查，在电缆连接处应保证绝缘和电气连续性。

地震试验台和电气贯穿件样机上应安装加速度传感器，分别测量地震试验时地震试验台和电气贯穿件样机的加速度。

用外加直流电源、可调电阻、电流表(或采样电阻)和馈通线分别组成各个电气贯穿件样机的电气连续性监测电路，通过电流测量(或采样电压)分别对各个电气贯穿件样机馈通线的电气连续性进行连续监测。

有关抗震试验的方法见 GB/T 13625—1992 第 7 章的规定，本试验包括对电气贯穿件样机相继进行的下列三个阶段试验。

——共振频率探查试验；

——运行基准地震(OBE 或 S1)试验；

——安全停堆地震(SSE 或 S2)试验。

11.1.1 共振频率探查试验

采用连续正弦波信号或白噪声随机波信号在三个规定轴线方向的每一个方向对地震试验台进行激励，扫描频率范围为 1 Hz～50 Hz～1 Hz，扫描速率为 1 倍频程/1 min，按加速度水平 0.2 g 进行频率扫描循环。

测出每个轴向放大倍数大于 2 的共振频率以及发现被试验设备不正常运行时的频率。

11.1.2 运行基准地震(OBE 或 S1)试验

在双轴地震试验台上在 *OX-OZ* 轴上进行 5 次 OBE 试验，再在 *OY-OZ* 轴上进行 5 次 OBE 试验；或在三向地震试验台上进行 5 次 OBE 试验。

运行基准地震试验时使用的 OBE 试验反应谱(TRS)应包络 OBE 要求反应谱(RRS)。

对人工时程曲线的特性要求是：

——信号总的持续时间：30 s；

——强信号区段的最小持续时间：10 s。

11.1.3 安全停堆地震(SSE 或 S2)试验

在双轴地震试验台上在 *OX-OZ* 轴上进行 1 次 SSE 试验，再在 *OY-OZ* 轴上进行 1 次 SSE 试验；或在三向地震试验台上进行 1 次 SSE 试验。

安全停堆地震试验时使用的 SSE 试验反应谱(TRS)应包络 SSE 要求反应谱(RRS)。

对人工时程曲线的特性要求与 11.1.2 相同。

安全停堆地震(SSE)要求反应谱应根据反应堆厂房安全壳电气贯穿件所在标高位置水平和垂直方向的 SSE 反应谱再加上适当的裕量来确定，阻尼比一般取 5%。

运行基准地震(OBE)要求反应谱的幅值通常取为安全停堆地震(SSE)要求反应谱幅值的一半，阻尼比一般取 5%。

11.1.4 测量和检查

在共振频率探查试验后对电气贯穿件样机进行下述测量和检查：

——外观检查，连接和固定件应无松动、裂缝等现象；

——测量和检查各个电气贯穿件电路的电气连续性，试验结果应符合 8.2.2.3 中规定的要求。

在运行基准地震试验、安全停堆地震试验期间进行下述测量和检查：

——记录 OBE、SSE 试验时地震试验台的加速度时程，由此分别得到 OBE 试验反应谱、SSE 试验反应谱，应分别包络 OBE 要求反应谱、SSE 要求反应谱；

——测量和检查各个电气贯穿件电路的电气连续性，试验结果应符合 8.2.2.3 中规定的要求。

在运行基准地震试验、安全停堆地震试验之后，应进行下述测量和检查：

——外观检查，连接和固定件应无松动、裂缝等现象；

——按照 8.3.1 的规定，检查电气贯穿件的密封性，得到的氦泄漏率应保持在低于 8.3.1 中规定的数值；

——按照 8.3.2.1 的规定，对电气贯穿件进行 50 Hz 交流电压的介电强度试验，试验结果应符合 8.3.2.1 中规定的要求；

——按照 8.3.2.2 的规定，测量电气贯穿件的绝缘电阻，测得的绝缘电阻值应符合 8.3.2.2 中规定的要求；

——按照 8.2.2.3 的规定，测量电气贯穿件电路的电气连续性，试验结果应符合 8.2.2.3 中规定的要求。

11.2 安全壳内事故和事故后条件下试验

11.2.1 安全壳内事故辐照试验

该试验可在反应堆正常运行期间辐照老化试验以后直接进行。

将不通电的电气贯穿件样机放在一个辐照试验容器或一个辐照试验空间中，以每小时 3 倍容积的最低速度更新容器或空间内的空气，使容器或空间内的环境温度保持在(70±10)℃，在此温度环境与设备之间达到热平衡后开始辐照。

试验条件为：

——温度：(70±10)℃；

——电气贯穿件样机处的剂量率一般可采用：(1.0±0.5)kGy/h。使反应堆厂房内侧的电气贯穿件壳体端部至电气贯穿件壳体中间部位，处在这一要求剂量率下，而电气贯穿件另一半所处的剂量率梯度应尽可能大；

——标准累积剂量一般应达到：(600±90)kGy。

试验结束后，在正常大气条件下，对电气贯穿件进行下述检查：

——按照 8.3.1 的规定，检查电气贯穿件的密封性，得到的氦泄漏率应保持在低于 8.3.1 中规定的数值；

——按照 8.3.2.1 的规定，对电气贯穿件进行 50 Hz 交流电压的介电强度试验，试验结果应符合 8.3.2.1 中的规定；

——按照 8.3.2.2 的规定，测量电气贯穿件的绝缘电阻，测得的绝缘电阻值应符合 8.3.2.2 中的规定；

——按照 8.2.2.3 的规定，测量电气贯穿件电路的电气连续性，试验结果应符合 8.2.2.3 中的规定。

11.2.2 安全壳内事故和事故后热力条件和化学条件下试验

该试验可验证电气贯穿件样机在经受了上述各项试验之后，仍能在模拟安全壳内事故的温度和压力组合条件下完成规定的功能。

只有每个电气贯穿件的内侧才经受安全壳内事故条件和事故后条件。

将电气贯穿件样机放在安全壳事故环境模拟试验装置的试验容器中，并通过必要的连接线路可在试验过程中、在试验容器外部进行必要的测试。

在进行安全壳事故环境模拟试验之前，使试验容器中建立正常环境条件，对电气贯穿件样机进行介电强度试验、绝缘电阻测量和电气连续性试验，以提供事故环境模拟试验的基准数据并确认电气贯穿件样机的正常状态。

11.2.2.1 安全壳内事故热力条件和化学条件下试验

开始试验时，使安全壳事故环境模拟试验装置投入运行，使试验容器内建立典型的设计基准事故环境条件，对电气贯穿件样机进行安全壳内事故热力条件和化学条件试验。

典型的设计基准事故环境条件是根据压水堆核电厂设计基准事故工况时安全壳内温度和压力对时间的变化曲线再加上一定的裕量得到的。附录B提供了一种典型的设计基准事故环境条件变化曲线，可应用于对电气贯穿件进行安全壳内事故热力条件和化学条件试验，试验对应于图B.1中曲线的阶段0至阶段6。

11.2.2.2 安全壳内事故后热力条件下试验

该项试验同11.2.2.1的试验一样，将电气贯穿件样机放在安全壳事故环境模拟试验装置的试验容器中，并应当在11.2.2的试验之后接着进行。

附录B提供了一种典型的设计基准事故后环境条件变化曲线，可应用于对电气贯穿件进行安全壳内事故后热力条件试验，试验对应于图B.1中曲线的阶段7。

11.2.2.3 安全壳内事故和事故后条件试验期间的设备通电条件

在安全壳内事故和事故后试验期间，按照下述条件使电气贯穿件通电：

a) 对于中压动力电气贯穿件，在第2个冲击以后4 h，直至试验结束，随机选取动力导体组件中的两相串联并流过规定的额定电流(参见附录A)，另一相与地之间施加规定的额定电压；
b) 对于低压动力电气贯穿件，至少在第二个冲击之前1 h，随机选取2/3的导体串联并流过规定的额定电流(参见附录A)，其余1/3数量的导体之间或与地之间施加规定的额定电压；
c) 对于低压控制电气贯穿件、仪表电气贯穿件和同轴电气贯穿件，在整个试验过程中对仪表和同轴电气贯穿件的每个馈通线，施加500 V直流电压，以测量电路的绝缘电阻。或者测量有关测量线路特有的特性(例如：对于热电偶馈通线的温度测量)。

11.2.2.4 安全壳内事故和事故后试验期间测量和检查

在安全壳内事故和事故后试验期间，对电气贯穿件进行下述检查：

a) 对中压和低压动力电气贯穿件施加的额定电压和额定电流进行监测，不容许任何的介电击穿。假如出现介电击穿时，应确认这是由于电气贯穿件样机还是由于鉴定以外设备(电缆—接线盒)的故障引起的；
b) 对低压控制电气贯穿件、仪表电气贯穿件和同轴电气贯穿件电路的绝缘电阻(500 V直流电压下)进行监测，测得的绝缘电阻值应符合8.3.2.2中规定的要求。

在安全壳内事故和事故后试验期间，通过电气贯穿件上气压表指示的压力监测电气贯穿件的密封性，气压表的指示压力应保持恒定，表示电气贯穿件密封性正常。

11.2.2.5 安全壳内事故和事故后试验结束后测量和检查

在试验结束并经阶段8恢复后，应在正常大气条件下，对电气贯穿件进行下述检查：

——按照8.3.1的规定，检查电气贯穿件的密封性，得到的氮泄漏率应保持在低于8.3.1中规定的数值；
——按照8.3.2.1的规定，对电气贯穿件进行50 Hz交流电压的介电强度试验，试验结果应符合8.3.2.1中的规定；

——按照 8.3.2.2 的规定，测量电气贯穿件的绝缘电阻，测得的绝缘电阻值应符合 8.3.2.2 中的规定；

——按照 8.2.2.3 的规定，测量电气贯穿件电路的电气连续性，试验结果应符合 8.2.2.3 中的规定。

12 耐火能力试验

对一个没有进行过鉴定试验项目的电气贯穿件样机，进行耐火能力试验。

将试验的电气贯穿件样机安装在一个金属框架中，并通过它的套管固定在该框架上。框架安置在高度约为 600 mm 的混凝土支架上，电气贯穿件在反应堆厂房内侧连接上电缆。

使用 GB/T 18380.3—2001 的 2.5 中描述的火源。

位于电气贯穿件密封盖板与喷灯之间的电缆段垂直地安置，同时尽可能地力图接近于 GB/T 18380.3—2001 的 2.4 中规定的安装条件。

密封盖板与喷灯之间的距离确定为 1 000 mm。

按照电气贯穿件的类型，使用下述电缆：

a) 对于中压动力电气贯穿件，电气贯穿件实际使用的 6 根单芯电缆(电气贯穿件的每根馈通线用 2 根电缆)；

b) 对于低压动力、控制和仪表电气贯穿件，使用的电缆是与这些电气贯穿件的馈通线相对应的电缆。

火焰源采用 GB/T 18380.3—2001 中 2.5 描述的丙烷燃气喷灯。燃料应具有(20 515±469)J/s (W)热流量。喷灯应水平方向布置，离开电缆托架前表面 75 mm 距离。

试验程序应尽可能地接近于 GB/T 18380.3—2001 中 2.7 描述的试验步骤。耐火能力试验的时间为 40 min。

如果试验后两道密封屏障均未破坏，则通过耐火能力试验。

如果试验后两道密封屏障中有一道屏障被破坏，应确保第 2 道屏障的密封性。为此在损坏的屏障上焊接一个钟形罩，使电气贯穿件壳体充满氮气并达到 0.35 MPa(绝对压力)。然后按照 8.3.1 中指明的程序检查电气贯穿件的密封性，氮的泄漏率应保持在低于 8.3.1 中规定的数值。

13 试验程序综合及顺序表

将第 8 章～第 12 章的各项试验按鉴定试验时的顺序综合在表 1 中。

表 1 试验程序综合及顺序表

试验类别	试验项目	对应章条
基准试验	电气贯穿件新状态下的性能试验	8.2
	密封性试验	8.2.1
	介电强度试验	8.2.2.1
	绝缘电阻测量	8.2.2.2
	电路的电气连续性测量	8.2.2.3
	电气贯穿件施加应力后的性能试验	8.3
	密封性试验	8.3.1
	介电强度试验	8.3.2.1
	绝缘电阻测量	8.3.2.2
	电路的电气连续性测量	8.3.2.3

表 1（续）

试验类别	试验项目	对应章条
极限使用条件下的试验	(环境温度影响试验)[a]	(10.6)
	(抗雷电冲击波能力试验)[a]	(10.8)
	(局部放电试验)[a]	(10.5)
	(过负荷试验)[a]	(10.7)
	(短路能力试验)[a]	(10.9.1,10.9.2)
	(耐火能力试验)	(12)
评价设备性能随时间变化的试验	热老化试验	10.1
	热寿命试验	10.2
	运输与储存模拟试验	10.3
	交变湿热试验	10.4
	局部放电试验	10.5
	环境温度影响试验	10.6
	过负荷试验	10.7
	抗雷电冲击波能力试验	10.8
	短路电流试验	10.9.1
	额定短路热容量试验	10.9.2
	反应堆正常运行期间的辐照老化试验	10.10
	机械振动试验	10.11
事故和事故后环境条件下试验	地震试验	11.1
	安全壳内事故辐照试验	11.2.1
	安全壳内事故和事故后热力条件和化学条件下试验	11.2.2
	耐火能力试验	12
[a] 这五项试验包括在"评价设备性能随时间变化的试验"中，不重复进行，用括号表示。		

14 鉴定试验记录和报告

鉴定试验记录至少应包括：

a) 被试样本设备的型号、标识码和编号；

b) 试验者签字和试验日期；

c) 所用试验装置、设备和仪器的名称、型号和编号；

d) 试验条件的详细数据或记录曲线；

e) 试验结果记录或记录表格；

f) 试验期间所发生的被试样本设备或试验设备任何故障的记录；

g) 试验期间所发生的异常情况。

鉴定试验报告至少应包括：

a） 被试样本设备的详细说明；

b） 引用的标准、导则、规范或鉴定试验大纲的编号和名称；

c） 进行鉴定试验的组织机构的名称；

d） 所用试验装置、设备的说明；

e） 所用测试仪器的名称、型号和编号；

f） 安装、连接和其他接口设备或部件的说明；

g） 实际试验项目、条件的说明和分析；

h） 重要试验结果数据及准确度分析；

i） 试验期间所发生的被试样本设备或试验设备的重要故障分析；

j） 不符合项的说明及处理；

k） 试验结果分析、结论和改进意见；

l） 编写、审核、批准签名和日期。

附　录　A
（资料性附录）
额定电压—额定电流—短路电流

	线规	额定电压 V	额定电流 A	短　路		
				峰值 kA	有效值/持续时间 kA/s	热容量 I^2t $A^2 \times s$
中压电气贯穿件	MCM350	380	115	55	4/1	16×10^6
	MCM1250	6000	640	150	50/0.6	$1\,500\times10^6$
低压电气贯穿件	AWG12	380	7.6	3	0.25/1	62 500
	AWG8	380	18	6	0.6/1	360 000
	AWG4	380	35	8	1.6/1	2.56×10^6
	AWG1/0	380	124	10	3.5/1	12.25×10^6
	MCM250	380	175	10	7/1	49×10^6
	MCM350	380	235	50	20/0.3	120×10^6
	MCM500	380	300	50	24/0.3	172.8×10^6

附 录 B
（资料性附录）
典型的设计基准事故环境条件变化曲线

B.1 引言

本附录提供了一种典型的设计基准事故环境条件变化曲线，可应用于对电气贯穿件进行安全壳内事故热力条件和化学条件试验以及安全壳内事故后热力条件试验。

B.2 典型的安全壳内温度和压力对时间的变化曲线

B.2.1 概述

使安全壳事故环境模拟试验装置的试验容器内产生如图 B.1 所示的温度和压力对时间的变化曲线，该曲线划分为阶段 0 至阶段 8，用以代表设计基准事故时安全壳内典型的温度和压力对时间的变化曲线。

B.2.1.1 阶段 0

对应于安装结束和试验容器关闭时的正常大气条件。

B.2.1.2 阶段 1 和阶段 2

对应于通过升温对被试验设备作预处理，然后使容器内温度稳定在 50 ℃±10 ℃，压力保持在正常大气条件的容差范围内。阶段 2 温度稳定的持续时间大于或等于 24 h。

B.2.1.3 阶段 3

对被试验设备实施第一个热力冲击，试验容器内的温度和压力按照图 B.2 中的曲线变化。在小于 30 s 内露点温度达到 156 ℃，绝对压力达到 0.56 MPa，阶段 3 的持续时间为 12 min，从上述条件达到的时刻开始起算。

B.2.1.4 阶段 4 和阶段 5

使试验容器与大气连通得到自然冷却，试验容器内温度下降并稳定在 50 ℃±10 ℃，压力保持在正常大气条件的容差范围内，阶段 5 温度稳定的持续时间大于或等于 24 h。

B.2.1.5 阶段 6

对被试验设备实施第二个热力冲击，试验容器内的温度和压力按照图 B.3 中的曲线变化。在小于 30 s 内露点温度达到 156 ℃，绝对压力达到 0.56 MPa，阶段 6 的持续时间为 96 h，从上述条件达到的时刻开始起算。

在蒸汽分压上叠加空气分压得到规定的总压力，空气是最早在 t=120 s 最晚在 30 min 时注入的。

从阶段 6 开始 t=200 s 时将化学溶液喷雾到被试验设备上，直至阶段 6 结束。这种溶液的初始成分如下：

a) 硼酸的重量含量：1.5%；

b) 氢氧化钠的重量含量:0.6%;

c) 20 ℃时的 pH 值:9.25。

喷淋流量为每平方米面积 1.02×10^{-4} m^3/s,面积是指投影到水平面上的容器可用面积。

B.2.1.6 阶段7

试验容器中的温度为(100±5)℃,绝对压力(0.2±0.05)MPa,对应的相对湿度大于80%,阶段7持续时间为10 d。

对于不同于100 ℃的试验温度,试验持续时间根据式(B.1)计算:

$$\tau = 240 \times 2^{[(100-\theta)/10]} \qquad \text{(B.1)}$$

式中:

τ——试验持续时间,单位为小时(h),最小值为100 h。

B.2.1.7 阶段8

对应于返回正常大气条件,这是通过将容器与大气连通由自然冷却来达到的。

B.2.2 对于阶段3或阶段6的故障分析处理

当有故障影响到阶段3或6的实施并使温度和压力低于规定的曲线时,则按下述进行故障分析:

a) 对于在阶段3或阶段6前12 min内发生的故障,可按情况在阶段2或阶段5重新开始试验;

b) 对于在阶段6的12 min后发生的故障:

   1) 如果在规定的最小温度曲线与试验实际曲线之间的面积(等效于温度—时间的积 $\Delta\theta\times t$)小于20 ℃×min,而且这两条曲线之间的最大温度差值 $\Delta\theta$ 小于10 ℃,则试验继续,并在阶段6结束时在温度为(75±5)℃下使试验延长相当于故障的持续时间(t);

   2) 在与1)相反的情况下,则在阶段6中在对应于故障出现时刻重做试验;

   3) 如果在规定的最小压力曲线与试验实际曲线之间的面积(等效于压力—时间的积 $\Delta P\times t$)小于0.2 MPa·min,而且这两条曲线之间的最大压力差值 ΔP 小于0.1 MPa,则试验继续进行;

   4) 在与3)相反的情况下,则在阶段6中在对应故障出现时刻重做试验;

   5) 当压力和温度参数两者同时低于规定的最小曲线时,则可将两者作为独立的故障进行分析,不必对上面的规定施加任何附加限制。

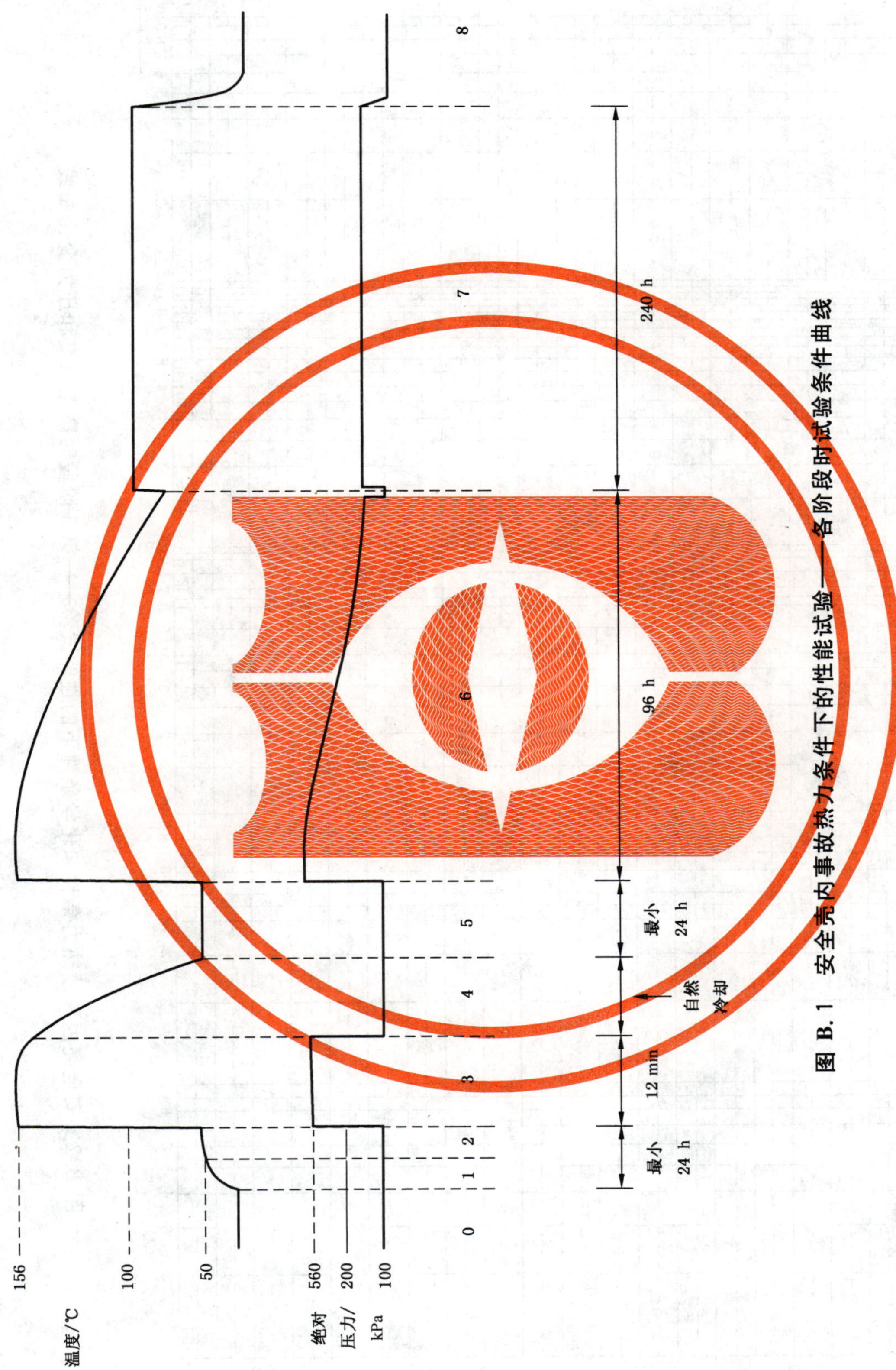

图 B.1 安全壳内事故热力条件下的性能试验——各阶段时试验条件曲线

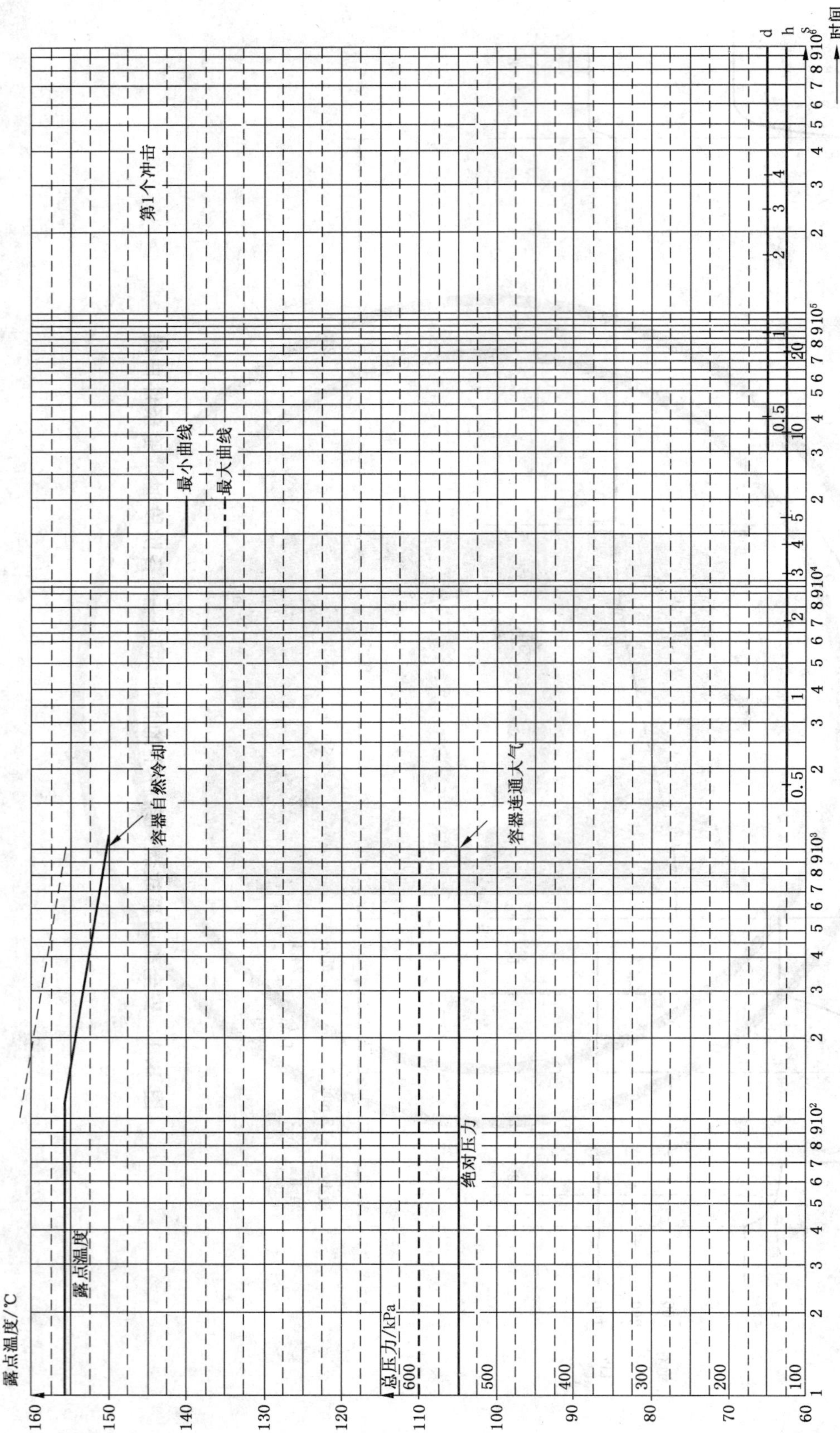

图 B.2 安全壳内事故热力条件和化学条件下的性能试验——第 3 阶段时露点温度和压力变化曲线

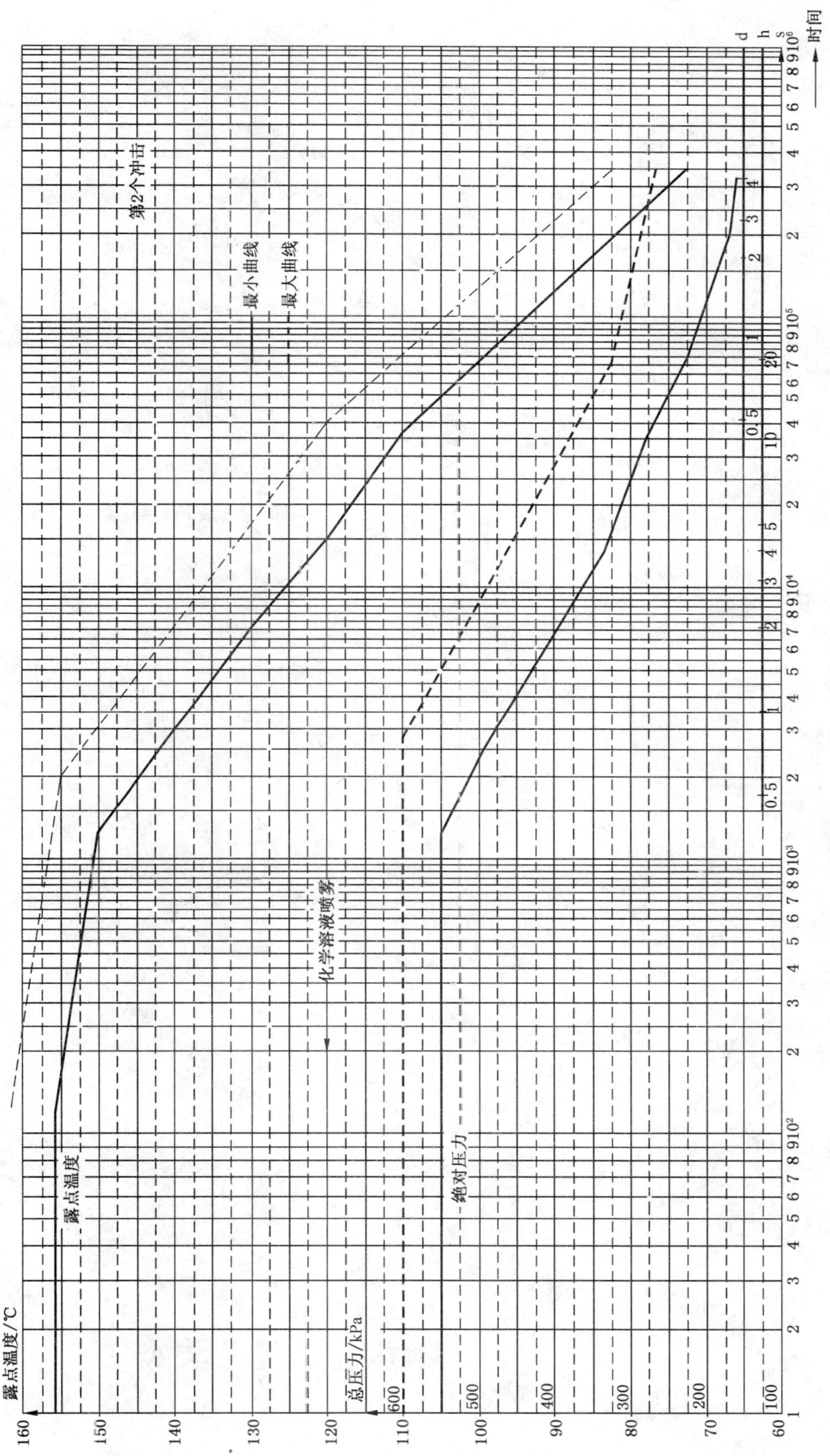

图 B.3 安全壳内事故热力条件和化学条件下的性能试验——第6阶段时露点温度和压力变化

ICS 27.120.20
F 65

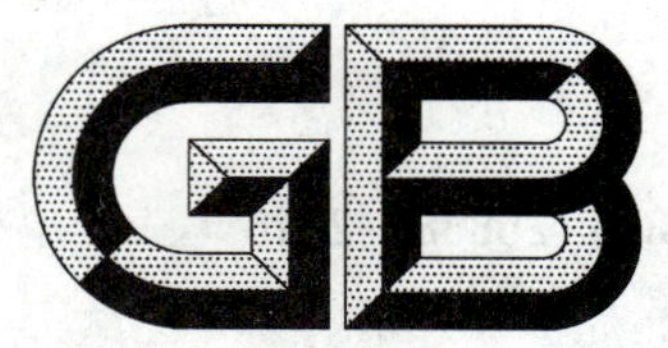

中华人民共和国国家标准

GB/T 25838—2010

核电厂安全级电阻温度探测器的质量鉴定

Qualification of safety class resistance temperature detectors for nuclear power plants

2010-12-23 发布　　2011-05-01 实施

中华人民共和国国家质量监督检验检疫总局
中国国家标准化管理委员会　发布

前　言

本标准按照 GB/T 1.1—2009 给出的规则起草。

本标准是 GB/T 12727—2002《核电厂安全系统电气设备质量鉴定》的配套标准，为执行 GB/T 12727—2002《核电厂安全系统电气设备质量鉴定》的要求提供了具体化的实施条件。

本标准由中国核工业集团公司提出。

本标准由全国核仪器仪表标准化技术委员会(SAC/TC 30)归口。

本标准起草单位：核工业标准化研究所、中科华核电技术研究院北京分院。

本标准主要起草人：崔贞北、邱建文、于宏伟、郑骈垚、耿文行。

核电厂安全级电阻温度探测器的质量鉴定

1 范围

本标准规定了核电厂安全级电阻温度探测器质量鉴定所采用的试验项目、试验条件、试验方法和验收准则。

本标准适用于压水堆核电厂中安全级电阻温度探测器的质量鉴定。

本标准也可供其他类型核电厂安全级电阻温度探测器进行质量鉴定时参考。

2 规范性引用文件

下列文件对于本文件的应用是必不可少的。凡是注日期的引用文件,仅所注日期的版本适用于本文件。凡是不注日期的引用文件,其最新版本(包括所有的修改单)适用于本文件。

GB/T 2421.1—2008 电工电子产品环境试验 概述和指南

GB/T 2423.4—2008 电工电子产品环境试验 第2部分:试验方法 试验Db:交变湿热(12 h+12 h循环)

GB/T 2423.10—2008 电工电子产品环境试验 第2部分:试验方法 试验Fc:振动(正弦)

GB/T 12727—2002 核电厂 安全系统电气设备 质量鉴定

GB/T 13625—1992 核电厂安全系统电气设备抗震鉴定

EJ 1039—1996 核电厂核岛机械设备无损检验规范

EJ/T 1197—2007 核电厂安全级电气设备质量鉴定试验方法与环境条件

JB/T 8622—1997 工业铂热电阻技术条件和分度表

IEC 60751:2008 工业铂电阻温度计和铂温度传感器(Industrial platinum thermometers and platinum temperature sensors)

IEC 62397:2007 核电站 仪器装置和控制系统 电阻温度探测器(Nuclear power plants—Instrumentation and control important to safety—Resistance temperature detectors)

3 术语和定义

GB/T 12727—2002 界定的以及下列术语和定义适用于本文件。

3.1

鉴定程序 qualification procedure

提供某类设备质量证明的程序。

3.2

条件试验 conditioning

把试验样品暴露在试验环境中,以确定这些条件对试验样品的影响。

3.3

预处理 pre-conditioning

为消除或部分消除试验样品以前经历的各种响应,在条件试验前对试验样品所做的处理。

3.4

恢复　recovery

在条件试验之后，最后检测之前，为使试验样品的性能稳定所做的处理。

3.5

感温元件　sensing resistor

铂热电阻中用来感受温度的电阻器。

3.6

保护管　protective tube

用来保护感温元件-内引线组件免受环境有害影响的管状物。

3.7

电阻温度探测器　resistance temperature detector (RTD)

通常由对铂电阻起保护作用的不锈钢圆柱形保护管制成的探测器，其中铂电阻的电阻值随温度而变化。探测器位于包含有被测流体的管道中，它可以直接置入流体中，或由套管进行保护。

[IEC 62397:2007，定义 3.5]

3.8

套管　thermowe ll

套管保护温度探测器，并使之可在带载荷的回路上进行拆卸。

3.9

探测器头　detector head

包含有感温元件的机械固定装置和电气连接装置的温度探测器上部部件。

3.10

影响量　influencing variable

通常指设备以外可能影响其运行的变量。

3.11

额定运行条件　nominal operating conditions

测量范围以及规定有运行特性的额定运行范围的总和。

3.12

极限使用条件　limit conditions of operation

影响量和功能特性超出其各自额定运行范围和测量范围的数值范围总和。在这些范围内设备可以运行，而当设备重新在额定运行条件下运行时，既不出现设备损坏，也不导致功能特性下降。

3.13

分度特性　calibration characteristics

由标准规定的铂热电阻的电阻-温度关系。

3.14

分度表　reference table

用表格形式表示的铂热电阻的分度特性。

3.15

允差　tolerance

铂热电阻实际的电阻-温度关系偏离分度表的允许范围。

3.16

热响应时间　thermal response time

在温度出现阶跃变化时铂热电阻的电阻值变化至相当于该阶跃变化的某个规定百分数所需的时间，通常以 τ 表示。

3.17

自热 self-heating

铂热电阻的激励功率造成感温元件加热。

3.18

置入深度 immersion depth

从保护管底部算起,铂热电阻处于被测温空间的长度。

3.19

K1 类设备 K1 category equipment

位于安全壳内,应在对应于核电机组正常、事故和(或)事故后运行工况的环境条件下以及地震荷载下保证其功能的设备。

3.20

K2 类设备 K2 category equipment

位于安全壳内,应在对应于正常运行工况的环境条件下以及地震荷载下保证其功能的设备。

3.21

K3 类设备 K3 category equipment

位于安全壳外,应在对应于正常运行工况的环境条件下以及地震荷载下保证其功能的设备。

4 技术规格书

本章阐述了技术规格书中应为设备鉴定说明的条款,包括设备标识、功能和性能要求、设备电源要求及设计环境条件,以及电源、环境条件变化对设备功能特性的影响。

安全级电阻温度探测器的技术规格书宜包括:

a) 所属的分类;
b) 分度表与分度号;
c) 标称电阻;
d) 温度测量范围及允差;
e) 自热误差;
f) 置入深度;
g) 内连线电阻;
h) 可互换性;
i) 电气绝缘特性;
j) 重复性;
k) 抗震要求;
l) 热响应时间;
m) 额定电流范围,不损坏敏感元件时的最大允许电流;
n) 材料:敏感元件、密封、套管;
o) 结构、电气连接方式、机械连接方式;
p) 使用环境条件。

技术规格书中还应说明:

a) 适应于其设备的接地回路布线图;
b) 探测器部件相互间的各个上紧力矩,以及在探测器固定设备上的上紧力矩;
c) 应与探测器相连接的电缆的技术特性(如有必要);
d) 套管的结构特性(如有必要)。

5 质量鉴定方法

设备质量鉴定可通过分析法、试验法(主要指型式试验)、运行经验法或组合法(分析、试验、运行经验的结合)获得的证据,以证明在规定的运行条件和环境条件下设备能满足其规定的准确度和性能要求。

本标准阐述了使用试验法对电阻温度探测器进行质量鉴定。

6 鉴定试验大纲和鉴定试验程序

6.1 鉴定试验大纲

应制定鉴定试验大纲,鉴定试验大纲是开展设备鉴定试验的纲领性文件。试验大纲应与设备技术规格书相协调,且详细说明应进行的各项试验和建立设备技术规格书与试验结果之间的联系,以使所提供的证据证明所采用的试验方法是合适的。鉴定试验大纲应包括:

a) 待试验设备说明;
b) 待试验样本设备的数量及其标识;
c) 安装、连接和其他接口的要求;
d) 老化模拟程序;
e) 模拟的运行条件和环境条件;
f) 需测定的环境变量、设备性能和验收准则;
g) 对试验设备的要求,包括准确度;
h) 鉴定试验期间允许的维修和更换;
i) 性能限值和故障定义;
j) 鉴定试验数据的文档要求;
k) 设备技术规格书中不适用部分的说明;
l) 鉴定试验项目的顺序;
m) 以上没有涉及但在试验期间可能对设备有影响的特殊情况说明。

6.2 鉴定试验程序

应按照 GB/T 12727—2002 中 5.4.2 及 EJ/T 1197—2007 第 5 章、第 6 章和第 8 章中的有关规定,编制设备质量鉴定试验程序,以规定和说明鉴定试验的项目、试验条件、试验和测试方法、操作和测试步骤、以及验收准则等。

电阻温度探测器的质量鉴定程序中应包括 6.2.1～6.2.4 四类试验内容。

6.2.1 基准试验

基准试验包括:

——设备电气特性试验;

——设备功能特性的测定试验。

基准试验的结果将作为与后续试验时设备性能进行比较的基准。

6.2.2 极限使用条件下的试验

设备在极限使用条件下的试验用于检验设备在影响量的额定范围内和限值下的功能特性,这些影响量包括:

——环境条件,如温度、压力、湿度、辐照等;

——每个设备特定的影响量、与其安装条件有关的影响量(如振动)或与其操作所需的电源特性有关的影响量(如电源电压或频率的影响、电磁干扰)。

对电阻温度探测器鉴定试验所考虑的影响量在下面的各项试验内容条款中分别表述。

6.2.3 评价设备性能随时间变化的试验

应按要求对设备老化,使其置于模拟预期安装寿期末的状态。应考虑的老化因素包括:

——温度(循环或不循环的温度变化);

——腐蚀;

——长时间运行;

——设备全寿期内可能经受的正常辐照的累积剂量;

——机械振动。

6.2.4 事故和事故后环境条件下的试验

目的是验证设备在下列设计基准事故工况条件下的性能:

——地震;

——安全壳内事故期间可能出现的累积辐照剂量;

——安全壳内事故热力条件(压力、温度)和化学条件;

——安全壳内事故后热力条件(温度、饱和蒸汽压力)。

7 鉴定试验准备

7.1 电阻温度探测器分类

电阻温度探测器从结构上来划分,可以分成带套管和无套管的电阻温度探测器;从响应时间来划分,也可分成快响应和标准响应的电阻温度探测器。

7.2 试验样机的选择

鉴定所用的样本设备数量和类型是由样本设备所要代表核电厂中安装设备的应用范围来确定的。

对被鉴定的每一类电阻温度探测器,选择 6 个相同的电阻温度探测器作为试验样品(标号为 S1~S6),对 5 个样品进行试验,第 6 个样品保留作为对照品,它也可以用于补充的研究试验。

7.3 试验用设备的准备

除了在每一项试验中需要准备为达到试验条件所需的试验设备或装置以及必要的测试设备外,还需要准备下述设备。

7.3.1 探测器的配套连接部件

在试验中,将使用两种类型的配套连接部件:

a) 带连接线或连接电缆的插头。在正常环境条件下的试验中,使用带连接线或连接电缆的插头,连接线或连接电缆的长度根据试验的需要确定;

b) 专用的配套连接组件。在有些特殊的试验中(如有些需要将探测器置入在液体中的试验、需要将探测器安放在封闭容器中的试验),使用专用的配套连接组件,它由密封插头、导线或电缆、保护软管等组成,应能够承受安全壳内事故环境条件。

7.3.2 试验安装支架

在机械振动试验和抗震试验中，应准备电阻温度探测器的安装支架，要求见 10.5 和 11.1。

7.3.3 试验电路

应准备有试验电路，在一般试验期间对探测器供以额定电流(1±0.2)mA，在过电流试验中，对探测器供以规定的最大允许电流。

8 基准试验

8.1 试验和测量时的大气条件

基准试验时以及在第 9 章～第 11 章试验中进行测量时的大气条件符合 GB/T 2421.1—2008 中 5.2 和 5.3 的规定。

8.1.1 测量和试验用正常大气条件

除非特别指明，正常大气条件为：

——温度：15 ℃～35 ℃；

——相对湿度：25%～75%；

——大气压力：(96±10)kPa。

在进行基准试验之前，所有被试验样品在正常大气条件下放置 24 h。如没有特殊说明，这些条件也是恢复和预处理的条件。

8.1.2 参考大气条件(仲裁测量和试验用标准大气条件)

某些试验应在下面所定义的具有正常容差的参考大气条件下进行：

——环境温度：(23±2)℃；

——相对湿度：45%～55%；

——大气压力：(96±10)kPa[(960±100)mbar]。

8.2 介电强度试验

试验在不通电的探测器样品上进行，不通电时间要足够长，以致可认为它处于冷态。

试验在正常大气条件下进行，但对 9.1 描述的试验除外。

被试验的电气线路是指电阻温度探测器样品的敏感元件电路，接地点为外壳以及用作机械固定的金属部件。

在被试验的电气线路与接地点之间，用额定频率 50 Hz、100 V 有效值的正弦波电压施加 1 min。

将试验电压同时施加到敏感元件电路的所有输出端上，或者加到连接件的端子上，或者加到连接电缆的端部。

在试验过程中不应出现起弧、击穿和放电现象。当漏电流大于或等于 3 mA 时，便认为有起弧现象。

8.3 绝缘电阻测量

基准试验时绝缘电阻测量在正常大气条件下进行，在 100 V 直流电压下保持 1 min 后测量探测器样品的绝缘电阻。

在试验过程中高温条件下进行测量时，在 100 V 直流电压下测量探测器样品的绝缘电阻。

测量时电压施加点与 8.2 相同。

不同条件下的绝缘电阻测量应达到下述要求：

a) 在正常大气条件下，测得的绝缘电阻值应大于 100 MΩ；

b) 在最高工作温度条件下，测得的绝缘电阻值应大于 10 MΩ；

c) 在 10.4 和 11.2.1 规定的辐照试验后，绝缘电阻值应不小于 70 MΩ；

d) 在 11.2.2 和 11.2.3 规定的事故和事故后环境条件试验后，绝缘电阻值应不小于 1 MΩ。

8.4 静态响应试验

该试验的目的是验证敏感元件的静态特性符合规定的要求。

根据不同的试验温度，将探测器样品分别放置到不同的恒温槽中或高温炉中，并加以局部搅动，使温度达到均匀。

对 0 ℃点进行试验时，在冰点槽中使用由水和研碎冰块的混合物制成的 0 ℃混合液，这种液体在大气下是饱和的，并加以搅动。其中的冰块用化学纯净水制成。

对包括 0 ℃和正常使用的可能最高值（例如 350 ℃）在内呈规则分布的 5 个温度点进行探测器样品的静态响应试验。

在上述 5 个温度下热平衡后记录探测器样品的输出信号以及标定传感器的输出信号（必要时）。这些记录点可以确定和校核探测器样品的电阻-温度曲线。

静态响应试验应符合下述要求：

a) 在基准试验中以及极限使用条件下的试验后，各个温度点的测量误差应小于或等于表 1 规定的该等级电阻温度探测器的允差值（见 IEC 60751:2008 表 3 和 JB/T 8622—1997 表 3）；

b) 在评价设备性能随时间变化的试验、抗地震试验（见 11.1）后，5 个温度点测量值对初始测量时测定曲线相比较的最大误差偏移应≤±1 ℃；

c) 在事故辐照试验（见 11.2.1）、事故后热力条件试验（见 11.2.3）后，5 个温度点测量值对初始测量时测定曲线相比较的最大误差偏移应≤±5 ℃。

表 1 电阻温度探测器的允差分级

允差等级	温度有效范围 ℃		允差值[a] ℃
	线绕电阻	薄膜电阻	
AA	−50～+250	0～+150	±(0.1+0.0017 | t |)
A	−100～+450	−30～+300	±(0.15+0.002 | t |)
B	−196～+600	−50～+500	±(0.3+0.005 | t |)
C	−196～+600	−50～+600	±(0.6+0.01 | t |)

[a] \| t \| ＝用℃表示不带符号的温度绝对值。

8.5 单点静态响应试验

该试验的目的是在鉴定试验过程中需要时快速核查敏感元件电路的完整性，以便发现各种异常情况，如电路断开，电路完全或部分短路。

试验时，将探测器样品置入水沸点槽或冰点槽中，稳定 30 min，然后在 1 mA 电流下测量敏感元件的电阻值，并按 8.3 的规定测量绝缘电阻。

单点静态响应试验应符合下述要求：

a） 通过敏感元件电阻值的测量，表明敏感元件电路完整性正常；

b） 在基准试验、极限使用条件下的试验中或试验后，单个温度点的测量误差应小于或等于表1中给出的最大允许偏差；

c） 在评价设备性能随时间变化的试验后，单个温度点测量值对初始测量时测定值相比较的最大误差偏移应≤±1 ℃；

d） 在事故后热力条件试验（见11.2.3）后，单个温度点测量值对初始测量时测定值相比较的最大误差偏移应≤±5 ℃；

e） 测量的绝缘电阻值应符合8.3中规定的要求。

8.6 有限的静态响应试验

在鉴定试验过程中的某些试验期间尤其是当探测器处于恒温箱中或位于机械台架上时，不可能进行8.4静态响应试验或8.5单点静态响应试验，为此在所处的环境温度下进行有限的静态响应试验。

记录试验期间探测器样品的输出信号，并记录各种异常情况，尤其是开路，长久或间断的短路。

使用标定温度计记录环境温度。

试验过程中定期地按8.3的规定测量探测器样品的绝缘电阻。

有限的静态响应试验应符合下述要求：

a） 探测器样品的输出信号不应包含有任何异常，表明敏感元件电路完整性正常；

b） 在评价设备性能随时间变化的试验中（见10.3）以及抗震试验中和试验后（见11.1），试验结果应正常；

c） 在事故和事故后热力条件下的试验中（见11.2.2，11.2.3），试验结果应正常；

d） 测量的绝缘电阻值应符合8.3中规定的要求。

8.7 响应时间试验

该试验的目的是使被测介质温度成阶跃变化时确定每一个探测器样品输出信号变化至50%所对应的响应时间（τ_{50}），以便验证探测器样品符合规定设备类别的要求，并应记录温度阶跃变化时探测器输出信号变化至10%和90%的响应时间（τ_{10}，τ_{90}）作为信息。

在有些场合，使用温度阶跃变化时输出信号达到63.2%的响应时间。

试验方法和要求可按照IEC 62397:2007中4.7.4的规定进行。

确定响应时间的典型试验条件是将20 ℃时的探测器快速插入温度为（75±2.5）℃、流速为（1±0.15）m/s的水中。另外的方法是将传感器在空气中加热，然后将其插入到室温、流速为1 m/s的水中。

试验中应测量和记录下述信号：

a） 测量位于流体介质中探测器样品附近的快响应热电偶输出信号，作为流体温度变化信号；

b） 记录探测器样品输出信号，并利用记录曲线，得出输出信号变化至10%、50%和90%时的响应时间。

应进行3次测量，取3次测量的平均值作为响应时间指示值，其中任一次的测量值不应与平均值相差超过±10%。

响应时间试验应符合下述要求：

a） 基准试验测量时的响应时间应符合制造商对各个类型电阻温度探测器规定的数值；

b） 在评价设备性能随时间变化的试验后、事故和事故后环境条件下试验之后，测量的响应时间偏离应不超过初始测量时响应时间的±20%。

8.8 焊缝的液体渗透探伤试验

该试验的目的是检验探测器密封的焊接处（探测器头部/延伸管焊缝）和安装套管表面是否存在可

能的缺陷。为此，对探测器保护管表面上的焊缝和安装套管表面进行液体渗透检验。

从事液体渗透检验工作的人员，必须持有国家有关主管部门颁发的液体渗透检验有效资格证书。渗透检验所使用的材料和步骤应经过产品试样的评定，才能用于产品检验。

试验方法和条件参照 EJ/T 1039—1996 第 13 章的有关规定执行。

液体渗透检验是一种非破坏性的试验，本试验推荐采用着色渗透检验方法。

着色渗透检验结果应达到下述要求：

a) 探测器保护管表面上的探测器头部/延伸管焊缝没有显现线性显示(裂纹)；
b) 探测器安装套管表面：
   1) 不出现尺寸大于 1 mm 的显示；
   2) 不出现线性显示或直径大于 3 mm 的圆形显示；
   3) 同一直线上不出现 3 个或 3 个以上、边缘相距小于 3 mm 的显示。
c) 底部即测量端(最敏感区域)不出现显示。

9 极限使用条件下的试验

9.1 流体温度的影响试验

该试验的目的是当其中浸入有探测器样品的流体的温度变化时，用来研究温度对探测器样品电气特性的影响。

把探测器样品依次置入到 8.4 规定温度下的恒温槽或恒温炉中，对 8.4 规定的呈规则分布的 5 个温度点进行试验。

在 8.4 规定的 5 个温度下分别稳定 30 min 以后，对探测器样品进行下述测量：

——按 8.2 的规定进行介电强度试验，试验结果应符合 8.2 中规定的要求；

——按 8.3 的规定测量绝缘电阻，测量的绝缘电阻值应符合 8.3 中规定的要求。

9.2 水压试验

该试验适用于安装在带压力冷却水中的探测器。

试验的目的是：

——在流体(待测其温度的流体)的规定试验压力下，检验探测器样品的机械性能以及固定装置的密封性；

——在压力变化和保持的过程中，检验探测器样品的电气特性。

在正常大气条件的环境温度下，将探测器样品以密封方式安装在其中产生有压力的容器中，试验使用的流体是水。

试验分成三个阶段：

a) 第 1 阶段：至少在 30 s 以内使压力从正常压力升高到试验压力；
b) 第 2 阶段：在试验压力平台下保持 1 h；
c) 第 3 阶段：至少在 30 s 以内使压力从试验压力下降到正常压力。

试验压力规定为设计压力的 1.5 倍。例如，对使用在反应堆冷却剂系统中的探测器，试验压力一般为 25.8 MPa；对使用在余热排出系统中的探测器，试验压力一般为 7.1 MPa。

试验过程中对探测器样品进行下述测量和检查：

a) 在第 1 阶段和第 3 阶段中，按 8.6 的规定进行有限的静态响应试验，试验结果应正常；
b) 在第 2 阶段中：
   1) 在压力平台开始后 20 min，按 8.3 的规定测量绝缘电阻，测量的绝缘电阻值应符合 8.3 中规定的要求；

2） 通过记录容器中压力的变化，容器中压力不应发生变化，表明探测器样品密封性符合要求；

3） 在第2阶段末期，按8.6的规定进行有限的静态响应试验，试验结果应正常。

试验结束后在正常大气条件下对探测器样品进行下述测量：

——按8.3的规定测量绝缘电阻，测量的绝缘电阻值应符合8.3中规定的要求；

——按8.4的规定进行静态响应试验，试验结果应符合8.4中规定的要求。

9.3 自然试验

该试验的目的是当探测器本身电阻消耗的功率等于制造商预定的最大值时，检验探测器的准确度。

把探测器样品置入到8.4中使用的冰点槽中。

使探测器电阻中电流达到额定电流范围的上限值（或称为保持要求准确度时的最大电流值）。

在温度保持30 min后测量探测器样品的电阻值，测量结果应符合8.4中规定的要求。

9.4 过电流试验

该试验用来检验探测器的坚固性。

在正常大气条件下进行试验，使探测器样品通过规定的最大允许电流（能够承受而不损坏敏感元件的电流值），持续15 min。

试验结束后，按8.5的规定对探测器样品进行单点静态响应试验，试验结果应符合8.5中规定的要求。

9.5 密封性试验

该试验适用于探测器头部，包括有探测器的连接插头和连接电缆，即探测器配置有专用的配套连接组件（见7.3.1）。

在正常大气条件下进行试验，在探测器样品头部连接好连接插头和连接电缆。

将探测器样品置入在相对压力为0.5 MPa、5%氯化钠溶液中，试验的持续时间为1 h。

试验期间探测器样品不通电。

试验完后不断开连接插头，立即按8.3的规定测量探测器样品的绝缘电阻，测量的绝缘电阻值应符合8.3中规定的要求。

10 评价设备性能随时间变化的试验

10.1 热老化试验

该试验的目的是模拟热（环境）老化对探测器的影响。

对于K1类电阻温度探测器，热老化试验的时间τ和温度θ按照下面的规定执行：

——基准值：950 h和135 ℃；

——对于任何不同于135 ℃的试验温度θ，试验时间τ应按式(1)计算：

$$\tau = 950 \times 2^{[(135-\theta)/10]} \qquad \cdots\cdots (1)$$

式中：

τ——放置探测器样品的试验箱内温度保持恒定的时间，单位为小时(h)，不少于100 h；

θ——试验温度，单位为摄氏度(℃)。

试验中将探测器样品放置到温度为θ=135 ℃的恒温箱中，持续时间τ=950 h；或者将探测器样品放置到温度为θ=125 ℃的恒温箱中，持续时间τ=1 900 h。

对于K2类、K3电阻温度探测器，热老化试验按照EJ/T 1197—2007中5.4.2.1说明的阿伦钮斯定律进行。

试验期间探测器样品不通电。

试验结束后，在正常大气条件下对探测器样品进行下述测量和检查：

——按 8.3 的规定测量绝缘电阻，测量的绝缘电阻值应符合 8.3 中规定的要求；

——按 8.5 的规定进行单点静态响应试验，试验结果应符合 8.5 中规定的要求；

——按 8.7 的规定进行响应时间试验，试验结果应符合 8.7 中规定的要求。

10.2 交变湿热试验

将探测器样品放置在高低温湿热试验箱中，按照 GB/T 2423.4—2008 第 4 章和第 5 章中规定的条件和方法进行交变湿热试验(循环湿热试验)，采用的条件是：

——高温温度：55 ℃；

——相对湿度：95%；

——试验循环次数：2 次，每次(12+12)h。

试验期间探测器样品不通电。

试验结束后，在正常大气条件下，经辅助干燥恢复 2 h 后，对探测器样品进行下述测量：

——按 8.3 的规定测量绝缘电阻，测量的绝缘电阻值应符合 8.3 中规定的要求；

——按 8.5 的规定进行单点静态响应试验，试验结果应符合 8.5 中规定的要求。

10.3 长期运行试验

该试验用来验证被测温度的大幅度变化对探测器功能特性的影响。

使其中浸入有探测器样品的流体的温度呈现由下面定义的齿槽形曲线变化：

——周期值至少等于探测器信号达 90%时响应时间(见 8.7)的 10 倍；

——低温平台等于(23±2)℃；

——高温平台等于(Th±2)℃；

——齿槽形曲线的上升时间和下降时间小于周期值的 1/10；

——循环次数：500；

——占空比：50%。

高温平台 Th 按照探测器测量范围上限而定。例如，在测量范围为(0～350)℃、(0～400)℃时，取 Th=300 ℃；在测量范围为(0～200)℃时，可取 Th=180 ℃。

在试验期间，在每一个平台的试验开始、中间和结束时，按 8.6 的规定对探测器样品进行有限的静态响应试验，试验结果应正常。

试验结束后，在正常大气条件下，对探测器样品进行下述测量和检查：

——按 8.3 的规定测量绝缘电阻，测量的绝缘电阻值应符合 8.3 中规定的要求；

——按 8.4 的规定进行静态响应试验，试验结果应符合 8.4 中规定的要求；

——按 8.7 的规定进行响应时间试验，试验结果应符合 8.7 中规定的要求。

10.4 反应堆正常运行期间的辐照老化试验

该试验可累积表示反应堆正常运行期间安全壳内辐射环境对探测器组件的累积效应。

将探测器样品放在一个辐照试验容器或一个辐照试验空间中，以每小时 3 倍容积的最低速率更新容器内的空气，使容器内环境温度保持在(70±3)℃，在此温度环境与样品之间达到热平衡后开始辐照试验。

试验期间探测器样品不通电。

试验条件为：

——温度:(70±3)℃;

——探测器样品处的剂量率一般可采用:(1±0.5)kGy/h;

——标准累积剂量一般应达到:(250±37.5)kGy;

——试验的最小期限为 250 h。

试验结束后将探测器样品在正常大气条件下保持足够长的时间,使之达到热平衡,然后对探测器样品进行下述测量和检查:

——按 8.3 的规定测量绝缘电阻,测量的绝缘电阻值应符合 8.3 中规定的要求;

——按 8.5 的规定进行单点静态响应试验,试验结果应符合 8.5 中规定的要求;

——按 8.7 的规定进行响应时间试验,试验结果应符合 8.7 中规定的要求。

10.5 机械振动试验

10.5.1 探测器样品和试验支架的安装

10.5.1.1 探测器样品在试验支架上的安装

应为机械振动试验专门设计一个试验支架,该支架上根据不同类型探测器样品的安装要求设置相应的安装凸台或安装底座。该支架上支撑面和螺纹的加工应与实际安装探测器的凸台相同。

10.5.1.2 试验支架在振动台上的安装

在试验支架底部的安装板上应开有安装孔,以便试验前用螺栓和螺母将试验支架固定在振动台上。

10.5.2 试验方法和条件

机械振动的试验方法和条件可参考 GB/T 2423.10—2008 第 5 章和第 8 章中的有关规定。

预先要确认所用的振动装置(振动台和试验台架)不具有频率在 500 Hz 与 2 000 Hz 之间、水平大于 2 倍激励值的共振频率。

试验包括有按三个规定轴的每一个轴向对被试验的探测器样品相继进行下列三个阶段试验,试验中探测器样品不通电。

10.5.2.1 共振频率探查试验

采用连续正弦波信号在三个规定轴线方向的每一个方向对振动试验台进行激励,按照每分钟 1 倍频程的对数速率进行频率扫描,扫描频率范围为 10 Hz～2 000 Hz,测出每个轴向放大倍数大于 2 的共振频率。在有些情况下,为了能准确地确定被试验设备的共振频率可能要降低扫描速度。

振动按下述特性来规定:

a) 在交越频率以下,位移不变;

b) 在交越频率以上,加速度不变。

振动条件通常应按第 2 阶段频率扫描耐久性试验相同的条件在一个扫描循环上进行。为了使采用的振动条件能更好地确定响应特性,实际可采用下述条件:

a) 位移幅值(峰值):0.015 mm;

b) 加速度幅值(峰值):0.2 g。

10.5.2.2 用频率扫描进行的耐久性试验

频率扫描范围:从 10 Hz～2 000 Hz。

振动条件一般可采用:

——位移幅值(峰值):0.15 mm;

——加速度幅值(峰值):20 m/s²(2 g)。

注:对无套管的快响应探测器,加速度幅值采用 5 g。

频率扫描的耐久性持续时间一般可采用:

——总的持续时间:7.5 h;

——对三个规定方向之每一方向的持续时间:2.5 h。

10.5.2.3 在固定频率点的耐久性试验

对 10.5.2.1 中发现的每一个共振频率进行试验。如果没有发现共振频率,则对固定频率 100 Hz 进行试验。振幅和加速度与第 2 阶段具有相同值。

对每一共振频率点的耐久性持续时间一般可采用:

——总的持续时间:30 min;

——对三个规定方向之每一方向的持续时间:10 min。

10.5.3 测量和检查

试验结束并经恢复后,对探测器样品进行下述测量和检查:

——按 8.3 的规定测量绝缘电阻,测量的绝缘电阻值应符合 8.3 中规定的要求;

——按 8.4 的规定进行静态响应试验,试验结果应符合 8.4 中规定的要求。

11 事故和事故后环境条件下的试验

11.1 抗震试验

抗震试验用来验证探测器样品在运行基准地震(OBE,即 S1)和安全停堆地震(SSE,即 S2)期间和试验之后在规定的试验条件下完成其安全功能的能力。在抗地震试验期间,探测器样品经受的地震运动应保守地模拟地震在探测器安装点感应的运动。

11.1.1 探测器样品和试验支架的安装

11.1.1.1 探测器样品在试验支架上的安装

应将被试验的各个探测器样品按照现场相同的方式进行安装,或者安装在具有等效动态特性的结构件上。并应当考虑到外部连接件(电气、机械等)的影响。

应为抗震试验专门设计一个试验支架,该支架上根据不同类型探测器样品的安装要求,设置相应的安装凸台或安装底座。该支架上支撑面和螺纹的加工应与实际安装探测器的凸台相同,固定件的紧固力矩应模拟实际安装条件。

11.1.1.2 试验支架在地震试验台上的安装

试验支架应采用刚性部件,它在地震试验台上的安装方式应能模拟探测器在现场的实际安装。

应按照探测器安装凸台或安装底座的现场安装方式,设计试验支架的底部结构,并结合地震试验台台面的固定方式来确定试验支架在地震试验台上的安装和固定,同时应考虑到探测器样品外部连接件的影响。

11.1.2 试验方法和条件

有关抗震试验的方法见 GB/T 13625—1992 第 7 章的规定,试验包括有对被试验探测器样品相继进行的下列三个阶段试验:

——共振频率探查试验；
——运行基准地震(OBE 或 S1)试验；
——安全停堆地震(SSE 或 S2)试验。

11.1.2.1 共振频率探查试验

采用连续正弦波信号或白噪声随机波信号在三个规定轴线方向的每一个方向对地震试验台进行激励，扫描频率范围为 1 Hz～50 Hz～1 Hz，扫描速率为 1 倍频程/1min，按加速度水平 0.2 g 进行频率扫描循环。

测出每个轴向放大倍数大于 2 的共振频率以及发现被试验样品不正常运行时的频率。

11.1.2.2 运行基准地震(OBE 或 S1)试验

在双轴地震试验台上在 *OX-OZ* 轴上进行 5 次 OBE 试验，再在 *OY-OZ* 轴上进行 5 次 OBE 试验，或在三向地震试验台上进行 5 次 OBE 试验。

试验时，按照核电厂用户给出的 OBE 反应谱作为 OBE 要求反应谱(RRS)，阻尼比一般取 5%。运行基准地震试验时使用的 OBE 试验反应谱(TRS)应包络要求反应谱(RRS)。附录 A 提供了一种可应用于电阻温度探测器的参考反应谱。

对人工时程曲线的特性要求是：

a) 信号总的持续时间：30 s；

b) 强信号区段的最小持续时间：10 s。

11.1.2.3 安全停堆地震(SSE 或 S2)试验

在双轴地震试验台上在 *OX-OZ* 轴上进行 1 次 SSE 试验，在 *OY-OZ* 轴上进行 1 次 SSE 试验，或在三向地震试验台上进行 1 次 SSE 试验。

试验时，按照核电厂用户给出的 SSE 反应谱作为 SSE 要求反应谱(RRS)，阻尼比取 5%。安全停堆地震试验时使用的 SSE 试验反应谱(TRS)应包络要求反应谱(RRS)。附录 A 提供了一种可应用于电阻温度探测器的参考反应谱。

对人工时程曲线的特性要求与 11.1.2.2 相同。

安全停堆地震(SSE)要求反应谱应根据反应堆厂房内探测器安装点所在标高位置水平和垂直方向的 SSE 反应谱再加上适当的余量来确定，阻尼比一般取 5%。

运行基准地震(OBE)要求反应谱的幅值通常取为安全停堆地震(SSE)要求反应谱幅值的一半，阻尼比一般取 5%。

11.1.3 测量和检查

在共振频率探查试验后对探测器样品进行下述测量和检查：

——外观检查，应无螺栓和螺母松动、裂缝等现象；
——按 8.6 的规定对探测器样品进行有限的静态响应试验，试验结果应正常。

在运行基准地震试验、安全停堆地震试验期间进行下述测量和检查：

——记录 OBE、SSE 试验时地震试验台的加速度时程，由此分别得到 OBE 试验反应谱、SSE 试验反应谱，应分别包络 OBE 要求反应谱、SSE 要求反应谱；
——按 8.6 的规定对探测器样品进行有限的静态响应试验，试验结果应正常。

在运行基准地震试验后对探测器样品进行下述测量和检查：

——外观检查，应无螺栓和螺母松动、裂缝等现象；
——按 8.6 的规定对探测器样品进行有限的静态响应试验，试验结果应正常。

在安全停堆地震试验后对探测器样品进行下述测量和检查：

——外观检查，应无螺栓和螺母松动、裂缝等现象；

——按8.3的规定测量绝缘电阻，测量的绝缘电阻值应符合8.3中规定的要求；

——按8.4的规定进行静态响应试验，试验结果应符合8.4中规定的要求；

——按8.7的规定进行响应时间试验，试验结果应符合8.7中规定的要求；

——对探测器样品电阻进行射线照相(X射线)：对着探测器样品电阻进行1次拍摄，再使探测器样品旋转90°后进行第2次拍摄。

对探测器样品进行的射线照相(X射线)结果分析正常，应表明在抗地震试验后套管内敏感元件位置与试验前相比未发生明显变化。

11.2 安全壳内事故和事故后条件下试验

11.2.1 安全壳内事故辐照试验

本试验可表示安全壳内事故环境对探测器组件的辐射累积效应，该试验可在反应堆正常运行期间辐照老化试验以后直接进行。

将探测器样品放在一个辐照试验容器或一个辐照试验空间中，以每小时3倍容积的最低速度更新容器或空间内的空气，使容器或空间内的环境温度保持在(70±3)℃，在此温度环境与样品之间达到热平衡后开始辐照。

试验条件为：

——温度：(70±3)℃；

——探测器样品处的剂量率一般可采用：(1±0.5)kGy/h；

——标准累积剂量一般应达到：(600±90)kGy。

试验结束后将探测器样品在正常大气条件下保持足够长的时间，使之达到热平衡，然后对探测器样品进行下述测量和检查：

——按8.3的规定测量绝缘电阻，测量的绝缘电阻值应符合8.3中规定的要求；

——按8.4的规定进行静态响应试验，试验结果应符合8.4中规定的要求；

——按8.7的规定进行响应时间试验，试验结果应符合8.7中规定的要求。

11.2.2 安全壳内事故热力条件和化学条件下的试验

本试验可验证被试验设备(探测器样品)在经受了上述各项试验之后，仍能在模拟安全壳内事故的温度和压力组合条件下完成其规定的功能。

将探测器样品放在安全壳事故环境模拟试验装置的试验容器中，通过配套的专用连接部件(见7.3.1)将探测器样品连接到试验容器外部，以便在试验过程中进行必要的测试。

在进行安全壳事故环境模拟试验之前，使试验容器中建立正常环境条件，对探测器样品进行有限的静态响应试验和测量其绝缘电阻，以提供事故环境模拟试验的基准数据并确认探测器样品的正常状态。

开始试验时，使安全壳事故环境模拟试验装置投入运行，使试验容器内建立典型的设计基准事故环境条件，对探测器样品进行安全壳内事故热力条件和化学条件试验。

典型的设计基准事故环境条件是根据压水堆核电厂设计基准事故工况时安全壳内温度和压力对时间的变化曲线再加上一定的裕量得到的。附录B提供了一种典型的设计基准事故环境条件变化曲线，可应用于对电阻温度探测器进行安全壳内事故热力条件和化学条件试验，试验对应于图B.1中曲线的阶段0至阶段6。

试验过程中应使探测器样品通电运行并对之进行必要的测量和检查。

在试验期间对探测器样品进行下述测量和检查：

——按 8.6 的规定进行有限的静态响应试验，试验结果应正常；

——在阶段 3、阶段 6 中，按 8.3 的规定测量绝缘电阻(不设规定要求)。

11.2.3 安全壳内事故后热力条件下的试验

本试验同 11.2.2 的试验一样，将探测器样品放在安全壳事故环境模拟试验装置的试验容器中，并应当在 11.2.2 的试验之后接着进行。

附录 B 提供了一种典型的设计基准事故后环境条件变化曲线，可应用于对电阻温度探测器进行安全壳内事故后热力条件试验，试验对应于图 B.1 中曲线的阶段 7。

在试验期间对探测器样品进行下述测量和检查：

——按 8.6 的规定进行有限的静态响应试验，试验结果应正常；

——在阶段 7 中，按 8.3 的规定测量绝缘电阻(不设规定要求)。

试验完成后经 1 h 恢复之后对探测器样品进行下述测量和检查：

——按 8.5 的规定进行单点静态响应试验，试验结果应符合 8.5 中规定的要求；

——按 8.3 的规定测量绝缘电阻(不设规定要求，作为研究用)；

——按 8.2 的规定进行介电强度试验(不设规定要求，作为研究用)。

试验完成后经 1 周恢复之后对探测器样品进行下述测量和检查：

——按 8.4 的规定进行静态响应试验，试验结果应符合 8.4 中规定的要求；

——按 8.3 的规定测量绝缘电阻，测量的绝缘电阻值应符合 8.3 中规定的要求；

——按 8.2 的规定进行介电强度试验，试验结果应符合 8.2 中规定的要求；

——按 8.7 的规定进行响应时间试验，试验结果应符合 8.7 中规定的要求；

——对探测器样品电阻进行射线照相(X 射线)，要求同 11.1.3。

12 试验程序综合及顺序表

将第 8 章～第 11 章的各项试验按鉴定试验时的顺序综合在表 2 中。

表中列出了对不同的试验样品 S1～S5 所应进行的鉴定试验项目。

表中还列出了对电阻温度探测器进行 K1、K2、K3 类鉴定时所应分别进行的试验项目。

13 鉴定试验记录和报告

鉴定试验记录至少应包括：

a) 被试样本设备的型号、标识码和编号；

b) 试验者签字和试验日期；

c) 所用试验装置、设备和仪器的名称、型号和编号；

d) 试验条件的详细数据或记录曲线；

e) 试验结果记录或记录表格；

f) 试验期间所发生的被试样本设备或试验设备任何故障的记录；

g) 试验期间所发生的异常情况。

鉴定试验报告至少应包括：

a) 被试样本设备的详细说明；

b) 引用的标准、导则、规范或鉴定试验计划(大纲)的编号和名称；

c) 进行鉴定试验的组织机构的名称；

d) 所用试验装置、设备的说明；

e) 所用测试仪器的名称、型号和编号；

f) 安装、连接和其他接口设备或部件的说明；

g) 实际试验项目、条件的说明和分析；

h) 重要试验结果数据及准确度分析；

i) 试验期间所发生的被试样本设备或试验设备的重要故障分析；

j) 不符合项的说明及处理；

k) 试验结果分析、结论和改进意见；

l) 编写、审核、批准签名和日期。

表 2 试验程序综合及顺序表

试验类别	试验项目	对应章条	样品[a]					鉴定类别		
			S1	S2	S3	S4	S5	K1	K2	K3[b]
基准试验	介电强度试验	8.2	×	×	×			×	×	×
	绝缘电阻测量	8.3	×	×	×			×	×	×
	静态响应试验	8.4	×	×	×	×	×	×	×	×
	温度影响试验[c]	9.1	×	×	×			×	×	×
	响应时间试验	8.7	×	×	×			×	×	×
	焊接探伤试验	8.8	×	×	×			×	×	×
极限使用条件下的试验	水压试验	9.2	×	×				×	×	×
	自加热试验	9.3		×	×			×	×	×
	过电流试验	9.4				×	×	×	×	×
	密封性试验	9.5	×		×			×	×	×
评价设备性能随时间变化的试验	热老化试验	10.1	×	×	×			×	×	×
	交变湿热试验	10.2	×	×	×			×	×	×
	长期运行试验	10.3	×	×	×			×	×	×
	反应堆正常运行期间的辐照老化试验	10.4	×	×	×			×	×	
	机械振动试验	10.5	×	×	×			×	×	×
事故和事故后环境条件下试验	地震试验	11.1	×	×	×			×	×	×
	安全壳内事故辐照试验	11.2.1	×	×	×			×		
	安全壳内事故热力条件和化学条件下的试验	11.2.2	×	×	×			×		
	安全壳内事故后热力条件下的试验	11.2.3	×	×	×			×		

[a] 样品 S6 应保留作为对照品。

[b] 其中 K3ad 类设备还需按照其所经受的恶化(ad)环境[如蒸汽和(或)辐射环境]进行环境条件鉴定。

[c] 为使试验实际进行，在此阶段进行该项试验。

附 录 A
（资料性附录）
可应用于电阻温度探测器的水平和垂直方向 OBE 和 SSE 的要求反应谱

可应用于电阻温度探测器的水平和垂直方向 OBE 和 SSE 的要求反应谱见图 A.1。

可应用于电阻温度探测器的水平和垂直方向 OBE 和 SSE 的要求反应谱数据表见表 A.1。

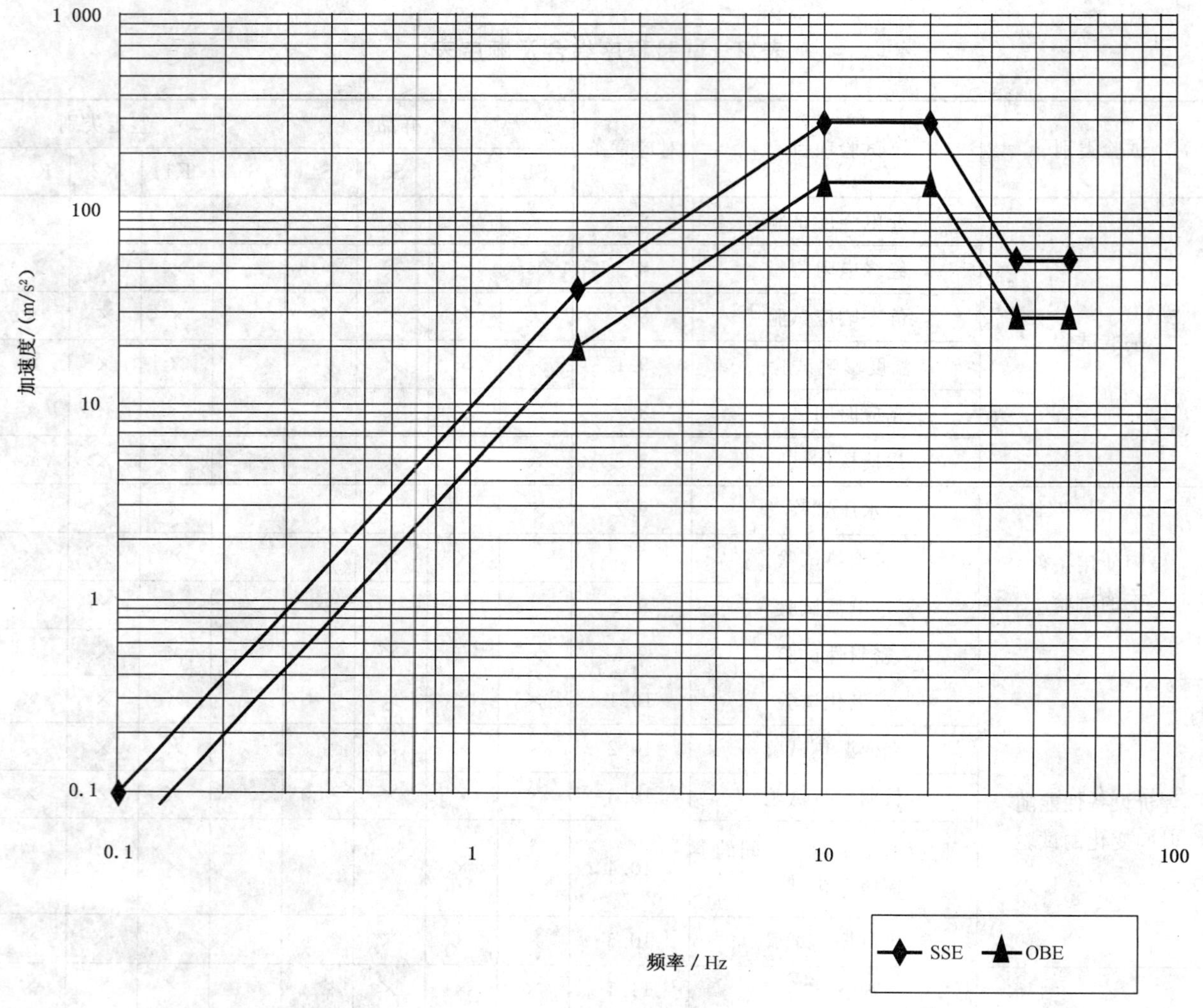

图 A.1 可应用于电阻温度探测器的水平和垂直方向 OBE 和 SSE 的要求反应谱（阻尼 5%）

表 A.1 可应用于电阻温度探测器的水平和垂直方向 OBE 和 SSE 的要求反应谱数据表

	$F<2$ Hz	2 Hz	10 Hz	20 Hz	35 Hz	$F>35$ Hz
SSE	恒定位移 0.253 3 m	40 m/s²	300 m/s²	300 m/s²	60 m/s²	60 m/s²
OBE	恒定位移 0.126 6 m	20 m/s²	150 m/s²	150 m/s²	30 m/s²	30 m/s²

附 录 B
（资料性附录）
典型的设计基准事故环境条件变化曲线

B.1 引言

本附录提供了一种典型的设计基准事故环境条件变化曲线，可应用于对电阻温度探测器进行安全壳内事故热力条件和化学条件试验以及安全壳内事故后热力条件试验。

B.2 典型的安全壳内温度和压力对时间的变化曲线

B.2.1 概述

使安全壳事故环境模拟试验装置的试验容器内产生如图 B.1 所示的温度和压力对时间的变化曲线，该曲线划分为阶段 0 至阶段 8，用以代表设计基准事故时安全壳内典型的温度和压力对时间的变化曲线。

B.2.1.1 阶段 0

对应于安装结束和试验容器关闭时的正常大气条件。

B.2.1.2 阶段 1 和阶段 2

对应于通过升温对被试验设备作预处理，然后使容器内温度稳定在 50 ℃±10 ℃，压力保持在正常大气条件的容差范围内。阶段 2 温度稳定的持续时间大于或等于 24 h。

B.2.1.3 阶段 3

对被试验设备实施第一个热力冲击，试验容器内的温度和压力按照图 B.2 中的曲线变化。在小于 30 s 内露点温度达到 156 ℃，绝对压力达到 0.56 MPa，阶段 3 的持续时间为 12 min，从上述条件达到的时刻开始起算。

B.2.1.4 阶段 4 和阶段 5

使试验容器与大气连通得到自然冷却，试验容器内温度下降并稳定在 50 ℃±10 ℃，压力保持在正常大气条件的容差范围内，阶段 5 温度稳定的持续时间大于或等于 24 h。

B.2.1.5 阶段 6

对被试验设备实施第二个热力冲击，试验容器内的温度和压力按照图 B.3 中的曲线变化。在小于 30 s 内露点温度达到 156 ℃，绝对压力达到 0.56 MPa，阶段 6 的持续时间为 96 h，从上述条件达到的时刻开始起算。

在蒸汽分压上叠加空气分压得到规定的总压力，空气是最早在 $t=120$ s 最晚在 30 min 时注入的。

从阶段 6 开始 $t=200$ s 时将化学溶液喷雾到被试验设备上，直至阶段 6 结束。这种溶液的初始成分如下：

——硼酸的重量含量：1.5%；

——氢氧化钠的重量含量:0.6%;

——20 ℃时的pH值:9.25。

喷淋流量为每平方米面积1.02×10^{-4} m^3/s,面积是指投影到水平面上的容器可用面积。

B.2.1.6　阶段7

试验容器中的温度为(100±5)℃,绝对压力(0.2±0.05)MPa,对应的相对湿度大于80%,阶段7持续时间为10 d。

对于不同于100 ℃的试验温度,试验持续时间根据式(B.1)计算:

$$\tau = 240 \times 2^{[(100-\theta)/10]} \qquad \text{(B.1)}$$

式中:

τ——试验持续时间,单位为小时(h),最小值为100 h;

θ——试验温度,单位为摄氏度(℃)。

B.2.1.7　阶段8

对应于返回正常大气条件,这是通过将容器与大气连通由自然冷却来达到的。

B.2.2　对于阶段3或阶段6的故障分析处理

当有故障影响到阶段3或6的实施并使温度和压力低于规定的曲线时,则按下述进行故障分析:

a)　对于在阶段3或阶段6前12 min内发生的故障,可按情况在阶段2或阶段5重新开始试验;

b)　对于在阶段6的12 min后发生的故障:

1)　如果在规定的最小温度曲线与试验实际曲线之间的面积(等效于温度－时间的积$\Delta\theta \times t$)小于20 ℃×min,而且这两条曲线之间的最大温度差值$\Delta\theta$小于10 ℃,则试验继续,并在阶段6结束时在温度为(75±5)℃下使试验延长相当于故障的持续时间(t);

2)　在与1)相反的情况下,则在阶段6中在对应于故障出现时刻重作试验;

3)　如果在规定的最小压力曲线与试验实际曲线之间的面积(等效于压力－时间的积$\Delta P \times t$)小于0.2 MPa·min,而且这两条曲线之间的最大压力差值ΔP小于0.1 MPa,则试验继续进行;

4)　在与3)相反的情况下,则在阶段6中在对应故障出现时刻重作试验;

5)　当压力和温度参数两者同时低于规定的最小曲线时,则可将两者作为独立的故障进行分析,不必对上面的规定施加任何附加限制。

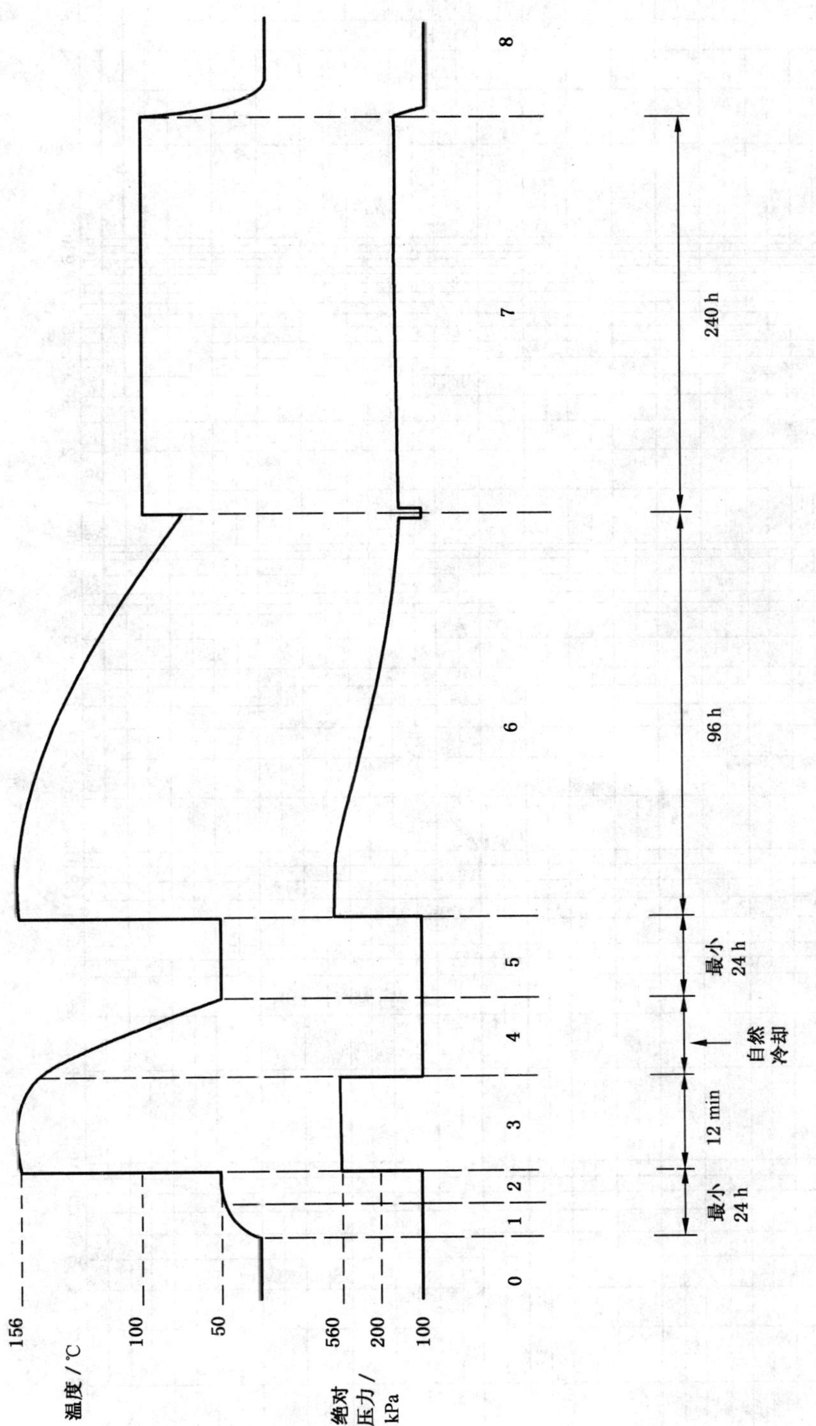

图 B.1 安全壳内事故热力条件下的性能试验——各阶段时试验条件曲线图

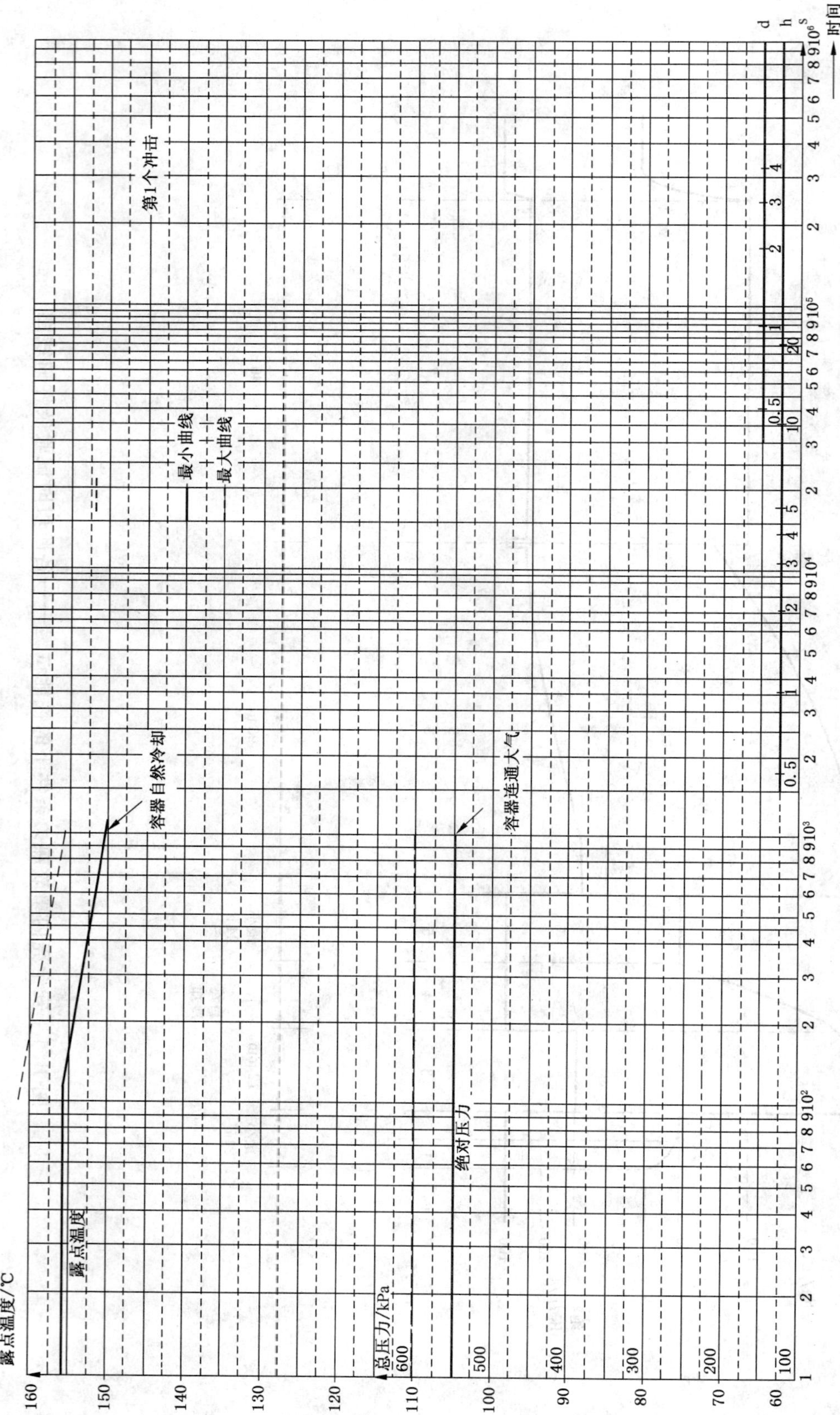

图 B.2 安全壳内事故热力条件和化学条件下的性能试验——第3阶段时露点温度和压力变化曲线

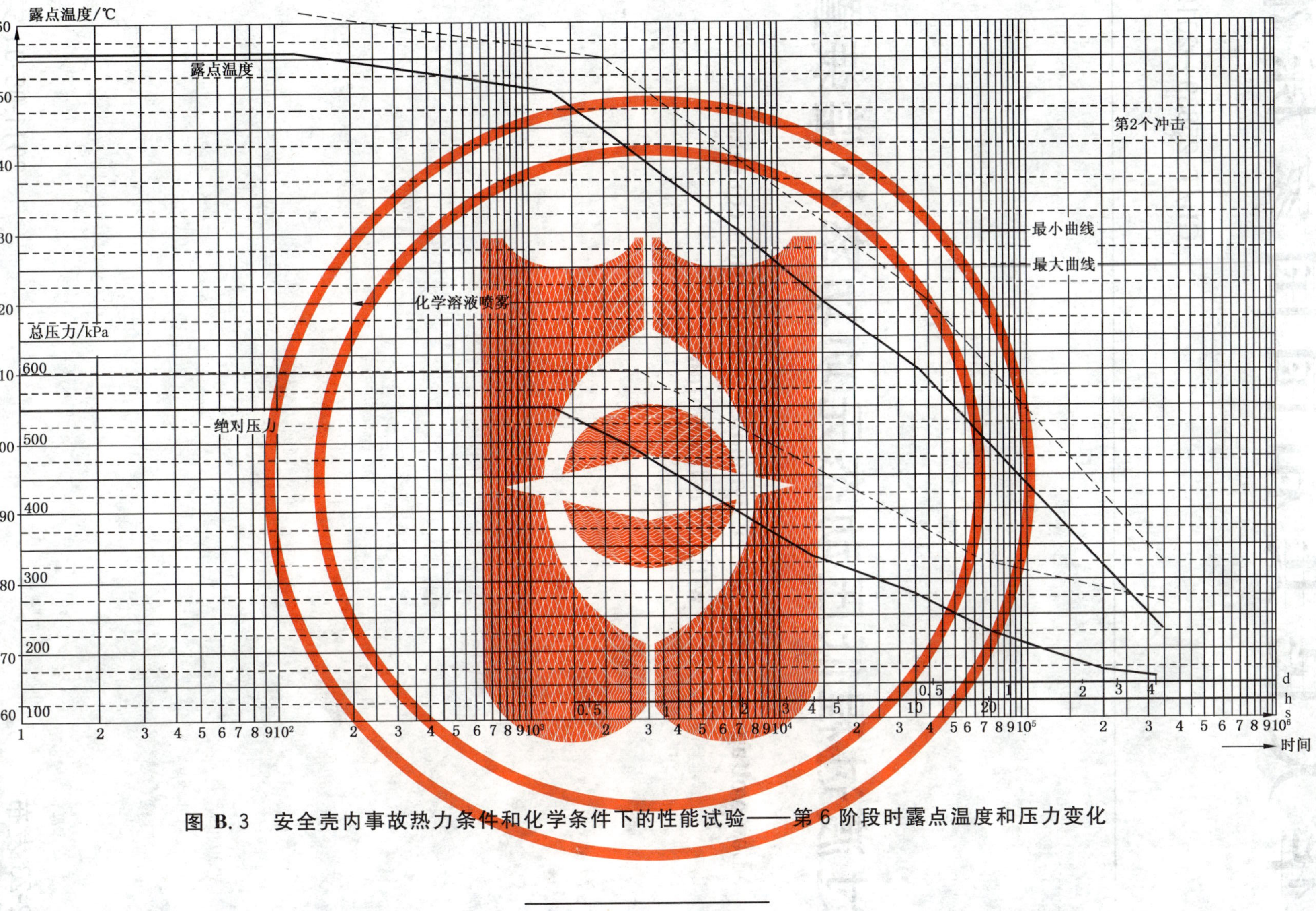

图 B.3 安全壳内事故热力条件和化学条件下的性能试验——第 6 阶段时露点温度和压力变化

ICS 29.200
K 46

中华人民共和国国家标准

GB/T 25839—2010

零过渡过程低压动态无功功率补偿装置

Low-voltage reactive power dynamic compensation equipment with zero transition

2010-12-23 发布　　　　2011-05-01 实施

中华人民共和国国家质量监督检验检疫总局
中国国家标准化管理委员会　发布

前　言

本标准由中国电器工业协会提出。

本标准由全国电力电子学标准化技术委员会(SAC/TC 60)归口。

本标准起草单位:武汉国想电力科技股份有限公司。

本标准主要起草人:李晓明、杨大矛。

引　言

本标准的发布机构提请注意，声明符合本标准时，可能涉及5.4.1.2和5.7.2.6a)中采用的发明专利“零过渡过程触发二控三电容投切方法及装置:ZL97109354.7”的使用。

本标准的发布机构对于该专利的真实性、有效性和范围无任何立场。

该专利持有人已向本标准的发布机构保证，愿意同任何申请人在合理且无歧视的条款和条件下，就专利授权许可进行谈判。该专利持有人的声明已在本标准的发布机构备案。相关信息可通过以下联系方式获得：

专利持有人:武汉国想电力科技股份有限公司

地址:武汉市东湖开发区关东工业园

请注意除上述专利外，本标准的某些内容仍可能涉及专利。本标准的发布机构不承担识别这些专利的责任。

零过渡过程低压动态无功功率补偿装置

1 范围

本标准规定了零过渡过程低压动态无功功率补偿装置(以下简称装置)的术语和定义、分类和型号、技术要求、试验方法、检验规则及标志、包装、运输和贮存等内容。

本标准适用于交流额定电压不超过1 000 V、额定频率为50 Hz、采用半导体开关器件和零过渡过程控制方式投切并联电容器的动态无功功率补偿装置。额定频率为60 Hz的装置和矿用1 140 V及以下的装置可参照使用。

本标准不适用于采用机械式开关电器投切并联电容器的无功功率补偿装置。

2 规范性引用文件

下列文件中的条款通过本标准的引用而成为本标准的条款。凡是注日期的引用文件,其随后所有的修改单(不包括勘误的内容)或修订版均不适用于本标准,然而,鼓励根据本标准达成协议的各方研究是否可使用这些文件的最新版本。凡是不注日期的引用文件,其最新版本适用于本标准。

GB/T 191 包装储运图示标志(GB/T 191—2008,ISO 780:1997,MOD)

GB/T 3859.2 半导体变流器 应用导则(GB/T 3859.2—1993,eqv IEC 60146-1-2:1991)

GB/T 4025 人-机界面标志标识的基本和安全规则 指示器和操作器的编码规则(GB/T 4025—2003,IEC 60073:1996,IDT)

GB 4208 外壳防护等级(IP代码)(GB 4208—2008,IEC 60529:2001,IDT)

GB 7251.1—2005 低压成套开关设备和控制设备 第1部分:型式试验和部分型式试验成套设备(IEC 60439-1:1999,IDT)

GB 7947 人机界面标志标识的基本和安全规则 导线的颜色或数字标识(GB 7947—2006,IEC 60446:1999,IDT)

GB/T 10233—2005 低压成套开关设备和电控设备 基本试验方法

GB/T 14549 电能质量 公用电网谐波

GB/T 15576—2008 低压成套无功功率补偿装置

JB/T 10695—2007 低压无功功率动态补偿装置

3 术语和定义

下列术语和定义适用于本标准。

3.1

零过渡过程条件 condition of zero transition

投切电容器组时,使电容器组对所在电网连接点的动态电流和电压的非周期分量接近零的条件。

3.2

零过渡过程低压动态无功功率补偿装置 low-voltage reactive power dynamic compensation equipment with zero transition

以微处理器为控制单元,以半导体开关器件为主执行元件,将一个或多个电容器编码组合,通过对电网电压、电流以及电容器组运行工况进行实时检测和相关计算,根据系统无功功率补偿的需求量确定电容器投切级数,以零过渡过程条件触发半导体开关器件,从而动态控制电容器组投切所需的硬件和软件构成的系统。

3.3

额定容量　rated capacity

Q_N

装置在额定电压和额定频率下的最大无功功率出力。一般为装置在基波情况下用于无功补偿的全部电容器额定无功功率之和。单位为千乏(kvar)。

3.4

额定频率　rated frequency

f_N

装置拟接入电网的频率。单位为赫兹(Hz)。

3.5

装置的额定电压　rated voltage of a equipment

U_N

装置拟接入电网的系统标称电压。单位为千伏(kV)。

3.6

额定电流　rated current

I_N

在额定容量、额定电压和额定频率下，装置输出的总电流。单位为安(A)。

3.7

过电压保护　over-voltage protection

装置或部件上的电压超过设定值时，在允许的时间内，自动消除装置或部件上的过电压现象的一种保护。

3.8

过电流保护　over-current protection

流过装置或部件的电流超过设定值时，在允许的时间内，自动消除装置或部件的过电流现象的一种保护。

3.9

暂态过电压倍数　ratio of transient over-voltage

电容器投入时，装置的暂态电压峰值与其投入后稳态电压幅值的比值。

3.10

暂态过电流倍数　ratio of transient over-current

电容器投入时，流过装置的暂态电流峰值与其投入后稳态电流幅值的比值。

3.11

投切组合级数　combination grade of switching capacitor banks

装置的额定容量与其最小一组电容器的额定容量之比。

3.12

电容器组切投最小时间间隔　minimum interval of capacitor bank switching off and on

电容器组切除后，允许其再次投入的最小时间间隔。

3.13

响应时间　response-time

装置从实际无功负荷达到投切条件起，到相应的电容器组投入或切除为止需要的时间。

3.14

三相补偿　three-phase simultaneous compensation

根据系统三相无功负荷变化的超限情况，装置对三相无功负荷同步进行补偿的方式。

3.15

分相补偿　separate compensation per phase

根据系统中各相无功负荷变化的超限情况，装置对相应相无功负荷分别进行补偿的方式。

3.16

混合补偿　mixed compensation

三相补偿和分相补偿并存的补偿方式。

4　装置分类和型号规格

4.1　装置分类

4.1.1　按使用环境分类

a)　户内型：N；

b)　户外型：W。

4.1.2　按特殊功能分类

a)　普通型：P或省略；

b)　抗谐波型：K；

c)　滤谐波型：L。

4.1.3　按补偿方式分类

a)　三相补偿型：S或省略；

b)　分相补偿型：F；

c)　混合补偿型：H×∶×（×∶×为分相补偿和三相补偿各自所占比例）。

4.2　型号规格

4.2.1　型号规格表示法

型号规格采用"两段式"表示法，如图1所示。

第一段：表示装置型号，由若干汉语拼音大写首字母组成，即：LDB，其中的"L"表示零过渡过程，"D"表示动态，"B"表示无功补偿。

第二段：表示装置规格，由四部分组成：第一部分表示装置的额定容量，由若干位数字组成，单位为千乏(kvar)；第二部分表示电压等级和频率，由若干位数字组成，电压单位为千伏(kV)，频率单位为赫兹(Hz)，在电压等级后面以"( )"中的数字标注，未标注的默认为工频；第三部分表示装置的类型，由若干汉语拼音大写字母组成；第四部分表示装置的投切组合级数。

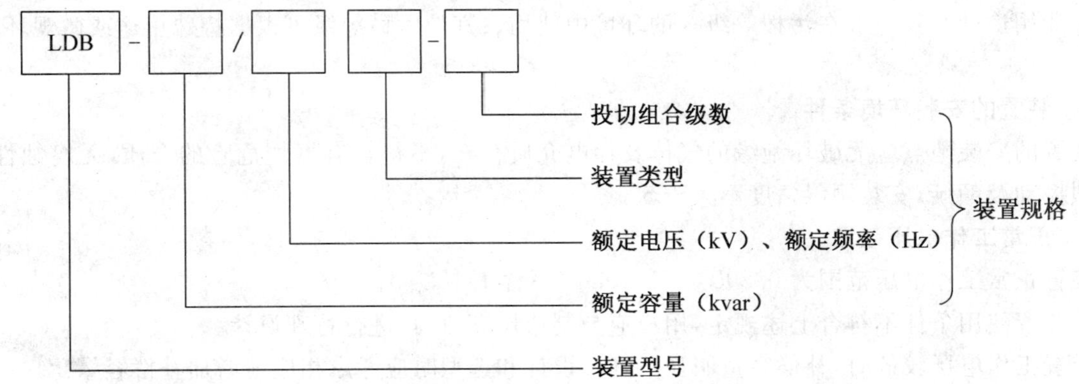

图1　型号规格表示法

示例：LDB-240/0.4NKH4:6-15表示240 kvar，0.4 kV，50 Hz，户内，抗谐波，混合补偿(40%容量为分相补偿，60%容量为三相补偿)，投切组合级数为15级的零过渡过程低压动态无功功率补偿装置。

4.2.2　装置的额定电压

考虑到电容器的选型，装置的额定电压 U_N 推荐值为0.23 kV、0.4 kV、0.69 kV和1.140 kV。

4.2.3 额定频率

额定频率为 50 Hz(或 60 Hz)。

4.2.4 额定容量

额定容量 Q_N 优选值为 30 kvar、45 kvar、60 kvar、75 kvar、90 kvar、120 kvar、150 kvar、180 kvar、240 kvar、300 kvar、450 kvar 和 600 kvar。

注:可根据用户要求设计其他额定容量值。

5 技术要求

5.1 使用条件

5.1.1 环境温度

5.1.1.1 户内型

环境温度不高于+40 ℃,不低于−5 ℃,24 h 内平均温度不高于+35 ℃。

5.1.1.2 户外型

环境温度上限可为+40 ℃、+45 ℃、+50 ℃,下限可为−5 ℃、−25 ℃、−40 ℃。考虑到全国地域范围较广,可根据装置安装地点的实际情况对设备的上、下限温度进行组合选择。例如:南方地区可确定为−5 ℃/+50 ℃,24 h 内平均温度不高于+35 ℃。

在超过温度上限或下限的地区使用时,制造厂商应与用户达成协议。

5.1.2 相对湿度

5.1.2.1 户内型

最大相对湿度不超过 90%。

5.1.2.2 户外型

温度为+25 ℃时,允许相对湿度短时达到 100%。

5.1.3 海拔高度

装置安装场地的海拔高度应不超过 1 000 m。

当设备在海拔高度超过 1 000 m 的地区使用时,应设计成高原型设备。如果使用标准型设备,则应降额(见 GB/T 3859.2 中的规定)。

5.1.4 地震烈度

不大于Ⅲ度。

5.1.5 污秽等级

工业用途的装置一般在污秽等级 3 的环境中使用。其他污秽等级可根据特殊用途或微观环境考虑采用。

5.1.6 装置的安装环境条件

装置的安装地点应无破坏绝缘的气体及导电介质存在,不得含有爆炸危险的介质,无腐蚀性物质,无剧烈振动及颠簸,安装倾斜角度不大于 5°。

5.1.7 正常工作电压范围

装置正常工作电压范围为 $0.80U_N \sim 1.10U_N$(不含 $1.10U_N$)。

若装置使用条件不符合上述规定,用户应与制造厂商协商,进行特殊设计。

装置工作电压较低时,补偿容量明显下降。设计和选型时应考虑相应地增加补偿容量。

5.1.8 最高允许电压

在 1.10 倍额定电压条件下,装置最长持续运行时间为每 24 h 允许 8 h;在 1.15 倍额定电压条件下,装置最长持续运行时间为每 24 h 允许 30 min。

5.1.9 电压畸变率

无抗谐波功能的装置所接入母线的电压总畸变率应不大于 5%。具有抗谐波和滤波功能的装置根据负荷的实际情况和用户需求另行设计，并确定相应的使用条件。

5.1.10　三相电压不平衡度

三相补偿方式允许三相电压不平衡度（用对称分量法分解的基波负序电压占基波正序电压的百分数）不大于2%。三相电压不平衡度大于2%时，可根据实际情况和用户需求采用分相补偿或混合补偿方式。

5.1.11　最大允许电流

装置允许在电流方均根值不大于$1.3I_N$条件下连续运行。由于电容量存在10%正偏差，装置稳态电流可能达到$1.43I_N$。若装置使用条件不符合此规定，用户应与制造厂商协商。

5.1.12　工作频率偏差

装置的频率偏差允许值为±0.2 Hz。

5.2　性能

5.2.1　投切组合级数

投切组合级数以保证补偿后功率因数不低于设计值为原则。在不作特殊要求时，一般为15级；也可根据用户要求增加或减少投切组合级数。

5.2.2　响应时间

在自动跟踪无功负荷补偿的情况下，装置的响应时间不大于40 ms。

5.2.3　电容器组切投最小时间间隔

电容器组可重复切投的最小时间间隔为40 ms。

5.2.4　暂态过电压倍数和暂态过电流倍数

装置投切电容器时，电容器的暂态过电压倍数不大于1.1，电容器的暂态过电流倍数不大于1.5。

5.3　装置与系统的接线

装置与三相三线制系统和三相四线制系统的接线示意图分别如图2和图3所示。

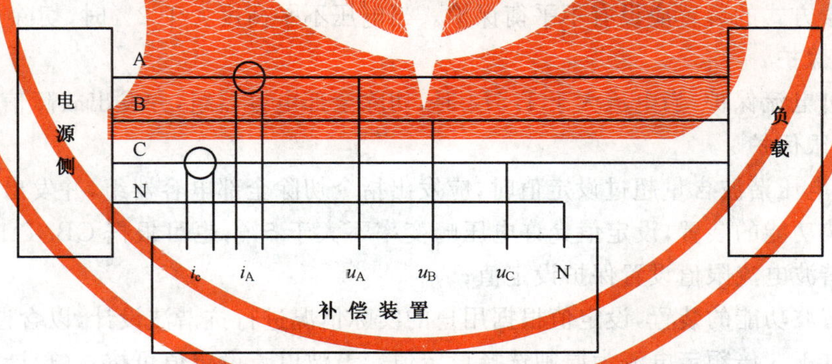

图2　装置与三相三线制系统的接线示意图

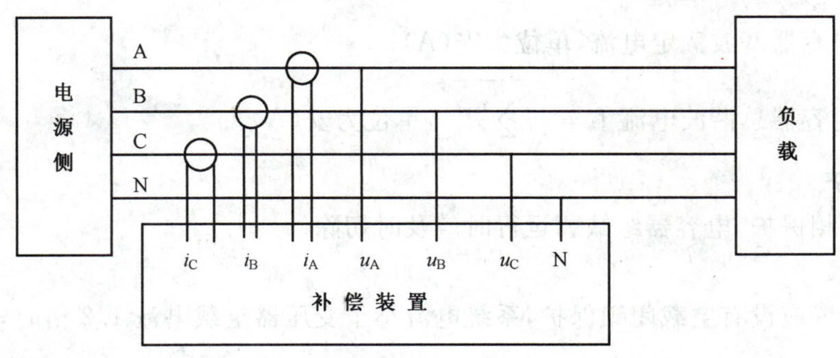

图3　装置与三相四线制系统的接线示意图

5.4 功能

5.4.1 控制方式

5.4.1.1 手动控制

可采用手动控制对电容器组进行投切。

5.4.1.2 自动控制

可根据安装地点的无功功率变化量和零过渡过程条件，自动控制电容器组编码投切，实现动态无功补偿或动态电压调整。

5.4.2 补偿方式

5.4.2.1 三相补偿

可采用三相补偿方式对相对平衡的三相无功负荷进行补偿。

5.4.2.2 分相补偿

可采用分相补偿方式对三相不平衡无功负荷进行补偿。

5.4.2.3 混合补偿

采用混合补偿的装置应具有三相补偿和分相补偿并存的补偿功能。

5.4.3 保护

5.4.3.1 过电压保护

装置应设有过电压保护，当电压高于 $1.15U_N$ 时，切除全部电容器组。当电压恢复正常时，装置恢复正常运行。

5.4.3.2 欠电压保护

装置应设有欠电压保护，当电压低于 $0.8U_N$ 时，切除全部电容器组，并发出故障信息。电压恢复正常时，装置恢复正常运行。

5.4.3.3 三相不平衡保护

采用三相补偿方式的装置应设有不平衡保护。当电压不平衡度大于 2%时，切除全部电容器组。

5.4.3.4 过电流保护

装置应设有过电流保护，当电流大于 $1.5I_N$ 时，切除全部电容器组，并发出故障信息。

5.4.3.5 谐波超限保护

装置的电流、电压谐波含量超过设定值时，应发出指令切除全部电容器组，并发出故障信息。

a) 无抗谐波功能的装置，设定值允许电压畸变率不大于 5%，也可根据 GB/T 14549 的谐波电压限值和谐波电流限值设置保护设定值；

b) 具有抗谐波功能的装置，设定值根据用户的实际情况进行抗谐波设计，以含谐波的电容器总电流不超过 1.3 倍额定电流为原则选择设定值。谐波电流设定值可按式(1)计算。

$$I_h \leqslant 0.83 I_{CN} \qquad \cdots\cdots(1)$$

式中：

I_{CN}——电容器基波额定电流，单位为安(A)；

I_h——电容器总谐波电流 $I_h = \sqrt{\sum_{i=2}^{N} I_i^2}$，单位为安(A)。

5.4.3.6 缺相保护

装置应设有缺相保护，电容器组缺相运行时应及时切除。

5.4.3.7 空载闭锁

集中补偿的装置应设有空载闭锁保护，系统电流小于变压器空载电流 1.2 倍时，应发出指令切除全部电容器组。

5.4.3.8 自恢复

停电后再送电时，在自动状态下，装置可自起动，恢复正常自动投切的运行状态；在手动状态下，可操作复位按钮,使装置进入正常手动投切的运行状态。

5.4.4 温度控制

装置可通过装设温度传感器启动风扇或加热器,将装置温度控制在允许范围内。如果在规定时间内,温度不能控制在允许范围内,则装置应自动停机。具体参数应在产品说明书中说明。

5.4.5 显示

5.4.5.1 状态显示

装置应设有电容器组运行状态或开关电器工作位置显示。

5.4.5.2 仪表显示

户内式装置的三相电流、三相电压和功率因数应采用数字显示,三相电流和线电压的变化可采用指针式仪表监视。户外装置可根据需要装设。

5.4.5.3 参数显示

应设有运行参数显示、保护参数显示和系统参数设置显示。

5.4.5.4 显示方式

可采用以下三种显示方式之一:

a) 指针式仪表显示;

b) 数字式仪表显示;

c) 指针式仪表和数字式仪表同时显示。

5.4.6 信息查询

信息查询采用汉字或用户要求的文字显示方式,可查询常用系统信息、运行信息、故障信息和参数设置等。

常用系统信息包括:系统电压、系统电流、三相有功功率、三相无功功率、功率因数等。

常用运行信息包括:系统电压、系统电流、投切级数、补偿容量、电容电流、三相有功功率、三相无功功率、补偿前后功率因数等。

常用故障信息包括:半导体开关器件(如晶闸管)击穿、快速熔断器熔断、过电压、过电流、断相、三相不平衡、电容器损坏等。

常用参数设置包括:变压器额定容量、装置的额定电压、额定频率、电容器的额定电压、电压互感器变比、电流互感器变比、容量最小一组电容器的容量、投切级数和保护整定值等参数。

5.4.7 参数设置

设置的基本参数为5.4.6中的常用参数设置。

5.4.8 故障诊断

可判断半导体开关器件(如晶闸管)击穿、快速熔断器熔断、过电压、过电流、断相、三相不平衡、电容器损坏等故障。

5.4.9 信息存储

可存储系统电压、系统电流、三相有功功率、三相无功功率、补偿前后的功率因数、投切级数、补偿容量、电容电流、故障信息、参数设置信息和通信信息等数据。也根据用户要求保存相关信息。

5.4.10 抗谐波功能

具有抗谐波功能的装置,在电容器支路中串联一定电感量的电抗器,使装置含谐波的总电流不超过允许最大工作电流的限制。电抗值应按电容器回路谐波电流放大倍数不大于1选取。电容器第 h 次谐波电流放大倍数可采用式(2)计算。按电容器电流(含谐波电流)不超过1.3倍额定电流(基波电流)校验,校验计算公式可采用式(1)。电抗器额定电流按通过所在支路的1.3倍额定电流选取,保证在1.3倍额定电流情况下,电抗器温升和线性特性满足正常工作条件。即:

$$X_L = X_C / h^2 \qquad \cdots\cdots(2)$$

式中：

h——谐波次数，$h=2,3,4,5,\cdots$；

X_L——电抗器感抗，单位为欧(Ω)；

X_C——电容器容抗，单位为欧(Ω)。

5.5 温升

5.5.1 装置内的半导体开关器件(如晶闸管)、绝缘导线和电器元件的温升应符合其产品技术条件和温升要求。

5.5.2 母线与电器元件连接处的温升不得高于电器元件出线端的规定温升。此外，温升不得高于表1的规定。

5.6 补偿误差

装置的无功功率补偿误差不大于容量最小一组电容器额定无功功率的二分之一。

5.7 外观和结构

5.7.1 外观

5.7.1.1 装置外壳的外表面不得有起泡、裂纹或划痕等缺陷。

5.7.1.2 装置中选用的指示灯、按钮、导线及母线的颜色应符合 GB/T 4025 的规定。

5.7.1.3 装置内母线的相序标识与排序应符合 GB/T 15576—2008 中 6.1.6 的规定。

5.7.1.4 装置中选用的导线及母线的颜色应符合 GB 7947 的规定。

表1 温升

部位		温升 K
连接外部绝缘导线的端子		70
母线固定连接处	铜-铜	50
	铜搪锡-铜搪锡	60
	铜镀银-铜镀银	80
	铝搪锡-铝搪锡	55
	铝搪锡-铜搪锡	55
操作手柄	金属	15
	绝缘材料	25
可触及的外壳和覆板	金属表面	30
	绝缘材料表面	40

5.7.2 结构

5.7.2.1 装置应能承受一定的机械、电和热的应力，其构件应有良好的防腐蚀性能。

5.7.2.2 装置的结构设计、元器件安装、布局应经济合理、安全可靠、维修方便，需手动操作的零部件应运动灵活，无卡、塞或操作力过大现象。

5.7.2.3 装置的门能在不小于90°的角度内灵活启闭。

5.7.2.4 装置的所有金属紧固件均应有合适的镀层，镀层不应脱落、变色及生锈。

5.7.2.5 装置的焊接件应焊接牢固，焊缝应均匀美观，无焊穿、裂纹、咬边、残渣、气孔等现象。

5.7.2.6 半导体开关器件(如晶闸管)投切电容器的结构

采用半导体开关器件(如晶闸管)投切电容器的结构可为：

a) 三相三线制接线系统可采用“二控三”或“三控三”半导体开关器件投切电容器结构。“二控三”结构为：用两组半导体开关器件(例如：两组反并联的单向晶闸管或两个双向晶闸管)控制三相电容器投入或切除。“二控三”结构只适用于三相补偿和混合补偿中的三相补偿，不适用于分相补偿；

b) 三相四线制接线系统应采用带中性线的“三控三”半导体开关器件投切电容器的结构，即：用三组半导体开关器件(例如三组反并联的单向晶闸管或三个双向晶闸管)分别连接三个单相电容器，并与中性线构成回路，分别控制每相电容器投入或切除，可用于三相补偿、分相补偿和混合补偿。

5.8 安全要求

5.8.1 电气间隙和爬电距离

正常使用条件下，装置内裸露带电导体间及其与外壳之间的最小电气间隙和最小爬电距离应符合表2的规定。

表2 电气间隙和爬电距离

额定绝缘电压 U_i V	最小电气间隙 mm	最小爬电距离 mm
$U_i \leqslant 60$	5	5
$60 < U_i \leqslant 300$	6	10
$300 < U_i \leqslant 690$	10	14
$690 < U_i \leqslant 800$	16	20
$800 < U_i \leqslant 1\,000$(或 1 140)	18	24

5.8.2 介电强度

5.8.2.1 绝缘电阻验证

采用电压至少为 500 V 的绝缘电阻表进行测量。

带电导体之间、带电导体与裸露导电部件之间、带电导体对地标称电压的绝缘电阻不小于 1 000 Ω/V。

5.8.2.2 工频耐压验证

在正常试验大气条件下，装置被试部分应能承受表3和表4中规定的 50 Hz 交流电压 5 s。试验过程中，不得出现击穿、闪络及电压突然下降现象。

表3 主电路和与主电路直接连接的辅助电路的耐受电压　　单位为伏

额定绝缘电压 U_i	试验电压(方均根值)
$U_i \leqslant 60$	1 000
$60 < U_i \leqslant 300$	2 000
$300 < U_i \leqslant 690$	2 500
$690 < U_i \leqslant 800$	3 000
$800 < U_i \leqslant 1\,000$(或 1 140)	3 500

表4 不与主回路直接连接的辅助电路的耐受电压　　单位为伏

额定绝缘电压 U_i	试验电压(方均根值)
$U_i \leqslant 12$	250
$12 < U_i \leqslant 60$	500
$U_i > 60$	$2U_i + 1\,000$，但不小于 1 500

5.8.3 安全防护

5.8.3.1 直接接触防护可依靠装置本身的结构措施，也可依靠装置安装时采取的附加措施。制造厂商应在使用说明书中提供相应的信息。

5.8.3.2 间接接触防护应依靠装置内的保护电路。保护电路可通过单独装设保护导体完成,也可利用装置的结构部件(如外壳、框架等)完成。

5.8.3.3 装置的金属壳体、可能带电的金属件及要求接地的电器元件的金属底座(包括因绝缘损坏可能会带电的金属件)以及装有电器元件的门、板、支架与主接地点间应具有可靠的电气连接,其与主接地点间的电阻值应不大于 0.1 Ω。

5.8.3.4 装置内保护电路的所有部件的设计应保证它们足以耐受装置在安装场所可能遇到的最大热应力和电动应力。

5.8.3.5 保护接地导体(PE)的截面积应不小于表 5 中给出的值。

保护中性导体(PEN)电流不超过相电流的 30%时,表 5 也可适用于 PEN 导体。铜 PEN 导体的最小截面积应为 10 mm^2。

表 5 保护导体和保护中性导体的截面积 单位为平方毫米

相导线的截面积 S	相应保护导体的最小截面积 S_P
$S \leqslant 16$	S
$16 < S \leqslant 35$	16
$35 < S \leqslant 400$	$S/2$
$400 < S \leqslant 800$	200
$800 < S$	$S/4$

如果按表 5 选择的导线不是标准尺寸,应采用最接近的较大的标准截面积的保护导体。相导线与保护导线的材料不同时,应进行修正,使之达到同一种材料的导电效果。保护导体的最小截面积应不小于 2.5 mm^2。

5.8.3.6 装置的框架或外壳作保护电路的一部分时,其导电能力应至少等效于表 5 规定的相应最小截面积。

5.8.3.7 为便于识别,保护导体的颜色应采用黄/绿双色。除此之外,黄/绿双色不得用于其他用途。

5.8.3.8 保护接地导体的端子应有图形符号为⏚的标志。如果保护接地导体与能明显识别的带有黄/绿双色的内部保护导体永久性连接时,则不要求此符号。

5.8.3.9 为装置检修安全,装置中应设置明确的电容器放电标识。检修前应确保电容器已放电完毕。

5.8.3.10 装置外壳防护等级

装置外壳防护等级应符合 GB 4208 的规定。

安装在主配电室内或紧邻主配电柜安装的户内型装置防护等级不得低于 IP 20,其他防护等级(IP 值)应由制造厂商与购买方协商确定。户外型装置防护等级不得低于 IP 43(底面除外),也可按购买方要求增强到 IP 54,但应仔细考虑装置内的通风设计。

5.8.4 噪声

当装置正常工作时,噪声应不大于 65 dB(A 声级)。

5.8.5 短路耐受强度及短路保护

装置的短路耐受强度应符合 GB 7251.1—2005 中 7.5 的规定。装置应能耐受短路电流产生的热应力和电动应力。对于无功补偿容量大于 150 kvar 的装置,其主电路额定短时耐受电流应不小于 15 kA。

装置应具有短路保护功能,任何一个输出支路发生短路时,应将故障电路断开,而不影响其他支路正常工作,以确保保护系统的选择性。

5.9 装置的控制器

装置的控制器动作性能和功能应符合5.2和5.4的相关规定,温度范围应符合5.1.1和8.4的规定。

5.10 电磁兼容

装置的电磁兼容性(EMC)按GB 7251.1—2005中7.10的规定执行。如果满足GB 7251.1—2005中7.10.2的a)和b),则可不做EMC试验。

6 试验方法

6.1 试验环境条件

如无特别说明,试验在下述条件下进行:

a) 环境温度:15 ℃~35 ℃;

b) 相对湿度:45%~75%;

c) 大气条件:86 kPa~106 kPa。

6.2 外观和结构检查

目测检查,其结果应符合5.7的规定。

6.3 安全试验

6.3.1 电气间隙和爬电距离检查

按GB 7251.1—2005中附录F的规定测量装置电气间隙和爬电距离,其结果应符合5.8.1的规定。

6.3.2 保护电路有效连接验证

按JB/T 10695—2007中7.9的规定进行。

6.3.3 介电性能试验

介电强度试验在下列部位之间进行:

a) 每相电路对地(外壳)之间;

b) 辅助电路对地(外壳)之间;

c) 带电部件和外部操作手柄之间。

在试验部位之间施加的试验电压为表4中规定值的30%~50%(带电部件和外部操作手柄之间的试验电压为规定值的1.5倍)。试验时,在10 s~30 s内平稳地将电压升高到规定的试验电压值,并保持1 min(出厂试验为5 s)。然后,将试验电压平稳地降至零,切除电源,其结果应符合5.8.2的规定。

对带电部件和外部操作手柄之间试验时,如操作手柄为绝缘材料制成或覆盖,则应将手柄用金属箔缠裹,然后在带电部件和金属箔之间施加试验电压。

试验前,应断开不宜承受电压的避雷器、控制器、半导体开关器件、电容器等元器件与母线的电气连接。

6.3.4 短路耐受强度和短路保护试验

按5.8.5的要求进行。

6.3.5 防护等级试验

按GB 4208规定的方法进行验证,装置的防护等级应不低于5.8.3.10的规定。

6.3.6 噪声测试

按GB/T 10233—2005中4.13的规定进行,噪声应不超过5.8.4的规定。

6.4 温升试验

试验时,装置周围空气温度应在10 ℃~40 ℃范围内。在外壳防护等级符合5.8.3.10规定的情况下,对电容器单元施加工频交流电压,且在整个试验过程中使电容器单元支路的电流不小于其额定电流。

应至少用两个温度计、热电偶或其他测温仪器均匀布置在装置的周围。其位置高度约等于装置高度的一半，距装置外壳 1 m 远，以其平均读数作为装置周围空气的温度。测量时，应防止空气强迫流动和热辐射影响测量准确度。

试验时，应有足够的时间使温度上升到稳定值。可每隔 1 h～2 h 测量一次。温度变化不超过 1 ℃/h 时，即认为温度达到稳定。

温升不应超过 5.5 的规定。

6.5 机械操作试验

需手动操作的部件应在不通电情况下进行操作试验。出厂试验时，操作应不少于 5 次；型式试验时，应不少于 50 次。检查各操作部件的动作、位置显示情况，不应出现误动作、动作不正常或位置显示错误等现象。

6.6 通电操作试验

6.6.1 通电试验

分别在施加 $0.85U_N$、$1.00U_N$、$1.05U_N$ 电压的情况下，检查各电器元件的动作、显示情况，不应出现误动作、动作不正常或显示错误等现象。

6.6.2 手动操作试验

在正常工作电压条件下，装置设置手动方式，分别手动操作投切各组电容器，观察电流表和电容器电流显示值是否与实际操作吻合。

6.6.3 自动操作试验

断开装置采样电路与主电路的连接，装置设置为自动方式，在正常工作电压条件下，在采样电路中输入电压、电流，改变功率因数或无功功率值，使输入无功功率分别达到各组电容器投切整定值，观察电流表和电容器电流显示值是否与实际操作吻合。

6.7 温度控制

对温度传感器的性能进行验证，其动作值应符合 5.4.4 的规定。

6.8 装置的控制器检验

6.8.1 装置的控制器动作性能和功能检验

装置的控制器动作性能和功能检验按 6.9～6.14 进行。

6.8.2 高温、低温贮存试验

高温、低温贮存试验时，控制器不通电、无包装。试验步骤如下：

a) 将控制器置于温度为－40 ℃±2 ℃的低温箱中连续存放 24 h，然后使控制器逐渐恢复至环境温度，进行外观检查及功能检验，结果应符合 5.9 规定；

b) 将控制器置于温度为＋60 ℃±2 ℃的高温箱中连续存放 24 h，然后取出使控制器，逐渐恢复至环境温度，进行外观检查及功能检验，结果应符合 5.9 规定。

6.9 响应时间测试

试验条件：断开装置采样电路与主电路的连接，在采样电路中输入电压、电流，改变功率因数或无功功率值，使装置处于自动控制状态下，电容器组均在投入位置并保持。

在上述试验条件下，试验步骤如下：

——将装置的系统无功功率或相应的无功电流的输入置零，先增加无功功率使之达到投入一组电容器容量的设定值，记录系统无功电流和总电容电流的变化波形，保持 5 s；

——然后减少无功功率，使之达到切除一组电容器容量的设定值，记录系统无功电流和总电容电流的变化波形，保持 5 s；

——分别比较这两种情况下的系统无功电流改变与总电容电流改变的第一个波形峰值的时间差，

得到装置投入和切除的响应时间，其结果应符合5.2.2的规定。

6.10 电容器组切投最小时间间隔测试

试验时，采用测试程序控制，分别投入各电容器组工作5个工频周期，切除一个工频周期；再投入5个工频周期，再切除一个工频周期。重复10次。记录其最大时间间隔，其结果应符合5.2.3的规定。

6.11 暂态过电压倍数和暂态过电流倍数测试

试验时，首先，手动投入除容量最大一组外的全部电容器组，再连续手动投切容量最大一组电容器10次，分别记录装置最高暂态电压峰值与相应稳态电压幅值的比值和装置最大暂态电流峰值与相应稳态电流幅值的比值，其结果均应符合5.2.4的规定。

6.12 保护功能验证

6.12.1 过电压保护

试验条件同6.9。改变输入电压值：先使其大于或等于装置工频过电压保护设定值，保持5 s，再恢复正常电压。记录电容器电压和电容器电流波形，其结果应符合5.4.3.1的规定。

对于分相补偿的装置，试验应在A、B、C三相分别进行。

6.12.2 欠电压保护

试验条件同6.9。改变输入电压值：先使其小于或等于装置的欠电压保护设定值，保持5 s，再恢复正常电压。记录电容器电压和电容器电流波形，其结果应符合5.4.3.2的规定。

6.12.3 三相不平衡保护

试验条件同6.9。改变输入三相电压值，使电压不平衡度大于2%，保持5 s，其结果应符合5.4.3.3的规定。

6.12.4 过电流保护

试验条件同6.9。输入工频电流，使其大于或等于装置的过电流保护设定值，保持5 s，其结果应符合5.4.3.4的规定。

6.12.5 谐波超限保护

试验条件同6.9。用谐波电源给装置注入谐波电压或谐波电流，使其大于或等于装置谐波超限保护的设定值。记录电容器电压和电容器电流波形，其结果应符合5.4.3.5的规定。

6.12.6 缺相保护

断开装置的A、B、C三相中的任一相电压，装置应可靠动作，切除所有电容器组。

6.12.7 空载闭锁

试验条件同6.9，使输入的工频电流小于变压器空载电流1.2倍，其结果应符合5.4.3.7的规定。

6.12.8 自恢复

试验时，使装置处于自动控制状态，断开装置控制电路电源，再次接通时，装置应能在10 s内恢复到正常自动投切运行状态。然后，使装置处于手动控制状态，断开装置控制电路电源，再次接通并在10 s后操作复位按钮，装置应能在5 s内恢复到正常手动投切运行状态。

6.13 补偿误差检验

试验在自动控制状态下进行。试验步骤如下：

——试验时，断开装置采样电路与主电路的连接，在采样电路中输入电压、电流，改变功率因数或无功功率值；

——在额定电压下，从零开始增加装置的系统无功功率或相应的无功电流输入，使其大于投入最小一组电容器容量的二分之一设定值，记录系统无功功率和电容器电流，保持5 s，观察最小一组电容器是否投入；

——然后，减少系统无功电流或无功功率输入至零，记录系统无功功率和电容器电流，保持5 s，观察最小一组电容器是否切除。

结果应符合 5.6 的规定。

6.14 功能检验

试验时，在额定电压条件下，手动投入一组容量最小的电容器组，然后，根据说明书操作：

a) 按 5.4.5 进行显示功能检验，结果应符合其规定；

b) 按 5.4.6 进行信息查询功能检验，结果应符合其规定；

c) 按 5.4.7 进行参数设置功能检验，结果应符合其规定；

d) 按 5.4.8 进行故障诊断功能检验，结果应符合其规定；

e) 按 5.4.9 进行信息存储功能检验，结果应符合其规定。

6.15 抗谐波功能检验

装置接入额定电压 U_N，分别手动投入各组电容器，检测各组电容器—电抗器回路的电容器电压 U_{Ci}、电抗器电压 U_{Li} 和电容器—电抗器回路电流 I_i，计算出电容器的容抗 $X_{Ci} \approx U_{Ci}/I_i$ 和电抗器的感抗 $X_{Li} \approx U_{Li}/I_i$，$i=1,2,\cdots,n$（电容器—电抗器回路数），$X_{Ci}$、$X_{Li}$ 和抗谐波次数 h 应满足 5.4.10 中式(2)的要求。

6.16 投切组合级数检验

检查装置的额定容量（全部补偿电容器额定容量之和）和最小一组电容器额定容量，并计算投切组合级数，其结果应符合 5.2.1 的规定。

6.17 电磁兼容性（EMC）检验

装置的电磁兼容性（EMC）按 GB 7251.1—2005 中 7.10 检验，其结果应符合 5.10 的规定。

7 检验规则

7.1 检验分类

检验分为型式试验和出厂试验。检验项目见表 6。

7.2 型式试验

7.2.1 型式试验在样机或按相同或类似设计制造的装置的部件上进行。

7.2.2 型式试验的目的在于考核装置的设计、工艺材料、元器件选择和制造等方面是否满足规定的性能要求和运行要求。

在下列情况下应进行型式试验：

a) 新产品定型；

b) 已定型产品转厂生产；

c) 正式生产后，设计、结构、工艺、材料或元器件有较大改变，可能影响产品性能时；

d) 出厂试验结果与上次型式试验有较大差异时；

e) 国家质量监督部门提出型式试验要求时。

7.3 出厂试验

出厂试验用于检查工艺和材料是否符合规定的要求。

出厂试验在每一台完成装配的装置或在每一个运输单元上进行。出厂试验合格的装置，应出具出厂试验合格证明。

表 6 检验项目

序号	试验项目	要求章条号	试验章条号	型式试验	出厂试验
1	外观和结构	5.7	6.2	√	√
2	安全	5.8	6.3	√	√
3	温升	5.5	6.4	√	

表 6（续）

序号	试验项目	要求章条号	试验章条号	型式试验	出厂试验
4	机械操作	5.7.2.2	6.5	√	√
5	通电操作	5.4.1	6.6	√	√
6	温度控制	5.4.4	6.7	√	√
7	控制器	5.9	6.8	√	
8	投切组合级数	5.2.1	6.16	√	
9	响应时间	5.2.2	6.9	√	
10	电容器组切投最小时间间隔	5.2.3	6.10	√	√
11	暂态过电压和暂态过电流倍数	5.2.4	6.11	√	√
12	过电压保护	5.4.3.1	6.12.1	√	
13	欠电压保护	5.4.3.2	6.12.2	√	
14	三相不平衡保护	5.4.3.3	6.12.3	√	
15	过电流保护	5.4.3.4	6.12.4	√	
16	谐波超限保护	5.4.3.5	6.12.5	√	
17	缺相保护	5.4.3.6	6.12.6	√	√
18	空载闭锁	5.4.3.7	6.12.7	√	√
19	自恢复	5.4.3.8	6.12.8	√	√
20	补偿误差	5.6	6.13	√	
21	显示功能	5.4.5	6.14a)	√	√
22	信息查询功能	5.4.6	6.14b)	√	√
23	参数设置功能	5.4.7	6.14c)	√	√
24	故障诊断功能	5.4.8	6.14d)	√	√
25	信息存储功能	5.4.9	6.14e)	√	√
26	抗谐波功能	5.4.10	6.15	√	
27	电磁兼容	5.10	6.17	√	
注："√"表示应试验项目。					

8 标志、包装、运输和贮存

8.1 标志

8.1.1 装置铭牌上应有下列信息：

a） 装置名称、执行标准编号；

b） 制造厂商名称；

c） 装置型号；

d） 主要参数：额定容量(kvar)、额定电压(kV)、额定频率(Hz)、投切组合级数、防护等级、外形尺寸(mm×mm×mm)、质量(kg)；

e） 装置出厂年月及编号。

8.1.2 在装置内部，应能辨别出单独的电路及其保护器件。标识器件采用的标记应与随同装置一起提供的接线图上的标记一致。

8.2 包装

8.2.1 装置应有内包装和外包装箱。包装箱应有防尘、防雨、防震措施。在经过正常条件的运输后，包装箱不应损坏。

8.2.2 装箱资料应包括下列文件：

a） 装箱单(应标明装置的附件、备件)；

b） 出厂试验报告；

c） 合格证明；

d） 使用说明书；

e） 保修单。

8.3 运输

装置应适合陆运、水运(海运)或空运。运输标志应符合 GB/T 191 的规定。

8.4 贮存

装置应贮存在环境温度－20 ℃～＋60 ℃，相对湿度不大于 90％的库房内，室内应无酸、碱、盐及腐蚀性、易爆性气体，不受灰尘和雨、雪的侵蚀。

ICS 29.120.01
K 30

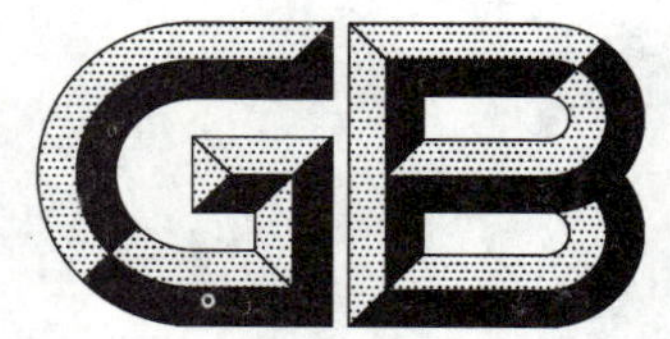

中华人民共和国国家标准

GB/T 25840—2010/IEC/TR 60943:2009

规定电气设备部件(特别是接线端子)允许温升的导则

Guidance concerning the permissible temperature rise for parts of electrical equipment, in particular for terminals

(IEC/TR 60943:2009,IDT)

2010-12-23 发布　　2011-05-01 实施

中华人民共和国国家质量监督检验检疫总局
中国国家标准化管理委员会　发布

前　言

本标准等同采用 IEC/TR 60943:2009《规定电气设备部件(特别是接线端子)允许温升的导则》(2.1 版)。

为便于使用,本标准作了下列编辑性修改:

——删除国际标准的前言;

——根据 GB/T 1.1 的要求,删除国际标洼中设置的篇以及标准中有关篇的论述和注;

——将"本报告"改为"本标准";

——表 9 中 θ_a 和 θ_n 位置有误,将它们按表 8 格式进行位置互换;

——5.2.3.3 中"如果温升 ΔT_e 增加 6.5K",其中"ΔT_e"有误,改为"ΔT_i";

——表 E.1 及表 E.2 中 K 值和 K' 值 1.0 下原有"条件规定于 4.3.1"的说明。由于标准中无 4.3.1 条款,所以将其删去;

——图 E.1 的下图中"T"有误,改为"T_3"。

本标准的附录 A、附录 B、附录 C、附录 D、附录 E、附录 F 和附录 G 为资料性附录。

本标准由中国电器工业协会提出。

本标准由全国熔断器标准化技术委员会(SAC/TC 340)归口。

本标准负责起草单位:上海电器科学研究所(集团)有限公司。

本标准参加起草单位:宁波开关电器制造有限公司、厦门宁利电子有限公司、中国质量认证中心、上海电器设备检测所。

本标准主要起草人:吴庆云。

本标准参加起草人:张寅、苏毅镇、赖文辉、郎建才、陈建兵。

引　言

a) 电气成套设备中的温升是由导线、触头、磁路等内部的各种损耗引起，随着设备的运行和结构新技术的发展，温升问题显得日益突出。

在成套设备中，温升问题越来越引起重视。在这些设备中，许多耗能元件（接触器、熔断器、电阻器等）、特别是一些模块化电器组装在由合成材料制成的外壳中，其中一些外壳散热性很差。

温升引起了构成电接触的基本元件相对高的温度：高温加速接触界面的氧化，电阻增加，由此导致进一步发热，结果产生更高的温度。如果触头的构成材料无适当或足够的保护，在设备预期的使用寿命前，触头可能受到无法修复的损坏。

温升也影响到接线端子和所连接的导线，为了保证导线的绝缘在设备寿命期间保持完好，应限制温升的影响。

b) 考虑到上述问题，本标准的目的如下：

——分析触头、接线端子和该接线端子连接的导线（根据它们的环境和布置）发生的各种发热和氧化现象；

——向产品委员会提供基本规则，使他们能规定允许的温度和温升。

c) 当各元部件一起装在同一个外壳中时，应对它们采取预防措施。

用户特别要注意如下事实：由各开关设备标准规定的接线端子允许温升是从型式试验的约定条件下得出的。这些条件可能与实际运用遇到的条件相差很大。在实际运用中还应特别注意到正常情况下与接线端子连接的导线的绝缘允许温度。

d) 应关注如下事实：在相关的产品标准中外部接线端子的允许温度和温升是在约定型式试验中测得的，因此它们可能没反映出正常使用中的实际情况。

应采取适当的防护措施，防止元件接线端子附近的材料暴露在可能影响其寿命的温度之下。

考虑到上述情况，关键是将“外部周围温度”与“围绕元件的流体温度”概念区别开来，前者主要指外壳外部的温度，后者为外部周围温度加上元件产生的内部温升之和。这些概念以及其他补充概念（如外壳的热阻）规定于第5章，并且通过数字举例加以说明。

为了便于完整的计算，本标准通过引入“填充系数”的概念将围绕元件的流体温度与外部周围温度结合起来，并在数字举例（5.2.3.2）中规定了几个实际应用的填充系数的值。

由于触头表面的物理条件和污染程度不同，涉及计算触头集中电阻的参数变化很大。仅靠计算所得的触头电阻的精确度几乎等于一个数量级。

由于实际场合经常出现难以计算的劣变机理占主导地位，因此较精确值可在电气设备的零件上直接测量获得。

本标准不用以指导元件的降容处理。

本标准特别建议在使用本标准资料解决实际问题之前，先研究附在标准后面的参考文献。

规定电气设备部件(特别是接线端子)允许温升的导则

1 概述

1.1 范围和目的

本标准用于指导电气设备在稳定运行条件下估算其元部件的温度和温升允许值。

本标准适用于电气连接和电气连接附近的材料。

本标准涉及通过连接的电流所产生的热效应,因此没有电压应用的限制。

本标准仅当被适当的产品标准引用时才适用。

各技术委员会负责在标准中使用本标准内容的范围和方式。

本标准中的"允许"值是指相关产品标准的允许值。

本标准包括如下内容:

——电接触的结构及其欧姆电阻计算的综合数据;

——触头的基本老化机理;

——触头和接线端子的温升计算;

——各种元件(特别是触头、接线端子和接线端子连接的导线)的最大"允许" 温度和温升;

——产品委员会规定允许温度和温升应遵循的一般程序。

1.2 规范性引用文件

下列文件中的条款通过本标准的引用而成为本标准的条款。凡是注日期的引用文件,其随后所有的修改单(不包括勘误的内容)或修订版均不适用于本标准,然而,鼓励根据本标准达成协议的各方研究是否可使用这些文件的最新版本。凡是不注日期的引用文件,其最新版本适用于本标准。

GB/T 4797.1—2005 电工电子产品自然环境条件 温度和湿度(IEC 60721-2-1:2002,MOD)

GB/T 11021—2007 电气绝缘 耐热性分级(IEC 60085:2004,IDT)

GB/T 11022—1999 高压开关设备和控制设备标准的共同技术要求(eqv IEC 60694:1996)

GB/T 11026.1—2003 电气绝缘材料 耐热性 第1部分:老化程序和试验结果的评定(IEC 60216-1:2001,IDT)

GB 14048.1—2006 低压开关设备和控制设备 第1部分:总则(IEC 60947-1:2001,MOD)

GB 16895.2—2005 建筑物电气装置 第4-42部分:安全防护——热效应保护(IEC 60364-4-42:2001,IDT)

IEC 60050(441):1984 国际电工词汇(IEV) 第441章:开关设备和控制设备和熔断器

IEC 60890:1987 低压开关设备和控制设备部分型式试验组合装置用的外推温升评估方法

1.3 术语和定义

本标准所用术语和定义见国际电工词汇(IEV)外,下列术语和定义适用本标准:

1.3.1

周围空气温度 ambient air temperature

θ_a

在规定条件下确定的围绕整个电器的空气温度[IEV 441-11-13]。

注:对安装在外壳内的电器,此温度是指外壳外部的空气温度。

1.3.2

(机械开关电器的)触头 contact (of a mechanical switching device)

当接触时构成电路接通的导电部件,操作时由于触头的相对运动而断开或闭合电路,或靠触头的转动或滑动保持电路的接通[IEV 441-15-05]。

注：不能与“IEV 441-15-06 触头(件)：构成触头导电部件的一部分”相混淆。

1.3.3

(用螺栓或相似物进行的)连接　connection (bolted or the equivalent)

通过螺钉、螺栓或相似物向两根或多根导线施力并将它们结合在一起，以保持电路永久接通。

[GB/T 11022—1999，定义 3.5.10]

1.4 符号

本标准使用的符号一览表见附录 F。

2 关于电接触的性质和触头欧姆电阻计算及测量的一般考虑

2.1 电接触和连接端子

电接触以它最简单和最一般的形式从两件导电材料(通常是金属材料)之间建立的接触得来；而连接端子指接线端子本身和与该接线端子连接的导线。

电接触发生在触头的“界面”，该界面是电流从一个触头件通过另一个触头件的区域。触头电阻在此区域内产生，并通过焦耳效应引起发热；同时也在此区域内通过与周围大气发生化学反应出现老化现象。

2.2 电接触性能

当一个金属件施加至另一个金属件时，接触并不发生在整个触头面上，而仅发生在称为“基本触头”的某几个点上。

如果忽略触头界面可能存在的杂质(灰尘等)，接触的有效总截面积等于有效接触面积 S_a[1)]。

通常还存在空气或氧化薄层，这些薄层对触头电阻的影响将在后文(见 2.3)探讨。

为便于计算和更好理解接触机理，下面作简单的假定：在表面接触面积内存在 n 个基本触头，这些触头均匀分布，平均恒定半径为 a(见图 1)，它们之间的平均距离为 l。

有效接触面积为：

$$S_a = n\pi a^2$$

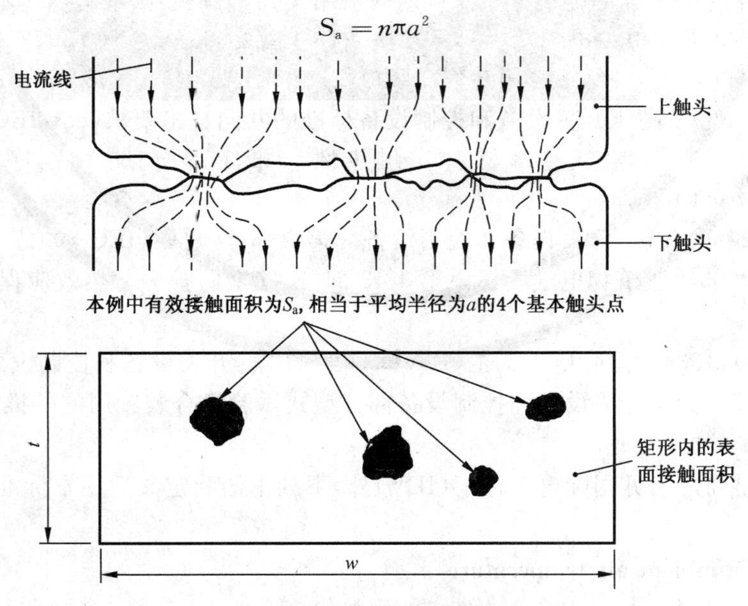

图 1　表面接触和有效接触面积图例

接触面积 S_a 取决于触头互相加压的程度(即所施加的力)、触头表面状态和触头所使用的材料硬度。

接触面积实际指在触头面上施力(指电工技术中通常使用的力)达到触头材料的极限强度(以该材料的“硬度”表示)的那部分面积。

1)　本标准使用的符号说明见附录 F。

事实上，由于触头表面的预处理，触头在接触之前，其表面上的微粒很小(1/100 mm 数量级)，甚至 0.1 N 数量级的力即能压碎。

假定施加在接触面积上的压力等同于金属的接触硬度(H)，于是得到下式：

$$\frac{F}{S_a}=\xi H$$

然而，此式仅适用于接触力 $F\geqslant 50$ N 的情况，实际上：

$$S_a=n\pi a^2=\frac{F}{\xi H}$$

式中 ξ 取决于接触表面状态的无量纲"平面度系数"；在正常力情况下，该系数通常在 0.3 与 0.6 之间；但在接触表面互相作剧烈摩擦后系数可能会变得很小。

结果，基本触头的半径 a 由式(1)给出：

$$a=\sqrt{\frac{F}{n\pi\xi H}} \qquad \cdots\cdots(1)$$

基本触头的数量 n 可有式(2)近似得出：

$$n=n_k H^{0.625} F^{0.2} \qquad \cdots\cdots(2)$$

式中 $n_k\approx 2.5\times 10^{-5}$(标准国际单位制)。

上述公式仅给出基本触头数的数量级。n_k 值可能与估算的值相差很大，如在 0.5×10^{-5} 与 30×10^{-5}(标准国际单位制)之间。

2.3 触头电阻的计算

触头电阻由两部分组成：

a) 集中电阻，该电阻由通过基本触头的电流线汇集在一起而产生；

b) 薄膜电阻，该电阻与氧化薄膜或在界面处吸收分子形成的薄膜有关。

2.3.1 集中电阻的计算

设想一个半径为 a 的理想的基本触头(见图 2)。如果导体远大于基本触头，则电流线为焦点位于基本触头直径端部的双曲线，而等电位面为相同焦点的扁平的椭圆面。

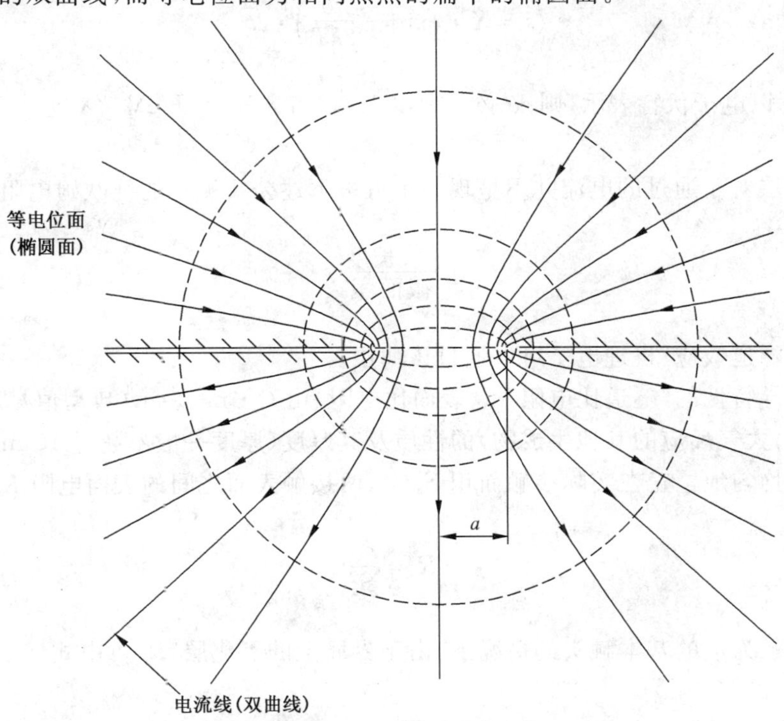

图 2 基本触头点处的等电位面和电流线

触头点(图 2 中粗虚线)和主半轴的半椭圆面 l(l 为相临基本触头之间的平均距离,ρ 为金属的比电阻)之间电阻 $R_{(a,l)}$ 为触头电阻的一半,表示为:

$$R_{(a,l)}=\frac{\rho}{2\pi a}\arctan\frac{\sqrt{l^2-a^2}}{a}$$

如果 l 远大于 a(大多此情况),则:

$$R_{(a,l)(l/a\to\infty)}=\frac{\rho}{4a}$$

由于集中电阻是两个半个触头电阻之和,所以:

$$R_{(e)}=\frac{\rho}{2a} \qquad \cdots\cdots(3)$$

对于一个包含 n 个分布相对广的基本触头点的实际触头,其集中电阻为:

$$R_e=\frac{\rho}{2na} \qquad \cdots\cdots(4)$$

2.3.2 薄膜电阻的计算

基本触头点通常均有腐蚀界面,任何初态纯金属表面均覆盖一层氧气分子层,数分钟后形成数毫微米厚的该金属氧化层。如果此层足够致密和均匀,它可保护金属不再氧化,该金属则被称为“钝化”。这特别是铝和不锈钢在常温下遇到的情况。

对于其他金属(处于氧气中的铜、镍和锡,处于亚硫气体中的银),由氧化或腐蚀产生的第一层反应物减慢了后续反应的速度,即使反应仍在继续,但越来越慢。

还有一些金属(铁),由于表面没有形成的反应层的保护,“氧化”速度或多或少是恒定的。

不同金属表面化学反应的主要公式规定于附录 D 中。公式以形成的厚度 s 作为时间 t 和热力温度 T 的函数表示。

此类公式由下述一般公式导出[见式(5)]:

$$s=X\cdot\exp\left(-\frac{w}{2kT}\right)\cdot\sqrt{t} \qquad \cdots\cdots(5)$$

如果激化能 w 以电子伏特表示,则 w 必须乘以 $1.602\,1\times10^{-19}$ J/eV。X 是个常数,k 是波耳兹曼(Boltzmann)常数。

上述的氧化薄层对于通过的电流并不呈现一个可被下述公式测算的纯欧姆电阻值:

$$\frac{\rho\times\text{长度}}{\text{截面积}}$$

事实上,由于“隧道效应”机理电子可以通过该薄层。

表征该薄层传导特性的“隧道比电阻”σ_0(表面比电阻)由 $\Omega\cdot m^2$ 表示(典型值见表 1)。隧道比电阻取决于氧化层(或与大气反应的其他生成物)的性质及其厚度(厚度一般不超过 10 nm)。

如果“氧化”层均匀地覆盖在实际接触面积 S_a 上,两接触表面之间的表面电阻 R_i 为:

$$R_i=\frac{\sigma_0}{S_a}$$

在具有 n 个半径为 a 的基本触头的情况下,由于界面上的氧化层,R_i 可由式(6)表示:

$$R_i=\frac{\sigma_0}{\text{总接触面积}}=\frac{\sigma_0}{n\pi a^2} \qquad \cdots\cdots(6)$$

表 1　隧道比电阻的典型值

金　属	状　态	σ_0 $\Omega \cdot m^2$
铜	新的 经氧化 镀锡	$2\times10^{-12}\sim3\times10^{-11}$ 10^{-10} $10^{-12}\sim4\times10^{-11}$
银		$4.6\times10^{-13}\sim4\times10^{-12}$ 特殊至 2.5×10^{-11}
铝		$7\times10^{-11}\sim10^{-9}$

新触头值低。银金属的最低值 4.6×10^{-13} 对应于两层吸纳单分子氧气层的极限厚度，即 2×0.272 nm$=0.54$ nm。

2.3.3　触头总电阻的表示

触头电阻 R_c 是集中电阻 R_e[式(4)]和薄膜电阻 R_i[式(6)]之和，即：

$$R_c=\frac{\rho}{2na}+\frac{\sigma_0}{n\pi a^2} \qquad \cdots\cdots(7)$$

如果式(7)中的 n 和 a 分别由各自的值代入：

$$n=n_k H^{0.625} F^{0.2}\text{，式中 } n_k\approx2.5\times10^{-5}\text{（标准国际单位制）}$$

$$a=\sqrt{\frac{F}{n\pi\xi H}}\text{，式中 }\xi=0.45$$

得到 R_c 下列的表达式：

$$R_c=\frac{\rho}{2}\sqrt{\frac{\pi\xi}{n_k}}H^{0.1875}F^{-0.6}+\sigma_0\xi HF^{-1}$$

此式适用于不同的触头金属，式中给出了示于表 2 的 k_1 和 k_2 值。

如果一种金属薄层涂于另一种金属之上，则硬度以涂层的硬度计算，比电阻以基础金属的比电阻计算。

在触头由不同金属材料组成的情况下，总电阻则为使用各金属常数计算得到的电阻的平均值。

表 2　触头电阻常数的典型值，用于相对清洁表面的计算

（用以代入：$R_c=k_1F^{-0.6}+k_2\sigma_0F^{-1}$）

金　属	集中电阻 k_1 $\times10^{-6}$	薄膜电阻 k_2 $\times10^{6}$
铜	90	247
黄铜	360	450
铝	130	135
铝镁合金	150	135
银	81	225
锡	400	22.5
镍	420	585
镀银铜	88	225
镀锡铜	57	22.5
镀锡铝	93	22.5
镀银黄铜	310	225
镀锡黄铜	200	22.5

2.3.4 新触头的电阻

与其他触头相比，镀锡铜触头的电阻值理论上为最低。但此要成为现实需符合两个条件：锡的涂层应足够薄，以防止涉及它的比电阻；然而又要足够厚，以致涉及的硬度实际上应以锡来计算。现实是新的涂锡触头的比电阻与镀银铜触头的比电阻相比相差不大，但与铜的比电阻相比稍许低一些。然而柔性型的镀锡触头或承受震动的镀锡触头必须考虑锡涂层的“摩擦腐蚀”现象(见 3.5)。

锡和镍的集中电阻特别高，因此，不采用这些处于固态的材料。

镍和镀镍铜的薄膜电阻高，考虑到腐蚀气体中(电池室、含有 H_2S 的气体等)镍的良好的耐腐蚀性，某些情况下可采用这些材料。

2.3.5 触头电阻的测量

触头电阻测量既可用于产品研发性试验，也可用于常规试验(即通过与进行过温升试验的样品进行比较来检查产品质量)。触头电阻一般通过在接合处通以直流电流(以此避免电感影响)并测量接合处的电压降而获得。

为了便于比较，电压降应在规定处测量。

如用远低于正常使用的标称电流测量触头电阻可能得出错误的值，特别是当弹簧加载触头运行在“无载”情况下。

此外，为了击穿任何可能的表面薄层，试验电源的电压应足够大，但不应超过被试设备的工作电压。还应注意避免因热电效应引起的误差。

3 触头和连接端子的老化机理

3.1 概述

没有受到电弧腐蚀的闭合的电气触头的老化(特别是接线端子情况)主要是由于金属与触头界面周围环境的反应而引起。

此反应可能是下述原因引起：

——电化学原因(腐蚀)：如具有不同电化学电势的双金属触头处在高湿度(>50%相对湿度)环境中；

——化学原因：由于周围介质(空气中的氧、类似 H_2S 或 SO_2 的亚硫蒸气)引起的氧化。

本标准包含了这两种情况。

此外还存在热机影响，包括应力松弛、蠕变和尺寸变化(这些现象也由发热而引起)，结果降低了触头力，增加了触头电阻。但本标准不包含此类情况。由于此类复杂的衰变过程取决于设计和制造材料，一般不容易建立模型。对于某些电器，如接触器，此类影响复杂多变，基本不存在通常简单的因温度而衰变的曲线。

3.2 不同金属的触头

如果符合下列条件，不同金属 M_1 和 M_2 的触头将发生腐蚀：

a) 不同金属——端面 A 和 B 之间电化学的电势差在接触前必须是 0.35 V 或以上；

b) 存在电解质——触头表面因吸收周围潮湿环境中的水分而形成的薄膜可能起电解质作用；

c) 存在氧化剂——此处“氧化”具有传输电子的一般意义，为了将形成的电池去极化并让电流通过，氧化剂是必需的。氧化剂在周围的空气中是足够的；

d) 为了通过腐蚀电流，触头应闭合。

图 3 中触头分开时出现在 M_1 和 M_2 触头表面的电势差见表 3。

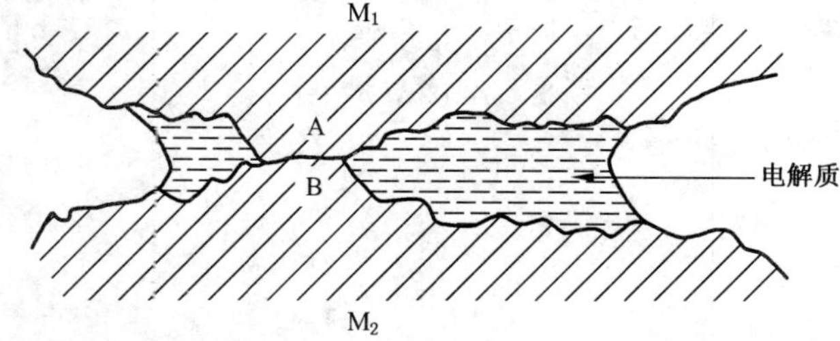

图 3 处于潮湿环境中的不同金属之间的触头(吸水性)

表 3　在双金属结合处形成的电压

单位为毫伏

正极＼负极	银	镍	镍铜合金(30%铜)	铜/镍(70/30)	铜	银焊料	青铜*	红青铜	黄铜*	不锈钢*	锡	锡—铅共晶	锡银焊料	铅	生铁	软钢	铝合金*	铝	镉	镀锌铁	锌合金*	锌	镁合金*
银	0	150	170	190	190	210	230	250	260	330	470	480	510	560	710	720	770	770	790	1 090	1 100	1 110	1 590
镍		0	020	040	040	060	080	100	110	160	320	330	360	410	530	570	620	620	640	940	950	960	1 440
镍铜合金(30%铜)			0	020	020	040	060	080	090	160	300	310	340	390	540	550	600	600	620	920	930	940	1 420
铜/镍(70/30)				0	0	020	040	060	070	140	280	290	320	370	520	530	580	580	600	900	910	920	1 400
铜					0	020	040	060	070	140	260	290	320	370	520	530	580	580	600	900	910	920	1 400
银焊料						0	020	040	050	120	260	270	300	350	500	510	560	560	580	880	890	900	1 380
青铜*							0	020	030	100	240	250	280	330	480	490	540	540	560	860	870	880	1 360
红青铜								0	010	080	220	230	260	310	460	470	520	520	540	840	850	860	1 340
黄铜*									0	070	210	220	250	300	450	460	510	510	530	830	840	850	1 330
不锈钢*										0	140	150	180	230	380	390	440	440	460	760	770	780	1 280
锡											0	010	040	090	240	250	300	300	320	620	630	640	1 120
锡-铅共晶												0	030	080	230	240	290	290	310	610	620	630	1 110
锡银焊料													0	050	200	210	260	260	280	580	590	600	1 080
铅														0	150	160	210	210	230	530	540	550	1 030
生铁															0	010	060	060	080	380	390	400	880
软钢																0	050	050	070	370	380	390	870
铝合金*																	0	0	020	320	330	340	820
铝																		0	020	320	330	340	820
镉																			0	300	310	320	800
镀锌铁																				0	010	020	500
锌合金*																					0	010	490
锌																						0	450
镁合金*																							0

注：上述值仅用于指南。更精确值可用于金属的特殊等级。如果可行，可使用供应商规定的值。其他情况可查阅专业教科书。

* 典型值。

为避免腐蚀应选择合适的组合，其电势差应低于 350 mV；越低越好。

从表 3 中可以发现，除了银-锡和银-铝组合外，在主要触头材料的不同触头之间形成的电势差是低的。应避免银-锡和银-铝组合，特别是在腐蚀气体环境中应避免此类组合。

3.3 由氧化引起的老化机理

每个接线端子或触头实际上是由许多小的基本触头点组成。正是在这些基本触头点上，腐蚀机理在起作用。存在两种氧化过程，两者可同时发生：

——基本触头点的侧面逐渐被侵蚀，由此减少了导电截面积；

——表面比电阻为 σ_0 的氧化层逐渐变厚。

以下分析此两种机理。

3.3.1 基本触头的截面减少

在非氧化的触头上设想一个半径为 a 的基本触头点(见图 4)。

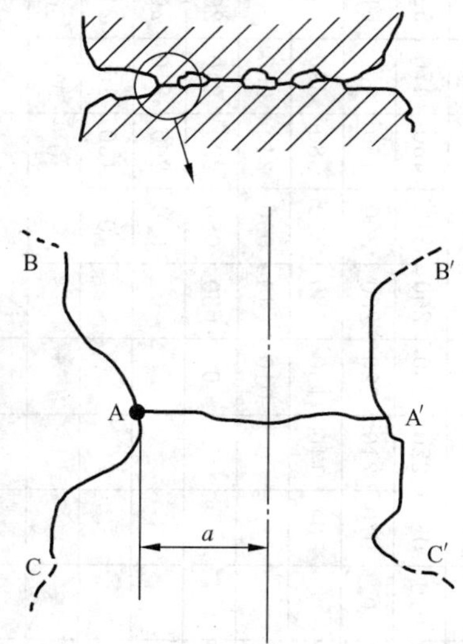

图 4 半径为 a 的基本触头点

触头表面 AA′空气很少，部分空气在触头闭合时被排除出去，留下的空气仅产生轻微的氧化现象。

相反，触头侧面 BC 和 B′C′暴露在空气中，并且逐渐受到氧化作用。

结果，基本触头点的半径逐渐减小，而触头电阻随之增加(见图 5)。

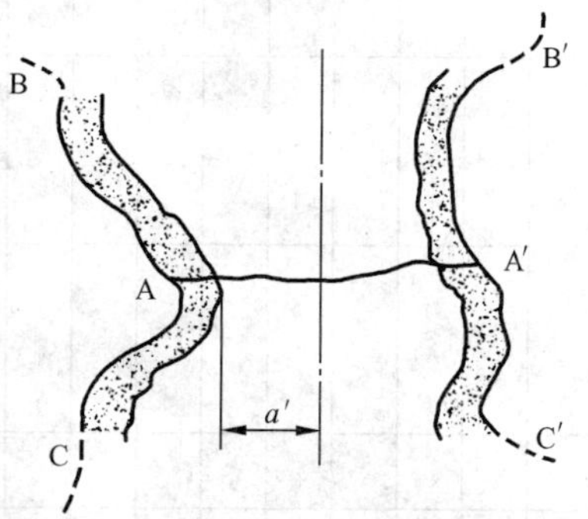

图 5 基本触头点的氧化

实际上，此类氧化引起的截面减少过程相当慢。即使处在高温下，此过程要使该触头发生大的劣变需要几十年。然而经验表明实际情况并非如此。因为在此期间出现了其他物理现象。事实是触头由承受电流循环引起的劣变比承受恒定电流引起的劣变快得多。这些循环引起了触头表面的不同热扩张，由此导致了触头表面的相对微小移动。

由于这些相对微小移动(这些移动也有可能通过电气振动或机械冲击引起)，图 5 所示的接触宽度 AA′可能减少至 DD′(见图 6)。AD 和 D′A′表面(最初是受保护的)现在受到了腐蚀的影响。当触头回复到初始位置时，触头的非氧化区域变得非常小。

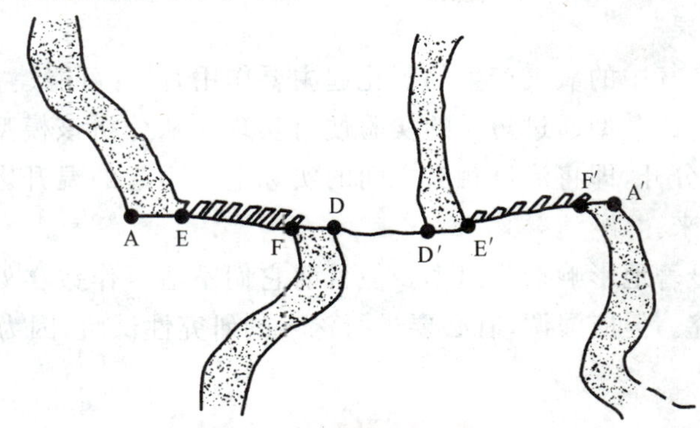

图6 相对微小移动对于基本触头氧化的影响

显然，这一现象极大地增加了氧化对接触点的影响。微小移动的影响在此情况下相当于加速氧化。

该现象在电气上闭合的触头(见1.3.2)上比在紧固的连接端子上显得更加严重。

3.3.2 触头界面处氧化层的增加

第2个老化机理如下(见图7)。

假设由于触头移动(应力、振动、冲击)和两个表面(1)及(2)的空隙的扩大，氧气触及了部分表面，在触头的两个部分之间产生了附加的氧化薄膜，由此增加了界面氧化层的表面比电阻，结果增加了触头电阻。

图7 触头相对表面的氧化

如果假设触头表面自由地暴露于周围空气，既使触头温度在非常低的情况下，触头电阻将很快(几个小时内)到达过高的值。显然，触头表面互相提供的保护会降低氧化速度，在此情况下，氧分子扩散的速度非常慢。

3.3.3 两种老化过程的讨论和综合

触头接触面积的减少和表面比电阻的增加是两种老化现象，它们可能同时发生。

老化取决于：

——通常情况是触头的结构及其周围气体的性质；

——特殊情况是：

- 导致微小移动的应力(如由于电流循环或电动力变化和振动引起的热应力)强度，
- 触头周围气体中的氧化物的密度。

实践中识别老化是由两个现象中的哪个现象引起有些困难，而分析时一次只能考虑一种机理。然而无论触头或接线端子的老化以哪种形式显示，每个假设的结果很接近，基本能得出一个共同的结论。

3.4 有关铜触头老化的结果

当铜的老化机理是由空气中的氧气产生的氧化起主要作用时，有可能建立一个数学模型，用来表示作为时间函数的触头特性。此模型通过短时的实验便可实现。从分析该模型得出的主要结果如下：一般来说，有可能将两种影响分开，即将流过触头之间的实际电流引起的温升影响与周围温度（围绕触头的流体温度）的影响区分开来。

其他衰变机理也可能显著地影响老化速率。但目前它们不适于作数学处理，因此下述分析不予考虑。下述方法用于初步研究。但应强调，有必要进行深入的研究性试验，因为在许多情况下其他机理起主要作用。

3.4.1 温升影响

如果仅受空气氧化作用的触头或接线端子温升增加 Δ_i(K)，则它的寿命将减少一半。Δ_i 是初始温升的函数（此估算经实验结果证实，见图 8）。ΔT_i 是相对于周围流体的元件温升。

通常当触头或接线端子的温升从 ΔT_{i1} 升至 ΔT_{i2} 时，其寿命应乘以老化系数 K_i。当 ΔT_{i1} 和 ΔT_{i2} 之间的差值适度时，K_i 表示为：

$$K_i = 2^x \text{，式中 } x = \frac{\Delta T_{i1} - \Delta T_{i2}}{\Delta_i} \quad \cdots\cdots (8)$$

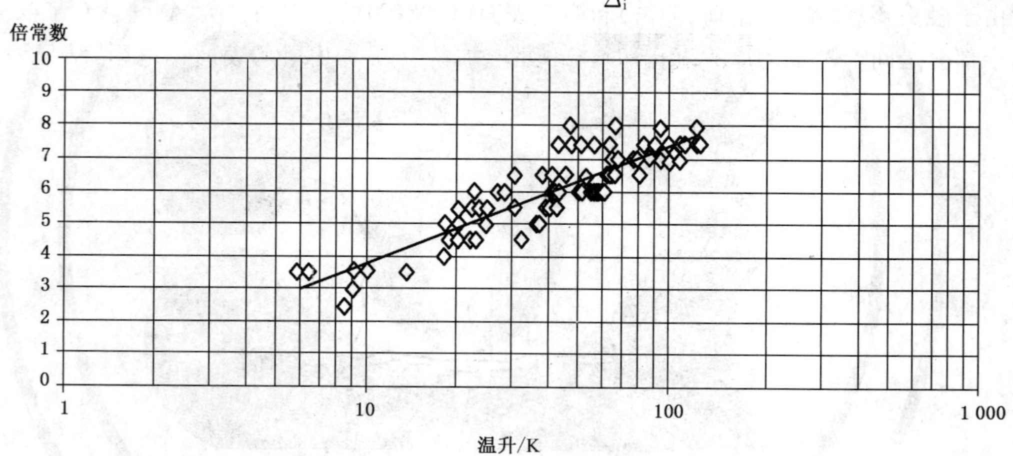

图 8 作为温升函数的倍常数 Δ_i（铜触头的经验结果）

例如：设想一个空气中初始温升为 35 K 的铜触头，其倍常数 Δ_i 接近 6 K。如果使该触头超载，则其初始温升变为 45 K。当其他条件相同时，触头寿命将按下列系数减少：

$$2^{\frac{35-45}{6}} = 0.315$$

即触头寿命应除以 3.2（近似值）。

注：根据对经验数值区域外的结果使用外推法进行计算是不可靠的。

3.4.2 周围温度的影响

当其他条件相同时，如果围绕触头或接线端子周围的介质温度上升 Δ_e(K)，则触头或接线端子的寿命将减少一半。图 9 中给出了作为初始温升函数的经验结果 Δ_e。

通常当围绕触头或接线端子的流体温度从 T_{e1} 升至 T_{e2}，触头和接线端子的寿命应乘以老化系数 K_e。K_e 表示为：

$$K_e = 2^y \text{，式中 } y = \frac{T_{e1} - T_{e2}}{\Delta_e}$$

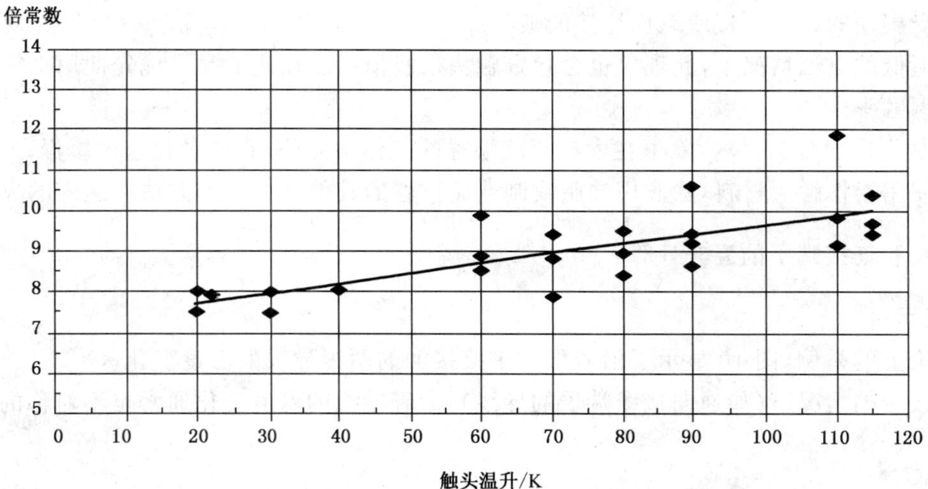

图 9　作为触头温升 ΔT_i 的函数、用所要求的周围流体温升表示的倍常数 Δ_e

（触头材料：铜；流体：空气）

注：根据对经验数值区域外的结果使用外推法进行计算是不可靠的。

例如，对于温升 ΔT_i 为 35 K 的铜触头，当周围空气温度增加 $\Delta_e = 8$ K 时，铜触头的寿命将减少一半。

3.4.3　触头温升和周围流体温升的组合影响

当触头或接线端子的温升和周围介质温度同时变化时，这两个影响组合起来，总的老化系数 K_{th} 见(9)：

$$K_{th} = 2^{[x+y]} \qquad \cdots\cdots (9)$$

3.5　触头材料的使用及采取的预防措施

裸铜容易随时间和温度的增加发生显著的劣变。下列情况是不利的：温度超过 60 ℃～85 ℃（具体值按触头使用的金属和周围气体的性质而定），以及将该材料用于在额定发热电流下长期闭合的触头（如输入断路器的情况）。对于后者，推荐使用镀银铜，因为该铜在非亚硫气体中老化缓慢。

作为一个重要的例子，我们可以计算铜、镀镍铜、镀锡铜和镀银铜触头在触头力 10 N 和暴露在周围空气中 1 000 h 后时的电阻（计算公式见 2.3.2）。

计算结果如下：

表 4　触头电阻比较值

材　　料	电　　阻 mΩ
裸铜	20
镀镍铜	35
镀锡铜	6.8
镀银铜	0.3

从表 4 中可看出，镀锡铜或镀银铜优点明显。镀镍铜仅用于不适合镀银铜的受污染的气体中。

下面更详细地考虑各种可能性：

a)　镀镍铜适合于腐蚀气体或高温中的触头，经常用于发电站或铁路运输设施；

b)　镀锡铜和镀锡铝是优先用于低压的材料。锡的硬度低，具有低的触头电阻。但它不能用于经常断开和接通的触头，这样会损害锡镀层。镀锡金属一般用在熔断器的触头之中，被更换的熔断体（为了恢复熔断器动作后的供电）提供了新的触头表面。当锡的温度超过 105 ℃应特别注意，特别是当镀锡触头与镀银触头配对时，因为在此温度之上会出现蠕变现象；

c) 承受震动的柔性连接或螺栓连接的镀锡触头可能在锡镀层上产生“摩擦腐蚀”现象，即使比额定值低的电流情况下，此现象也会导致触头很快损害。在此情况下优先使用裸铜、镀银铜或镀镍铜触头；

d) 银是优良的触头材料，除了在含有亚硫烟雾的气体中之外，它的老化速度缓慢；

e) 不使用铝作触头材料，除非用油脂或制造商推荐的其他特殊处理方法将绝缘的氧化铝层刷去。

4 导线、触头和连接端子的温升计算

4.1 符号表示

作为理论上的举例，图 10 显示了沿着形成平接接触的两根导线的温度变化。

在实际接触的情况下(如通向接线端子的导线)，沿着导线的温度变化通常是不对称的。

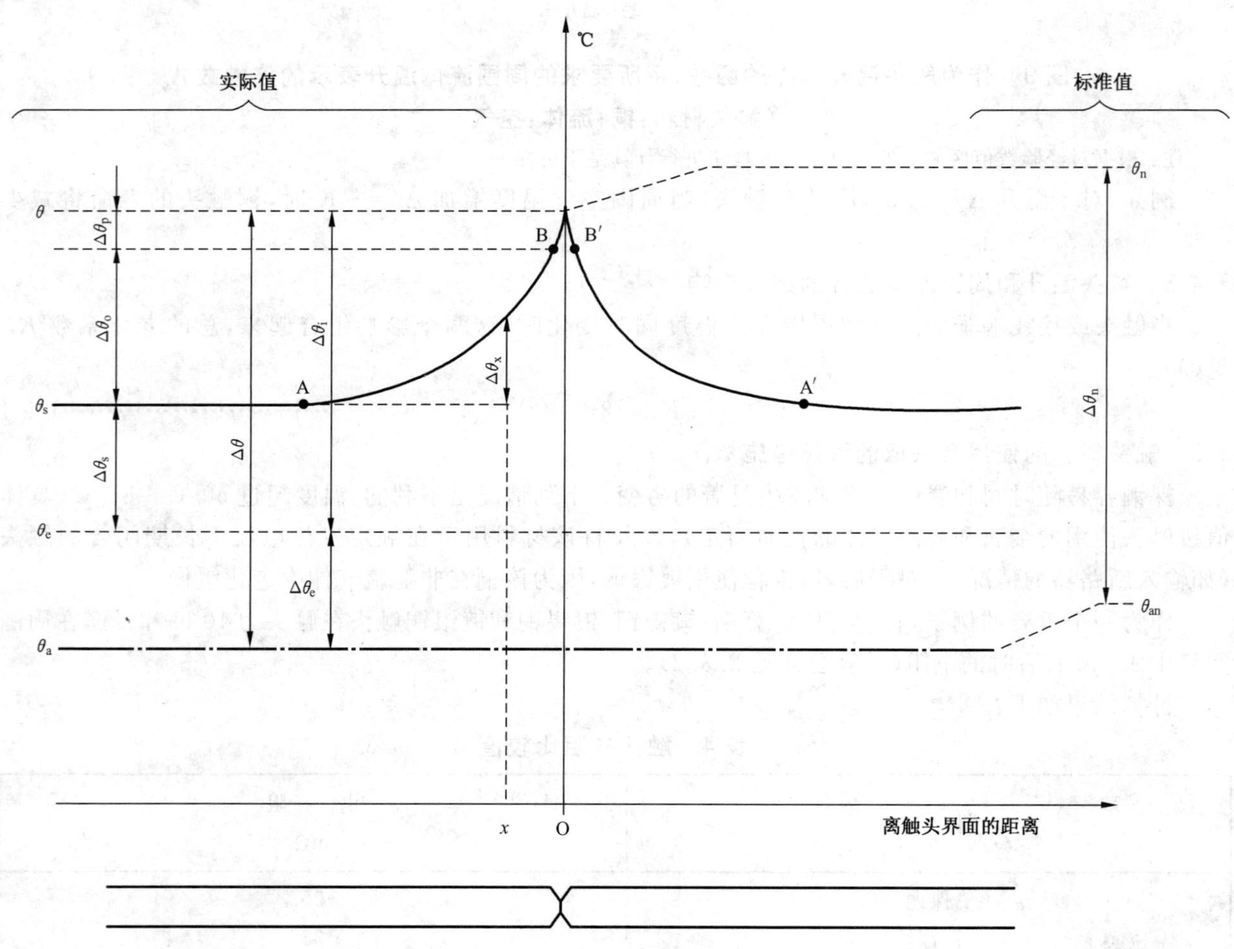

图 10 用于温度和温升的符号表示；举例选择：平接接触

图 11 显示了接线盒内熔断器的实际情况。

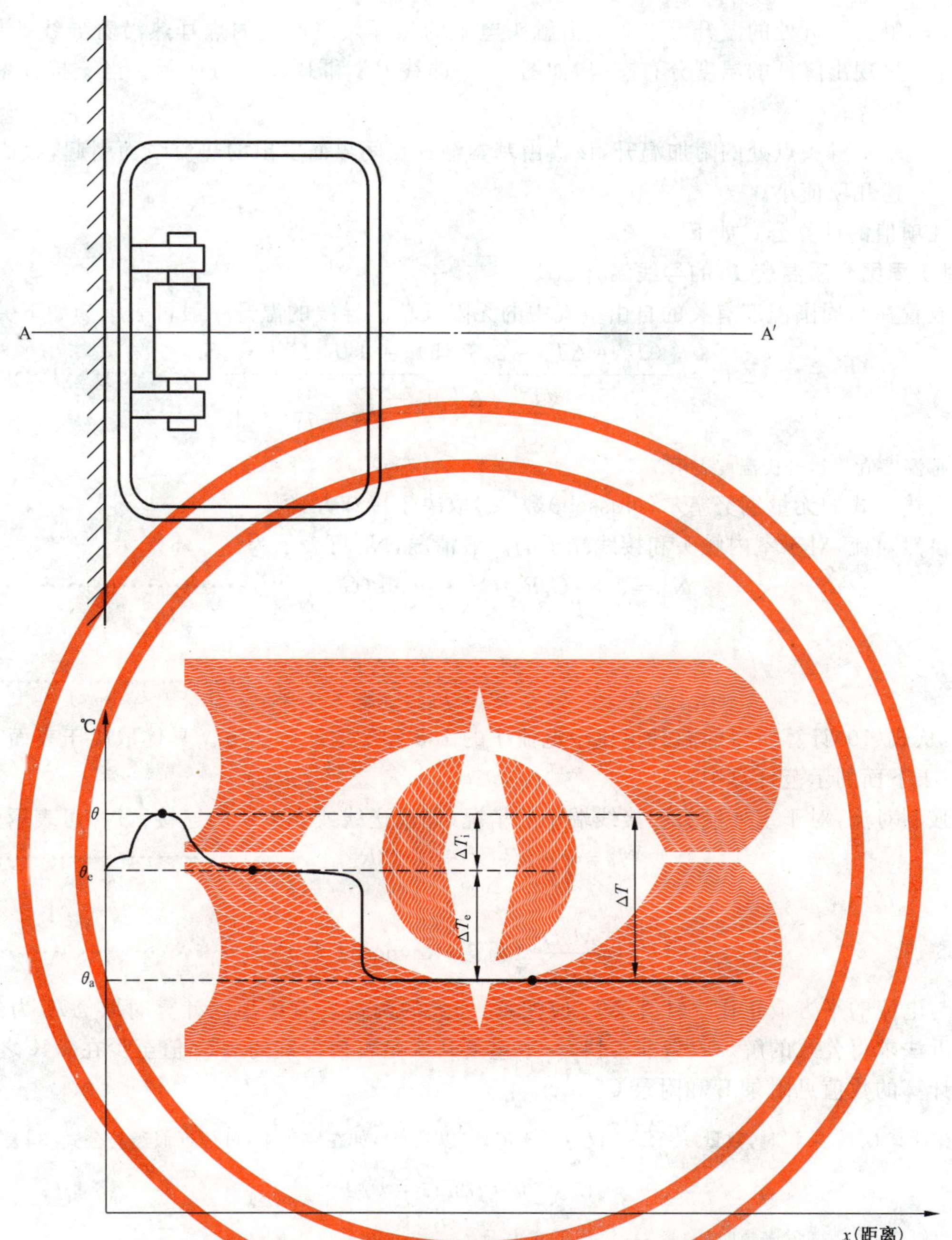

图 11　含有熔断器的接线盒内、沿着 AA′轴线的温度和温升

设定相关触头或元件最大温度 θ 中各主要参数的定义。

最大温度 θ 是下列各项之和：

$$\theta=\theta_a+\Delta T_e+\Delta T_s+\Delta T_o+\Delta T_p$$

式中：

θ_a——外部周围温度，标准定义见 1.3.1；

ΔT_e——围绕相关触头或元件的空气温升，它与周围空气 θ_a 有关；如果元件在外壳内，则围绕元件的空气温度为：

$$\theta_e=\theta_a+\Delta T_e$$

ΔT_s——触头不存在时导线实际温升（温度 θ_s(℃)或 T_s(K)）。大多数情况下触头和导线通过辐射和自然对流进行冷却，有些时候通过强制对流进行冷却（空气速度大于 0.3 m/s～0.4 m/s，如架空线或室外导线）；

ΔT_0——触头附近处的温升。事实上由触头电阻的焦耳效应产生的焦耳热沿着导线的周边逸散，呈现出降低的温度分布态势，如图 10 中曲线 BA 和 B′A′部分所示。当 x 接近零时温升为最大；

ΔT_p——基本触头点处的附加温升，该值由基本触头点间界面发出的热流线而引起，数值通常比上述几项值小。

上述几项值的计算公式如下。

4.2 相对于周围介质温度 T_e 的导线温升 ΔT_s

水平放置在与周围温度有关的自由空气中的无限长单芯导线的温升一般可表示为如下关系：

$$\Delta T_s = \frac{[(T_e + \Delta T_s - 273.15)\alpha + 1]R_0 I^2 + r\varphi_s S_r}{Bl\left[\sigma\varepsilon\frac{(T_e + \Delta T_s)^4 - T_e^4}{\Delta T_s} + \frac{\lambda}{D_h}N_u\right]} \qquad \text{(10)[3]}$$

注：全部温度值 T 以开氏温度表示。

用于上述公式的无量纲努塞尔(Nusselt)数 N_u 取决于冷却方式。

如是自然对流，对于室内触头和接线端子的一般情况，N_u 可表示为：

$$N_u = 0.8\,(G_r P_r)^{0.05} + 0.35\,(G_r P_r)^{0.27} \qquad \text{(11a)}$$

式中：

$$G_r P_r = \frac{M^2 \beta g C_p D_h{}^3 \Delta T_s}{\mu_d \lambda} \qquad \text{(11b)}$$

通常，从式(10)计算所得的温升正比于电流 I 的 1.5 和 2 之间的次方。具体取决于表面条件(平均值 1.67 用于下面的示范计算中)。

如是强制对流，对于室外触头和接线端子的情况(如输送线或变电所的连接)，N_u 可表示为：

$$N_u = 0.65 R_E{}^{0.2} + 0.23 R_E{}^{0.61} \qquad \text{(12a)}$$

式中：

$$R_E = \frac{M_v D_h}{\mu_d}\ \text{(雷诺(Reynolds)数)} \qquad \text{(12b)}$$

温升与电流的平方成正比。计算 ΔT_s 应注意，公式的两边均有该项。计算时取 ΔT_s 为任意值，通过连续逼近法求得公式的解。收敛非常快，一般重复几次足可使得到的 ΔT_s 值至少在 1 K 之内。

用于计算的数值见附录 B 和附录 C。

注 1：在计算 $G_r P_r$ 乘积时，数量 $\frac{M^2 \beta g C_p}{\mu_d \lambda}$ 仅取决于流体(以及 g)，如在空气中，可用近似经验公式[3]表示：

$$3.912 \times 10^{19}\ (273.15 + \theta_e)^{-4.69}$$

注 2：相似地，在计算雷诺数时，数量 $\frac{M}{\mu_d}$ 可用下式表示：

$$1.644 \times 10^{9}\ (273.15 + \theta_e)^{-1.78}$$

4.3 触头附近处的温升 ΔT_0：连接端子的温升

使用辐射和自然对流方式冷却的计算公式见附录 E。

4.4 基本触头点的温升

最后，在基本触头处还存在一个附加温升，它是由基本触头的界面发出的热流量线而引起，数值通常比上述几项值小，可表示为：

$$\Delta T_p = \frac{I^2}{2\pi^2 n^2 \lambda_c}\left(\frac{\rho}{4a^2} + \frac{\sigma_0}{a^3}\right) \qquad \text{(13)[1]}$$

式中：

$$a = \sqrt{\frac{F}{n\pi\xi H}}$$

$$n = n_k H^{0.625} F^{0.2}$$

$$n_k = 2.5 \times 10^{-5}（标准国际单位制）$$

5 允许温度和温升值

5.1 周围空气温度 θ_a

周围空气温度的定义见 1.3.1。周围空气温度的分布见 GB/T 4797.1—2005。

注：对于加热的室内装置（假设恒温器的开关门限设定在 10 ℃）年平均温度接近 15 ℃。这些值（特别是年平均温度值）对于正确估算触头老化非常有用。

应考虑的值：

对于总体装置，除了“极端干热气候”，IEC 标准经常考虑的正常周围温度条件 θ_{an} 如下：

a） 周围温度不超过 40 ℃。然而某些国家标准规定年平均周围温度不超过 20 ℃；

b） 产品标准也考虑最低值，但对于允许温升并不重要；

c） 上述温度极限适用于海拔不超过 2 000 m 的场合，海拔超过 2 000 m 时，可考虑下述观点：

如果在 2 000 m 和 4 000 m 之间的海拔处使用由空气冷却的设备，在海拔 2 000 m 以下正常试验中测得的温升应不高于表 6 相应的降低值（按设备所处海拔超过 2 000 m 每 100 m 降低 1% 的值）。此修正通常没有必要，因为某海拔处由于空气冷却效果降低引起的较高的温升通过该海拔处降低的最大周围温度得到了补偿（见表 5）。结果，最终温度在给定的电流情况下相对来说没有改变。

表 5 最大周围空气温度

海拔 m	最大周围空气温度 ℃
0～2 000	40
2 000～3 000	30
3 000～4 000	25

d） 关于太阳辐射的意见：

如果设备安装在室外，必须考虑太阳辐射的影响。如有必要应采取适当的措施（屋顶保护、强迫通风等）；此举并不排除设备在任何阳光条件下连续通以正常发热电流时超过某些发热极限。

5.2 各种设备元件的温度和温升

5.2.1 温升值基本因数

表 6 值适用于在连续的额定值条件下稳定运行的设备，且按下述方式进行评估：

a） 对于允许的温升值（见表 6，A 栏）：

——根据相应于 20 年～40 年正常寿命的长期试验，以及此后经验确认的值；

——或根据使用高的额定值进行的短期试验，正常额定值时的寿命从 3.4.1 和 3.4.2 规定的老化规则中导出。

在此情况下，围绕元件的空气平均温度 θ_e 相应于 20 ℃标准平均周围温度。

b） 对于不应超过的最大温度（见表 6，B 栏），考虑到材料和元件的特性（如超过 105 ℃时锡将发生蠕变），采用的周围温度为最大温度 θ_{an} = 40 ℃。

上述考虑的值仅作为评估的指导和起点。确定更精确的值需考虑下述因素：

——运行条件（长期工作制、循环工作制、8 小时工作制等等）及元件的发热时间常数；

——特殊运行模式（可能达到高温的双金属片，接近熔断器的触头，等等）；

——安装方式（装在一个或多个外壳内）；

——与 5.1 规定不同的周围温度范围（例如赤道带周围温度可至 50 ℃）；

——使用方式，特别是导线-接线端子的连接。

表6　温升和温度极限的典型值[a]

元件名称			A栏 最大温升 K[u] (θ_{an}=20 ℃)	B栏 最大温度 ℃ (θ_{an}=40 ℃)	备注
触头性质[a,c,e]	弹簧触头	铜和铜合金,无镀层			
		——OG[t]中	35[p]		
		——NOG[t]中	75[q]		
		——油中	40		
		OG[t]、NOG[t]、油中[b,e]镀锡	50		
		镀银[b,s]或镀镍[b]			
		——OG[t]中或NOG[t]中	75[q]		
		——油中	50		
		油中接触器		105	油的劣变
	螺栓连接	铜、铝及它们的合金,无镀层			
		——OG[t]中	60[q]		
		——NOG[t]中	75[q]		
		OG[t]或NOG[t]中镀锡[b]		105	锡的蠕变点
		镀银[b,s]或镀镍[b]			
		——OG[t]或NOG[t]中	75[q]		
		——油中		100	油的劣变
		油中接触器		105	油的劣变
	接线端子[d,f,r]	通过螺钉或螺栓与外部导线连接			
		无镀层	60[q]		
		镀锡[b]		105	锡的蠕变点
		镀银或镀镍[b]	75[q]		
	其他触头材料		g,h		
金属部件	与绝缘材料接触	绝缘等级[i]:			绝缘老化
		Y		90	
		A		105	
		E		120	
		B		130	
		F		155	
		H		180	
		搪瓷:油基		100	
		合成物		120	
		起弹簧作用的部位		j	永久劣变
		锡焊		100[k]	破裂
用于油浸式开关装置的油[l,m]				90	油的劣变
除触头外,全部金属部件或全部绝缘材料制成的与油接触部件[m]				100	
电动机和电阻器			n		

表 6（续）

元件名称		A栏 最大温升 K[u] (θ_{an}=20 ℃)	B栏 最大温度 ℃ (θ_{an}=40 ℃)	备注
表面[o]	手动控制元件			GB 16895.2
	——金属		55	
	——非金属		65	
	在正常运行中能触及但不持久握在手中			
	——金属		70	
	——非金属		80	
	可接近，但正常运行时不会触及			
	——金属		80	
	——非金属		90	

[a] 对于真空中连接单元，此温度和温升极限值不适用于真空中的元件。对于其他元件，不能超过表 6 规定的温度和温升值。由于 NOG 中不存在氧气，所以在 NOG 中最大可接受温升值对镀银铜、镀镍铜和裸铜均相同。

[b] 下列触头视为银触头：实心银触头、具有镶嵌银带的触头，镀银触头。通常对于全部电镀金属，电镀质量必须如此：经过下列试验后保护层仍保持在接触区域内：

1） 接通和分断试验后（如有）；

2） 允许的短期电流试验后

3） 机械试验后。

并应符合材料的技术规范。如果不符合要求，触头视为“裸”触头。

对于镀镍触头，如果温升保持在规定极限内，触头电阻和触头寿命与银触头相当。通过提高触头力可达到此目的。

[c] 当啮合部件具有不同镀层，或其中一个部件为裸金属，则允许温度和温升应是：

1） 对于弹簧触头，具有表 6 允许的最低值的表面材料相应值；

2） 对于螺栓连接，具有表 6 允许的最高值的表面材料相应值。

[d] 螺钉紧固力矩值由合适的产品标准给出，如 GB 14048.1—2006 中表 4。

[e] 对于熔断器，考虑到热量从熔体传到触头的匀称性，温升可能增加。对这些元件应参考适当的技术规范。

[f] 与接线端子连接的导线即使没有覆盖层保护，温度和温升值仍然有效。

[g] 当使用非表 6 所列材料时，应考虑这些材料的特性。

[h] 以不损害周围部件为限。

[i] 绝缘等级由 GB/T 11021—2007 规定。

[j] 温度不应达到使材料的弹性降低的值。

[k] 当焊接作为连接两个部件的主要方式时此值适用。否则，极限可升高至 110 ℃。

[l] 温度必须在油的上面部分中测量。

[m] 当使用低闪点的油时，需特别注意油的汽化和氧化。

[n] 按现行规定。

[o] 对安装在外壳内的手动控制元件（当打开外壳时能接近该元件，但不经常使用），允许更高的温度。

金属和非金属表面的区别取决于表面的热导率。镀层和清漆不改变表面的热导率。此外，某些塑料覆盖层可能明显地降低金属表面的热导率，这些金属表面可视为非金属表面。

本规则对某些材料不适用，即这些材料所符合的标准对可接近表面规定的温度和温升极限是固定的。

表 6（续）

元 件 名 称	A栏 最大温升 K[u] (θ_{an}=20 ℃)	B栏 最大温度 ℃ (θ_{an}=40 ℃)	备 注
p 此极限可增加至： 45K——用于位于仪表盒或上级主线的下级低压电源设备； ——用于连续工作制的接触器； 65K——用于 8 h 工作制、断续工作制或短时工作制的接触器，此时使用条件应符合合适的产品标准。 q 以不损害相邻部件(特别是触头的绝缘)为限。 r 对预期与绝缘的导线连接的接线端子见 5.3.2。 s 对于一些低压工业设备，温升仅以不损害周围部件为限。 t NOG=非氧化气体；OG=氧化气体。 u 如果符合注 q 要求，并且下述条件成立，允许更高值： ——产品标准规定了更高值，或 ——制造商能证明触头的性能一贯良好。在此情况下，用户和制造商对可接受值宜达成协议。			

5.2.2 最大温度和允许温升

有必要区别两组值：

A栏

——该值对应于容易老化的元件，但对造成这些元件快速破坏的温度是相对高的。例如铜触头的温升被限制在 35 K，尽管它们能耐受差不多 150 ℃的温度也不会立即损坏。很明显，在这种情况下元件在寿命其间所处的周围温度是平均温度，即在多数情况下为 20 ℃。

——对于容易老化的元件(如触头)，正常寿命周期取决于标准规定的温升，以及围绕元件温度为 20 ℃的介质温度 θ_e。

B栏

——该值对应于温度决不能超过某个值的元件，超过该温度，元件将会发生快速(如不是立即)损坏：在这种情况下，所考虑的周围温度为 40 ℃。此适用于如某些绝缘材料、镀锡触头(锡的蠕变点：105 ℃)、弹簧等。

表 6 给出的是用于开关和熔断器装置标准的典型值。注意区别在 $\theta_c=\theta_{an}=20$ ℃时最大允许温升和 $\theta_{an}=40$ ℃时最大允许温度的差异。

由于各单独元件的特殊需要，表 6 中设备的个别元件值可能稍许不同。如需精确的值，可参考合适的产品标准。

5.2.3 围绕元件的介质温度变化的影响

如果直接在元件附近的温度 θ_e 发生变化：

——无论是由使用在不同于 5.1.1 规定的气候下引起，

——或由于元件使用在外壳内引起，

都必须考虑：

——新的允许温升值，

——或新的额定发热电流值。

采取新的值应考虑如下的因数：

a) 元件不应超过其最大温度(见表 6,B 栏);

b) 元件可超过其最大温升,条件是在允许老化的范围内存在一个可接受的增加值(见表 6,A 栏)。

从下列假设中导出式(14):

——温升与电流的次方 p 成正比,根据表面(通过辐射和自然对流冷却[1])的辐射率,p 在 1.5 和 2.0之间,平均值 1.67 已用于本标准的某些计算;

——考虑的一种情况是:如果温升 ΔT_i 增加 6.5 K,触头的老化速率乘以 2;

——考虑的另一种情况是:如果围绕触头的介质平均温度 θ_e 增加 8.5 K,老化速率乘以 2。

换句话说,在周围 θ_e 下运行 1 h(此时温升为 ΔT_i)代表了在正常条件 θ_{an} 下运行 K_{th} 小时。ΔT_n、K_{th} 由下式给出:

$$K_{th} = 2^{\left(\frac{\theta_e - \theta_{an}}{8.5} + \frac{\Delta T_i - \Delta T_n}{6.5}\right)} \quad \cdots\cdots(14)$$

附录 A 使用式(14)的数值举例显示了短时超温效应并不能通过以降低的负荷在较低的温度下运行相同的时间得到补偿。

5.2.3.1 含有在最大周围温度 θ_{an} = 40 ℃ 时可能达到最大允许标准温度 θ_n 元件的设备条件

在此情况下,对于任何较高的周围温度 θ_a,设备的额定发热电流 I'_{th} 应该为:

$$I'_{th} = I_{th}\left(\frac{\theta_n - \theta_a}{\theta_n - 40}\right)^{1/p} \quad \text{如果 } \theta_a > 40\ ℃ \quad \cdots\cdots(15)$$

式中 $1.5 < p < 2.0$ 取决于表面辐射率。

表 7 规定了相对于各种周围温度和最大允许温度的修正系数 C_{th} 值(p 取标称值:$p = 1.67$)。

表 7 用于额定电流的修正系数(C_{th})

θ_a/℃ \ θ_n/℃	55	65	70	75	80	90	100	105
45	0.78	0.87	0.90	0.91	0.92	0.94	0.95	0.95
50	0.52	0.74	0.78	0.82	0.84	0.87	0.90	0.90
55	0.00	0.58	0.66	0.71	0.75	0.81	0.84	0.85

所使用的温度 θ_n 是元件(该元件具有相关设备规范中的最低值)的最大允许温度。显然,选择时应考虑设备的主要元件,而不是辅助元件(按钮,可触及的易近部件等)。对于辅助元件可采取特殊预防措施。

5.2.3.2 设备闭封时,如前假设设备含有在 θ_a = 40 ℃ 时可能达到最大允许温度 θ_n 的元件

如果设备装入壳内空气温度为 θ_e 的外壳中,连续工作的最大电流 I'_{th} 将为:

$$I'_{th} = I_{th}\left(\frac{\theta_n - \theta_e}{\theta_n - 40}\right)^{1/p} \quad \text{如果 } \theta_e > 40\ ℃ \quad \cdots\cdots(16)$$

考虑 θ_e:

θ_e 取决于壳外周围温度 θ_a(通常离壳壁 1 m 处测得)、由内部热源通过辐射和对流传导的热功率、以及外壳的通风。

对于只有少量通风或无通风的外壳,θ_e 和 θ_a 之间的关系可由下式表示:

$$\theta_e = \theta_a + X\Delta\theta$$

式中:

$\Delta\theta$——较高热源和周围空气温度 θ_a 之间的温度差;

1) 在通过辐射和强制对流冷却的情况下,温升大致与电流平方成正比。

X——代表壳内器材密集度的填充系数。

经验显示，重要的热源（母线、熔断器）温度通常达到 100 ℃，相对于正常的填充，$X=0.25$，这些条件导致外壳的空气温升为 20 K（相对于周围温度）。

根据上述条件：

$$\theta_e=\theta_a+X(100-\theta_a), X \text{ 等于}=0.25$$

根据上述假设计算修正系数 C_{th}。用于壳内的此设备的额定电流（I'_{th}）可从下式得到：

$$I'_{th}=C_{th}\times I_{th}$$

式中：

$$C_{th}=\left(\frac{\theta_n-(1-X)\theta_a-100X}{\theta_n-40}\right)^{1/p} \qquad \cdots\cdots(17)$$

表 8 和表 9 给出了修正系数 C_{th} 值，该值作为 θ_n 和 θ_a 的函数，用于 $X=0.25$ 和 $X=0.3$（取 $p=1.67$ 标称值）两种场合。

表 8　当 $X=0.25$ 时标称电流修正系数（C_{th}）

θ_a/℃ \ θ_n/℃	55	65	70	75	80	90	100	105
0	1.52	1.33	1.28	1.24	1.21	1.17	1.14	1.13
10	1.28	1.17	1.14	1.12	1.11	1.09	1.07	1.07
20	1.00	1.00	1.00	1.00	1.00	1.00	1.00	1.00
30	0.66	0.81	0.84	0.87	0.88	0.91	0.92	0.93
40	—	0.58	0.66	0.71	0.75	0.81	0.84	0.85
45	—	0.44	0.56	0.63	0.68	0.75	0.80	0.82
50	—	0.25	0.44	0.54	0.61	0.70	0.75	0.77
55	—	—	0.29	0.44	0.53	0.64	0.71	0.73

也可使用相关产品标准中所考虑的设备最低值 θ_n。但小元件除外，这些元件（按钮、可接近表面等）的最大允许温度低，应采用其他措施进行防护。

注 1：对于装得非常满的外壳（特别出现在低压情况下），可取 $X=0.3$，由此得出下列值：

表 9　当 $X=0.3$ 时标称电流修正系数（C_{th}）

θ_a/℃ \ θ_n/℃	55	65	70	75	80	90	100	105
0	1.36	1.22	1.19	1.16	1.14	1.12	1.10	1.09
10	1.12	1.07	1.06	1.05	1.04	1.04	1.03	1.03
20	0.83	0.90	0.92	0.93	0.94	0.95	0.96	0.96
30	0.45	0.71	0.76	0.80	0.82	0.86	0.89	0.89
40	—	0.47	0.58	0.65	0.70	0.77	0.81	0.82
45	—	0.31	0.47	0.56	0.63	0.71	0.77	0.79
50	—	0.00	0.34	0.47	0.56	0.66	0.72	0.75
55	—	—	0.17	0.36	0.47	0.60	0.69	0.71

注 2：仅当实际电流值（根据此电流值得到允许温度 θ_n）在未知情况下，才宜系统地使用修正系数 C_{th}。实际电流值可能高于设备的额定电流值。

5.2.3.3 含有在 θ_a＝40 ℃时未达到最大允许温度元件的设备

在此情况下，如果平均周围温度长期超过 20℃，有可能增加最大允许温升，但相关元件的老化不会显著增加。

假设全部其他条件与前述相同：

——如果温升 ΔT_i 增加 6.5 K，铜触头的老化速率乘以 2；

——如果温度 θ_e 增加 8.5 K，老化速率乘以 2；

——总温升包括内部气体的温升 ΔT_e 加上与此气体相关的元件温升 ΔT_i。

于是得到下式：

$$\Delta T=\Delta T_e+\Delta T_i$$

如果 ΔT_e 增加成为 $\Delta T'_e$，必须减少 ΔT_i 至 $\Delta T'_i$。此减少的值如小于增加的值 ΔT_e，结果新的值 $\Delta T(\Delta T'=\Delta T'_e+\Delta T'_i)$ 最终可能是增加的。

附录 A 中一个数字举例计算了运行在有较高内部周围温度外壳内的触头可接受的总温升增加值。

5.3 连接电气设备的导线温度和温升

5.3.1 推荐用于温升试验的连接导线

原则上，连接导线应按正常使用情况进行布置和连接。导线截面积应不会引起被试设备元件（特别是它们的连接端子）的额外加热或冷却。

推荐用于温升试验的合适导线可按相关产品标准规定。

计算围绕壳内触头的空气温度更常用的规则见适当的产品标准（如 IEC 60890）。

5.3.2 温升和温升对有机绝缘材料的影响

多数有机材料加热时发生劣变。劣变程度取决于温度绝对值和在此温度下经受的时间。

根据阿伦尼乌斯（Arrhenius）化学反应速率定律，材料在适当的温度范围内，其劣变速率可表示为绝对温度倒数的对数函数：

$$\log(\text{绝缘寿命})=A'+\frac{A}{(273+T_i)}$$

式中：

A、A'——特定劣变反应常数；

T_i——绝缘摄氏温度。

如果存在多个劣变过程，公式将更为复杂。

绝缘材料的既定类型根据长期运行的经验分级，但目前引入并使用了各种聚合物。

按 GB/T 11026.1—2003 规定的程序可确定任何特定合成物材料的阿伦尼乌斯发热劣变曲线，并且确定该材料的寿命。

应注意如下几点：

a) 聚合物的特性由其成分确定。为了保证聚合物特性的稳定，需对全生产过程进行控制，仅使用已知成分的化合物；

b) 聚合物劣变过程可能受到与之接触的材料和物体（聚合物应用于该物体）形状的影响。确定绝缘材料的阿伦尼乌斯曲线的实验推荐使用适当的样品，如数根绝缘被覆的母线；

c) 温度和湿度可能影响某些聚合物绝缘的机械性能。在高温时一些聚合物绝缘呈柔性，能耐受机械冲击；但在低温时，同样的材料在承受机械冲击（如与短路有关的机械冲击）时呈脆性，可能断裂；

d) 聚合物在模塑或固化过程中应考虑导线的任何退火现象；

e) 绝缘寿命也可能受到机械应力，振动和周围环境的影响。

5.3.3 平行排列的母线

当多根母线平行排列时，由于交流的集肤效应和邻近效应，母线表面总比电阻增加。

表10给出了典型的修正系数值。为了得到多根母线(有数根边对边排列的基本母线组成)的允许电流,应将表10中系数乘以流过单根母线的电流(50 Hz～60 Hz),如此多根母线的温升与单根母线相同。

表10 修正系数;边对边平行排列的母线(母线间距与母线厚度接近相同) 单位为毫米

平行母线数量	母线尺寸										
	厚度 50 mm		厚度 80 mm			厚度 100 mm			厚度 160 mm		
	6.3	10	6.3	10	16	6.3	10	16	6.3	10	16
2	1.77	1.72	1.72	1.65	1.61	1.70	1.60	1.50	1.60	1.49	1.45
3	2.27	2.25	2.24	2.12	2.03	2.17	2.02	1.90	2.02	1.95	1.80
4	2.93	2.70	2.69	2.60	2.42	2.64	2.40	2.24	2.40	2.20	2.10
注:其他尺寸的相似表可从国际铜发展协会处获得,铝修正系数可从铝母线供应商处获得。											

5.4 电气设备连接端子的温度和温升——对所连接的导线的影响

5.4.1 从上述理论得到的有用公式

接线端子的温升理论见E.1。

然而用于多数情况(如E.1中通过辐射和自然对流进行冷却)的公式通常对实际应用来说太复杂,除非如E.2中建立计算机模型。

5.4.2 数字举例

数字应用举例见附录A。

6 确定允许温度和温升应遵循的一般程序

对于一个给定的设备元件,通常根据它自身的特性和工作条件(环境、电流、额定值和工作制)来确定它使用的最佳条件。

6.1 基本参数

使用设备应考虑下列基本参数:

——设备参考标准中规定的设备额定特性;

——设备的工作制(适当的产品标准中规定的连续工作制,断续工作制等)和可能的预期寿命;

——环境条件:有关元件是否处在热气体中?是否装在一个或多个外壳内?周围介质是否被污染?

6.2 确定最大允许温度和温升应遵循的方法

一般采取的方法见图12。

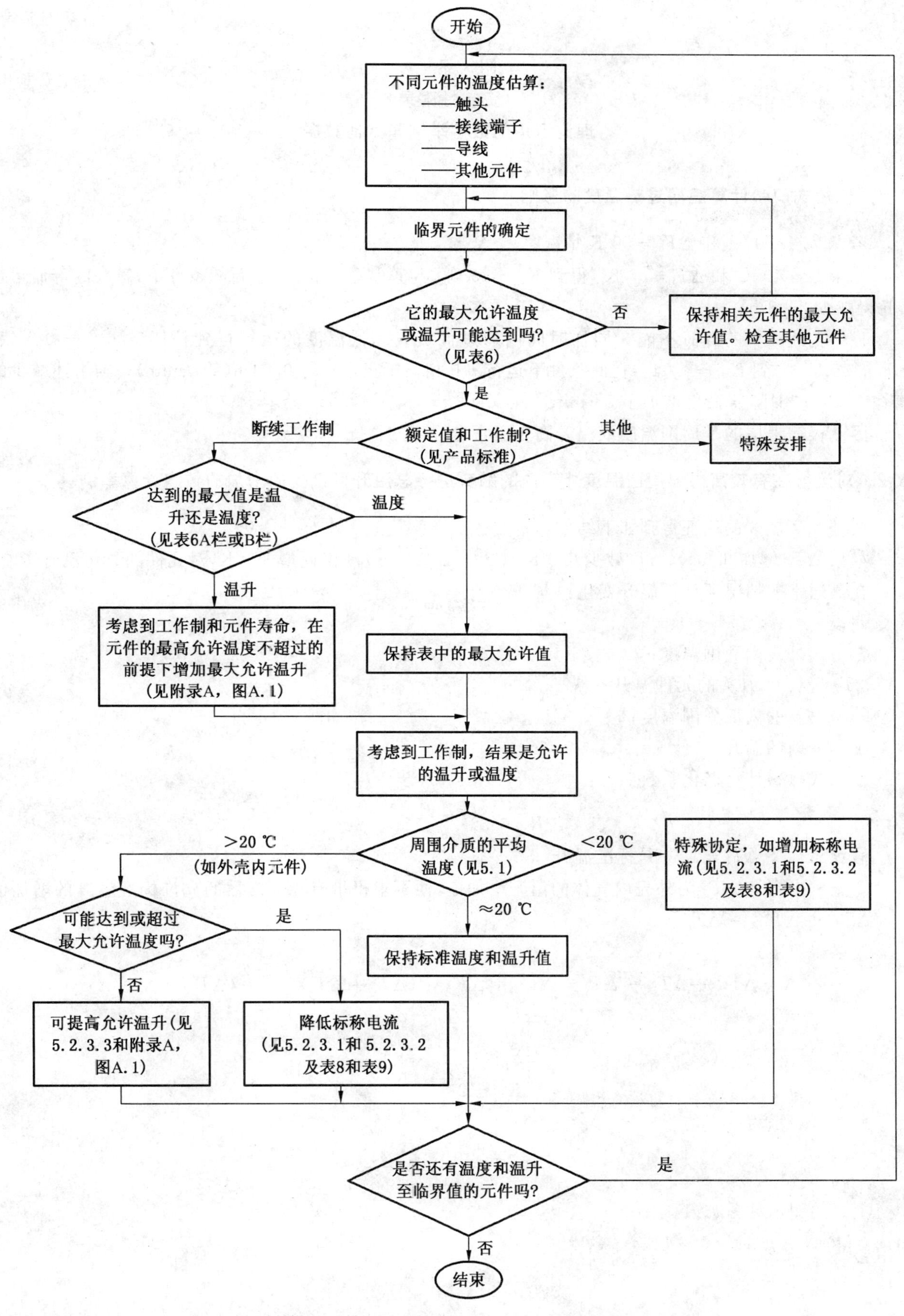

图 12　确定最大允许温度和温升流程图

附　录　A
（资料性附录）
理论运用的数字举例和其他数据

A.1　使用式(14)计算短期过热温度的影响

考虑 $\theta_{an}=20$ ℃ 和 $\Delta T_n=50$ K 情况。

如果 $\theta_e=40$ ℃ 和 $\Delta T_i=65$ K，得到 $K_{th}=25.3$。与正常条件相比，在新的条件下，触头的寿命运行 1 h 将减少 25.3 h。

显然上述减少的寿命不能在同样时间内通过低负载和低温度的运行得到补偿。如 $\theta_e=0$ ℃ 和 $\Delta T_i=35$ K，得到 $K_{th}=0.04$。在此条件下运行 1 h 相当于正常运行 0.04 h(约 2 min)。与上述减少的寿命 25.3 h 相比，寿命仅增加了 58 min。

因此仅需考虑的是周围温度或温升高于正常允许值的情况。

A.2　对运行在有较高内部周围温度外壳内的触头进行总温升可接受的增加的数字计算举例

根据 5.2.3.3 的论证得到如下结果：

如果 ΔT_e 增加 8.5 K，ΔT_i 减少 6.5 K，$\Delta T(=\Delta T_e+\Delta T_i)$ 由此增加 2 K，对元件的老化没有影响。

在最通常的情况下计算温升变化：

假设：

θ_e　外壳内周围温度；

ΔT_i　与 θ_e 有关的元件温升；

θ'_e　新的内部周围温度；

$\Delta T'_i$　新的温升。

根据式(14)计算老化系数如下：

$$K_{th}=2^{\left(\frac{\theta'_e-\theta_e}{8.5}+\frac{\Delta T'_i-\Delta T_i}{6.5}\right)}$$

假定 $\Delta T_e+\Delta T_i=\Delta T_n$ 是标准温升。

令 $z=\Delta T'_e-\Delta T_e$ 为外壳内气体的温升增加值，便可求得带有 K_{th} 常数的允许标准温升的增加值 $y=(\Delta T'_e+\Delta T'_i)-\Delta T_n$。

结果得出下式：

$$y=\Delta T'_e+\Delta T'_i-\Delta T_n=\Delta T'_e+\Delta T'_i-(\Delta T_e+\Delta T_i)=z+(\Delta T'_i-\Delta T_i)$$

于是：

$$\Delta T'_i-\Delta T_i=y-z$$

最后为：

$$K_{th}=2^{\left(\frac{z}{8.5}+\frac{y-z}{6.5}\right)}$$

此式可表示为：

$$y=6.5\frac{\ln K_{th}}{\ln 2}+\frac{2z}{8.5}$$

上式的图示见图 A.1。

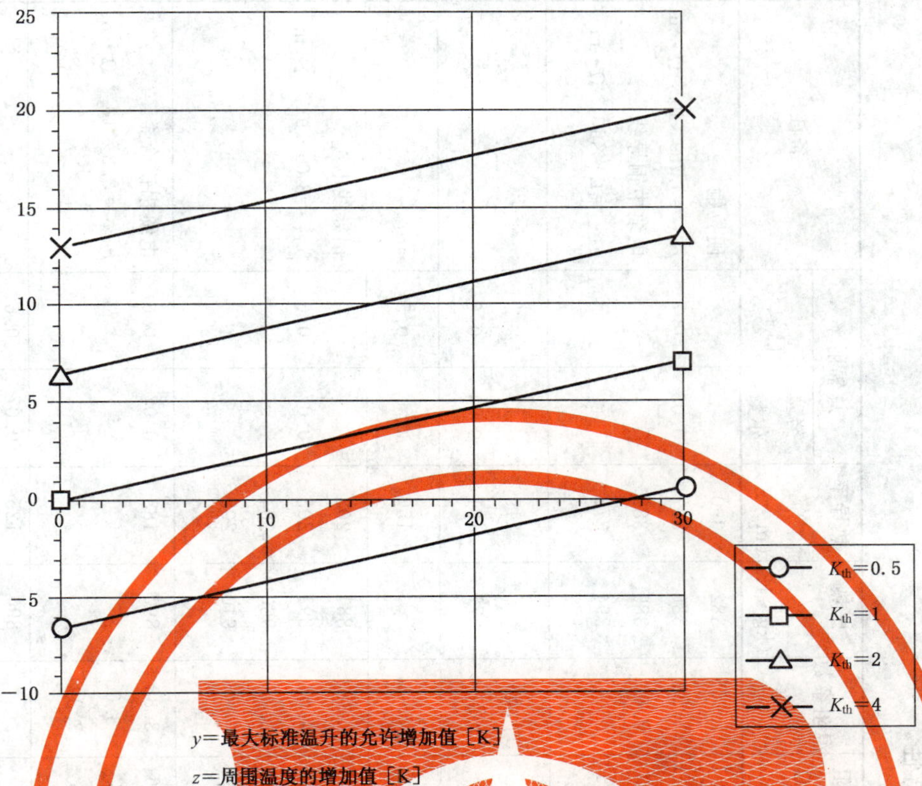

注：此明显的不合逻辑的结论由下述情况产生：由于一个较小的电流通过触头产生了一个温升值，该值对于外部周围温度附加了 4.7 K，但作为内部周围温度（此值高于 20 K）之上的温升值将为较低值（20～4.7）K。

图 A.1　$y=f(z)$。具有 65 K 允许标准温升的触头举例：如果温度 θ_e（指外壳的温度，触头安装在此外壳中）上升 20 K，触头的允许温升可增加 4.7 K 而不会改变它的老化速率；如果触头的老化速率允许增加一倍，则它的温升可增加 11.1 K

附　录　B
（资料性附录）
金属和合金的物理特性

	符号	原子量	原子序数	密度 kg/m^3	软化温度 ℃	熔化温度 ℃	硬度 10^8 Pa	温度 ℃	温度 K	比电阻 $10^{-8}\Omega\cdot m$	温阻系数 $10^{-3}k^{-1}$	比热 J/(kg·K)	热导率 W/(m·K)	总辐射率 努塞尔数	总辐射率 已氧化	备注
铜（经退火）	Cu	63.546	29	8 889	190	1 083	3.5 至 7	0	273.15	1.588 1	4.265	382	390			硬拉铜
								20	293.15	1.724 1	3.93	386	387	0.05	0.7	$\rho_{20℃}=1.759\times10^{-8}\ \Omega\cdot m$
								36.85	310	1.838	3.69	389	382			电缆中铜导线
								60	333.15	1.995		394	378			$\rho_{20℃}=1.8\times10^{-8}\ \Omega\cdot m$
黄铜	70Cu,30Zn			8 530		915	～10	0	273.15	6	1.53		119			
								20	293.15	6.2	1.484	377	121	0.04	0.6	
铜钨合金	W,35Cu,0.5Ni			13 600			15	20	293.15	5.3	6		150	0.1	0.5	
铝（A5L）	Al	26.981 5	13	2 700	150	658	1.5 至 8	0	273.15	2.6	4.383	881	202			铝导线电缆
								20	293.15	2.826 4	4.03	891	203	0.07	0.6	$\rho_{20℃}=3.06\times10^{-8}\ \Omega\cdot m$
								36.85	310	3.02	3.77	900	204			
								60	333.15	3.28		910	205			
铝镁合金（AG5L）	Al,0.5Mg,0.5Si			2 700		552		0	273.15	3.016	3.88	890	185	0.07	0.6	电缆铝镁合金
								20	293.15	3.25	3.6					$\rho_{20℃}=3.3\times10^{-8}\ \Omega\cdot m$
								36.85	310	3.45	3.39					
铝合金（AG3）				2 700				20	293.15	5.5		890	125	0.07	0.6	

表（续）

	符号	原子量	原子序数	密度 kg/m³	软化温度 ℃	熔化温度 ℃	硬度 10^8 Pa	温度		比电阻 10^{-8} Ω·m	温阻系数 $10^{-3}k^{-1}$	比热 J/(kg·K)	热导率 W/(m·K)	总辐射率		备注
								℃	K					努塞尔数	已氧化	
铍铜镁合金	Be,Cu,Mg			2 700				20	293.15	2.826	3.9	890		0.07		仍处在实验阶段的合金
银	Ag	107.868	47	10 500	180	962	2.6 至 6	0 20	273.15 293.15	1.47 1.59	4.08 3.77	234 235	418			
锡	Sn	118.69	50	7 300	100	232	0.45 至 0.6	0 20 60	273.15 293.15 333.15	11 12 14	4.47	223.5 226.4 232.2	62.8 62.5 62.0	0.08	0.55	非定形状态(β)
镍	Ni	58.71	28	8 900	520	1 453	7.0 至 20.0	0 20 60	273.15 293.15 333.15	5.9 6.84 8.73	6.9	398 412 442	95.2 92.5 87.8	0.02		纯镍
铜包铝	铜包铝(铜体积 15%)			3 630				20	293.15	2.65	4.1	710	240	0.05	0.7	触头表面相当于退过火的铜

附　录　C
（资料性附录）
流体介质的物理特性

	压力（巴）10^5 Pa	温度		密度 ρ kg/m^3	热导率 λ W/(m·K)	动力粘度 μ_d 10^{-5} Pa·s	压缩率 β 10^{-3} K^{-1}	比热 C_p J/(kg·K)	备注
		℃	K						
空气	1	−23.15	250	1.413 3	0.022 27	1.599	4.017	1 005.4	
		0	273.15	1.292 8	0.024 19	1.728	3.67	1 005.6	
		20	293.15	1.205	0.025 85	1.822	3.40	1 006.3	
		46.85	320	1.103 3	0.027 79	1.939	3.131	1 007.3	
SF_6	1.3	20	293.15	7.95	0.013 55	1.52	3.33	655	指示性值
六氟	3	20	293.15	18.65	0.013 55	1.52	3.33	655	
化硫	5	87.5	360.65	25.3	0.014 2	1.82	2.78	766	
	液体	20	293.15	1 371	0.150	29.1	7.1	1 557	
油	1	20	293.15	870	0.13	26	0.764	1 880	指示性值

附 录 D
（资料性附录）
触头金属与气体反应资料

金属	反应物	反应产品	所得氧化公式	单位的备注	资料来源	例子		
						温度	形成的厚度/$\times10^{-10}$ m	
						℃	1 000 h后	100 000 h后
铜	大气中氧气	Cu_2O	$s=\sqrt{s_0{}^2+t\cdot e^{\left(34.31-\frac{11\,700}{T_c}\right)}}$	s，s_0：埃 Å* （$s_0\approx20$Å 金属上随即形成的氧化层厚度） t = 时间，小时 T_c = 开氏温度（热力温度）	Rönnquist，由Holm引用（电接触，Springer出版社）	20 55 60 85 100	21.7 35 39 87 150	37 170 210 690 1 300
铝	大气中氧气	Al_2O_3	在铝上形成的Al_2O_3氧化层厚度不超过50Å，几秒钟后形成的初态氧化层可达20Å，该薄层是绝缘的。为了实现电接触，必须击碎该薄层才能使电流通过。水蒸气的存在能促进薄层的增长，时间可达数月之久，但增长很慢。			50Å（不处理不能用作触头材料）		
锡	大气中氧气	SnO	$s=5.22\ln47t\cdot e^{\left(7.92-\frac{2\,400}{T_c}\right)}$	s：埃 Å*， t：小时， T_c：开氏温度 （$s_0\approx15$Å）	Britton 和 Bright，冶金学，第56期（1957年），第163页	20 55 60 85 100	42 103 114 188 250	61 146 162 260 360
镍	大气中氧气	NiO	$s=\sqrt{s_0{}^2+t\cdot e^{\left(4.68-\frac{1\,800}{T_c}\right)}}$	s：埃 Å*， t：小时， T_c：开氏温度 （$s_0\approx10$Å）	Pilling 和 Bedworth，由Holm引用（电接触，Springer出版社）	20 55 60 85 100	15.5 21 22 27 34	150 210 220 270 340
银	H_2S和亚硫蒸气	Ag_2S	$t<40$：$s=60t^{1/3}e^{\left(27.5-\frac{8\,000}{T_c}\right)}$ $40\leqslant t<70$：$s=0.121t^{2.57}e^{\left(27.5-\frac{8\,000}{T_c}\right)}$ $t\geqslant70$：$s=3\,750t^{0.15}e^{\left(27.5-\frac{8\,000}{T_c}\right)}$	在20 ℃时的饱和潮湿空气中含有2%体积的硫化氢	Frischmeister 和 Drott，冶金学报，第7卷（1959年12月），第777页	取决于亚硫蒸气的浓度。危险限值大约为$1/10^9$（体积）		
	臭氧	Ag_2O	剩余层很薄（<10Å），200 ℃时分解，它的存在不影响接触			<10Å		
	大气中硫	Ag_2S	$s=\sqrt{s_0{}^2+t\cdot e^{\left(29-\frac{8\,000}{T_c}\right)}}$	s：埃 Å*， t：小时， T_c：开氏温度 （$s_0\approx16$ Å）	根据 W. E. Camp-bell，电接触，第Ⅲ卷，1972年，第185页	不取决于湿度，但取决于空气流通速度。相对于H_2S或SO_2，自由硫S的作用更明显		

* 1Å=10^{-10} m

附　录　E
（资料性附录）
接线端子附近通过辐射和对流冷却的导线温升

注 1：当公式编号前没有“E”字母时，此公式取自正文中同样编号的公式。

注 2：为了充分理解本附录内容，应研究附录 G 中参考虑文献[3]、[4]和[5]。

E.1　接线端子附近通过辐射和自然对流冷却的导线温升的方程式的分析推导

由于热流率密度 φ 可表示为 $\varphi=\gamma\Delta T_{x}{}^{\delta}$，微分方程可由式(E.1)表示：

$$\lambda_{c}S\frac{d^{2}(\Delta T_{x})}{dx^{2}}-\gamma B\Delta T_{x}{}^{\delta}=0 \qquad \text{(E.1)}$$

计算后上述方程特殊解（对于 $\Delta T_{x}\rightarrow 0$ 满足极限条件 $\frac{d\Delta T_{x}}{dx}\rightarrow 0$）为：

$$\Delta T_{x}=\frac{A}{(x+C)^{\frac{2}{\delta-1}}}$$

式中：

$$\begin{cases}A=\left(\frac{2(\delta+1)\lambda_{c}S}{(\delta-1)^{2}\gamma B}\right)^{\frac{1}{\delta-1}}\\ C=\left(\frac{\gamma BA^{\delta}(\delta-1)}{W(\delta+1)}\right)^{\frac{\delta-1}{\delta+1}}\end{cases} \qquad \text{(E.2)}$$

由此可表示为：

——接线端子的补充温升：

$$\Delta T_{0}=\left(W\sqrt{\frac{\delta+1}{2\lambda_{c}S\gamma B}}\right)^{\frac{2}{\delta+1}} \qquad \text{(E.3)}$$

——距离常数 Δx（在该距离处温升除以 e）由下式给出：

$$\Delta x=\left(e\frac{\delta-1}{2}-1\right)C \qquad \text{(E.4a)}$$

此式可由式(E.4b)表示：

$$\Delta x=(e^{\frac{\delta-1}{2}}-1)\times\frac{2^{\frac{\delta}{\delta+1}}(\delta+1)^{\frac{1}{\delta+1}}}{\delta-1}\times\frac{(\lambda_{c}S)^{\frac{\delta}{\delta+1}}}{(\gamma B)^{\frac{\delta}{\delta+1}}W^{\frac{\delta-1}{\delta+1}}} \qquad \text{(E.4b)}$$

或

$$\Delta x=K\times\frac{(\lambda_{c}S)^{\frac{\delta}{\delta+1}}}{(\gamma B)^{\frac{1}{\delta+1}}W^{\frac{\delta-1}{\delta+1}}}$$

K 作为 δ 函数取自表 E.1 中规定值：

表 E.1　作为 δ 函数的 K 值

δ	K
1.0	1.0
1.1	1.050
1.15	1.074
1.20	1.098
1.25	1.122
1.3	1.146

从方程式

$$\Delta T_0 = \frac{A}{C^{\frac{2}{\delta-1}}}$$

可以导出：

$$C = \left(\frac{A}{\Delta T_0}\right)^{\frac{\delta-1}{2}}$$

于是有：

$$\Delta T_x = \frac{A}{\left[x + \left(\frac{A}{\Delta T_0}\right)^{\frac{\delta-1}{2}}\right]^{\frac{2}{\delta-1}}} = \left[\frac{x}{\sqrt{\frac{2(\delta+1)}{(\delta-1)^2}\frac{\lambda_c S}{\gamma B}}} + \frac{1}{\Delta T_0^{\frac{\delta-1}{2}}}\right]^{\frac{-2}{\delta-1}}$$

和

$$\Delta x = (e^{\frac{\delta-1}{2}} - 1)\frac{1}{\Delta T_0^{\frac{\delta-1}{2}}}\sqrt{\frac{2(\delta+1)}{(\delta-1)^2}\frac{\lambda_c S}{\gamma B}}$$

上式可由式(E.4c)表示：

$$\Delta x = K' \frac{\sqrt{\frac{\lambda_c S}{\gamma B}}}{\Delta T_0^{\frac{\delta-1}{2}}} \qquad \text{(E.4c)}$$

K' 作为 δ 函数由表 E.2 给出：

表 E.2 作为 δ 函数的 K' 值

δ	K'
1.0	1.0
1.1	1.051
1.15	1.077
1.20	1.103
1.25	1.130
1.3	1.157

E.2 模拟发热型式

E.2.1 引言

作为描述电气设备内发热过程的分析法或数字方程法的一种替换方式，也可使用既有效又相对简单的工具——模拟网络型式法。此方法以下述事实为基础，即以相同型式的微分方程描述热流和电流现象。例如，用于热传导的公式完全等同于欧姆定律：

$$q = \lambda_0 \frac{dT}{dx} \Leftrightarrow j = k\frac{dV}{dx}$$

由此发热量如比热流 q 和温度 T 分别相当于电气量的电流密度 j 和电压 V。一些元件如热阻器和电阻器也以类似的表示法进行描述。

在模型中，实际发热状态通过表 E.3 的电气量来表示：

表 E.3 当量值

	实际量	模型量
P	功率(W)	电流(A)
T	温度(K)	电压(V)
R	热阻($I/\lambda_c s$)	电阻(I/ks)

本方法的优点是不需要数学背景或复杂的计算机软件;此外,可更直接地识别与实际物理元件的关系。

为了有效地确定电工设备内的温度分布情况,需采取以下步骤:

——将设备细分至基本单元:基本单元的必要尺寸和特性由宏观(一维、二维或三维尺寸)结构和材料特性的变化来决定。

——对于连续过程(在正常负载状态期间)这些条件足够确定等效的电阻器值。对于非连续过程(如涌流或短路情况),尺寸的确定可由等效的电容器表示。在此情况下,细分至基本单元的正确尺寸主要由相关的时间标尺和时间节距来决定。为了得到发热时间常数 $t=RC$ 的低值(与时间节距相比),基本单元的尺寸应足够小。单元细分有利于评估模型全范围内的部件。

——确定热源、冷却功率、传导和储备:热源可能是触头收缩内的点源或径向连续的电气发热导线,更具体一些,热源可存在于熔断器内。介质损耗和太阳光热也可能影响到结果。对通过传导、对流和辐射方式实行的散热进行定位。

——电气等效元件的计算:电气发热按电流平方乘以电阻进行计算,此发热可能与温度有关。对于全部类似的热源,可选择等效的电源。代表热传导和热储备的无源元件的发热可立即从基本元件的尺寸中获得。

——模拟的实际操作:随着模拟型式的发展,实际模拟可以使用计算机程序进行。除了自己编写程序外、若干商用软件包可月于模拟操作

作为模拟型式的典型举例,沿着载流导线的温升可根据以下确定。

E.2.2 使用模拟型式确定触头附近载流导线的温度

作为分析方法(此方法已在附录 A 中以数字举例使用了 E.1 中的方程)的替换方式,下面使用的是以对热流和电流相同的描述为基础的模拟型式。

为了能比较结果,使用附录 A 举例中相同的条件。导线水平放置,有轻微氧化铜的表面(辐射率 $\varepsilon=0.1$ 和隧道比电阻 $\sigma_0=5\times10^{-12}$)不带绝缘。导线截面积 $S=10\ \text{mm}\times10\ \text{mm}$,有效长度 1 m。导线一边以 $F=100$ N 力压在另一根导线上。导线承载 300 A 电流。考虑自然对流和强制对流($v=0.3$ m/s)。

相关的常数和尺寸集中列在下面,铜材料常数取自附录 B,20 ℃时的空气常数取自附录 C:

$I=300$ A	连续电流
$l=1$ m	铜母线长度
$S=10^{-4}\ \text{m}^2$	铜母线截面积
$B=0.04$ m	散热导线外部周长
$D_h=0.01$ m	导线总高
$S_c=0.01\times0.2\times4\ \text{m}^2$	0.2 m 导线部分的冷却表面积
$T_e=293.15$ ℃	周围空气的平均温度
ΔT_s	远离触头的导线温升
$p_0=1.558\ 1\times10^{-8}$ Wm	0 ℃时铜比电阻
$\alpha=4.265\times10^{-3}\ \text{K}^{-1}$	铜温阻系数
$R_0=\rho_0//\text{S}=1.588\ 1\times10^{-4}$	0 ℃时导线电阻
$\lambda_c=387$ W/(m·K)	铜热导率

$\sigma=5.670\times10^{-8}\,\mathrm{Wm^{-2}K^{-4}}$ 斯蒂芬-波耳兹曼(Stefan Boltzmann)常数

$\varepsilon=0$ 至 1(这里 $\varepsilon=0.1$) 铜导线辐射率

$M=1.205\ \mathrm{kg\,m^{-3}}$ 空气质量密度

$\beta=3.4\times10^{-3}\ \mathrm{K^{-1}}$ 空气压缩率

$g=9.81\ \mathrm{ms^{-2}}$ 重力加速度

$C_{\mathrm{p}}=1\,006.3\ \mathrm{J\,kg^{-1}K^{-1}}$ 常压下空气比热

$\lambda=0.025\,85\ \mathrm{Wm^{-1}K^{-1}}$ 空气热导率

$\mu_{\mathrm{d}}=1.822\times10^{-5}\ \mathrm{Pa\,s}$ 空气动力粘度

为了运用模拟方法,应将母线分成 5 部分,每部分 0.2 m。

铜母线和相当的电气模式见图 E.1。

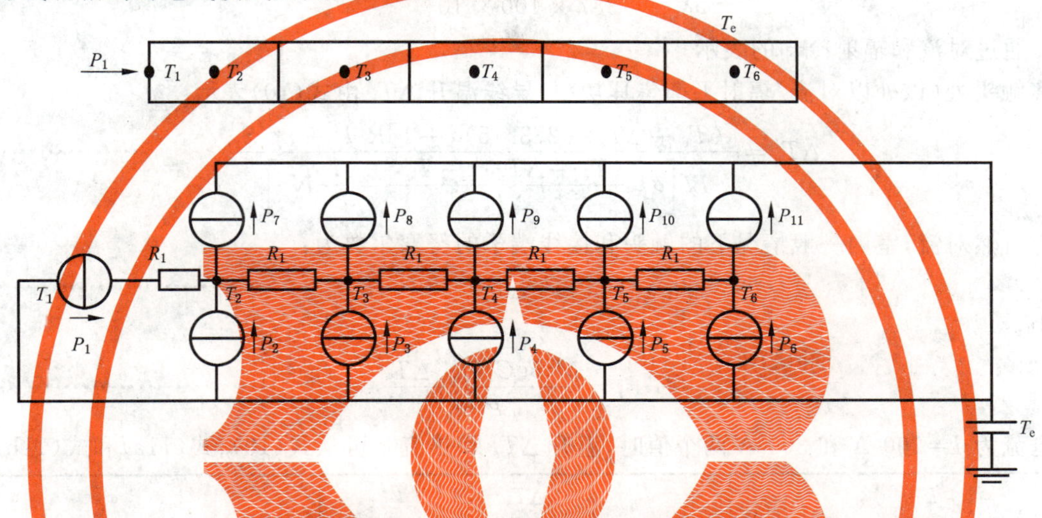

图 E.1 用于母线和电气模拟方法的发热模式

由直流电压源代表的环境温度为 $T_e=293.15$ K。

由正电流源代表焦耳发热功率值 P_1 至 P_6,由负电流源代表功率损耗 P_7 至 P_{11}。

a) 确定热源

计算触头电阻,使用式(7):

$$R_{\mathrm{c}}=\frac{\rho}{2na}+\frac{\sigma_0}{n\pi a^2} \qquad \cdots\cdots(7)$$

铜材料常数取自附录 B:

$\rho=1.8\times10^{-8}\ \mathrm{Wm}$ 导线比电阻

$\sigma_0=5\times10^{-12}\ \mathrm{Wm^2}$ 触头表面隧道比电阻

$n=n_{\mathrm{k}}H^{0.625}F^{0.2}$ 基本触头点数量

$n_{\mathrm{k}}=2.5\times10^{-5}$

$H=5.5\times10^{8}$ 触头硬度

$\xi=0.15$ 平面度系数

$a=\sqrt{\dfrac{F}{n\pi\xi H}}$ 基本触头半径

代入数值后得到 $n=18$ 和 $a=0.086$ mm 及触头电阻 $R_{\mathrm{c}}=18\ \mu\Omega$。

热流 W 从触头向导线逸散:

$$W=\frac{1}{2}R_{\mathrm{c}}I^2=0.81\ \mathrm{W}$$

用等效的电气量电流源 P_1 代表热流 W:

$$P_1=\frac{1}{2}R_c I^2=0.81\ \mathrm{A}$$

电流源 $P_2 \cdots P_6$ 代表导线每 0.2 m 部分的焦耳损耗(取决于现场温度),即:

$$P_2=I^2\ \frac{l}{5S}\rho_0[1+\alpha(T_2-273.15)]$$

代入相关值后得到 $P_2=-0.4716+0.01219T_2$。

用相似方法可得到 P_3 至 P_6 值。

b) 铜母线各段电阻的表示

由电阻 R_1 表示铜母线各段热阻:

$$R_1=\frac{l}{5\lambda_c S}=\frac{0.2}{387\times100\times10^{-6}}=5.168\ \Omega$$

c) 通过对流和辐射冷却的表示

远离触头处(该处以对流/辐射平衡焦耳功率)导线温升 ΔT_s 由式(10)表示:

$$\Delta T_s=\frac{[(T_e+\Delta T_s-273.15)\alpha+1]R_0 I^2+r\varphi_s S_r}{Bl\left[\sigma\varepsilon\frac{(T_e+\Delta T_s)^4-T_e{}^4}{\Delta T_s}+\frac{\lambda}{D_h}N_u\right]} \quad\cdots\cdots(10)$$

对于自然对流,室内一般情况下的触头和接线端子的努塞尔数为:

$$N_u=0.8\,(G_r P_r)^{0.05}+0.35\,(G_r P_r)^{0.27} \quad\cdots\cdots(11a)$$

式中:

$$G_r P_r=\frac{M^2\beta g C_p D_h{}^3\Delta T_s}{\mu_d\lambda} \quad\cdots\cdots(11b)$$

当电流为 I=200 A 和 300 A 两个值时,温升 ΔT_s 和热流 φ 可从式(10)、式(11a)和式(11b)确定:

I A	ΔT_s K	φ $\mathrm{Wm^{-2}}$
300	36.45	443.4
200	17.55	184.3

如果假定方程式 $\varphi=\gamma\Delta T^{\delta}$,则可导出常数 $\gamma=5.9$ 和 $\delta=1.2$。

在强制对流情况下,宜使用式(12a)和式(12b)计算努塞尔数:

$$N_u=0.65\ R_E{}^{0.2}+0.23\ R_E{}^{0.61} \quad\cdots\cdots(12a)$$

式中:

$$R_E=\frac{M_V D_h}{\mu_d}\ (\text{雷诺数}) \quad\cdots\cdots(12b)$$

对于强制对流($v=0.3$ m/s),温升 ΔT_s 和热流 φ 可从式(10)、式(12a)和式(12b)确定。代入 I= 300 A 和 200 A 两个值,得到:

I A	ΔT_s K	φ $\mathrm{Wm^{-2}}$
300	20.48	419
200	8.73	178

如果再假定方程式 $\varphi=\gamma\Delta T^{\delta}$,分别可导出常数 $\gamma=20.3$ 和 $\delta=1.0$。

对于每部分 0.2 m 导线,总热流等于 φ 乘以冷却表面积 S_c。通过对流/辐射的冷却功率由电流源 $P_7 \sim P_{11}$ 表示。

$$P_7=S_c\gamma\Delta T^{\delta}$$

对于自由对流,使用参数 $\gamma=5.9$ 和 $\delta=1.2$:

$$P_7 = 0.0472\,(T_2 - T_e)^{1.2}$$

对于强制对流（$v = 0.3$ m/s），使用参数 $\gamma = 20.33$ 和 $\delta = 1.0$：

$$P_7 = 0.1626\,(T_2 - T_e)$$

用相似的方法可得出 $P_8 \sim P_{11}$ 值。

最终模拟结果见图 E.2。

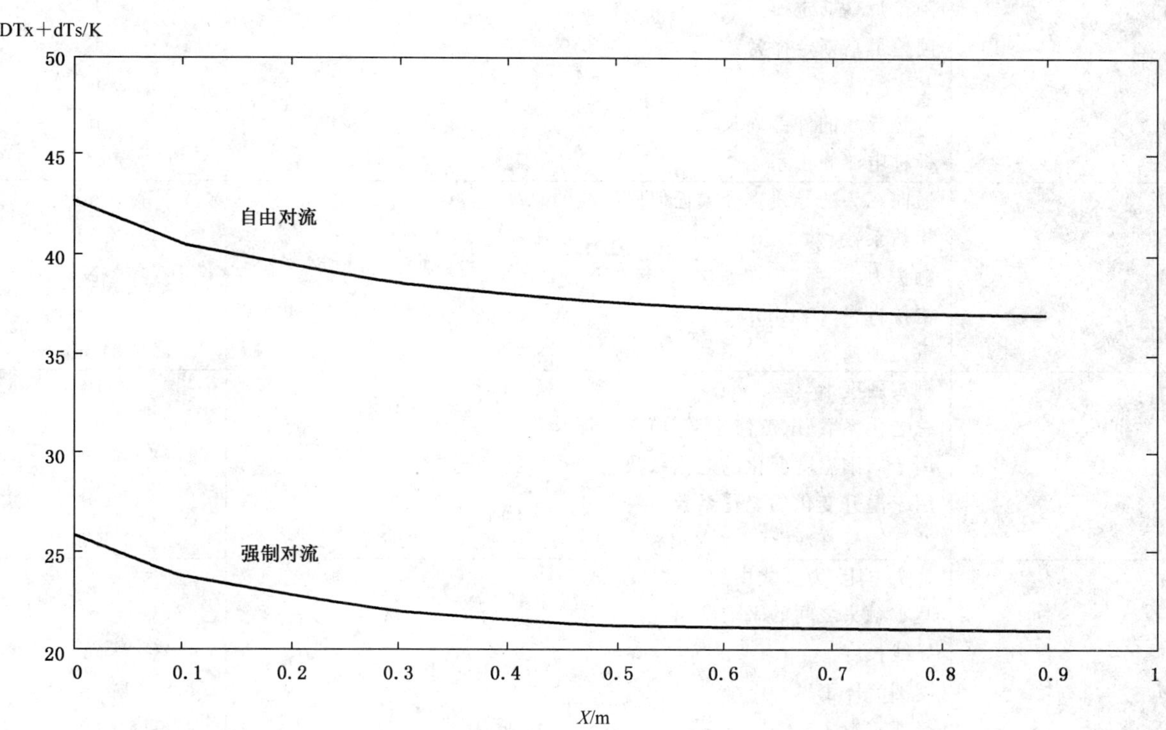

图 E.2 沿铜导线递减的温升

附 录 F
（资料性附录）
本标准使用的符号表

符 号	名 称	单 位
A	阿伦尼乌斯定律系数	K
A'	阿伦尼乌斯定律常数	K
a	基本触头半径	m
B	散热导线的外部周长	m
C_{th}	标称电流修正系数	
D_h	通向触头的导线直径或任何段导线的总高	m
e	指数系数	2.718
F	触头力	N
G_r	格拉肖夫(Grashof)数	
g	重力加速度	$9.81\ ms^{-2}$
H	触头硬度	Pa
K_{th}	总老化系数(电流修正系数)	
K_e	用于周围温度变化的老化系数	
K_i	用于温升变化的老化系数	
k	波耳兹曼常数	$1.381\ E\text{-}23\ JK^{-1}$
k_1, k_2	触头电阻/力公式中的常数	
l	基本触头之间的平均距离	m
l	导线长度	m
M	周围流体密度	$kg\ m^{-3}$
N	努塞尔数	
n	基本触头点数	
n_k	基本触头数计算系数	2.5E-5(SI)
P	持久额定值时的运行寿命	年(月)
P_r	普朗特(Prandtl)数	
$R_{(a,l)}$	离收缩半径 a 距离 l 处的电阻	Ω
R_c	触头总电阻	Ω
R_e	触头集中电阻	Ω
R_i	触头薄膜电阻	Ω
R_0	在 0 ℃时导线长为 l (m)的线性电阻	Ω
r	日光通量接收系数	$0 \leqslant r \leqslant 1$
S	导线截面积	m^2
s	氧化层厚度	m
S_n	有效接触面积	m^2
S_r	接受 φ_s 的导线表面积	m^2
T, θ	温度	K 或℃
T_a, θ_a	周围空气温度	K 或℃
T_{an}, θ_{an}	标准周围空气温度	K 或℃
T_c, θ_c	触头温度	K 或℃
T_e, θ_e	围绕元件的流体平均温度	K 或℃
T'_e, θ'_e	围绕部件的流体平均温度	K 或℃

表（续）

符　号	名　　称	单　位
T_{e1}, θ_{e1}	特定平均温度	K 或℃
T_{e2}, θ_{e2}	特定平均温度	K 或℃
T_n, θ_n	元件最大允许标准温度	K 或℃
T'_i	绝缘温度	K 或℃
T_s, θ	导线标准温度	K 或℃
t	时间	s
W	通过接线端子向导线逸散的功率	W
w	氧化反应的激化能	J
x	距离	m
X	晶格填充系数，薄膜厚度常数	
y	容许的标准温升增加值	K
z	围绕元件空气的温升增加值 $z=\Delta T'_e$	K
α	导线材料电阻的温度系数	K^{-1}
β	常压下周围流体的扩张系数	K^{-1}
γ	辐射系数	k
Δ_e	增加周围温度的倍常数	K
Δ_i	作为触头温升函数的倍常数	K
ΔT	与周围空气温度 T 有关的温升	K
Δt_e	围绕元件的与外部周围温度有关的介质温升	K
ΔT_i	与环境流体有关的元件温升（平均值）	K
Δt_{i1}	与周围环境有关的温升（初始）	K
ΔT_{i2}	与周围环境有关的温升（最终）	K
$\Delta T'_1$	与周围环境有关的温升	K
$\Delta\tau_l$	离接线端子距离为 Δl 处的温度降	K
ΔT_n	与周围温度 T_{an} 有关的元件最大允许标准温升	K
$\Delta\tau_p$	收缩引起的基本触头处温升	K
$\Delta\tau_s$	触头不存在时或离触头很远处的导线温升	K
$\Delta\tau_x$	离触头距离为 x 处的温升	K
ΔT_0	$x=0$ 时的 ΔT_x 值	
Δx	间距常数	m
δ	公式 $\varphi=\gamma\Delta T^{\delta}$ 中 ΔT 的指数	$0<\varepsilon<1$
ε	导线的总辐射率	
λ	周围流体的热导率	$Wm^{-1}K^{-1}$
λ_c	导线的热导率	$Wm^{-1}K^{-1}$
k	电导率$=1/o$	$\Omega^{-1}m^{-1}$
x	平面度系数	
ρ	比电阻	Ωm
ρ_0	0 ℃时比电阻	Ωm
s	斯蒂芬-波耳兹曼常数	5.67E-8
s_0	氧化层的隧道比电阻	Ωm^2
j	导线表面的热流率密度	Wm^{-2}
j_s	热流率的日光密度；	Wm^{-2}

附 录 G
(资料性附录)
参 考 文 献

[1] Holm R. 电接触(1967年第4版). Springer出版社.

[2] Llewellyn Jones. 电接触的物理学(1957年). 牛津:Clarendon出版社.

[3] Johannet P. 专用通讯.

[4] Britton 和 Bright. 冶金学,第56期(1957年),第163页.

[5] Frischmeister 和 Drott,冶金学报,第7卷(1959年12月)第777页.

[6] Campbell W E. 电接触,第Ⅲ卷,1972年,第185页.

ICS 29.240.01
F 21

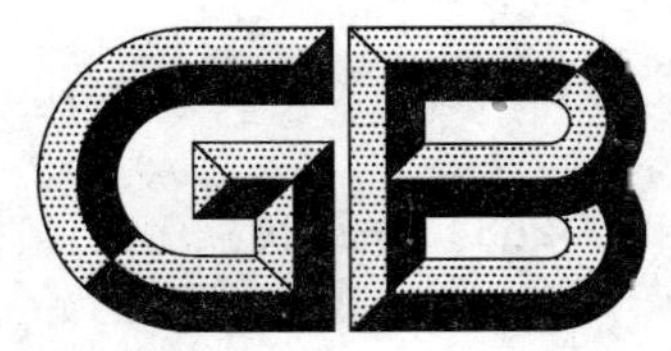

中华人民共和国国家标准化指导性技术文件

GB/Z 25841—2010

1 000 kV 电力系统继电保护技术导则

Guide of protection relaying for 1 000 kV power system

2010-12-23 发布　　2011-05-01 实施

中华人民共和国国家质量监督检验检疫总局
中国国家标准化管理委员会　发布

前言

本指导性技术文件由中国电力企业联合会提出并归口。

本指导性技术文件主要起草单位：国家电网公司、南京南瑞继保电气有限公司、中国南方电网电力调度通信中心、北京四方继保自动化有限公司、国电南京自动化设备股份有限公司、华中电力调度通信中心、华北电力调度通信中心、中国电力科学研究院。

本指导性技术文件主要起草人：郑玉平、韩先才、舒治淮、柳焕章、黄少锋、周泽昕、王宁、赵曼勇、黄健、刘洪涛。

1 000 kV 电力系统继电保护技术导则

1 范围

本指导性技术文件规定了 1 000 kV 电力系统继电保护的科研、设计、制造、试验、施工和运行等有关部门共同遵守的基本准则。

本指导性技术文件适用于 1 000 kV 电力系统继电保护装置(简称特高压保护)。

2 规范性引用文件

下列文件中的条款通过本指导性技术文件的引用而成为本指导性技术文件的条款。凡是注日期的引用文件,其随后所有的修改单(不包括勘误的内容)或修订版均不适用于本指导性技术文件,然而,鼓励根据本指导性技术文件达成协议的各方研究是否可使用这些文件的最新版本。凡是不注日期的引用文件,其最新版本适用于本指导性技术文件。

GB/T 14285 继电保护和安全自动装置技术规程

GB/T 14598.9 电气继电器 第 22-3 部分:量度继电器和保护装置的电气骚扰试验 辐射电磁场干扰试验(GB/T 14598.9—2002,IEC 60255-22-3:2000,IDT)

GB/T 14598.10 电气继电器 第 22-4 部分:量度继电器和保护装置的电气骚扰试验 电快速瞬变脉冲群抗扰度试验(GB/T 14598.10—2007,IEC 60255-22-4:2002,IDT)

GB/T 14598.13 电气继电器 第 22-1 部分:量度继电器和保护装置的电气骚扰试验 1 MHz 脉冲群抗扰度试验(GB/T 14598.13—2008,IEC 60255-22-1:2007,MOD)

GB/T 14598.14 量度继电器和保护装置的电气干扰试验 第 2 部分:静电放电试验(GB/T 14598.14—1998,idt IEC 60255-22-2:1996)

GB/T 14598.16—2002 电气继电器 第 25 部分:量度继电器和保护装置的电磁发射试验(idt IEC 60255-25:2000)

GB/T 14598.17—2005 电气继电器 第 22-6 部分:量度继电器和保护装置的电气骚扰试验-射频场感应的传导骚扰的抗扰度(IEC 60255-22-6:2001,IDT)

GB/T 14598.18—2007 电气继电器 第 22-5 部分:量度继电器和保护装置的电气骚扰试验-浪涌抗扰度试验(IEC 60255-22-5:2002,IDT)

GB/T 15145 输电线路保护装置通用技术条件

GB 16847 保护用电流互感器暂态特性技术要求(GB 16847—1997,idt IEC 60044-6:1992)

GB/T 17626.8 电磁兼容 试验和测量技术 工频磁场抗扰度试验(GB/T 17626.8—2006,IEC 61000-4-8:2001,IDT)

GB/T 17626.9 电磁兼容 试验和测量技术 脉冲磁场抗扰度试验(GB/T 17626.9—1998,idt IEC 61000-4-9:1993)

GB/T 19520.12 电子设备机械结构 482.6 mm(19 in)系列机械结构尺寸 第 3-101 部分:插箱及其插件

GB/T 20840.7 互感器 第 7 部分:电子式电压互感器(GB/T 20840.7—2007,IEC 60044-7:1999,MOD)

GB/T 20840.8 互感器 第 8 部分:电子式电流互感器(GB/T 20840.8—2007,IEC 60044-8:2002,MOD)

GB/T 22386 电力系统暂态数据交换通用格式(GB/T 22386—2008,IEC 60255-24:2001,IDT)

DL/T 364 光纤通道传输保护信息通用技术条件

DL/T 478 静态继电保护及安全自动装置通用技术条件

DL/T 587 微机继电保护装置运行管理规程

DL/T 667 远动设备和系统 第5部分:传输规约 第103篇 继电保护设备信息接口配套标准(IEC 60870-5-103:1997,IDT)

DL/T 670 微机母线保护装置通用技术条件

DL/T 720 电力系统继电保护柜、屏通用技术条件

DL/T 770 微机变压器保护装置通用技术要求

DL 860 变电站通信网络和系统

DL/T 866 电流互感器和电压互感器选择及计算导则

IEC 60255-11:2008 Mearsuring and protection equipment—Part 11:Voltage dips,short interruptions,variations and ripple on auxiliary power supply port

IEC 60721-3-3 环境条件分类 第3部分环境参数组及其严酷程度的分类分级 第3节:在有气候防护场所的固定使用

ITU-T 2Mbit/s G703 规约

3 一般性要求

3.1 系统性要求

3.1.1 在合理的1 000 kV电网结构、接线形式和运行方式下,特高压保护应满足特高压电网和电力设备安全运行的要求。特高压保护应符合可靠性、选择性、灵敏性和速动性的要求。

3.1.2 制定保护配置方案时,对同时出现的多重故障可仅保证切除故障。

3.1.3 对于特高压电网每一保护对象(主设备或输电线路),应配置两套主后一体的保护装置。每一套保护装置的二次输入/输出(含跳合闸)回路、信息传输通道及电源输入回路,独立于另一套保护装置。

3.1.4 保护用电流互感器配置应避免出现主保护的死区。接入保护的互感器二次绕组的分配,应注意避免当一套保护停用时,出现被保护区内故障时的保护动作死区,同时又要尽可能减轻电流互感器本身故障时所产生的影响。

3.1.5 保护装置应满足GB/T 14285、DL/T 478的要求。

3.1.6 为提高传送跳闸命令的可靠性,应设立独立的远方跳闸装置和独立的命令传输通道。

3.2 工作环境要求

保护装置工作运行场所应满足相关国家和DL/T 478规定的条件,具备防御雨、雪、风、沙的措施,空气无明显污染,各种有害杂质含量低于IEC 60721-3-3中3C1和3S1类的规定数值,不存在超过规定水平的电磁骚扰和振动,并有必要的接地、屏蔽、安全防范措施。保护装置应能在上述规定条件下,通过国家和行业权威检测中心的试验测试验证,并应在上述工作条件下安全、可靠、稳定地运行。

3.3 电磁兼容

3.3.1 在不外接抗干扰元件的前提下,保护装置应满足有关电磁兼容标准的要求。

3.3.2 保护装置电磁兼容性能应达到表1试验等级要求。

表1 装置应达到的电磁兼容试验等级

序号	试验项目名称	依据的标准	试验等级
1	静电放电试验	GB/T 14598.14	4
2	辐射电磁场干扰试验	GB/T 14598.9	3
3	快速瞬变干扰试验	GB/T 14598.10	4

表 1(续)

序号	试验项目名称	依据的标准	试验等级
4	浪涌(冲击)抗扰度试验	GB/T 14598.18	3
5	1 MHz 和 100 kHz 脉冲群干扰试验	GB/T 14598.13	3
6	电压跌落、短时中断、辅助电源瞬变和纹波	IEC 60255-11	
7	工频磁场抗扰度试验	GB/T 17626.8	5
8	射频场感应的传导骚扰抗扰度	GB/T 14598.17	3
9	电磁发射试验	GB/T 14598.16	
10	脉冲磁场抗扰度试验	GB/T 17626.9	5

3.4 保护装置要求

3.4.1 保护配置

应将被保护设备或线路的主保护及后备保护综合在一整套装置内,共用直流电源输入回路及交流电压、电流的二次回路。该装置应能反应被保护设备或线路的各种故障及异常状态,并动作于跳闸或给出信号。

3.4.2 自检

保护装置应具有在线自动检测功能,包括保护硬件损坏、功能失效和二次回路异常运行状态的自动检测。自动检测必须是在线自动检测,不应由外部手动起动;装置的任一元件(出口继电器可除外)损坏后,自动检测回路应能发出告警或装置异常信号,并给出有关信息指明损坏元件的所在部位,在最不利情况下应能将故障定位至模块(插件)。

保护装置任一元件(出口继电器可除外)损坏时,装置不应误动作跳闸。

3.4.3 独立起动元件

装置应具有独立的启动元件,只有在电力系统发生扰动时,才允许开放出口跳闸回路。

3.4.4 中央信号

装置的跳闸中央信号的触点在直流电源消失后应能自保持,只有当运行人员复归后,信号触点才能返回,人工复归应能在装置外部进行。

3.4.5 输入输出隔离

3.4.5.1 装置的输入/输出回路应具有隔离措施,不应与其他装置或设备有电的直接联系。

3.4.5.2 保护跳闸回路以及直接启动保护跳闸的开关量输入回路应有足够的启动功率,防止控制回路一点接地引起保护误动。

3.4.6 交流电压异常

装置在电压二次回路一相、两相或三相同时断线、失压时应发出告警信号,并闭锁可能误动作的保护。

3.4.7 定值

保护装置的定值设置应满足保护功能的要求,应尽可能做到简单、易整定;为适应系统运行方式的变化,应设置多套可切换的定值组。

3.4.8 故障记录

保护装置必须具有故障记录功能,以记录保护的动作过程,为分析保护动作行为提供详细、全面的数据信息,但不要求代替专用的故障录波器。保护装置故障记录的要求是:

a) 记录内容应为故障时的输入模拟量和开关量、输出开关量、动作元件、动作时间、相别;

b) 在被保护对象发生故障时,应可靠记录并不丢失故障信息;

c) 应能保证在装置直流电源消失时,不丢失已记录信息。

3.4.9 事件记录

保护装置应以时间顺序记录的方式记录正常运行的操作信息，如开关变位、开入量输入变位、压板切换、定值修改、定值切换等，记录应保证充足的容量。

3.4.10 辅助接口

保护装置应配置必要的维护调试接口、打印机接口。

3.4.11 记录输出

保护装置应能输出装置本身的自检信息及故障记录，后者应包括时间、动作事件报告、动作采样值数据报告、开入、开出和内部状态信息、定值报告等，装置应具有数字/图形输出功能。故障记录输出格式应符合 GB/T 22386 要求。

3.4.12 通信接口

保护装置应具备与监控系统等相连的通信接口，通信数据格式应符合 DL 860 或 DL/T 667 系列标准规约。

3.4.13 辅助软件

宜提供必要的辅助功能软件，如通信及维护软件、定值整定辅助软件、故障记录分析软件、调试辅助软件等。

3.4.14 软件安全防护

保护装置的软件应设有安全防护措施，防止出现不符合要求的更改。

3.4.15 时钟和时钟同步

保护装置应具有硬件时钟电路，装置在失去直流电源时，硬件时钟应能正常工作。保护装置应具有与外部标准授时源的 IRIG-B 对时接口。装置时钟精度：24 h 不超过±2 s；经过时钟同步后相对误差不大于±1 ms。

3.4.16 直流电源

保护装置的直流工作电源，应保证在外部电源为 80%～115%额定电压、纹波系数不大于 5%的条件下可靠工作。拉、合装置直流电源或直流电压缓慢下降及上升时，装置不应误动。直流电源消失时，应有输出接点以起动告警信号。直流电源恢复时，装置应能自动恢复工作。

3.5 互感器要求

3.5.1 电子式互感器应符合 GB/T 20840.7、GB/T 20840.8。

3.5.2 线路、变压器、母线保护用电流互感器应采用 TPY 电流互感器，其性能应符合 DL/T 866 和 GB 16847 的要求。

3.5.3 保护区内故障时，电流互感器误差应不影响保护可靠动作；保护区外最严重故障时电流互感器误差应不会导致保护误动作或无选择动作。

3.6 机械结构要求

装置机械结构应符合 GB/T 19520.12、DL/T 720 技术要求。

3.7 运行管理

宜根据 DL/T 587 要求，结合特高压电网运行技术管理要求进行。

4 线路保护技术要求

4.1 一般要求

4.1.1 应满足 GB/T 15145 相关要求。

4.1.2 应反映 1 000 kV 输电线路各种故障和异常状况，主要应考虑并满足以下要求：

a) 线路输送功率大，稳定问题严重，要求保护动作快，可靠性高及选择性好；

b) 线路采用大截面分裂导线、不完全换位及紧凑型线路所带来的影响；

c) 电流互感器变比大，正常运行及故障时二次电流比较小对保护装置的影响；

d) 同杆并架双回线路发生跨线故障对两回线跳闸和重合闸的不同要求；

e) 采用大容量发电机、变压器所带来的影响；

f) 线路分布电容电流明显增大所带来的影响；

g) 系统装设串联电容补偿和并联电抗器等设备所带来的影响；

h) 采用带气隙的电流互感器和电容式电压互感器后，二次回路的暂态过程及电流、电压传变的暂态过程所带来的影响；

i) 高频信号在长线路上传输时，衰耗较大及通道干扰电平较高所带来的影响以及采用光缆、微波迂回通道时所带来的影响；

j) 高压直流输电设备所带来的影响。

4.1.3 线路在空载、轻载、满载等各种状态下，在保护范围内发生金属性和非金属性的各种故障(包括单相接地、两相接地、两相不接地短路、三相短路及复合故障、转换性故障等)时，保护应能正确动作。在保护范围末端经小过渡电阻相间故障时应具有抗静态超越的能力。

4.1.4 保护范围外发生金属性和非金属性故障时，装置不应误动。

4.1.5 外部故障切除、故障转换、功率突然倒向及系统操作等情况下，保护不应误动作。

4.1.6 应能根据电压电流量判别线路运行状态，实现线路非全相状态的判别和重合后加速跳闸。

4.1.7 每套保护应分别起动断路器的一组跳闸线圈。

4.1.8 每套保护应分别使用互相独立的远方信号传输设备。

4.1.9 系统正常情况下，当通道有故障或异常时，纵联保护不应误动作。

4.2 保护配置

4.2.1 主保护采用分相电流差动保护或纵联距离保护，双重化配置，复用光纤通道构成全线速动保护。

4.2.2 应配置快速反映近端严重故障的、不依赖于通道的快速距离保护。

4.2.3 后备保护配置完整的三段式分相跳闸的相间和接地距离后备保护。在接地后备保护中，还应配置定时限和/或反时限零序电流保护以保护高阻接地故障。零序功率方向元件采用自产零序电压。

4.2.4 应具有在电压回路异常情况下投入的后备保护功能。

4.2.5 应配置独立的选相功能并有单相和三相跳闸逻辑回路。

4.2.6 每套保护应具有故障测距功能，并能判别故障类型及相别。

4.2.7 对同杆并架线路，宜配置分相电流差动或其他具有跨线故障选相功能的全线速动保护。

4.3 功能要求

4.3.1 选相

4.3.1.1 线路故障时能正确选相实现分相跳闸或三相跳闸。

4.3.1.2 系统发生经高过渡电阻单相接地故障时，对于分相电流差动保护，当故障点电流大于 800 A 时，保护应能选相动作切除故障；对于光纤距离保护，当零序电流($3I_0$)大于 300 A 时，保护应能选相动作切除故障。

4.3.2 振荡闭锁

4.3.2.1 系统发生全相或非全相振荡，振荡过程中又发生区外故障，保护装置不应误动作跳闸；

4.3.2.2 系统在全相或非全相振荡过程中，被保护线路如发生各种类型的不对称故障，保护装置应有选择性地动作跳闸，纵联保护仍应快速动作；

4.3.2.3 系统在全相振荡过程中发生三相故障(不考虑故障在振荡中心)，保护装置应可靠动作跳闸，但允许带短延时。

4.3.3 弱馈

线路保护应能适用于弱电源侧。

4.3.4 同杆并架

4.3.4.1 应避免跨线故障误跳双回线路。

4.3.4.2 距离保护应能适应同杆并架线路对装置的特殊要求，宜具有按相跳闸、按相顺序重合闸功能。

4.3.5 串联补偿

对装有串联补偿电容的 1 000 kV 线路和相邻线路，应考虑以下因素影响并采取必要的措施防止保护装置不正确动作：

a) 由于串联电容的影响可能引起故障电流、电压的反相；

b) 故障时，串联电容保护间隙的击穿情况；

c) 电压互感器装设位置（在电容器的内侧或外侧）对保护装置工作的影响。

4.3.6 电流差动保护

电流差动保护应有专门的措施，以消除特高压系统产生的谐波和直流分量的影响，并对电容电流尤其是暂态电容电流进行补偿。

4.3.7 测距

对于金属性短路，测距误差应不大于线路全长的 3%。

4.3.8 动作时间

4.3.8.1 主保护动作时间（不包括通道传输时间）：光纤分相电流差动主保护整组动作时间不超过 30 ms；光纤距离保护在金属性故障时整组动作时间应≤30 ms。

4.3.8.2 距离 I 段（0.7 倍整定值），不超过 30 ms。

4.4 保护与通道的接口

4.4.1 采用光纤通道时，保护装置与通信设备的接口、接口连接、保护通道构成方式，以及应遵守的技术原则、可靠性指标应符合 DL/T 364。

4.4.2 保护应采用 2 Mbit/s 数字接口，ITU-T 2 Mbit/s G703 规约。

4.4.3 每回线的每套分相电流差动保护的通信接口设备应完全独立。

4.4.4 保护装置直接采用光纤与保护接口设备连接。

4.4.5 保护装置对复用光纤通道应具有监视功能，当通道异常、误码率很高时应能发出告警信号，必要时应能闭锁主保护。

5 变压器保护技术要求

5.1 一般要求

5.1.1 1 000 kV 变压器保护装置的保护范围应包括主变压器、调压变、补偿变压器。

5.1.2 应满足 DL/T 770 基本要求。

5.1.3 变压器保护应采用主后一体化保护装置，具有被保护变压器所要求的全部主后备保护功能。

5.1.4 非电量电气保护应独立于电气量保护装置，瞬时出口或延时出口。

5.2 保护配置

5.2.1 变压器保护应配置两套主后一体化装置。

5.2.2 每套保护应完全独立配置，应满足如下要求：

a) 具有接入高、中压侧和公共绕组回路的零序差动保护或分侧差动保护，不应将中性点零序电流接入差动保护；

b) 非电量保护分相设置；

c) 各侧应灵活配置后备保护，各侧应各装设一套不带任何闭锁的过流保护或零序电流保护作为变压器的总后备保护。

5.2.3 每套保护应配置如下保护功能：

a) 变压器绕组及其引出线的相间短路和中性点直接接地或经小电阻接地侧的接地短路；

b) 绕组匝间短路；

c) 外部相间短路引起的过电流；

d) 外部接地短路引起的过电流及中性点过电压；

e) 过负荷；

f) 过励磁；

g) 中性点非有效接地侧的单相接地故障；

h) 油面降低；

i) 变压器油温、绕组温度过高及油箱压力过高和冷却系统故障。

5.2.4 主变压器保护和调压变压器、补偿变压器保护应独立配置，分布于不同保护装置内，并单独组屏，以方便现场运行调试。

5.2.5 主变压器保护应配置纵差保护，或分相差动保护加上低压侧小区差动保护。

5.2.6 主变压器各侧应配置后备保护和过负荷功能，各侧应各装设一套不带任何闭锁的过流保护或零序电流保护作为变压器的总后备。

5.2.7 为了保证调压变和补偿变匝间故障的灵敏度，两者必须单独配置差动保护，调压变和补偿变不配置差动速断和后备保护。

5.3 功能要求

5.3.1 纵联差动保护

5.3.1.1 应能躲过励磁涌流(包括和应涌流等各种由于变压器铁芯饱和引起的励磁电流)和外部短路产生的不平衡电流；

5.3.1.2 在变压器过励磁时不应误动作。

5.3.1.3 在电流回路断线时应发出断线信号，电流回路断线允许差动保护动作跳闸。

5.3.1.4 在正常情况下，差动保护的保护范围应包括变压器套管和引出线，在设备检修等特殊情况下，允许差动保护短时利用变压器套管电流互感器，此时套管和引线故障由后备保护动作切除。

5.3.2 相间后备保护

5.3.2.1 对外部相间短路引起的变压器过电流，变压器应装设相间短路后备保护，保护带延时跳开相应断路器。

5.3.2.2 在满足灵敏性和选择性要求的情况下，应优先选用简单可靠的电流、电压保护作为相间短路后备保护。

5.3.2.3 对电流、电压保护不能满足灵敏性和选择性要求的变压器可采用阻抗保护。

5.3.3 接地后备保护

5.3.3.1 对外部单相接地短路引起的变压器过电流，变压器应装设接地短路后备保护，保护带延时跳开相应断路器。

5.3.3.2 为简化保护和降低零序过流保护的动作时间，高、中压侧的零序过流保护只设置两段，一段动作于变压器本侧断路器，二段动作于变压器各侧断路器。

5.3.3.3 为满足选择性要求，零序过流保护可增设方向元件。

5.3.4 过激磁保护

应具有定时限或反时限特性并与被保护变压器的励磁特性相配合。定时限保护由两段组成，低定值动作于信号，高定值动作于跳闸，定时限过激磁保护的返回系数应不小于0.97。

5.3.5 非电量保护

5.3.5.1 非电量保护应有独立的出口回路，非电量保护应同时作用于断路器的两个跳闸线圈。

5.3.5.2 对于装置间不经附加判据直接启动跳闸的开入量，应经抗干扰继电器重动后开入。抗干扰继电器的启动功率应大于5 W，动作电压在额定直流电源电压的55%～70%范围内。

5.3.5.3 不允许由非电气量保护启动失灵。

5.3.6 动作时间

变压器保护整组动作时间≤30 ms(差流大于2倍整定值时)。

6 母线保护

6.1 一般性要求

6.1.1 应满足 DL/T 670 基本要求。

6.1.2 保护装置应有专门的滤波措施,以避免特高压系统产生的谐波和直流分量对保护装置的影响。

6.1.3 在由分布电容、并联电抗器、变压器(励磁涌流)、高压直流输电设备和串联补偿电容等所产生的稳态和暂态的谐波分量和直流分量的影响下,保护装置不应误动作或拒动。

6.1.4 各小室距离较远时宜优先考虑分布式母线保护装置并采用光纤通信。

6.2 保护配置

6.2.1 每组母线应配置两套母线保护装置。

6.2.2 每套保护装置的直流电源、各单元二次电流回路及出口跳闸回路应互相独立。

6.2.3 功能要求

6.2.3.1 保护应能正确反应母线保护区内的各种类型故障,并动作于跳闸。

6.2.3.2 母线差动保护必须具有抗 TA 饱和功能,对各种类型区外故障,母线保护不应由于短路电流中的非周期分量引起电流互感器的暂态饱和而误动作。

6.2.3.3 当母线发生经高过渡电阻单相接地故障时,当故障点电流大于 3 000 A 时,保护应能切除故障。

6.2.3.4 母线区内故障流出电流小于 30%时,保护不应因有电流流出的影响而拒动。

6.2.3.5 分布式母线保护

任一分布单元的通讯中断不应造成整个通讯网络的中断。任何通讯故障不应造成保护装置误动,并能发出报警信号。

各分布单元采样同步的电角度误差应小于 0.1°。

6.2.3.6 动作时间

母线保护整组动作时间≤15 ms(差流大于 2 倍整定值时)。

6.2.4 TA 变比调整

母线保护应允许使用不同变比的电流互感器。当变比在现场调整时,应能通过整定方法简单方便完成电流通道平衡,不应通过修改保护软件来完成。

6.2.5 断线检测和闭锁

母线保护装置中应对 TA 二次回路异常运行状态进行检测,当交流电流回路不正常或 TA 断线时发告警信号并闭锁母差保护。

6.2.6 电压闭锁

母线保护装置无需设置电压闭锁。

7 断路器失灵保护和重合闸

7.1 断路器失灵

7.1.1 一般性要求

7.1.1.1 边断路器失灵判别设置在断路器保护中。

7.1.1.2 对于 3/2 接线,靠母线侧断路器的失灵保护跳本母线所有断路器的出口回路宜与相应母差共用出口。

7.1.1.3 应设置灵敏的、不需整定的失灵开放电流元件并带 50 ms 的固定延时,防止由于失灵开入异常等原因造成失灵联跳误动。

7.1.1.4 失灵保护应有足够的跳闸出口接点。

7.1.2 保护配置

7.1.2.1 保护应按断路器配置，包括断路器失灵保护、充电保护、死区保护。

7.1.2.2 与线路相连的断路器保护应配重合闸功能。

7.1.2.3 当TA和断路器之间存在保护死区时，应配置死区保护，以缩短失灵保护动作时间。

7.1.3 功能要求

7.1.3.1 断路器失灵保护的起动应符合下列要求：

a） 故障线路或电力设备能瞬时复归的出口继电器动作后不返回；

b） 断路器未断开的判别元件动作后不返回。

7.1.3.2 判别元件的动作时间和返回时间均不应大于30 ms。

7.1.3.3 失灵保护应瞬时再次动作于本动作相断路器跳闸，再经第一时限三跳本断路器，经第二时限动作于其他相邻断路器。

7.1.3.4 失灵保护动作跳闸应同时动作于两组跳闸回路。

7.1.3.5 失灵保护动作应闭锁重合闸。

7.1.3.6 线路断路器失灵保护动作后，应通过通道向线路对侧发送远方跳闸信号。

7.1.3.7 充电保护应可通过压板投退，动作后应能启动失灵保护。

7.1.3.8 充电保护设置两段相过电流、一段零序电流保护，Ⅱ段过流与零序共用一段时限。

7.1.3.9 死区保护与失灵保护应共用跳闸出口。

7.2 重合闸

7.2.1 一般性要求

7.2.1.1 重合闸应具备常规重合闸及按相顺序重合闸功能。

7.2.1.2 常规重合闸应按断路器配置，按相顺序重合闸应按线路配置。

7.2.1.3 重合闸装置应有外部闭锁重合闸的输入回路，以便在手动跳闸、手动合闸、母线故障、变压器故障、断路器失灵、断路器三相不一致、远方跳闸、延时段保护动作等情况下接入闭锁重合闸接点。

7.2.1.4 重合闸装置应具有"压力低闭锁重合闸"的接入回路。断路器操作压力降低闭锁重合闸应保证只检查断路器操作前的操作压力。

7.2.1.5 在断路器无法重合时，对应断路器的重合闸应准备好三跳回路，在线路保护发出单跳令时，该断路器三跳，同时不应影响另一个断路器重合闸功能。

7.2.1.6 重合闸沟通三跳应只沟通本断路器的三跳回路。

7.2.1.7 重合闸合闸脉冲宽度应不小于100 ms，以保证断路器可靠合闸，不会使断路器产生二次重合闸或跳跃现象。

7.2.1.8 重合闸装置中任意一个元件损坏或有异常，应不发生多次重合闸及规定不允许三相重合闸的三相重合闸。

7.2.2 功能要求

7.2.2.1 常规重合闸

a） 启动方式包括线路保护跳闸启动和断路器位置不对应启动，重合闸装置收到起动脉冲后，应能将起动脉冲自保持；

b） 应能实现单相重合闸、三相重合闸、综合重合闸及停用方式。三相重合闸及综合重合闸应能采用无电压或检查同期实现；

c） 只实现一次重合闸，在任何情况下不应发生多次重合闸。

7.2.2.2 按相顺序重合闸

a） 按相顺序重合闸由线路保护的按相重合闸命令启动；

b） 对于同塔双回线，线路保护综合两回线的信息，完成双回线的按相顺序重合闸功能；断路器保护根据线路保护的重合闸指令完成重合闸出口功能；按相顺序重合闸应能可靠避免重合于可能的跨线永久故障及近处严重故障；

c) 投入按相顺序重合闸，若无 PT 断线、通道异常等情况，则固定退出常规重合闸；当发生通道异常、PT 断线等异常情况时，按相顺序重合闸应能自动转为常规重合闸方式，该方式为常规重合闸预设的重合闸方式；

d) 一回线三相跳闸应闭锁该回线的按相顺序重合闸功能。

7.3 非全相保护

如电力系统不允许长期非全相运行，为防止断路器一相断开后，由于单相重合闸装置拒绝合闸而造成非全相运行，应具有断开三相的非全相保护功能。

8 远方跳闸及过电压保护

8.1 一般要求

8.1.1 远方跳闸

一般情况下，发生下列故障时应传送远方跳闸命令，使相关线路对侧断路器跳闸切除故障：

a) 断路器失灵保护动作；

b) 高压侧无断路器的线路并联电抗器保护动作；

c) 线路过电压保护动作；

d) 线路变压器组的变压器保护动作；

e) 高压线路串联补偿电容器的保护动作。

8.1.2 过电压保护

8.1.2.1 过电压保护应能在线路出现未能预料到的任何危及绝缘的不正常工频过电压时，断开有关的断路器。

8.1.2.2 在系统正常运行或在系统暂态过程的干扰下均不应误动作。过电压保护的动作时间和整定值应与特高压变电站一次设备过电压保护协调配合。

8.1.2.3 过电压保护应按相装设过电压继电器。以保证单相断开时测量电压的准确性。

8.1.2.4 过电压继电器应能适用于电容式电压互感器。过电压继电器的返回系数应大于 0.98。

8.1.2.5 过电压继电器动作后，应发送远方跳闸信号，使线路对侧断路器跳闸。

8.2 保护配置

保护应配置双重化的远方跳闸及过电压保护。

8.3 通道

传送跳闸命令的通道优先选用光纤通道。

8.4 就地故障判别和闭锁

为提高远方跳闸的安全性，防止误动作，执行端均应设置就地故障判别元件。只有在收到远方跳闸命令、且就地故障判别元件起动时，才允许出口跳闸跳开相关断路器。远方跳闸保护动作应闭锁重合闸。

可以作为就地故障判别元件起动量的有：低电流、过电流、负序电流、零序电流、低功率、负序电压、低电压、过电压等。就地故障判别元件应保证对其所保护的线路或电力设备故障有足够灵敏度。

9 并联电抗器保护

9.1 一般要求

对并联电抗器的下列故障及异常运行方式，应装设相应的保护：

a) 线圈的单相接地和匝间短路及其引出线的相间短路和单相接地短路；

b) 油面降低；

c) 油温度升高和冷却系统故障；

d) 过负荷。

9.2 保护配置

9.2.1 电抗器保护应采用主后一体双重化配置。

9.2.2 并联电抗器内部和引线的各种故障应有完善的快速保护，应配置纵差保护、匝间短路保护及过流后备保护。

9.2.3 非电量保护的直流电源和跳闸出口回路应与电量保护的直流电源和跳闸出口回路相对独立。

9.3 功能要求

9.3.1 匝间短路

1 000 kV 并联电抗器，应装设匝间短路保护，保护应不带时限动作于跳闸。

9.3.2 过负荷

对 1 000 kV 并联电抗器，当电源电压升高并引起并联电抗器过负荷时，应装设过负荷保护，过负荷特性宜采用反时限特性且与电抗器的允许过电压倍数特性曲线相配合。保护带时限动作于信号或跳闸。

对三相不对称等原因引起的接地电抗器过负荷，宜装设过负荷保护，保护带时限动作于信号。

9.3.3 后备保护

作为速断保护和差动保护的后备，应装设过电流保护，保护整定值按躲过最大负荷电流整定，保护带时限动作于跳闸。

中性点接地小电抗一般不需配置后备保护。

9.3.4 非电量保护

非电量保护应有独立的出口回路，非电量保护应同时作用于断路器的两个跳闸线圈；对于装置间不经附加判据直接启动跳闸的开入量，应经抗干扰继电器重动后开入；抗干扰继电器的启动功率应大于 5 W，动作电压在额定直流电源电压的 55%～70%范围内。

不允许由非电气量保护启动失灵。

9.3.5 起动远跳

1 000 kV 线路并联电抗器的保护在无专用断路器时，其动作除跳开线路的本侧断路器外还应起动远方跳闸装置，跳开线路对侧断路器。

9.3.6 动作时间

1 000 kV 并联电抗器，应装设纵联差动保护。瞬时动作于跳闸。保护整组动作时间≤30 ms(差流大于 2 倍整定值时)。

10 短引线保护

10.1 保护配置

10.1.1 保护应双重化配置，保护设有差动保护及两段充电过流保护功能。

10.1.2 配置两段充电过流保护，可兼作线路的充电保护。

10.2 功能要求

10.2.1 差动保护

短引线保护应装设差动保护，瞬时动作于跳闸。

10.2.2 短线路保护

短引线保护可根据线路刀闸辅助接点投退。

10.2.3 TA 断线

保护装置中应对 TA 二次回路异常运行状态进行检测，当交流电流回路不正常或 TA 断线时发告警信号，并闭锁差动保护。

ICS 29.130.01
K 30

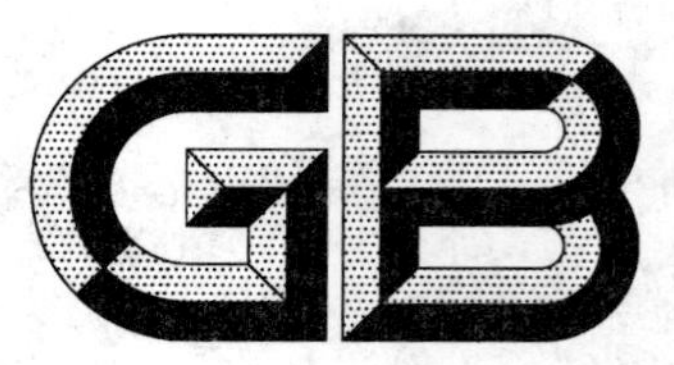

中华人民共和国国家标准化指导性技术文件

GB/Z 25842.1—2010/IEC/TR 61912-1:2007

低压开关设备和控制设备 过电流保护电器 第1部分:短路定额的应用

Low-voltage switchgear and controlgear—Overcurrent protective devices—Part 1:Application of short-circuit ratings

(IEC/TR 61912-1:2007,IDT)

2010-12-23 发布

2011-05-01 实施

中华人民共和国国家质量监督检验检疫总局
中国国家标准化管理委员会 发布

前　言

GB/Z 25842《低压开关设备和控制设备　过电流保护电器》分为2个部分:

——第1部分:短路定额的应用;

——第2部分:过电流条件下的选择性。

本部分为GB/Z 25842的第1部分。

本部分等同采用IEC/TR 61912-1:2007《低压开关设备和控制设备　过电流保护电器　第1部分:短路定额的应用》(英文版)。为便于使用,本部分做了下列编辑性修改:

——删除国际标准的前言;

——将"本报告"改为"本部分";

——将"3 定义和特性按字母顺序的列表"改为"3 定义和特性索引"。

本部分的附录A是资料性附录。

本部分由中国电器工业协会提出。

本部分由全国低压电器标准化技术委员会(SAC/TC 189)归口。

本部分负责起草单位:上海电器科学研究所(集团)有限公司。

本部分参加起草单位:浙江正泰电器股份有限公司、常熟开关制造有限公司、上海电器股份有限公司人民电器厂、施耐德电气(中国)投资有限公司、上海良信电器股份有限公司、浙江科丰电子有限公司、常安集团有限公司、人民电器集团有限公司、余姚市嘉荣电子电器有限公司、上海电器设备检测所。

本部分主要起草人:黄兢业、季慧玉。

本部分参加起草人:方凤柩、周建兴、丁一先、何巍伟、李生爱、倪仕杰、朱明龙、吴爱新、钱加灿、陈建兵。

引　言

GB 14048 和 GB 7251 目前对开关电器和成套设备分别规定了短路定额，该定额根据设备在一个峰值电流水平、一个规定时间的电流有效值和/或一个取决于所串联的短路保护电器的电流水平下运行的能力而定。事实上电路设计人员需要全面理解各种短路定额并能够正确应用才能避免使电路或设备处于不合适的短路保护状态，同时才能充分利用设备和系统的容量以免造成额外的浪费。

低压开关设备和控制设备 过电流保护电器 第1部分:短路定额的应用

1 范围

GB/Z 25842的本部分作为低压开关设备和控制设备及成套设备标准短路定额的应用导则,概括了其短路定额的定义,并对其应月提供相应示例。

注:本部分自身不涉及家用电器的安装。

2 规范性引用文件

下列文件中的条款通过GB/Z 25842的本部分引用而成为本部分的条款。凡是注日期的引用文件,其随后所有的修改单(不包括勘误的内容)或修订版均不适用于本部分,然而,鼓励根据本部分达成协议的各方研究是否可使用这些文件的最新版本。凡是不注日期的引用文件,其最新版本适用于本部分。

GB 7251.1 低压成套开关设备和控制设备 第1部分:型式试验和部分型式试验 成套设备(GB 7251.1—2005,IEC 60439-1:1999,IDT)

GB 7251.2 低压成套开关设备和控制设备 第2部分:对母线干线系统(母线槽)的特殊要求(GB 7251.2—2006,IEC 60439-2:2000,IDT)

GB 10963.1 电气附件 家用及类似场所用过电流保护断路器 第1部分:用于交流的断路器(GB 10963.1—2005,IEC 60898-1:2002,IDT)

GB 13539.1 低压熔断器 第1部分:基本要求(GB 13539.1—2008,IEC 60269-1:2006,IDT)

GB 14048.1 低压开关设备和控制设备 第1部分:总则(GB 14048.1—2006,IEC 60947-1:2001,MOD)

GB 14048.2 低压开关设备和控制设备 第2部分:断路器(GB 14048.2—2008,IEC 60947-2:2006,IDT)

GB 14048.3 低压开关设备和控制设备 第3部分:开关、隔离器、隔离开关以及熔断器组合电器(GB 14048.3—2008,IEC 60947-3:2005,IDT)

GB 14048.4 低压开关设备和控制设备 机电式接触器和电动机起动器(GB 14048.4—2010,IEC 60947-4-1:2009,MOD)

GB 14048.9 低压开关设备和控制设备 第6-2部分:多功能电器(设备)控制与保护开关电器(设备)(CPS)(GB 14048.9—2008,IEC 60947-6-2:2007,IDT)

GB/T 14598(所有部分) 电气继电器(IEC 60255(所有部分),IDT)

GB 16895(所有部分) 建筑物电气装置(IEC 60364(所有部分),IDT)

GB 16917.1 家用和类似用途的带过电流保护的剩余电流动作断路器(RCBO) 第1部分:一般规则(GB 16917.1—2003,IEC 61009-1:2003,MOD)

3 定义和特性索引

定义和特性名称	对应条款
预期短路电流 I_{cp}	4
短路电流峰值 I_p	4

定义和特性名称	对应条款
对称短路分断电流 I_b	4
稳态短路电流 I_k	4
短路保护电器(SCPD)	4
限制短路定额(后备保护)	4
成套设备中一条电路的额定短时耐受电流 I_{cw}	5
成套设备中一条电路的额定峰值耐受电流 I_{pk}	5
成套设备中一条电路的额定限制短路电流 I_{cc}	5
符合 GB 14048.3 的熔断器组合电器	6.2b)1)
符合 GB 14048.2 的断路器	6.2b)2)
符合 GB 10963.1 的断路器	6.2b)2)
符合 GB 16917.1 的带过电流保护的剩余电流动作断路器(RCBOs)	6.2b)2)
符合 GB 14048.4 的保护式起动器	6.2b)3)
符合 GB 14048.4 的保护式开关电器	6.2b)3)
符合 GB 14048.9 的控制与保护电器(CPS)	6.2b)4)
熔断体分断能力	6.3.1
熔断体截断电流	6.3.1
熔断体的熔断 I^2t(焦耳积分)特性	6.3.1
符合 GB 14048.2 的断路器的额定短路接通能力 I_{cm}	6.3.2
符合 GB 14048.2 的断路器的额定极限短路分断能力 I_{cu}	6.3.2
符合 GB 14048.2 的断路器的额定运行短路分断能力 I_{cs}	6.3.2
符合 GB 14048.2 的断路器的额定短时耐受电流 I_{cw}	6.3.2
符合 GB 14048.2 的断路器的截断电流	6.3.2
符合 GB 14048.2 的断路器的 I^2t(焦耳积分)特性	6.3.2
CPS 的额定短路分断能力 I_{cs}	6.3.3
符合 GB 10963.1 的断路器和符合 GB 16917.1 的带过电流保护的剩余电流动作断路器(RCBOs)的额定短路能力 I_{cn}	6.3.4
接触器或电动机起动器的额定限制短路电流 I_q	7.4.2
符合 GB 10963.1 的断路器和符合 GB 16917.1 的带过电流保护的剩余电流动作断路器(RCBOs)的运行短路分断能力 I_{cs}	7.5

4 应用原理——安装

为了确保电器在短路条件下的动作能力，电路设计人员先应考虑在电器设备的每一个安装点的预期故障等级值。这源自于系统保护研究，短路参数规定如下：

- 预期(可获得的)短路电流 I_{cp}

  在电源不变的情况下，电路可被一电阻可忽略的理想连接所代替时所流过的电流。

- 短路电流峰值 I_p

  预期(可获得的)短路电流的最大可能的瞬时值。

- 对称短路分断电流 I_b

  在开关电器触头第一个分离的极分离的瞬间，预期(可获得的)短路电流的对称交流分量在一个周期内的有效值。

- 稳态短路电流 I_k

  在暂态现象衰减之后，预期短路电流所维持的有效值：

  ——不受限的；

  ——受 SCPD(短路保护电器)限制的。

其他有用的定义：

- 短路保护电器(SCPD)

  用分断短路电流来保护电路或电路部件免受短路电流损坏的电器。

- 限制短路定额(后备保护)

  开关设备或成套设备的短路定额，取决于与开关设备或成套设备所串联的 SCPD。

5 特性——低压成套设备(开关、配电盘等)

成套设备的短路定额由制造商规定，一般为在与系统设备连接点上用电流和时间来描述的最大可允许的预期短路电流。成套设备的短路定额应大于或等于系统连接点上的最大预期短路电流。成套设备的制造商应确保成套设备(进线电器、出线电器、母线、联结等)中进线和出线端子间的电器的性能。短路定额由制造商依据 GB 7251 系列标准规定的内容确定。

GB 7251 中定义成套设备短路定额的术语如下：

- 额定短时耐受电流 I_{cw}(成套设备中一条电路的)

  概括为：在规定的试验条件下成套设备中一条电路能够无损承载的短时电流的有效值，用电流和时间来描述，如 20 kA，0.2 s。

- 额定峰值耐受电流 I_{pk}(成套设备中一条电路的)

  概括为：在规定的试验条件下电路能够承受的峰值电流值。

- 额定限制短路电流 I_{cc}(成套设备中一条电路的)

  概括为：在规定的试验条件下一条由 SCPD 进行保护的电路在 SCPD 动作时间内能够圆满承受的预期短路电流的有效值。

  注：短路保护电器可以是成套设备的集成部分也可以是分立元件。

成套设备可以只规定 I_{cc} 值。

成套设备可以规定 I_{cw} 和 I_{pk} 的值(但不应只规定 I_{cw} 或 I_{pk} 的值)。

成套设备可以规定 I_{cw}、I_{pk}、I_{cc} 的值。

成套设备可以根据电路保护装置和/或系统电压的不同而规定不同的 I_{cc} 的值。

成套设备可以根据短时时间(如 0.2 s、0.5 s、1 s)的不同而规定不同的 I_{cw} 的值。

6 特性——开关电器

6.1 概述

应根据开关电器短路能力来考虑其在具体应用时的功能，通常一个开关设备应考虑以下两方面的功能：自身具备短路保护能力和在适当场合下作为 SCPD 应用。

6.2 开关电器——自身具备短路保护功能

下列情况需考虑：

a) 单独的负载和过载开关，不具备任何短路分断能力：

   在这种情况下开关设备与成套设备(见第 5 章)类似，具有 I_{cw} 和/或限制短路定额，但另外具有额定短路接通能力 I_{cm}。

b) 负载、过载和短路通断能力：

1) 符合 GB 14048.3 的熔断器组合电器—熔断器组合电器一般通过自保护直到达到熔断器的分断容量。在这种情况下短路分断功能由组合熔断器提供，开关设备具有限制短路电流定额；

2) 符合 GB 14048.2 的断路器，符合 GB 10963.1 的断路器，符合 GB 16917.1 的带有过电流保护的剩余电流动作断路器(RCBOs)—短路条件下它们自身具备保护功能直到达到其额定分断能力(见 6.3.2)。如果故障等级超出了额定分断能力，断路器可以通过其后备保护 SCPD 动作；

3) 符合 GB 14048.4 的保护式开关电器和保护式起动器—接触器、半导体控制器或含过载保护、手动开关电器和规定 SCPD 配套的电动机起动器。这些设备具有额定限制短路电流 I_q，短路条件下其自身具备短路保护功能直到达到其 I_q；

4) 符合 GB 14048.9 的控制与保护开关电器(CPS)—可以手动或以其他方式操作、带或不带就地人力操作装置的开关电器(设备)。CPS 能够接通、承载和分断正常条件下包括规定的运行过载条件下的电流，且能够接通在规定时间内承载并分断规定的非正常条件下的电流，如短路电流。CPS 具有额定运行短路分断能力，可以在达到此极限的时间内进行自身保护。

6.3 开关电器——作为 SCPD 应用

6.3.1 符合 GB 14048.3 的熔断器组合电器和熔断器作为 SCPD

由于熔断器组合电器的短路分断功能由熔断器来完成，因此需要考虑熔断器的特性，GB 13539.1 中规定如下：

- 熔断体的分断能力

  概括为：在规定的使用条件和电压下熔断体所能够分断的预期电流值(对于交流设备指交流有效值)。

- 熔断体的截断电流

  概括为：在熔断体为阻止电流达到预期峰值而动作的分断过程中电流所达到的最大瞬时电流值。

- 熔断体的熔断 I^2t 特性

  概括为：短路条件下在熔断体整个熔断时间内电流平方的积分。

  有时称作“允通能量”，当用 A^2s 表达时，表示每欧姆的能耗，即表征电路中的热效应。

  见图 1：熔断器 I^2t 特性示例。

6.3.2 符合 GB 14048.2 的断路器作为 SCPD

断路器自身具有短路分断功能，下列特性应予以考虑：

塑料外壳式断路器(MCCBs)和万能式断路器(ACBs)按 GB 14048.2 规定设定如下额定值：

- 额定短路接通能力 I_{cm}

  概括为：断路器能够接通的最大预期峰值电流。

- 额定极限短路分断能力 I_{cu}

  概括为：断路器在规定的电压、规定的试验条件(包括一次分断操作和一次接通/分断操作)下所能分断的预期电流有效值。

  断路器的 I_{cu} 额定值应等于或大于所安装点处的预期(可达到的)短路电流值。断路器自身由其他 SCPD 保护的情况除外，在组合之后可以分断更高的短路电流。

  见图 3：组合 SCPD 示例

- 额定运行短路分断能力 I_{cs}

  概括为：断路器在规定电压、规定的试验条件(包括一次分断操作和两次接通/分断操作)下能够分断的预期电流的有效值。

GB 14048.2 中规定了 I_{cs}/I_{cu}之间的固定比例关系为 25%,50%,75%或 100%。

断路器的 I_{cs}定额应用于在短路故障之后需要确保运行连续性的情况。

- 额定短时耐受电流 I_{cw}

  概括为:基于规定的试验条件基础上,由制造商规定的短路电流的有效值。

  GB 14048.2 中给出了最小值。

只有在断路器配备延时短路脱扣器情况下,才可规定其额定短时耐受电流 I_{cw}值。

断路器因其短路延时不同(如 0.2 s,0.5 s,1 s)可具有不同的 I_{cw}值。

所有符合 GB 14048.2 的断路器均有 I_{cu}和 I_{cs}值。

GB 14048.2 中没有规定的但应用于短路保护的断路器特性有:

- 断路器截断电流

  概括为:当断路器为防止电流达到预期峰值而进行分断动作时电流的最大瞬时值。

  注:限流断路器在短路条件下可截断电路电流;非限流断路器则不能截断电路电流。

- 断路器的 I^2t(焦耳积分)

  概括为:短路条件下在断路器整个动作时间内电流平方的积分。

  有时称作"允通能量",当用 A^2s 表达时,表示每欧姆的能耗,即表征电路中的热效应。

  见图 2:断路器 I^2t 特性示例。

非自动的断路器(即不带过电流保护)也可与符合 GB/T 14598 的外部过电流保护继电器组合后作为 SCPD 使用。

6.3.3 符合 GB 14048.9 的控制与保护电器(CPS)作为 SCPD

CPS 具有额定运行短路分断能力 I_{cs},CPS 作为 SCPD 应用时同断路器(见 6.3.2)。

6.3.4 符合 GB 10963.1 的断路器(MCBs)和符合 GB 16917.1 的剩余电流动作断路器(RCBOs)作为 SCPD

MCBs/RCBOs 自身具有短路分断功能,下列特性应予以考虑:

- 额定短路能力 I_{cn}

  概括为:断路器的极限短路分断能力。

MCBs/RCBOs 也要进行运行短路分断能力(I_{cs})试验,I_{cs}与 I_{cn}具有固定关系(见表 1)。

7 产品特性实际应用举例

7.1 概述

在一些简单的研究中仅引用稳态短路电流 I_k 的有效值。峰值电流被认为与由总的功率因数决定的 I_k 有效值有关,这种对应关系由相关标准考虑,例如 GB 14048.1—2006 中的表 16。

7.2 电缆保护

短路保护电器(SCPD)在电路保护中的详细应用在 GB 16895 中规定,并给出

$$(I^2t)_{\text{SCPD}} \leqslant (k^2S^2)_{\text{电缆}}$$

式中:

——k 是系数,取决于电缆材料(传导率和绝缘);

——S 是导体的名义截面积。

在没有延时的电器中,一般认为根据过载保护性能并在配套 SCPD 的短路容量满足上述公式要求的基础上选择的保护电器可提供完整的短路保护功能。

对于符合 GB 13539.1 的熔断器和符合 GB 10963.1 的 MCBs,由于保护电器的动作特性在各自的产品标准中已规定,一般认为基于电路过载保护所选择的保护电器可用于确定电缆的短路保护参数。电缆参数通常以表格的形式在安装规范中给出。

7.3 低压成套设备短路保护

7.3.1 成套开关和控制设备(配电盘/电动机控制中心(MCC))

用有效值表示的在配电盘输入端的预期短路电流可通过系统保护研究获得。

a) 如果配电盘/MCC 的 I_{cw}电流值高于预期电流等级,则仅要求限制短路持续的时间在相应的短时时间内。可通过在其上游或配电盘/MCC 进线端的预期短路电流来整定短路脱扣器的延时时间;

b) 如果配电盘/MCC 的 I_{cc}额定值高于预期电流等级,则仅要求电路中配有规定的 SCPD。SCPD 可以安装在电路上游或安装在配电盘/MCC 中。

注:使用制造商规定的 SCPD 非常重要,如熔断器不能由高一额定等级的熔断器或熔断体来代替。

7.3.2 母线干线系统(BTS)

用有效值表示的 BTS 输入端的预期短路电流可通过系统保护研究获得。

a) 如果 BTS 的 I_{cw}电流值高于预期电流等级,则仅要求限制短路持续的时间在相应的短时时间内。可通过在其上游整定短路脱扣器的延时获得;

b) 如果 BTS 的 I_{cw}电流值低于预期电流等级 I_k,则仅要求在电路上游或在母线干线馈电单元中配备有规定的 SCPD,I_{cc}额定值高于 I_k。合适的 SCPD 可以对照型式试验参数通过计算截断电流和焦耳积分特性确定。

见图 4:从型式试验参数中推导限制定额的示例。

7.4 接触器和起动器短路保护

7.4.1 概述

电动机起动器和接触器在短路时一般不能进行自保护,因此需要配备 SCPD。在这种情况下,GB 14048.4 中的试验程序考虑到了在严重短路情况下保护敏感设备不受损害的困难性,因此其限制定额允许与 SCPD 有下列 2 种协调配合:

——“1”型协调配合,要求接触器或起动器在短路条件下不应对人及设备引起危害,在未修理和更换零件前,允许不能继续使用;

——“2”型协调配合,要求接触器或起动器在短路条件下不应对人及设备引起危害,且应能够继续使用,允许触头熔焊,但制造厂应指明关于设备维修所采用的方法。

这些定额仅能通过型式试验获得,选择 SCPD 所需的数据从接触器/起动器制造商处获得,同时要考虑额定工作电流、额定工作电压及其相应的使用类别。

用短路保护电器(SCPD)作为后备保护的接触器以及综合式起动器、保护式起动器,其额定限制短路电流应在两个预期电流等级下进行短路试验:

a) 在额定限制短路电流 I_q 下;和

b) 在表 2 中所示的“r”电流下进行附加试验,试验电流“r”被认为是接触器的临界电流,此试验确保接触器在这个电流等级下的性能。

注:有关熔断器和接触器/电动机起动器之间协调配合的更多信息在 IEC/TR 61459 中给出。

附录 A 给出了接触器和起动器保护用合适的 SCPD 的替代法(置换法)。

7.4.2 符合 GB 14048.4 的保护式开关电器和保护式起动器

这些电器具有额定限制短路电流 I_q。

I_q 应等于或大于在此安装位置的预期短路电流。

额定限制短路电流 I_q 根据所处的试验条件(包括设备的安装方式及外壳的安装等)获得。按 GB 14048.4 中的试验程序规定 SCPD 在接触器或控制器或电动机起动器达到分断容量时开始承接某一等级的故障电流。

见图 5:电动机起动器与 SCPD 之间的协调配合图解。

7.4.3 符合 GB 14048.9 的控制与保护开关电器(CPS)

短路情况下 CPS 的动作能力根据额定运行短路能力 I_{cs} 来确定,CPS 可以在达到此极限前进行自我保护。

在以下两种临界电流下进行附加试验:

a) 预期电流"r",用于接触器和电动机起动器(见 7.4.1);

b) 预期电流 I_{cr},在 15~30 倍额定电流 I_e 下。

CPS 有效提供了在短路故障下连续运行的协调配合水平。此试验条件下不允许熔焊。

7.5 符合 GB 10963.1 的家用和类似用途的短路保护用断路器(MCBs)和符合 GB 16917.1 的带过电流保护的剩余电流动作断路器(RCBOs)

注:本部分自身不涉及家用电器的安装。

MCBs/RCBOs 具有额定短路能力 I_{cn},概括为:断路器在规定的电压下,在规定的包括一次分断操作和一次接通/分断操作试验条件下所能分断的预期电流的有效值。

MCBs/RCBOs 也具有运行短路分断能力 I_{cs},概括为:断路器在规定的电压下,在规定的接通/分断操作试验条件下所能分断的预期电流的有效值。产品标准中规定了 I_{cs} 和 I_{cn} 之间的固定关系(见表 1)。

MCBs 和 RCBOs 标有 I_{cn} 值而没有标 I_{cs} 值时,可按上述关系确定 I_{cs} 值。

MCBs/RCBOs 的 I_{cn} 额定值应等于或大于在此安装位置的预期(可获得的)短路电流值。

当 MCBs 用于家庭(家用)环境之外的场所时,MCBs 也许需要其他 SCPD 作为其后备保护。在此情况下仅需试验 MCBs 和 SCPD 之间的协调配合是否满足要求即可。这需要从 SCPD 的制造商或 MCBs 的制造商处获得详细数据。

在超出 GB 10963.1 的范围之外应用 MCBs 时,即额定电流值超过 125 A 和/或额定电压值超过 440 V,可按 GB 14048.2 的规定确定并应用(见 6.3.2)。

表 1 符合 GB 10963.1 的 MCBs 的运行短路能力(I_{cs})与额定短路能力(I_{cn})之间的比值系数 K

I_{cn}	K
$I_{cn} \leqslant 6\ 000$ A	1
$6\ 000\ \text{A} < I_{cn} \leqslant 10\ 000$ A	0.75[a]
$I_{cn} > 10\ 000$ A	0.5[b]

[a] I_{cs} 最小值:6 000 A。

[b] I_{cs} 最小值:7 500 A。

表 2 相应于额定工作电流的预期试验电流值

额定工作电流 I_e(AC−3)[a] A	预期试验电流"r" kA
$0 < I_e \leqslant 16$	1
$16 < I_e \leqslant 63$	3
$63 < I_e \leqslant 125$	5
$125 < I_e \leqslant 315$	10
$315 < I_e \leqslant 630$	18
$630 < I_e \leqslant 1\ 000$	30
$1\ 000 < I_e \leqslant 1\ 600$	42
$1\ 600 < I_e$	制造商和用户协商确定

[a] 如果接触器或起动器没有规定使用类别 AC-3 的额定值,预期电流"r"可根据制造商规定的各种使用类别中最高的额定工作电流值加以确定。

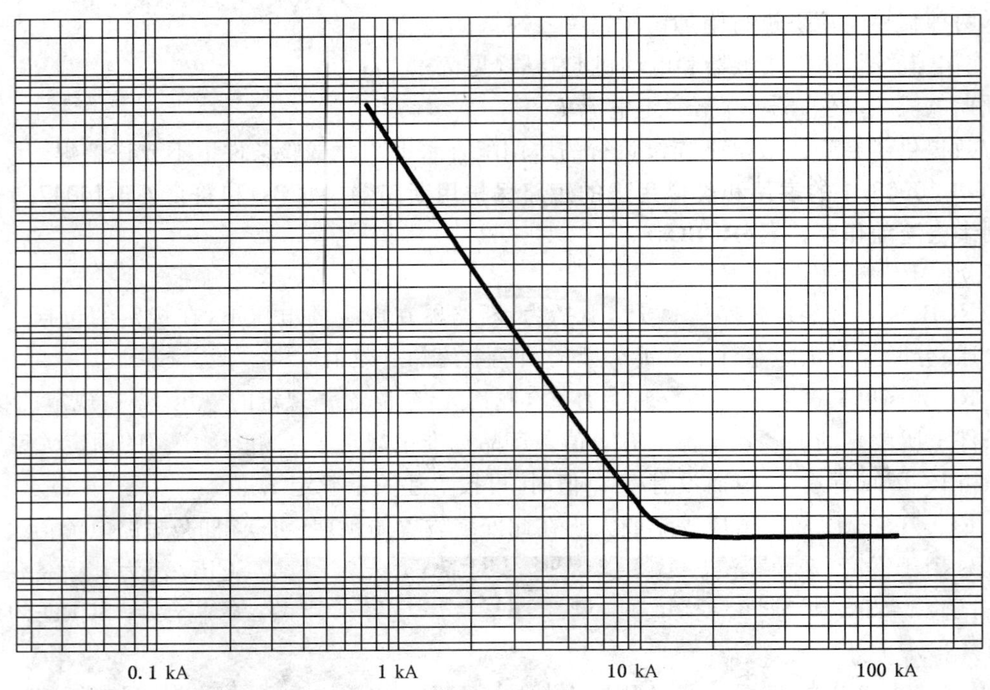

图 1 熔断器 I^2t 特性示例

允通能量（A²s）

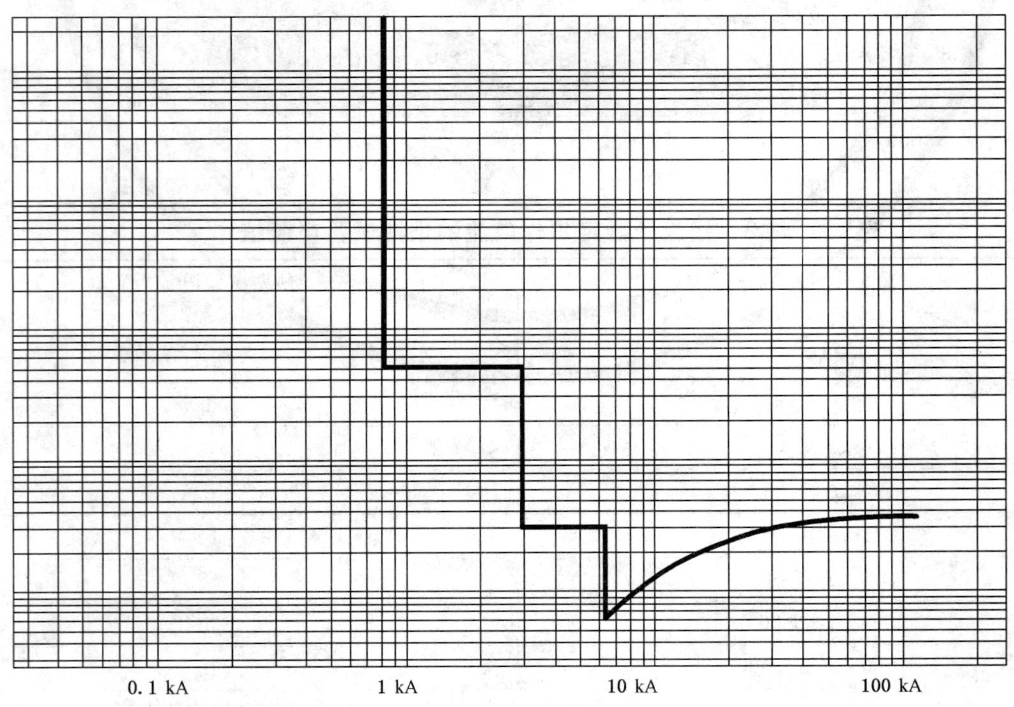

图 2 断路器 I^2t 特性示例

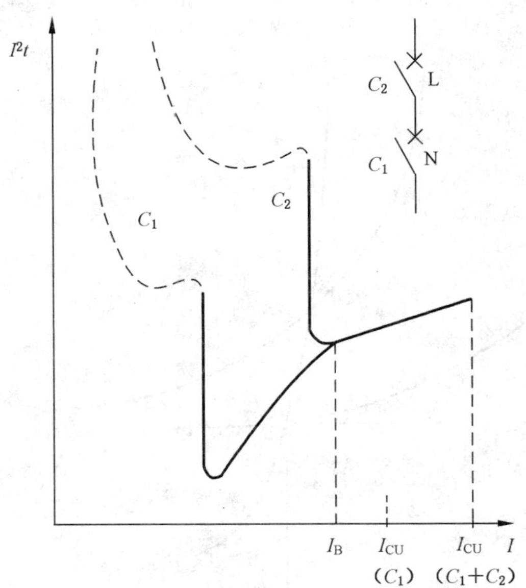

I_B——交接电流；

C_1——非限流断路器(N)；

C_2——限流断路器(L)。

图 3　组合 SCPD 示例

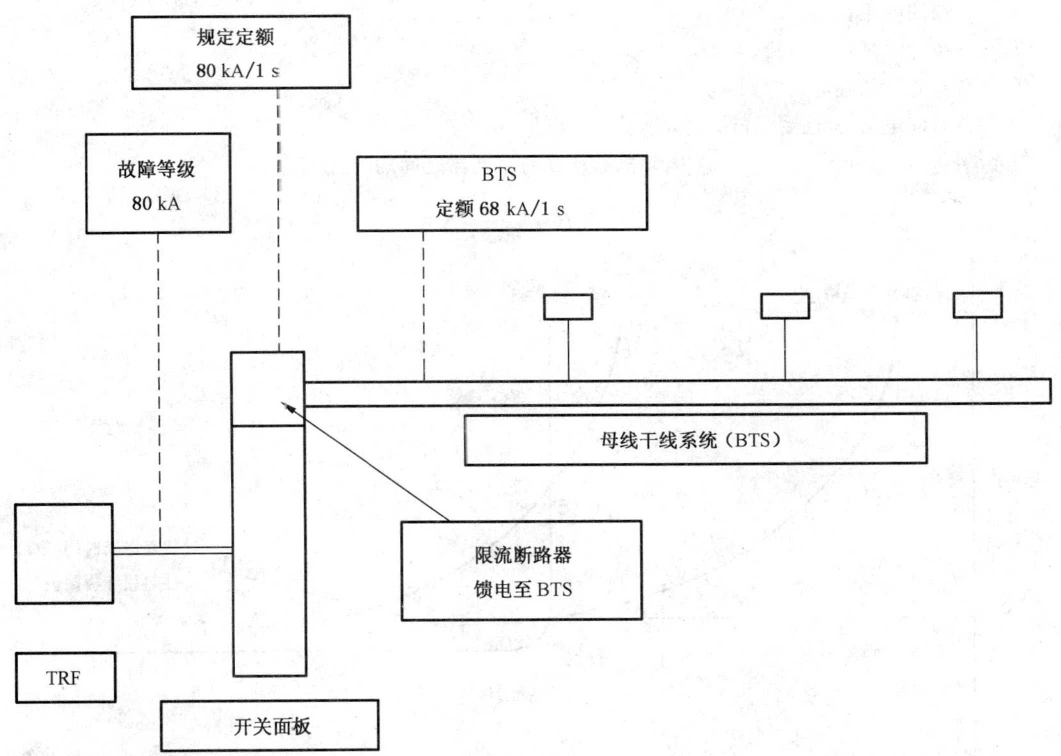

1)　BTS 的峰值耐受电流(I_{pk})，取自 GB 7251.2 的型式试验 $=68\times2.2\times10^3=150$ kA

用于 BTS 的 80 kA 的限流断路器的热额定截断峰值电流=120 kA

注：根据 GB 7251.1，2.2 为峰值对有效值的比率。

2)　BTS 在 68 kA 时的耐受允通能量(I^2t)，取自 GB 7251.2 的型式试验

$=[68\times10^3]^2\times1=4\ 624\times10^6\ A^2s$

用于 BTS 的 80kA 的限流断路器的热额定允通能量 $=70\times10^6\ A^2s$

系统在短路条件下得到保护。

图 4　从型式试验参数中推导限制定额的示例

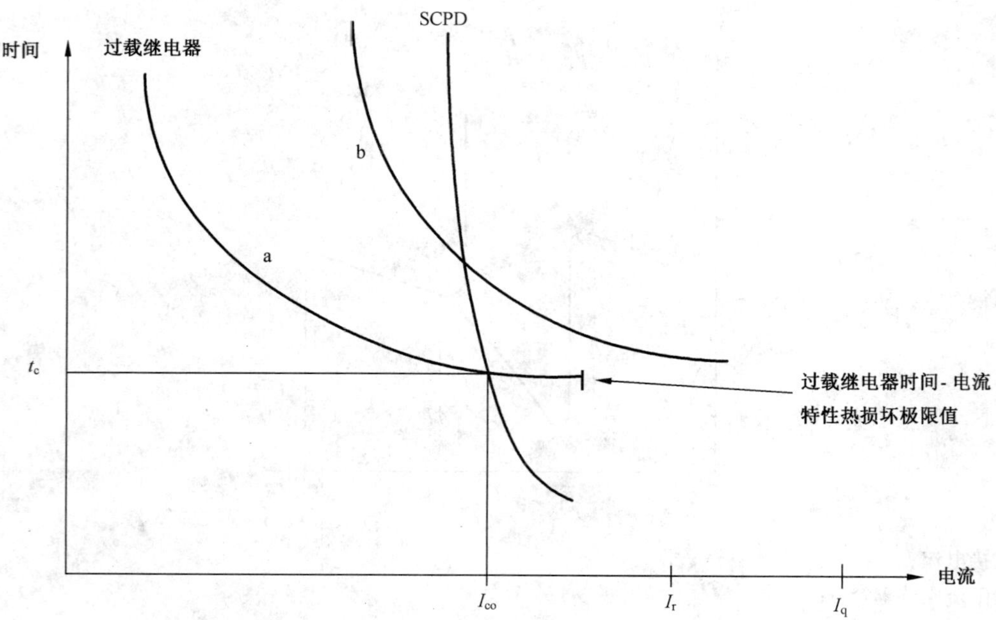

说明：I_{co}——交点电流；

I_r——预期电流；

I_q——额定限制短路电流。

注：a 自冷态起的过载继电器时间-电流特性平均曲线。

b 接触器时间电流-特性耐受能力。

a）电动机起动器与熔断器之间的配合

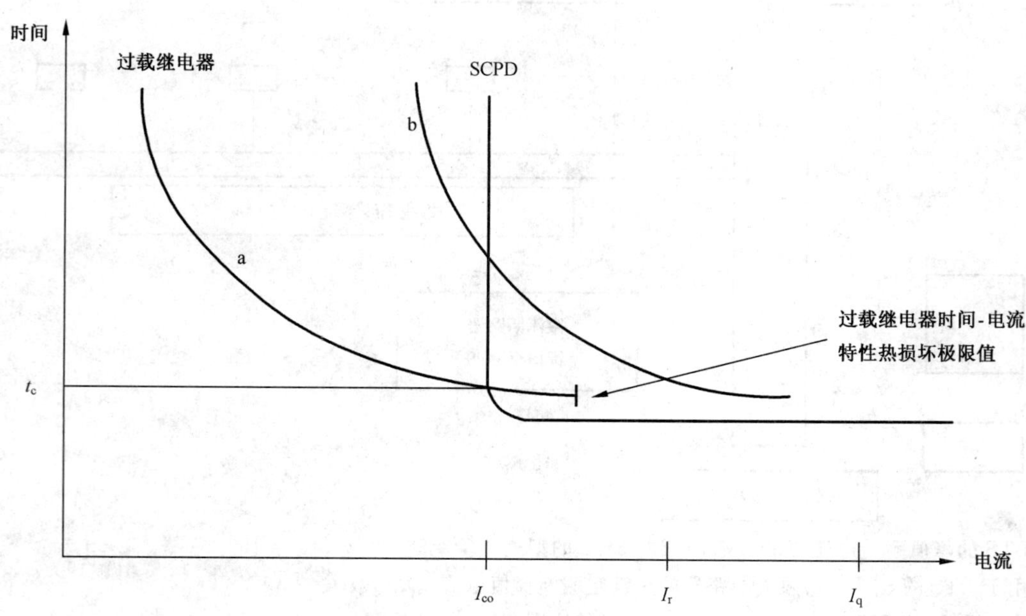

a 自冷态起的过载继电器时间-电流特性平均曲线。

b 接触器时间-电流特性耐受能力。

b）电动机起动器和断路器之间的配合

图5　电动机起动器与SCPD之间的配合图解

附 录 A
（资料性附录）
接触器和起动器保护用合适的 SCPD 的替代法（置换法）

经过实验验证的有效替代条件：

a） 仅 SCPD 可以被替代；

b） 仅相似类型的 SCPD 可被替代，即熔断器替代熔断器，断路器替代断路器；

c） 对于过载继电器或接触器，用于 1 型和 2 型协调配合的 SCPD 的替代是有效的。

验证的依据为制造商根据 GB 14048.4 中相关试验的结果给出的信息。

试验方法由下列三部分组成：

- 替代验证

  用于替代操作的额定工作电压、额定工作电流、额定限制短路电流（I_q）不应高于相关试验数据。

- 替代 I_p 和 I^2t 验证

  考虑到替代 SCPD 的特性，为确定额定限制短路电流 I_q 和额定工作电压，应验证 I_p 和 I^2t 值。

- 接触器/过载验证

  经过上述验证确定的 I_p 值和 I^2t 不应大于相关试验值。

符合上述验证的 SCPD 被认为是有效的，无需进行进一步的试验验证。

参 考 文 献

[1] IEC/TR 61459 熔断器和接触器/电动机起动器之间的配合—应用导则